国家出版基金项目
NATIONAL PUBLICATION FOUNDATION

宽禁带半导体前沿丛书

氮化镓基半导体异质结构及二维电子气

GaN Based Semiconductor Heterostructures and Two Dimensional Electron Gas

沈波 唐宁 著

西安电子科技大学出版社

内 容 简 介

GaN 基宽禁带半导体异质结构具有很高的应用价值，是发展高频、高功率电子器件最优选的半导体材料。本书基于国内外 GaN 基电子材料和器件的发展现状和趋势，从晶体结构、能带结构、衬底材料、外延生长、射频电子器件和功率电子器件研制等方面详细论述了 GaN 基半导体异质结构和二维电子气的物理性质、国内外发展动态、面临的关键科学技术问题、主要的材料和器件研发成果及其应用情况和发展前景。

本书可作为相关专业高年级本科生和研究生的教学参考用书，可为从事宽禁带半导体电子材料和器件研发及生产的科技工作者、企业工程技术人员提供参考，也可供从事该领域科研和高技术产业管理的企业家和政府官员使用。

图书在版编目(CIP)数据

氮化镓基半导体异质结构及二维电子气/沈波，唐宁著. —西安：西安电子科技大学出版社，2021.4(2022.5 重印)
ISBN 978 - 7 - 5606 - 5906 - 0

Ⅰ. ①氮… Ⅱ. ①沈… ②唐… Ⅲ. ① 氮化镓—半导体材料—异质结 ②氮化镓—半导体材料—物理性质 Ⅳ. ①TN304

中国版本图书馆 CIP 数据核字(2020)第 246062 号

策划编辑 马乐惠 毛红兵
责任编辑 杨 薇 张 玮 于文平
电 话 (029)88202421 88201467 邮 编 710071
网 址 www.xduph.com 电子邮箱 xdupfxb001@163.com
印刷单位 陕西精工印务有限公司
版 次 2021 年 4 月第 1 版 2022 年 5 月第 2 次印刷
开 本 787 毫米×960 毫米 1/16 印张 25.75 彩插 4
字 数 437 千字
定 价 128.00 元
ISBN 978 - 7 - 5606 - 5906 - 0/TN

"宽禁带半导体前沿丛书"出版说明

当今世界，半导体产业已成为主要发达国家和地区最为重视的支柱产业之一，也是世界各国竞相角逐的一个战略制高点。我国整个社会就半导体和集成电路产业的重要性已经达成共识，正以举国之力发展之。工信部出台的《国家集成电路产业发展推进纲要》等政策，鼓励半导体行业健康、快速地发展，力争实现"换道超车"。

在摩尔定律已接近物理极限的情况下，基于新材料、新结构、新器件的超越摩尔定律的研究成果为半导体产业提供了新的发展方向。以氮化镓、碳化硅等为代表的宽禁带半导体材料是继以硅、锗为代表的第一代和以砷化镓、磷化铟为代表的第二代半导体材料以后发展起来的第三代半导体材料，是制造固态光源、电力电子器件、微波射频器件等的首选材料，具备高频、高效、耐高压、耐高温、抗辐射能力强等优越性能，切合节能减排、智能制造、信息安全等国家重大战略需求，已成为全球半导体技术研究前沿和新的产业焦点，对产业发展影响巨大。

"宽禁带半导体前沿丛书"是针对我国半导体行业芯片研发生产仍滞后于发达国家而不断被"卡脖子"的情况规划编写的系列丛书。丛书致力于梳理宽禁带半导体基础前沿与核心科学技术问题，从材料的表征、机制、应用和器件的制备等多个方面，介绍宽禁带半导体领域的前沿理论知识、核心技术及最新研究进展。其中多个研究方向，如氮化物半导体紫外探测器、氮化物半导体太赫兹器件等均为国际研究热点；以碳化硅和Ⅲ族氮化物为代表的宽禁带半导体，是近年来国内外重点研究和发展的第三代半导体。

"宽禁带半导体前沿丛书"凝聚了国内 20 多位中青年微电子专家的智慧和汗水，是其探索性和应用性研究成果的结晶。丛书力求每一册尽量讲清一个专题，且做到通俗易懂、图文并茂、文献丰富。丛书的出版也会吸引更多的年轻人投入并献身到半导体研究和产业化的事业中来，使他们能尽快进入这一领域进行创新性学习和研究，为加快我国半导体事业的发展做出自己的贡献。

"宽禁带半导体前沿丛书"的出版，既为半导体领域的学者提供了一个展示他们最新研究成果的机会，也为从事宽禁带半导体材料和器件研发的科技工作者在相关方向的研究提供了新思路、新方法，对提升"中国芯"的质量和加快半导体产业高质量发展将起到推动作用。

编委会

2020 年 12 月

序

随着半导体科学技术的发展，宽禁带半导体（又称为第三代半导体）引起了人们的广泛关注，其中氮化镓基材料和器件是宽禁带半导体的典型代表。氮化镓材料由于具有优异的光和电性质，在短波长光电子器件和高频、高功率电子器件等领域具有十分重要的应用价值。

以氮化镓为基础的氮化物半导体异质结构具有很强的极化效应和大的导带偏移，可在异质界面诱导产生高密度的二维电子气（2DEG），其面密度是迄今所有半导体异质结构中最高的，因此成为了发展射频和功率电子器件的核心半导体材料。对 2DEG 的物理性质，特别是输运性质的认识十分必要，因为这是一类典型的量子气体，具有极高的电子面密度，这对发展宽禁带半导体低维物理研究同样具有重要的科学价值。

我认识沈波教授已有二十多年，他是国内氮化镓基半导体异质结构领域一位很有代表性的专家，其学术活跃，勇于创新，富有激情。他和他的团队一直从事氮化物宽禁带半导体材料、物理和器件研究，让我印象深刻。本书对氮化物半导体异质结构的外延生长、2DEG 物理性质，以及氮化镓基异质结构的射频和功率电子器件应用进行了系统而深入的论述，是作者及其团队在该领域系统性研究成果的总结。

本书系统论述了国内外氮化镓基电子材料和器件的发展现状和趋势，半导体异质结构和 2DEG 的基本物理性质，面临的关键科学技术问题，取得的主要成果及其应用，以及未来发展前景，是一本系统论述和讨论氮化镓基半导体异质结构和二维电子气的学术著作。我相信这本书可为从事宽禁带半导体，特别是氮化镓基半导体电子材料和器件研发、生产和应用的科技工作者、企业工程技术人员、高年级本科生和研究生提供很有价值的参考。

中国科学院院士

2021 年 1 月

前　言

在当今的信息社会,半导体芯片正在发挥着越来越重要的作用。小到手机、互联网、电视、笔记本电脑,大到飞机、高铁、电网、航天器均离不开半导体芯片。在某种意义上,半导体芯片早已取代钢铁,成为一个国家现代化程度和综合国力的代表和象征。半导体材料和器件是整个半导体科学技术的上游领域和核心,现已发展成为支撑现代信息社会发展的主要科学技术基础之一。以 GaN 为代表的宽禁带半导体的出现和发展,开辟了半导体照明、短波长光电子技术和高频、高功率电子技术时代,不仅对人们的生活方式产生了巨大影响,而且对国家安全和世界战略格局产生了显著影响。

GaN 基半导体异质结构中存在极强的极化效应和很大的界面导带偏移,可在异质界面形成强量子限制的高密度二维电子气(2DEG),其面密度比其他半导体异质结构高一个数量级,同时 GaN 基异质结构还具有高饱和电子漂移速度、高击穿场强、高温度稳定性、耐强腐蚀强辐射等优异的物理、化学性质。因此,GaN 基半导体异质结构不仅具有丰富的物理学内涵,是研究载流子低维量子行为较为理想的半导体材料,更重要的是具有很高的应用价值,非常有利于发展基于高性能 2DEG 特性的电子器件,如高频、高功率、大带宽电子器件。

经过 20 多年的快速发展,基于 GaN 基异质结构的射频电子器件及其模块在所有半导体射频电子器件中功率密度最高,同时其带宽、效率、工作频率等性能也很突出,可广泛应用于相控阵雷达、电子对抗、卫星通信等军事领域和移动通信、数字电视等民用领域。特别是其功率密度、带宽等综合性能优异,使 GaN 基微波功率器件和模块成为 5G 移动通信技术中不可替代的微波射频芯片。另一方面,基于 GaN 基异质结构的功率电子器件在相同阻断电压下的导通电阻比 Si 基器件小 2 个数量级,开关速度比 Si 基器件高 1 个数量级以上,可在 10 MHz 频率下进行功率转换,电力利用效率大幅度提升。同时,GaN 基功率电子器件的工作耐受温度远高于同类 Si 基器件，可大幅简化功率模块的散热系统。因此 GaN 基功率电子器件正成为新一代高效、智能化电力管理系统中最具竞争力的功率开关器件之一。本书详细论述了 GaN 基半导体异质结构和 2DEG 的物理性质、主要的材料和器件研发成果及其应用和发展前景。

本书作者沈波教授于 1995 年归国后就开始了 GaN 基半导体异质结构材料、物理和器件研究，迄今从事该领域研究工作已超过 25 年，积累了较多的研发经验。参与本书撰写的是沈波教授及其带领的北京大学课题组同仁，以及沈波曾经的博士生、当前在该领域一线工作并已取得一定学术成就的青年学者。本书编写分工如下：第 1、2、4、5 章由沈波（北京大学）、唐宁（北京大学）负责撰写，第 3 章由沈波、杨学林（北京大学）负责撰写，第 6 章由王茂俊（北京大学）、沈波负责撰写，第 7 章由黄森（中科院微电子所）、沈波负责撰写，对本书编写做出贡献的还有北京大学的王新强、许福军、吴洁君。中国电科十三所的吕元杰、房玉龙及中兴通讯的刘建利为本书第 3 章和第 6 章部分内容的撰写提供了素材。为了便于阅读，部分需要色彩分辨的图形旁边附有二维码，扫码即可查看彩图效果。在这里要特别感谢郝跃院士，作为"宽禁带半导体前沿丛书"编委会主任，郝院士专门为本书撰写了序，对本书的编写提供了非常有益的指导意见。非常感谢郑有炓院士、甘子钊院士、葛惟昆教授、张国义教授等为本书编写提供的帮助和指导。

希望本书对促进我国 GaN 基宽禁带半导体电子材料和器件的研发和相关高新技术产业的发展有所助益，为从事这一领域研究和生产的科技工作者、企业工程技术人员、高年级本科生和研究生提供参考，也希望对从事该领域科研和高技术产业管理的企业家和政府官员有所帮助。由于作者水平有限，本书难免有不足和疏漏之处，敬请广大读者提出意见和建议。

作　者
2020 年 12 月于北京

目　　录

第 1 章

半导体异质结构的基本物理性质

1.1 半导体材料和半导体异质结构

半导体材料和器件是整个半导体科学技术的上游领域和核心，现已发展成为支撑现代信息社会发展的主要科学技术基础之一。没有 Si 材料和集成电路的问世，就不会有今天的微电子技术和产业，没有以 GaAs、InP 为代表的化合物半导体的突破，就不会有今天的光通信、移动通信和数字化高速信息网络技术。而以 GaN 和 SiC 为代表的宽禁带半导体的出现和发展，则开辟了半导体照明、短波长光电子技术和高频、高功率电子技术时代。

半导体芯片研发和制造的基础是高纯度、高质量的半导体材料，迄今主要有 Si、Ge、金刚石(C)等元素半导体材料和 GaAs、InP、GaN、SiC、Ga_2O_3 等化合物半导体材料，按制备方法可简单分为半导体单晶材料和外延薄膜材料。纵观半导体科学技术和产业的发展历史，最早是统计物理和量子力学的发展带来了固体物理、半导体物理等学科的兴起；接着在这些学科框架下的基础研究催生了半导体材料科学和技术的产生和进步，人们逐步提升了半导体材料的晶体质量和掺杂水平，掌握了半导体材料中载流子的输运、复合、跃迁等物理规律；接着在半导体材料发展的基础上发明了半导体 P - N 结晶体管、场效应晶体管、集成电路、发光二极管(LED)和激光器(LD)等，逐步形成了当今高度复杂的半导体芯片技术和巨大产业。半导体科学技术和产业的发展历史告诉我们：① 半导体物理和半导体器件物理的基础研究是促进半导体芯片技术和产业发展的重要驱动力和科学基础；② 半导体材料是整个半导体芯片技术创新链和产业链的上游环节和物质基础，对半导体芯片的技术水平和性能具有关键影响。

顾名思义，半导体材料的简单定义就是导电性能介于金属与绝缘体之间的一类材料。从固体物理学中可得到更科学的解释，半导体材料是指其价带电子具有一定的本征热激发概率的一类固体材料，即导带与价带之间有带隙，且带隙大小低于绝缘体的带隙。半导体材料既具有金属材料中电子共有化、可自由移动的特性，也具有绝缘体材料的极化和介电特性，其本身还具有半导体特有的物理性质，如载流子统计规律和热激发特性、施主和受主局域态特性以及 N 型和 P 型半导体特性，等等。20 世纪 40 年代 P - N 结晶体管的发明，50 年代集成电路的发明，70 年代半导体 LED 和 LD 的兴起，80 年代半导体高电子迁移率晶体管(HEMT)的兴起，90 年代半导体蓝光 LED 和 LD 的兴起等，半导体领域的核心技术发明均以半导体材料的科学研究和技术进步为基础。另一方面，这些发明创造在以其巨大的技术驱动力促进半导体芯片技术和产业高速发展的同时，也推动了半导体材料制备技术和物性分析方法的快速发展。时至今日，包括中国在内的世界各主要国家均已形成一定规模的半导体材料产业和半导体材料科研群体，半导体材料的制备水平已成为衡量一国半导体科学技术和半导体芯片发展水平的主要标志之一。

半导体异质结构材料是指两种不同禁带宽度或晶体结构(主要指前者)的半导体材料(一般是外延薄膜材料)组合在一起形成的人工复合半导体材料，它具有单一半导体材料所没有的一些物理性质。在 20 世纪 40 年代 P - N 结晶体管诞生之初，半导体异质结构就已进入人们的视野。但随后二十多年的半导体科技和产业发展主要以 Ge、Si 半导体晶体管和集成电路为主，加上当时半导体材料制备技术尚达不到制备高质量异质结构的水平，虽然也发展了一些基于半导体异质结构的电子器件和集成电路技术，但总体上半导体异质结构材料和器件尚未被重视。直到 20 世纪 60 年代末和 70 年代，随着以 GaAs、InP 为代表的化合物半导体材料和器件的兴起，特别是液相外延(LPE)、气相外延(VPE)、金属有机化学气相沉积(MOCVD)、分子束外延(MBE)等半导体外延技术的不断涌现和发展，半导体异质结构材料的制备水平达到了新的高度，其优异的光电特性才逐步显现出来。基于 GaAs 基和 InP 基半导体异质结构的射频电子器件以及基于 GaAs 基半导体量子阱的激光器的发明和产业化，极大地推动了无线通信技术和光通信技术等信息科技的发展，也使异质结构材料和器件在半导体科学技术领域占据了重要地位，半导体异质结构物理学也在半导体物理和半导体器件物理研究的基础上逐步建立了起来。

1.1.1　半导体材料的导电类型和晶体结构

众所周知，半导体材料根据导电类型的不同可分为 N 型半导体和 P 型半导体。

N 型半导体(Negative Semiconductor)是指在本征半导体晶体中掺入比组成晶体的本征元素的原子多一个或几个价电子的掺杂元素原子，使原子核外产生了不受束缚、在晶体中可自由运动的共有化电子的半导体。例如，向本征化合物半导体 GaN 中掺入 Si 杂质原子，由于 GaN 晶体中部分 Ga 晶格位置被 Si 取代，Si 原子最外层四个价电子的其中三个与周围最近邻的 N 原子形成共价键，会多出一个价电子，在热激发下很容易进入导带，成为在 GaN 晶体中自由运动的共有化电子。这样，GaN 的导电特性主要由这些带负电的共有化电子决定，这种半导体被称为 N 型半导体。

与 N 型半导体相似，P 型半导体(Positive Semiconductor)是向本征半导体晶体中掺入比本征元素的原子少一个或几个价电子的掺杂元素原子，使部分原子核外的价电子比本征时少，即多出了在晶体中可自由运动的空穴的半导体。例如，向本征 GaN 中掺入 Mg 杂质原子，部分 Ga 晶格位置被 Mg 原子取代，Mg 原子最外层两个价电子与最近邻的三个 N 原子中的两个形成共价键，少一个价电子，在价带中形成一个"空穴"。这个空穴可以吸引电子，相当于正电荷，也可在 GaN 晶体中自由运动。这样，GaN 的导电特性主要由这些带正电的空穴所决定，这种半导体被称为 P 型半导体。

半导体 P-N 结由一个 N 型半导体和一个 P 型半导体紧密接触形成，或者由同一块半导体晶体的一部分进行 P 型掺杂，另一部分进行 N 型掺杂而形成，图 1.1 是半导体 P-N 结的基本结构示意图。若 P-N 结是由相同的半导体材料组成的，只是两边掺杂类型不同，就称之为同质结；若 P-N 结两边由两种不同的半导体材料组成，则称之为 P-N 异质结。

而半导体异质结构是与半导体 P-N 结不同的物理概念，它不需要限定界面两边的掺杂类型不同。以图 1.2 所示的 $Al_xGa_{1-x}N/GaN$ 异质结构为例，半导体异质结构是指两种不同禁带宽度的半导体材料，通过陡变的界面组合在一起形成的人工复合半导体结构。组成异质结构的半导体材料十分广泛，元素半导体和化合物半导体都可以形成异质结构。但在实际的物理研究和器件研制中，异质结构更多的是指人工合成的化合物半导体异质结构，一般由不同的半导体外延薄膜材料构成，包括 Ⅲ-Ⅴ 族、Ⅱ-Ⅵ 族、Ⅳ-Ⅵ 族等化合物半导体。本书主要讨论的 Ⅲ 族氮化物宽禁带半导体异质结构是一类典型的 Ⅲ-Ⅴ 族化合物半导体材料，另一类重要的 Ⅲ-Ⅴ 族化合物半导体异质结构是 GaAs 基异质结构。如果半导体异质结构同时是 P-N 结，则称之为 P-N 结异质结构。

图 1.1　半导体 P-N 结基本结构示意图

图 1.2　$Al_xGa_{1-x}N/GaN$ 半导体异质结构示意图

常见的 Ⅲ-Ⅴ 族化合物半导体晶体结构主要是闪锌矿结构和纤锌矿结构，

GaAs 晶体是典型的闪锌矿结构，如图 1.3 所示。闪锌矿结构类似于 Si 晶体的金刚石结构，具有立方单胞和立方对称。但不同的是 GaAs 闪锌矿结构的晶格由 Ga 和 As 两种不同原子组成的面心立方沿立方对称晶胞的体对角线方向（〈111〉方向）错开 1/4 长度套构而成，每个原子各以四个异类原子为最近邻，它们处于四面体的顶点，Ga 和 As 双原子层按 ABCABC…的顺序沿〈111〉方向堆叠而成。

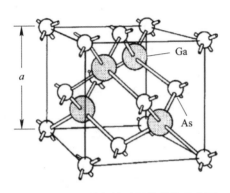

图 1.3　GaAs 的闪锌矿晶体结构示意图

　　CdTe、ZnTe 等用途广泛的 Ⅱ-Ⅵ 族化合物半导体也是闪锌矿结构。CdSe、CdS 等 Ⅱ-Ⅵ 族化合物半导体的晶体结构则属于六方对称的纤锌矿结构。而 PbTe、SnTe 等 Ⅳ-Ⅵ 族半导体的晶体结构类似氯化钠结构，也为立方对称结构。图 1.4 展示了常见的化合物半导体晶体结构示意图[1]。

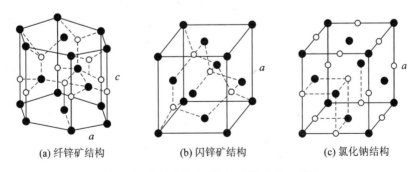

(a) 纤锌矿结构　　　　(b) 闪锌矿结构　　　　(c) 氯化钠结构

图 1.4　常见化合物半导体晶体结构示意图

　　本书主要讨论的 Ⅲ 族氮化物半导体包括 GaN、AlN、InN 及其三元和四元合金，均为直接带隙半导体材料，其中 GaN 是应用最为广泛的宽禁带半导体材料，因此Ⅲ族氮化物半导体又称为 GaN 基半导体。GaN 有三种晶体结构，热力学上的稳定相为六方对称的纤锌矿结构，亚稳相有立方对称的闪锌矿结构和类似于 NaCl 结构的岩盐矿结构。外延生长只涉及纤锌矿结构和闪锌矿结构，岩盐矿结构只有在高压下才能通过相变形成。第 2 章将详细论述氮化物宽禁带半导体的晶体结构。

1.1.2 半导体异质结构界面的晶格失配

半导体异质结构由两种不同的半导体材料（一般是半导体外延薄膜材料）通过陡变的界面组合而成。由于不同半导体晶体的晶格常数之间存在差异，组成异质结构的上下外延层或外延层与异质衬底之间的界面处均存在晶格失配。在异质结构制备过程中，如何处理异质界面的晶格失配是能否获得高质量异质结构材料的关键。

对于半导体异质结构中界面的晶格失配，美国 H. Kressel 等人于 1975 年提出用如下公式对晶格失配值进行定量描述[2]：

$$\frac{a_2 - a_1}{\frac{1}{2}(a_2 + a_1)} = \frac{\Delta a}{a} \qquad (1-1)$$

其中 a 为组成异质结构的两种半导体材料晶格常数的平均值。一般情况下，当晶格失配值小于 1% 时，近似认为是晶格匹配。当晶格失配值大于 1% 时，则认为存在晶格失配。晶格失配在一定条件下将在界面附近产生晶体缺陷，主要是失配位错，但也可以形成层错和各种点缺陷[3]。下面可用一个简单的物理模型计算异质结构中两种半导体材料导致的刃型失配位错密度与晶格失配度的定量关系。

如图 1.5 所示[3]，假设半导体异质结构中上面材料的晶格常数 a_1 较小，下面材料的晶格常数 a_2 较大，在形成异质结构后，必然会产生刃型位错和没有配对的化学键，这些未配对的化学键被称为"悬挂键"，晶格失配产生的刃型位错

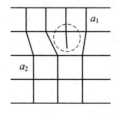

图 1.5 半导体异质结构中晶格失配导致的刃型位错及其"悬挂键"示意图[3]

线上往往分布着高密度的"悬挂键"。

根据两层半导体晶格常数的比较，可计算出半导体异质结构界面附近单位面积的"悬挂键"数目。假设半导体异质结构材料形状为矩形，长为 L，宽为 S，则"悬挂键"的数目可认为是上面半导体晶体格点数目 $\dfrac{L \cdot S}{a_1^2}$ 减去下面半导体晶体格点数目 $\dfrac{L \cdot S}{a_2^2}$。由此可得到单位面积上的"悬挂键"数目为[3]

$$N_s = \frac{1}{L \cdot S}\left(\frac{L \cdot S}{a_1^2} - \frac{L \cdot S}{a_2^2}\right) = \frac{(a_2 - a_1)(a_2 + a_1)}{a_2^2 a_1^2} \qquad (1-2)$$

根据公式（1-1）所设的两个参数 Δa 与 a，可将公式（1-2）简化为[3]

$$N_s = \frac{2\Delta a}{a^3} \qquad (1-3)$$

再根据半导体异质界面位错线的长度，和这里得到的"悬挂键"面密度，就可得到刃型失配位错密度与晶格失配度的定量关系。在闪锌矿结构的半导体中，由于晶体结构的原胞与布拉菲格子不同，在最终的公式（1-3）中会相差一个常数，且与所取晶面有关。在（100）面，公式（1-3）前面的系数为 8。表 1-1 列出了一些异质结构的相关参数[4-5]。

表 1-1　计算半导体异质结构中刃型位错密度与
晶格失配度定量关系的修正参数[4-5]

异质结构组成材料	晶格失配度/%	$N_s/\text{Å}$
Ge/Si	4.1	1.1×10^{14}
Ge/AlAs	0.08	1.5×10^{12}
GaAs/AlAs	0.16	4.3×10^{12}
InP/GaAs	3.7	9.3×10^{13}
InAs/GaSb	0.6	1.3×10^{13}

需要说明的是，这个简单的计算没有考虑组成半导体异质结构的晶体中刃型位错线上的悬挂键的弛豫，而实际的半导体晶体中位错线上悬挂键一般会发生弛豫和重构[6]。因此这个理想假设下的简单计算只具有参考价值。另一点需要说明的是，一般元素半导体与二元化合物半导体无法形成晶格参数匹配的异质结构，而很多化合物半导体的三元或四元合金可与相应的二元化合物半导体组成高晶体质量的异质结构，如 $\text{In}_x\text{Ga}_{1-x}\text{As}/\text{GaAs}$ 异质结构、$\text{Al}_x\text{Ga}_{1-x}\text{N}/\text{GaN}$ 异质结构等。

1.2 半导体异质结构的能带图

在理解和解释半导体异质结构材料和器件的光电性能时，异质结构的能带图具有构建其物理图像的重要功能，被看作是半导体物理的专业表达语言。半导体异质结构能带图的具体形状取决于形成异质结构的两种半导体材料的费米能级、禁带宽度、极化特性、电子亲和势、功函数和界面状态等。在由不同禁带宽度半导体材料构成的异质结构中，两种半导体的导带和价带相对位置有三种情况，分别是错层、交错和跨骑，如图1.6所示。错层是指左边半导体的价带顶位置已高于右边半导体的导带底，双方禁带在能量上完全没有交叠，如图1.6(a)所示。交错是指左边半导体的导带底和价带顶分别高于右边半导体，但左边半导体的价带顶低于右边半导体的导带底，双方禁带在能量上有部分交叠，如图1.6(b)所示。跨骑是指左边半导体的价带顶高于右边半导体，其导带底低于右边半导体，左边半导体的禁带在能量上完全被包含在右边半导体的禁带中，如图1.6(c)所示。跨骑的能带图在半导体异质结构中最为常见，氮化物宽禁带半导体异质结构也基本属于这种情况[3]。

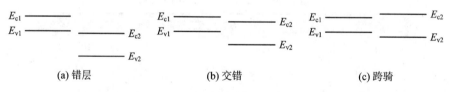

(a) 错层   (b) 交错   (c) 跨骑

图 1.6 半导体异质结构中两种半导体的导带底和价带顶相对位置

根据组成异质结构的两种半导体材料的导电类型，半导体异质结构可分为两类：① 反型异质结构，指由导电类型相反的两种半导体材料组成的异质结构，其同时构成 P-N 结；② 同型异质结构，指由导电类型相同的两种半导体材料组成的异质结构。

根据异质界面的陡变程度，半导体异质结构又可分为突变型异质结构和缓变型异质结构。突变型异质结构是指两种半导体材料各自直到异质界面都保持其体内特性，在边界上才突变为另一种半导体材料。缓变型异质结构是指两种半导体材料在异质界面附近逐步过渡变化，不同的异质结构过渡区宽度不一样。实际人工制备的半导体异质结构很显然都是缓变型的，但如果过渡区很薄，异质界面非常陡变，可近似看作突变型异质结构。

1.2.1　不考虑界面态的异质结构能带图

1. 理想突变 P-N 结异质结构

如前所述，实际人工制备的半导体异质结构不可能是突变型异质结构，但如果过渡区很薄，异质界面非常陡变，可近似看作突变型异质结构。此时在异质界面处存在原子重构和感应出的电偶极层[5,7]。这里以 GaAs 和 Ge 组成的 P-N 结异质结构为例进行讨论。假设 GaAs 为 N 型，Ge 为 P 型。两种禁带宽度不同的半导体尚未组成异质结构前的能带图如图 1.7 所示[8]。

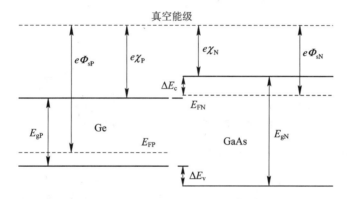

图 1.7　尚未组成半导体异质结构前 N 型 GaAs(右边)和 P 型 Ge(左边)的能带图[8]

最上面的横线代表真空能级，表示电子从半导体晶体中逃逸进入到外界真空达到的能级位置，可用来计算电子逃逸所需要的最小能量，真空能级对于所有的半导体材料是相同的。半导体的亲和能 χ 定义为半导体导带底的电子激发到真空能级所需要的能量，它是半导体自身特有的性质，不同的半导体材料具有不同的亲和能。功函数 Φ 定义为半导体中的电子从费米能级激发到真空能级所需要的能量，它既与半导体自身的特性有关，也取决于半导体的掺杂情况。当两种半导体材料组成异质结构时，两种半导体间导带底位置之差 ΔE_c 为[8]

$$\Delta E_c = \chi_1 - \chi_2 \tag{1-4}$$

ΔE_c 被称为"导带带阶"或"导带偏移"，理想情况下由两种半导体材料自身的性质决定，而两种半导体材料价带顶位置之差被称为"价带带阶"或"价带偏移"，可表达为[8]

$$\Delta E_v = \Delta E_g - \Delta E_c \tag{1-5}$$

其中 ΔE_g 是两种半导体材料的禁带宽度之差。在两种半导体材料接触后，由于它们的费米能级不同会产生电子电荷的转移。在热平衡时，半导体异质结构中费米能级处处相等，由于两种半导体材料存在导带带阶 ΔE_c 和价带带阶 ΔE_v，界面处能带并不连续，热平衡时的异质结构能带图如图 1.8 所示[8]，此时异质结构左边为禁带宽度较小的 P 型半导体，而右边是禁带宽度较大的 N 型半导体。

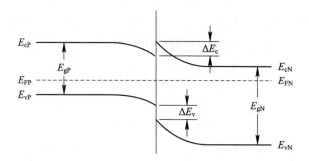

图 1.8 两种禁带宽度不同的 P 型和 N 型半导体组成的
P - N 结异质结构热平衡条件下的能带图[8]

由于能带在异质界面上断开，界面右边的电子势垒将出现一个尖峰，材料在边界上发生突变，不考虑界面电子态，两种半导体之间没有偶极层和夹层。这种物理图像被称作 Anderson 模型[3]。为后续具体分析方便，我们设定异质结构界面的位置坐标为 x_0，左边 P 型半导体的耗尽区边界为 x_1，右边 N 型半导体耗尽区边界为 x_2，由此两侧的耗尽区宽度分别为 $x_1 - x_0$ 以及 $x_2 - x_0$。我们首先从泊松方程出发[3]：

$$\frac{\mathrm{d}E(x)}{\mathrm{d}x} = \frac{\rho(x)}{\varepsilon} \tag{1-6}$$

具体的解方程过程在一般的半导体物理教材中会详细介绍，这里不再赘述。最终半导体异质结构界面附近空间电荷区的电场分布如图 1.9 所示[3]。

电场在异质界面处不连续的原因可从两种半导体材料的介电常数不同给予解释。这说明异质界面处一定存在极化电荷，一般认为是界面电偶极层以及原子的重构所导致[5,7]。此时异质界面需要满足电位移矢量连续的边界条件[3]，即

$$\varepsilon_1 E_1 \big|_{x=x_0} = \varepsilon_2 E_2 \big|_{x=x_0} \tag{1-7}$$

这里 E_1 表示异质界面左边空间电荷区的电场，而 E_2 表示右边空间电荷区的电

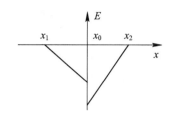

图 1.9　两种禁带宽度不同的 P 型和 N 型半导体组成的
P－N 结异质结构空间电荷区的电场分布[3]

场。我们假设了 P 型半导体的介电常数更大一些，因而解出的最终电场分布就如图 1.9 所示。异质界面左边和右边空间电荷区电场强度具体表达式为[3]

$$\begin{cases} E_1 = -\dfrac{e}{\varepsilon_1} N_A (x - x_1) \\ E_2 = -\dfrac{e}{\varepsilon_2} N_D (x_2 - x) \end{cases} \qquad (1-8)$$

通过对电场的积分我们可得到异质界面左边和右边空间电荷区电势的表达式[3]：

$$\begin{cases} V_1 = \dfrac{1}{2} \dfrac{e}{\varepsilon_1} N_A (x - x_1)^2 \\ V_2 = V_D - \dfrac{1}{2} \dfrac{e}{\varepsilon_2} N_D (x_2 - x)^2 - \Delta E_c \end{cases} \qquad (1-9)$$

其中 V_D 是半导体形成异质结构后的总电势差，其大小为两种半导体材料费米能级之差，$V_D = \Phi_1 - \Phi_2$。同时此电势差值在左右半导体中皆有分布，在异质界面 x_0 处，总电势差 V_D 与两种半导体分别贡献的电势垒大小的关系为[3]

$$V_D = V_1 (x_0) + V_2 (x_0) = V_{D1} + V_{D2} \qquad (1-10)$$

二者的比值可以从公式（1-9）与电中性条件，即界面两侧空间电荷区电荷数相等联立得到[3]：

$$\frac{V_{D1}}{V_{D2}} = \frac{\varepsilon_2 N_D}{\varepsilon_1 N_A} \qquad (1-11)$$

由此我们可看出，异质结构的势垒主要落在掺杂浓度较少的半导体那边。公式（1-8）中掺杂浓度的比值大小变化可以直接影响到异质结构能带图的形状，即图中的势垒尖峰与半导体热平衡时导带底的相对位置有关。

空间电荷区的宽度也可以由上面的公式得到[3]，即

$$\begin{cases} x_0 - x_1 = \left[\dfrac{2\varepsilon_1\varepsilon_2 N_{\mathrm{D}}}{eN_{\mathrm{A}}(\varepsilon_1 N_{\mathrm{A}} + \varepsilon_2 N_{\mathrm{D}})} V_{\mathrm{D}} \right]^{\frac{1}{2}} \\[4mm] x_2 - x_0 = \left[\dfrac{2\varepsilon_1\varepsilon_2 N_{\mathrm{A}}}{eN_{\mathrm{D}}(\varepsilon_1 N_{\mathrm{A}} + \varepsilon_2 N_{\mathrm{D}})} V_{\mathrm{D}} \right]^{\frac{1}{2}} \end{cases} \tag{1-12}$$

在考虑外加电压 V_{A} 的影响后，异质界面左边和右边耗尽区的宽度与势垒高度关系为[3]

$$\begin{cases} x_0 - x_1 = \left[\dfrac{2\varepsilon_1\varepsilon_2 N_{\mathrm{D}}}{eN_{\mathrm{A}}(\varepsilon_1 N_{\mathrm{A}} + \varepsilon_2 N_{\mathrm{D}})} (V_{\mathrm{D}} - V_{\mathrm{A}}) \right]^{\frac{1}{2}} \\[4mm] x_2 - x_0 = \left[\dfrac{2\varepsilon_1\varepsilon_2 N_{\mathrm{A}}}{eN_{\mathrm{D}}(\varepsilon_1 N_{\mathrm{A}} + \varepsilon_2 N_{\mathrm{D}})} (V_{\mathrm{D}} - V_{\mathrm{A}}) \right]^{\frac{1}{2}} \end{cases} \tag{1-13}$$

由此我们也可以得到空间电荷区的总电荷密度为[3]

$$Q_{\mathrm{total}} = eN_{\mathrm{D}}(x_2 - x_0) = \left[\frac{2e\varepsilon_1\varepsilon_2 N_{\mathrm{A}} N_{\mathrm{D}}}{\varepsilon_1 N_{\mathrm{A}} + \varepsilon_2 N_{\mathrm{D}}} (V_{\mathrm{D}} - V_{\mathrm{A}}) \right]^{\frac{1}{2}} = eN_{\mathrm{A}}(x_0 - x_1) \tag{1-14}$$

综上所述，以上讨论已把 Anderson 模型中理想突变型 P-N 结半导体异质结构在热平衡条件下的主要物理参数求出。

2. 理想突变同型异质结构

相比于理想突变 P-N 结异质结构，理想突变同型异质结构情况更加复杂，原因在于 P-N 结异质结构界面两侧都是耗尽区，而同型异质结构必有一侧是载流子积累区，而另一侧是载流子耗尽区。假设异质结构两边都是 N 型半导体，那么在空间电荷区中任意一点的电荷密度为[9]

$$\rho(x) = e\left[N_{\mathrm{D}}^+(x) - N_{\mathrm{c}} \exp\left(\frac{E_{\mathrm{F}} - E_{\mathrm{c}}(x)}{kT} \right) \right] \tag{1-15}$$

公式中的电荷密度是已电离的施主离子浓度减去导带中的电子浓度，在这里我们忽略了少数载流子空穴对空间电荷密度的影响。其中 $E_{\mathrm{c}}(x)$ 是导带底的位置，它与导带弯曲程度有关，由内建电场产生的电势差来决定。可以用上面理想突变型 P-N 结异质结构的方法继续处理理想突变同型异质结构，同样会得到热平衡条件下的物理特性，但是求解过程会比较复杂，本书在此略过。读者若有兴趣可以参考本章参考文献[9-10]。图 1.10 列出了几种可能的理想突变同型半导体异质结构的能带图以供参考，图中 Φ 是半导体的功函数，(a)和(b)所示为两边都是 N 型半导体的情况，(c)和(d)所示为两边都是 P 型半导体的情况[3]。

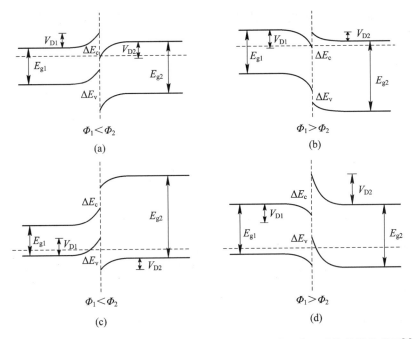

图 1.10　四种功函数和导电类型不同的理想突变同型半导体异质结构的能带图[3]

1.2.2　考虑界面态的异质结构能带图

上面处理突变型异质结构问题时，没有考虑界面存在局域态等实际情况。这里对上述的理想物理模型进行有界面态的修正。两种半导体材料组成异质结构时，界面局域态的主要来源有：① 两种半导体晶体相互之间的晶格失配引起界面晶格畸变和重构，将在界面导入悬挂键，从而形成界面态；② 由于两种半导体晶体的热膨胀系数不同，也会在高温外延生长后的降温过程中引入界面态；③ 大多数化合物半导体组成异质结构时，化合物中元素的相互间扩散会引入界面态。可以说界面态是实际存在的半导体异质结构中必须考虑的真实情况。

和其他半导体体系一样，半导体异质结构中的界面局域态分为施主和受主两种类型。施主界面态指界面态能级被电子占据时显现电中性，释放电子后呈现正电性；而受主界面态是指界面态能级被电子占据时显现电负性，释放电子后呈现电中性。一般情况下施主界面态能级在半导体禁带中位于下半部，而受主界面态能级在禁带上半部，表明无论是施主还是受主界面态一般均为深能级，如图 1.11 所示[8]。但具体到每个实际的半导体材料和半导体异质结构，各种性质和禁带中位置的界面态都可能存在，其占据情况还取决于半导体中费米能级的位置。

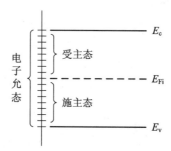

图 1.11 半导体异质结构中界面局域态能级示意图[8]

在了解了界面态的概念和来源后，这里考虑将界面态的作用引入半导体异质结构的物理处理中，分别讨论界面态密度较小和界面态密度较大的两种情况。

1. 界面态密度较小的情况

在界面态密度较小时[11]，可以近似认为半导体异质结构的能带没有受到太大的影响，同时认为界面态仅存在于界面薄层内，由此我们可以构造公式半定量地处理其物理模型，以理想突变 P-N 结异质结构为例，如图 1.12 所示[11]。

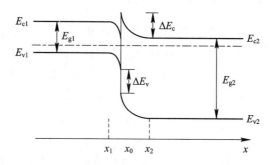

图 1.12 界面态密度较小情况下理想突变 P-N 结异质结构的能带图[11]

在有偏压的情况下，异质界面两边的空间电荷密度为[11]

$$\begin{cases} Q_1 = -\dfrac{\varepsilon_1 N_A Q_{IS}}{\varepsilon_1 N_A + \varepsilon_2 N_D} + B_1 (V_D - V_A - B_2 Q_{IS}^2)^{\frac{1}{2}} \\ Q_2 = \dfrac{\varepsilon_2 N_D Q_{IS}}{\varepsilon_1 N_A + \varepsilon_2 N_D} + B_1 (V_D - V_A - B_2 Q_{IS}^2)^{\frac{1}{2}} \end{cases} \tag{1-16}$$

$$\begin{cases} B_1 = \left(\dfrac{2e\varepsilon_1\varepsilon_2 N_A N_D}{\varepsilon_1 N_A + \varepsilon_2 N_D} \right)^{\frac{1}{2}} \\ B_2 = \dfrac{1}{2e(\varepsilon_1 N_A + \varepsilon_2 N_D)} \end{cases} \tag{1-17}$$

其中，Q_{IS} 为界面态上的电荷密度，Q_1 为窄禁带空间电荷密度，Q_2 为宽禁带空间电荷密度，B_1、B_2 为与两边半导体材料掺杂浓度及介电常数有关的常数。此时设定其为受主界面态，即与 Q_1 同号。对于 Q_1、Q_2 和 Q_{IS}，还必须满足电荷平衡条件：$Q_2 = Q_1 + Q_{IS}$。很显然，有受主界面态存在时，P 型半导体区域的空间电荷相比于理想情况减小。

由于此时我们认为界面态电荷密度很小，公式（1-16）可化简为[11]

$$\begin{cases} Q_1 = -\dfrac{\varepsilon_1 N_A Q_{IS}}{\varepsilon_1 N_A + \varepsilon_2 N_D} + B_1(V_D - V_A)^{\frac{1}{2}} \\ Q_2 = \dfrac{\varepsilon_2 N_D Q_{IS}}{\varepsilon_1 N_A + \varepsilon_2 N_D} + B_1(V_D - V_A)^{\frac{1}{2}} \end{cases} \tag{1-18}$$

与式（1-13）比较发现，式（1-18）中 $B_1(V_D - V_A)^{\frac{1}{2}}$ 为不考虑界面态时空间电荷区的电荷密度，与界面电荷 Q_{IS} 有关的部分即为有界面态影响时在空间电荷区的修正项。由此空间电荷区的宽度可表示为[11]

$$\begin{cases} eN_A L_1 = -\dfrac{\varepsilon_1 N_A Q_{IS}}{\varepsilon_1 N_A + \varepsilon_2 N_D} + eN_A L_{10} \\ eN_D L_2 = \dfrac{\varepsilon_2 N_D Q_{IS}}{\varepsilon_1 N_A + \varepsilon_2 N_D} + eN_D L_{20} \end{cases} \tag{1-19}$$

其中，L_1、L_2 为有界面态电荷时空间电荷区的宽度，L_{10}、L_{20} 为理想情况下空间电荷区的宽度。由公式（1-19），我们也可以将空间电荷区宽度的变化量求出[11]：

$$\begin{cases} L_1 - L_{10} = -\dfrac{\varepsilon_1 Q_{IS}}{e(\varepsilon_1 N_A + \varepsilon_2 N_D)} \\ L_2 - L_{20} = \dfrac{\varepsilon_2 Q_{IS}}{e(\varepsilon_1 N_A + \varepsilon_2 N_D)} \end{cases} \tag{1-20}$$

变化量二者的比值为[11]

$$\frac{L_1 - L_{10}}{L_2 - L_{20}} = -\frac{\varepsilon_1}{\varepsilon_2} \tag{1-21}$$

由此可见，与受主型界面态电荷同号的半导体，即 P 型半导体中耗尽区宽度将下降；与受主型界面态电荷反号的半导体，即 N 型半导体中耗尽区宽度将

上升。二者变化量的比值与半导体材料本身的介电常数成正比。

2. 界面态密度较大的情况

当半导体异质结构中界面态密度较大时，其能带图受界面电荷影响较大，界面附近的能带弯曲状态主要由界面态电荷支配，而与组成异质结构的半导体材料的功函数等性质无关。具体定量处理读者有兴趣可参考文献[12]，这里只做定性分析，给出界面态密度较大时半导体异质结构的能带图。图 1.13 是界面态为施主能级时，理想突变型 P-N 结和 N-P 结半导体异质结构以及 P 型半导体同型异质结构的能带图[12]；而图 1.14 是界面态为受主能级时，理想突变型 P-N 结和 N-P 结半导体异质结构以及 N 型半导体同型异质结构的能带图[12]。

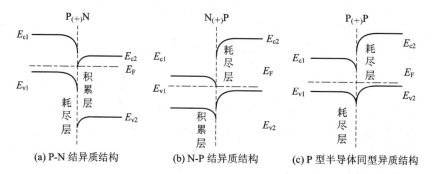

(a) P-N 结异质结构　　(b) N-P 结异质结构　　(c) P 型半导体同型异质结构

图 1.13　界面态为施主能级时理想突变型半导体异质结构能带图[12]

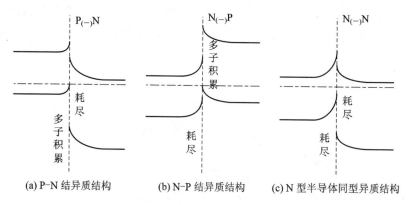

(a) P-N 结异质结构　　(b) N-P 结异质结构　　(c) N 型半导体同型异质结构

图 1.14　界面态为受主能级时理想突变型半导体异质结构能带图[12]

1.2.3　界面渐变异质结构的能带图及 Anderson 模型的修正

　　前面讨论的半导体异质结构能带图都属于突变型异质结构，但实际的半导体异质结构界面不可能从一种半导体突然转变到另一种半导体，必然是逐渐过渡转变的，区别只是在于过渡区的厚度大小。如果异质结构的界面过渡区足够厚，则界面附近的导带具有连续不断裂的特性，也代表着两种半导体材料的亲和能是接近于连续的，异质结构界面附近的半导体禁带宽度也可认为是连续变化的。图 1.15 展示了一种界面渐变的半导体异质结构能带图[13]。

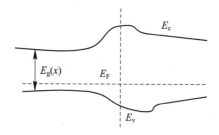

图 1.15　一种界面渐变的半导体异质结构能带图[13]

　　实际制备半导体异质结构时，为了尽可能制备出接近于理想突变型的异质结构，就需要尽量将异质界面附近的过渡区厚度做的足够“薄”。一般来讲，用 MBE(Molecular Beam Epitaxy)方法外延生长的半导体异质结构可使过渡区的厚度达到接近突变型异质结构的要求，而近年来国际上发展的一些 MOCVD(Metallo-Organic Chemical Vapor Deposition)超薄层外延生长方法也能做到接近突变型异质结构的水平[14]。

　　由上面的分析知道，适用于突变型半导体异质结构的 Anderson 模型在处理实际的界面渐变半导体异质结构时有很大偏差。实验发现，界面渐变的影响使得异质结构带阶的大小会偏离两边半导体的亲和能之差[15]，而在实际设计半导体异质结构材料和器件时，带阶的大小是很重要的物理参数。在 Anderson 模型提出后，针对界面渐变半导体异质结构，国际上有不少科学家都对 Anderson 模型进行了修正。1979 年，英国南安普顿大学 M. J. Adams 等人提出两种半导体材料组成异质结构时，它们的本征费米能级应该对齐的原则[16]；1980 年，美国加州理工学院 O. V. Ross 等人提出两种半导体材料组成异质结构时，它们的导带边必须对齐的原则[17]；1983 年，南京固体器件研究所田牧

等人提出半导体异质结构两侧的费米能级在界面处会有一个突变,而此突变的大小由两侧的半导体载流子有效质量决定[18];1984 年,美国贝尔实验室 J. Tersoff 提出了著名的半导体异质结构界面偶极子极小原则[19]。在整个 20 世纪 80 年代,对界面渐变半导体异质结构中 Anderson 模型的修正是当时国际上半导体物理研究的热点。而对于实际研制半导体异质结构器件,更关心的是真实导带或价带带阶的大小。在实验上测量实际半导体异质结构的带阶,主要采用荧光光谱法或激发光谱等方法[20-22],在此不过多介绍。值得强调的是,原则上通过半导体异质结构电学特性的测量,即通过异质结构的电容-电压关系也可求出异质界面的带阶[23]。我们将在本章 1.4 节中讨论该电学特性测量方法及其物理模型。

1.3　半导体异质结构中的二维电子气

在图 1.16 中,我们可以看到在半导体异质结构界面附近的导带会弯曲形成一个三角形的势阱(也称为量子阱),大量的电子会在此三角形势阱中积累,形成所谓的二维电子气(2DEG, Two-Dimensional Electron Gas)。2DEG 不仅密度高,而且由于高密度电子彼此之间的静电屏蔽作用,2DEG 比半导体体内电子受到的散射作用弱很多,因此拥有高得多的室温和低温迁移率[24]。在调制掺杂的半导体异质结构中,即施主掺杂只在异质结构的势垒层中进行,而 2DEG 势阱所在的半导体中不进行掺杂,这样可使势阱中的 2DEG 在空间上与施主杂质离子分离,在有效提升 2DEG 密度的同时,并不增强 2DEG 受到的离化杂质散射,可维持甚至进一步提升 2DEG 的室温和低温迁移率[25]。另一方面,异质结构势阱中 2DEG 在垂直于异质界面方向的运动受到势阱两侧势垒的限制,2DEG 只能在界面内的两个自由度方向运动。本节将讨论半导体异质结构中 2DEG 的形成及其基本物理特性。本书第 4 章将更详细地讨论 GaN 基半导体异质结构中 2DEG 的经典输运和量子输运性质。

1.3.1　异质结构中二维电子气的形成

这里以 $Al_xGa_{1-x}N$ 与 GaN 两种同样为 N 型的半导体构成的异质结构为例,来分析二维电子气的形成,如图 1.16 所示。

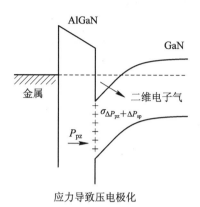

应力导致压电极化

图 1.16　$Al_x Ga_{1-x} N/GaN$ 半导体异质结构的能带图

图中，P_{pz} 是异质结中的压电极化强度，$\sigma_{\Delta P_{pz}+\Delta P_{sp}}$ 是压电极化和自发极化产生的界面电荷面密度。首先我们以无限深势阱的近似求法，对 $Al_x Ga_{1-x} N/GaN$ 异质结构界面形成的三角形势阱进行求解[26]。三角形势阱采用以下势函数分布：

$$U(x) = \begin{cases} eEx, & x > 0 \\ \infty, & x \leqslant 0 \end{cases} \tag{1-22}$$

其中 E 为电场大小，将此势阱表达式带入定态薛定谔方程，则所要求解的波动方程为[26]

$$\left(-\frac{\hbar^2}{2m}\frac{d^2}{d^2 x} + eEx\right)\varphi(x) = E_n \varphi(x) \tag{1-23}$$

现可利用 Airy 函数求解此波函数方程，由此函数模型可以得到三角形势阱中各个子能级能量的表达式为[26]

$$E_n = \left(\frac{\hbar^2}{2m}\right)^{\frac{1}{3}} (eE)^{\frac{2}{3}} S_n \quad n = 1, 2, 3, 4, \cdots \tag{1-24}$$

可计算得到 $S_1 = 2.338$，其他高阶项的 S_n 可以通过下列公式进行拟合计算得到[26]：

$$S_n = \left[\frac{3\pi}{2}\left(n - \frac{1}{4}\right)\right]^{\frac{2}{3}} \tag{1-25}$$

通过上述物理求解不难发现，半导体异质结构中三角形势阱的量子化与界面处的电场强度有很大关系，并且导电沟道的宽窄受到电场弯曲程度的调控。通过简单的计算可得到，只有界面电场达到 $10^4 \sim 10^5$ V/cm 的量级，三角形势阱的量子化才明显[26]。

在实际的半导体异质结构中，除了在势阱方向，即垂直于界面方向的量子化，另两个方向是满足电子的自由运动条件的，这里设定限制方向为 z 方向，则在 x-y 平面内，可以将电子认为是准自由电子。假设电子的有效质量在 x-y 平面中各向同性，则 2DEG 在势阱中运动的有效质量方程可表达为[26]

$$\left[-\frac{\hbar^2}{2m}\left(\frac{\partial^2}{\partial x^2}+\frac{\partial^2}{\partial y^2}+\frac{\partial^2}{\partial z^2}\right)+U(z)\right]\Phi(\vec{r})=E_n\Phi(\vec{r}) \qquad (1-26)$$

其中 $U(z)$ 是异质结构中三角形势阱的势函数，$\Phi(\vec{r})$ 是体系中电子的真实波函数的包络，可以解得上述定态薛定谔方程的波函数解为[26]

$$\Phi(\vec{r})=\frac{1}{L_xL_y}e^{i(k_xx+k_yy)}\zeta_n(z) \qquad (1-27)$$

其中 $\frac{1}{L_xL_y}$ 为归一化系数，这里利用了分离变量的方法求解。根据上面的物理分析可得到 z 方向电子处在一系列分离能量本征值，而在 x-y 平面内是自由电子，即简单的行波波函数。

综上所述，最后可得到半导体异质结构三角形势阱中 2DEG 的总能量为[26]

$$E=\frac{\hbar^2k^2}{2m}+E_n \qquad (1-28)$$

其中 $k^2=k_x^2+k_y^2$。因此在异质结构界面处，对应于各个分立的能级 E_n，可形成一系列色散关系相同的准二维子带(以区别于原子层或者半导体表面的固有的二维能带)，每一个子带上电子的动能与自由电子相同，是电子动量的二阶项式[26]。

1.3.2　异质结构中二维电子气的基本物理性质

为了形成 2DEG，一般要求半导体异质结构中禁带大的半导体一侧的导带形成电子势垒，而禁带窄的半导体一侧的导带形成电子势阱，我们可合理假设两种半导体在接触组成异质结构前，禁带大的半导体一侧的费米能级高于禁带窄的一侧，如图 1.17 所示。

如果不考虑氮化物半导体的强极化效应，仅讨论常规的无极化半导体材料，可看出两种半导体组成异质结构时，界面附近的能带弯曲程度与两侧半导体中的费米能级位置密切相关，也就是说异质结构中 2DEG 的密度与两侧半导体的掺杂程度有关。假如两侧半导体不掺杂，由于载流子浓度很低，电荷转移量较少，界面附近的能带弯曲程度很低，在此情况下界面处电子的积累较少，

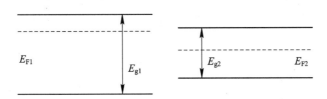

图 1.17　两种半导体在接触组成异质结构前各自的能带图

无法形成 2DEG(或 2DEG 密度很低)。当两侧掺杂类型相同，都是 N 型掺杂时，异质结构界面会发生显著的能带弯曲，形成密度较高的 2DEG。1969 年，美国 IBM 研究实验室 I. Esaki 和 R. Tsu 发明了半导体异质结构的调制掺杂技术[27]，后来该技术发展成为 GaAs 基、InP 基等半导体异质结构材料和器件制备的主要掺杂方式。

所谓调制掺杂，以 $Al_xGa_{1-x}As/GaAs$ 异质结构为例进行说明，如图 1.18 所示[28]。在制备异质结构时，宽禁带一侧的 $Al_xGa_{1-x}As$ 是高施主掺杂浓度的势垒层，而在窄禁带一侧的 GaAs 是三角形势阱中 2DEG 所在的区域，不进行任何掺杂，即为本征半导体。这种异质结构就是调制掺杂半导体异质结构。

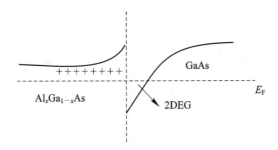

图 1.18　调制掺杂 $Al_xGa_{1-x}As/GaAs$ 异质结构的能带图[28]

调制掺杂半导体异质结构具有一系列很好的物理性质，其中最重要的一点是势阱中 2DEG 的来源为已经离化的势垒层中的掺杂原子，但积累在势阱层一侧，实现了载流子与掺杂离化后的库仑散射中心的空间分离。由于在势阱中不存在电离杂质散射或散射作用很弱，因此 2DEG 具有很高的迁移率，这对于制备电子器件，特别是射频电子器件至关重要。在具有强极化效应的 $Al_xGa_{1-x}N/GaN$ 半导体异质结构出现之前，$Al_xGa_{1-x}As/GaAs$ 调制掺杂半导体异质结构很长一段时间都是研制和制造高电子迁移率晶体管（HEMT）器件的主要半导体材料体系[28-30]。

除了具有超高的 2DEG 迁移率外，调制掺杂半导体异质结构的另一个优点是耐低温。由于 2DEG 的电离杂质中心处于界面另外一侧的势垒层，2DEG 即使在接近绝对零度的温度下依然不会复合。因此可利用调制掺杂半导体异质结构进行一些极低温条件下的低维物理研究，如整数维量子 Hall 效应和分数维量子 Hall 效应研究[31-32]，以及最近几年的拓扑态物理研究[33-34]，极大地推动了凝聚态物理和量子物理研究的进步。

半导体异质结构中 2DEG 的经典输运性质即是讨论载流子输运的散射过程。大量研究表明，半导体异质结构中 2DEG 的散射机制主要有电离杂质散射、晶格振动散射、合金无序散射等[35-37]。如果是 GaN 基半导体异质结构，受外延质量和极化效应的影响，还要考虑界面粗糙度散射、压电散射和位错散射等[38-39]。

电离杂质散射产生的原因是库仑作用，虽然在调制掺杂异质结构中，2DEG 在空间上与电离杂质中心分离，但是电子仍会在一定程度上受到远程库仑散射的作用。在静电屏蔽效应作用下，在势垒层掺杂浓度不高时，增加势垒层掺杂浓度会提升异质结构中 2DEG 的密度，从而提高其迁移率。但当势垒层掺杂浓度提升到一个临界值后，库仑散射作用变得显著，此时再增加掺杂浓度会导致 2DEG 迁移率下降[38,40]。因此在设计具体的调制掺杂半导体异质结构时，需要谨慎考虑势垒层的掺杂浓度，以使 2DEG 的密度和迁移率共同构成的异质结构输运性质有个综合最好值。

半导体异质结构中晶格振动散射产生的原因是半导体晶格在振动中偏离了平衡位置，破坏了完美的晶格周期势场，导致电子与声子间的相互作用，电子声子相互作用分为极化光学波散射和声学波形变势散射两种散射方式[41]。同时在 GaN 基异质结构中，压电极化效应在低温下会产生声学波压电散射，这是由于声学波通过压电效应产生了极化，从而引发出静电势，对 2DEG 产生散射作用[42]。在 GaN 基异质结构中，受外延质量影响，异质界面表面会有一定起伏，而由于 2DEG 密度很高，势阱中电子的分布更加接近异质界面，因此会导致比较严重的界面粗糙度散射[43]。国际上有一些报道认为界面粗糙度散射很可能是 GaN 基异质结构中的主要散射因素。

在化合物半导体异质结构中，势垒层一般是三元合金半导体，例如 $Al_xGa_{1-x}As$、$Al_xGa_{1-x}N$ 等。由于 Al 与 Ga 在势垒层晶体结构中随机无序地分布，导致晶体周期势场产生了扰动项[38]。而异质结构势阱中的 2DEG 会有一定的波函数展宽，小部分的波函数会进入到三元合金势垒层中，由此诱发合金无序散射。这一散射机制一方面与电子波函数渗透的大小有关，另一方面与三元合金一侧的无序程度有关。同时势阱中波函数向势垒层的渗透又和 2DEG 的面密度以及势垒层高度有关[38]。一般而言，合金无序散射在 GaN 基异质结构中要比在 GaAs 基和 InP 基异质结构中更为严重。

　　图 1.19 是常用的强磁场、超低温的综合物性测量系统的照片。多年来，国内外科学家通过低温下半导体异质结构中高迁移率 2DEG 的输运性质测量，发现了一些非常奇异和有意义的物理现象，如 Shubnikov de Haas（SdH）振荡[44-46]、磁致子带间散射[47-48]、量子霍尔效应[31-32,49-50]等，同时发现在强磁场下除了 SdH 振荡现象之外，还存在 2DEG 的弱局域化和弱反局域化等量子现象。有关 GaN 基半导体异质结构中 2DEG 丰富而有趣的经典输运与量子输运性质，将在本书第 4 章中进行详细讨论。

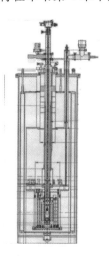

图 1.19　强磁场、超低温综合物性测量系统示意图

1.4　半导体异质结构的电学特性

1.4.1　异质结构的电流-电压特性

　　根据半导体物理处理异质结构的电流-电压（$I-V$）特性一般使用三种模型进行描述，分别是扩散模型、热电子发射模型和势垒隧穿模型[8]。现以理想突

变的 P-N 结异质结构为例分别讨论这三种物理模型，均假设 P 型半导体的禁带宽度比 N 型半导体小。

1. 扩散模型

扩散模型一般应用于 P-N 结异质结构界面处的势垒主要落在禁带宽度小的 P 型半导体区域的情况。此种情况下异质结构的能带图如图 1.20 所示[8]。

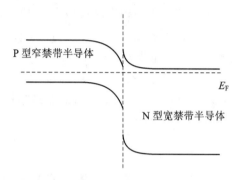

P 型窄禁带半导体

E_F

N 型宽禁带半导体

图 1.20　采用扩散模型描述的半导体异质结构能带图[8]

采用扩散模型处理异质结构的 I-V 特性时，形成电流的导电粒子分别是异质界面两侧半导体中的少数载流子。扩散模型成立的条件要求异质界面处的势垒尖峰要比较低，在两侧半导体的费米能级统一时并不突出。同时由于讨论的前提是理想突变的 P-N 结异质结构，因此耗尽区的特性与同型异质结构相同，故而对于扩散模型具体公式的推导可以参照一般半导体物理教材上对于半导体 P-N 结 I-V 特性的处理。重要的是这种物理上的处理有四个近似条件：一是耗尽区以外的半导体是电中性的；二是小注入电流条件，即可运用小注入时的双极输运方程；三是载流子浓度非简并，可使用玻尔兹曼统计的近似；四是异质界面处没有表面态。由此可给出 P-N 结异质结构电流密度 J 的表达式[8]：

$$J = J_N + J_P = e\left(\frac{D_{N1}}{L_{N1}}n_{10} + \frac{D_{P2}}{L_{P2}}p_{20}\right)\left[\exp\left(\frac{eV_a}{kT}\right) - 1\right] \qquad (1-29)$$

式中，D_{N1}、D_{P2} 分别是禁带宽度小的 P 型半导体和禁带宽度大的 N 型半导体中少数载流子的扩散系数；L_{N1}、L_{P2} 分别是两种半导体中少数载流子的扩散长度；V_a 是外加电压，以 P 型半导体接入正电压为正值；n_{10}、p_{20} 分别是两种半导体中少数载流子浓度。由此可见，扩散模型下的半导体异质结构正向电流是正向电压的指数函数，与同型异质结构相同。

公式(1-29)就是由扩散理论给出的 P-N 结异质结构的 $I-V$ 特性,一般分析半导体异质结构的电学特性时,很重要的一点就是电流"注入比",即总电流中电子流与空穴流的比值,详细的处理将在 1.4.3 节介绍,在此做简要定性分析。进一步分析电子流与空穴流的占比情况,我们可以将公式(1-29)中少数载流子浓度 n_{10} 和 p_{20} 分别用两侧半导体中的多数载流子浓度 n_{20} 和 p_{10} 来替换,最终结果为[8]

$$J = J_{\mathrm{N}} + J_{\mathrm{P}}$$
$$= e\left(\frac{D_{\mathrm{N1}}}{L_{\mathrm{N1}}} n_{20} \exp\left(\frac{-e(V_{\mathrm{D}} - \Delta E_{\mathrm{c}})}{kT}\right) + \right.$$
$$\left. \frac{D_{\mathrm{P2}}}{L_{\mathrm{P2}}} p_{10} \exp\left(\frac{-e(V_{\mathrm{D}} + \Delta E_{\mathrm{v}})}{kT}\right)\right)\left[\exp\left(\frac{eV_{\mathrm{a}}}{kT}\right) - 1\right] \qquad (1-30)$$

因为异质界面处的带阶大小相比于热能系数 kT 大很多,所以上式中的 $\exp\left(\frac{-e(V_{\mathrm{D}} - \Delta E_{\mathrm{c}})}{kT}\right)$ 和 $\exp\left(\frac{-e(V_{\mathrm{D}} + \Delta E_{\mathrm{v}})}{kT}\right)$ 两个指数项将对总的电流密度值有极大影响,自然可以看出在 P-N 结异质结构中 P 型半导体禁带宽度小的情况下,异质结构 $I-V$ 特性的电流主要由电子电流来贡献。

2. 热电子发射模型

如果 P-N 结异质结构中禁带宽度大的 N 型半导体一侧的势垒很高,势垒峰值比异质界面另一侧的 P 型半导体的导带底高,那么 N 型半导体区域向 P 型半导体区域扩散的电子,只有当能量大于 N 型半导体一侧的势垒高度时才能通过发射机制进入另一侧的 P 型半导体区域,这与理想肖特基金属/半导体接触类似。这种情况下的半导体 P-N 结异质结构能带图如图 1.21 所示[51]。

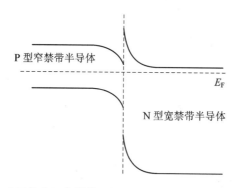

图 1.21　采用热电子发射模型描述的 P-N 结异质结构能带图[51]

与处理理想肖特基金属/半导体接触的热电子发射模型物理过程类似，我们在此可给出这种情况下最终的半导体 P - N 结异质结构的电流密度表达式[51]：

$$J = J_2 - J_1 = Xen_{20}\left(\frac{kT}{2\pi m^*}\right)^{\frac{1}{2}}\exp\left(-\frac{eV_{D2}}{kT}\right)\left[\exp\left(\frac{eV_{a2}}{kT}\right) - \exp\left(\frac{eV_{a1}}{kT}\right)\right]$$

$$(1-31)$$

其中 J_1 是 P 型半导体区域向 N 型半导体区域扩散的电子电流，J_2 是 N 型半导体区域向 P 型半导体区域扩散的电子电流；V_{a2}、V_{a1} 分别是外加电压在 N 型半导体和 P 型半导体上的分压；V_{D2} 为 N 型半导体一侧的势垒高度，X 是透射系数，引用 X 的原因是 Anderson 认为异质结的界面对载流子有一定的反射[52]。以图 1.18 所示能带图为例，在热电子发射模型下我们只考虑电子贡献的电流，因为空穴电流相比电子电流要小得多，完全可以忽略，其原因是空穴传输需要克服的势垒远高于电子部分。与扩散模型的处理结果相同，在热电子发射模型下，P - N 结异质结构的总电流密度依然是电压的指数函数。

3. 隧穿模型

当加在 P - N 结异质结构的正向偏压很大时，禁带宽度大的 N 型半导体一侧有大量的多数载流子(电子)的能量处于与 P 型半导体一侧的三角势阱相同的位置，此时由于 N 型半导体中势垒的厚度较小，电子可以直接通过隧穿作用进入到 P 型半导体一侧而无需像热电子发射模型描述的那样越过整个势垒。这种情况下的半导体 P - N 结异质结构能带图如图 1.22 所示[53]。

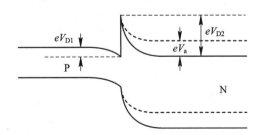

图 1.22　采用隧穿模型描述的 P - N 结异质结构能带图[53]

此时异质结构的隧穿电流为 N 型半导体中流向异质界面的电流乘以电子穿越异质界面附近势垒的隧穿概率。而隧穿概率与温度无关，是外加电压的指数函数[53]。因此隧穿模型下的 P - N 结异质结构的电流或电流密度依赖于温度，依然是外加电压的指数函数。通过实验测得的 $I - V$ 特性曲线的温度关系可以判断通过异质结构的电流是隧穿机制还是前面描述的另外两种经典机制。

1.4.2　异质结构的势垒电容

如前所述，通过半导体异质结构的电容-电压(C-V)特性曲线可获得异质结构的带阶大小，现在来具体讨论半导体异质结构的势垒电容及其和能带的关系。

由公式(1-14)可获得理想突变 P-N 结异质结构空间电荷区的总电荷面密度。在足够小误差的近似下，我们可把半导体异质结构看作一个平行板电容器，异质界面两侧半导体的空间电荷就是电容存储的电量。那么根据电容的定义，我们可由空间电荷区的总电荷面密度 Q 对外加电压 V_a 的微分得到异质结构单位面积的势垒电容[3]：

$$C = \left| \frac{\mathrm{d}Q}{\mathrm{d}V_a} \right| = \left[\frac{e\varepsilon_1\varepsilon_2 N_D N_A}{2(\varepsilon_1 N_A + \varepsilon_2 N_D)} \frac{1}{V_D - V_a} \right]^{\frac{1}{2}} \tag{1-32}$$

其中，N_D、N_A 为两侧半导体掺杂浓度，ε_1、ε_2 为两侧半导体介电常数。通过上式不难发现，根据实验测得的 C-V 特性曲线可求得 P-N 结异质结构的势垒高度 V_D，可将上式整理为[3]

$$V_D = \frac{2(\varepsilon_1 N_A + \varepsilon_2 N_D)}{e\varepsilon_1\varepsilon_2 N_D N_A} \frac{1}{C^2} + V_a \tag{1-33}$$

我们可通过异质结构的势垒高度 V_D 来进一步求得半导体 P-N 结异质结构的关键参数——异质界面带阶的大小。依然以理想突变的 P-N 结异质结构为例，假设 P 型半导体的禁带宽度比 N 型半导体小，如图 1.23 所示[3]。

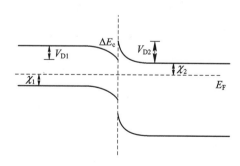

图 1.23　P 型半导体的禁带宽度比 N 型半导体小的理想突变 P-N 结异质结构能带图[3]

从图中不难得到[3]：

$$\Delta E_c = eV_{D2} + \chi_2 - (E_{g1} - eV_{D1} - \chi_1) = eV_D + \chi_2 + \chi_1 - E_{g1} \tag{1-34}$$

假设两侧的半导体完全电离，利用半导体物理的相关知识，有如下关系[8]：

$$\begin{cases} \chi_1 = kT\ln\left(\dfrac{N_v}{N_{A1}}\right) \\[3mm] \chi_2 = kT\ln\left(\dfrac{N_c}{N_{D2}}\right) \end{cases} \qquad (1-35)$$

$$\begin{cases} N_c = \dfrac{2(2\pi m_{2N}^* kT)^{\frac{2}{3}}}{h^3} \\[4mm] N_v = \dfrac{2(2\pi m_{1P}^* kT)^{\frac{2}{3}}}{h^3} \end{cases} \qquad (1-36)$$

其中，m_{2N}^* 为 N 型半导体中电子的有效质量，m_{1P}^* 为 P 型半导体中空穴的有效质量。通过上面的公式，如果半导体 P-N 结异质结构两侧的相关半导体基本参数已知，利用实验测得的异质结构 C-V 特性曲线就可求得异质结构的势垒高度 V_D，从而代入公式(1-34)，即可求出异质结构的导带带阶 ΔE_c。

对于半导体 P-N 结异质结构的价带带阶，可用与上面的分析类似的方法得到。但对于同型异质结构，由于其势垒高度较小，通过势垒电容 C-V 特性曲线的实验测量和上述计算获得的结果会有较大误差。

1.4.3 异质结构的载流子注入特性

1. 异质结构的电流注入比

前面 1.4.1 节已经将半导体异质结构的 I-V 特性曲线求出。现在来讨论半导体异质结构的电流注入比。在此依然以理想突变的 P-N 结异质结构为例，假设 P 型半导体的禁带宽度比 N 型半导体小。采用扩散模型处理半导体异质结构中载流子的输运特性，根据公式(1-29)，其具体的电子和空穴电流密度表达式为[3]

$$J = J_N + J_P$$

$$\begin{cases} J_N = e\dfrac{D_{N1}}{L_{N1}}\dfrac{n_{1i}^2}{p_{10}}\Big[\exp\Big(\dfrac{eV_a}{kT}\Big)-1\Big] \\[4mm] J_P = e\dfrac{D_{P2}}{L_{P2}}\dfrac{n_{2i}^2}{n_{20}}\Big[\exp\Big(\dfrac{eV_a}{kT}\Big)-1\Big] \end{cases} \qquad (1-37)$$

其中，D_{N1}、D_{P2} 分别是禁带宽度小的 P 型半导体和禁带宽度大的 N 型半导体中少数载流子的扩散系数；L_{N1}、L_{P2} 分别是两种半导体中少数载流子的扩散长度；V_a 是外加电压，以 P 型半导体接入的电压为正值；n_{20} 和 p_{10} 是两侧半导体中的多数载流子浓度；n_{1i} 和 n_{2i} 分别是窄禁带半导体和宽禁带半导体本征载流子浓度。可以看出，在异质界面两侧半导体的掺杂浓度接近、扩散常数在同一个量级、杂质离子完全电离的情况下，异质结构中电子电流与空穴电流的比值为[3]

$$\frac{J_N}{J_P} = \frac{D_{N1} N_{D2} L_{P2}}{D_{P1} N_{A1} L_{N1}} \left(\frac{m_{P1} m_{N1}}{m_{P2} m_{N2}}\right)^{\frac{3}{2}} \exp\left(\frac{E_{g2} - E_{g1}}{kT}\right) \propto \exp\left(\frac{\Delta E_g}{kT}\right) \quad (1-38)$$

其中 $m_{P1} m_{N1}$、$m_{P2} m_{N2}$ 分别是窄禁带半导体和宽禁带半导体导带和价带中载流子有效质量的乘积；ΔE_g 为禁带差值。由此式可看出，如简化为常规的 P-N 结，电子电流与空穴电流的比为[3]

$$\frac{J_N}{J_P} = \frac{D_{N1} N_{D2} L_{P2}}{D_{P1} N_{A1} L_{N1}} \quad (1-39)$$

从公式(1-39)可看出，对常规的 P-N 结，为了获得较大的电流注入比，通常须在 N 型半导体一侧高掺杂，就像半导体晶体管的发射极一般都是高掺杂的半导体材料。而对于半导体异质结构，由于注入比的表达式(1-38)中出现了指数项 $\exp\left(\dfrac{\Delta E_g}{kT}\right)$，即使在 N 型半导体区域掺杂浓度不高的情况下，异质结构仍可达到极高的电流注入比，这是半导体异质结构输运性质的一大优势所在[54]。

通过上述分析可看出，两种半导体的禁带宽度差 ΔE_g 是决定半导体异质结构电流注入比的关键参数。而电流注入比之所以很关键，是因为它与基于 P-N 结异质结构的半导体晶体管的放大倍数，以及半导体激光器的阈值电流密度和注入效率等重要器件性能密切相关。

上述对半导体异质结构电流注入比的分析是基于扩散模型的物理处理。如前所述，扩散模型成立的前提是异质结构的势垒峰值较低或者说能带在异质界面处较为平滑。当突变型异质结构的势垒峰值很高时，载流子的输运需要采用热电子发射模型进行物理处理。在此情况下，电子电流输运的定性关系为 $J_N \propto \exp(-eV_{D2})$，而空穴与扩散模型处理的结果相同，因为没有势垒峰的出现。在此情况下，理想突变 P-N 结异质结构的电流注入比表达为[3]

$$\frac{J_N}{J_P} \propto \exp(\Delta E_v + eV_{D1}) \quad (1-40)$$

其中，ΔE_v 是价带带阶，V_{D1} 是势垒 V_D 在价带分压。从中可看出在导带出现明显的势垒峰情况下，电流注入比与价带带阶 ΔE_v 有关，而不是与两种半导体的

禁带宽度差 ΔE_g 有关。因为在两种半导体禁带差值不变的前提下，导带带阶 ΔE_c 越大，ΔE_v 越小。因此对于理想突变 P - N 结异质结构，如果 P 型半导体的禁带宽度比 N 型半导体小，一般选择 ΔE_v 较大的异质结构来获得高的电流注入比。如果 P 型半导体的禁带宽度比 N 型半导体大，则反过来要选择 ΔE_c 更大的异质结构来获得高的电流注入比[55]。

2. 异质结构的超注入现象

在讨论半导体异质结构的电流注入比之后，我们进一步讨论异质结构独有的载流子"超注入"现象[56]。"超注入"现象是指在 P - N 结异质结构中，禁带宽度大的半导体一侧注入到禁带宽度小的半导体一侧的少数载流子浓度可超过其本身的多数载流子浓度[56]。依然以理想突变的 P - N 结异质结构为例，假设 P 型半导体的禁带宽度比 N 型半导体的禁带宽度小。当对异质结构施加足够大的正向电压 V_a 时，P 型半导体区域的导带底会逐渐接近 N 型半导体区域的导带底，甚至反超。当 P 型半导体中电子的准费米能级与 N 型半导体中电子的费米能级一致时，异质结构的能带图如图 1.24 所示[3]，原先异质结构界面的静电势垒基本被拉平。

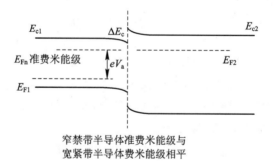

窄禁带半导体准费米能级与
宽紧带半导体费米能级相平

图 1.24　大正向偏压下 P 型半导体禁带宽度小于 N 型半导体的
理想突变 P - N 结异质结构能带图

由半导体中载流子浓度的公式可得到如下表达式[3]：

$$\begin{cases} n_1 = N_{c1} \exp\left(-\dfrac{E_{c1} - E_{Fn}}{kT}\right) \\ n_2 = N_{c2} \exp\left(-\dfrac{E_{c2} - E_{Fn}}{kT}\right) \end{cases} \qquad (1-41)$$

其中，n_1、n_2 分别是 P 型半导体和 N 型半导体中的电子浓度，E_{Fn} 是准费米能级，E_{c1}、E_{c2} 分别是窄带半导体和宽带半导体导带底能量，N_{c1} 为窄带半导体导带等效态密度，N_{c2} 为宽带半导体导带等效态密度，在此假设二者没有差别。则 P 型半导体和 N 型半导体中的电子浓度比值为[3]

$$\frac{n_1}{n_2} = \exp\left(\frac{E_{c2} - E_{c1}}{kT}\right) \tag{1-42}$$

在室温下，kT 值很小，只要异质结构中两种半导体的导带底能量差 $E_{c2} - E_{c1}$ 为正值，就会出现注入到 P 型半导体一侧的少数载流子（电子）浓度超过 N 型半导体一侧的多数载流子（电子）浓度的现象。"超注入"是 P-N 结半导体异质结构中一个很重要的物理现象，例如，基于 P-N 结半导体异质结构的激光器就可利用"超注入"现象，使得禁带宽度大的 N 型半导体一侧即使掺杂浓度不高，也可令注入禁带宽度小的 P 型半导体一侧的电子浓度极大，从而实现粒子数反转。关于 P-N 结半导体异质结构中对"超注入"更为具体的定量计算，有兴趣的读者可进一步阅读所列参考文献[56]。

参 考 文 献

[1] NAKAMURA S. The role of structural imperfections in InGaN-based blue light-emitting diodes and Laser diodes[J]. Science, 1998, 281(5379): 955-961.

[2] KRESSEL H. The application of heterojunction structures to optical devices[J]. Journal of electronic materials, 1975, 4(5): 1081-1141.

[3] 虞丽生. 半导体异质结物理[M]. 2 版. 北京：科学出版社, 2006.

[4] DORNHAUS R, NIMTZ G. Narrow-gap Semiconductor[J]. Springer tracts in Modern Physics, 1983, 98: 164.

[5] SHARMAB L, PUROHIT R K. Semiconductor Heterojunctions[M]. London: Pergamon Press, 1974.

[6] KINGS, BARNAK J, BREMSER M, et al. Cleaning of AlN and GaN surfaces[J]. Journal of applied physics, 1998, 84(9): 5248-5260.

[7] ANDERSON R L. Germanium-Gallium Arsenide Heterojunctions[J]. IBM journal of research & development, 1960, 4: 283-287.

[8] NEAMAN D A. Semiconductor Physics and Devices[M]. 4th ed. 北京：电子工业出版社, 2018: 355-363.

[9] KUMAR R C. On the solution of poisson equation for an isotype heterojunction under zero-current condition[J]. Solid state electronics, 1968, 11(5): 543-551.

[10] CSERVENY S I. Potential distribution and capacitance of abrupt heterojunctions[J].

International journal of electronics，1968，25(1)：65 - 80.

[11] BALLINGALL J，WOOD C E C，EASTMAN L F. Electrical measurements of the conduction band discontinuity of the abrupt Ge - GaAs〈100〉heterojunction[J]. Journal of vacuum science & technology B，1983，1(3)：675 - 681.

[12] MILNES A G，FEUCHT D L. Heterojunction and Metal-Semiconductor junction [M]. New York：Academic Press，1972：104.

[13] OLDHAM W G，MILNES A G. n-n Semiconductor heterojunctions [J]. Solid state electronics，1963，6(2)：121 - 132.

[14] KIZILYALLI I，AKTAS O. Characterization of vertical GaN p - n diodes and junction field-effect transistors on bulk GaN down to cryogenic temperatures[J]. Semiconductor science & technology，2015，30(12)：124001.

[15] VAN VECHTEN J A. Ionization potentials，electron affinities，and band offsets[J]. Journal of vacuum science & technology B，1985，3：1240.

[16] ADAMS M J，NUSSBAUM A. A proposal for a new approach to heterojunction theory[J]. Solid state electronics，1979，22：783 - 791.

[17] ROSS O V. Theory of extrinsic and intrinsic heterojunctions in thermal equilibrium [J]. Solid state electronics，1980，23(10)：1069 - 1075.

[18] 田牧. 异质结扩散模型电流传输理论研究：Ⅰ.突变异质结平衡能带图建立的新途径 [J]. 固体电子学研究与进展，1983，3(1)：7 - 13.

[19] TERSOFF J. Theory of semiconductor heterojunctions：The role of quantum dipoles [J]. Physical review. B，30(8)：4874 - 4877.

[20] KRAUT E A，GRANT R W，WALDROP J R，et al. Precise Determination of the Valence-Band Edge in X-Ray Photoemission Spectra：Application to Measurement of Semiconductor Interface Potentials[J]. Physical review letters，1980，44(24)：1620 -1623.

[21] MILLER R C，GOSSARD A C，KLEINMAN D A，et al. Parabolic quantum wells with the GaAs-Al$_x$Ga$_{1-x}$As system[J]. Physical review B，1984，29(6)：3740 - 3743.

[22] GOLDYS E M，ZUO H Y，TANSLEY T L，et al. Band offsets in In$_{0.15}$Ga$_{0.85}$As/ GaAs and In$_{0.15}$Ga$_{0.85}$As/Al$_{0.15}$Ga$_{0.85}$As studied by photoluminescence and cathodoluminescence[J]. Superlattices and microstructures，1998，23(6)：1223 - 1226.

[23] KROEMER H，CHIEN W Y，HARRIS J S，et al. Measurement of isotype heterojunction barriers by C - V profiling[J]. Applied physics letters，1980，36(4)：295 - 297.

[24] IBBETSON J P，FINI P，NESS K，et al. Polarization effects，surface states，and the source of electrons in AlGaN/GaN heterostructure field effect transistors[J]. Applied physics letters，2000，77(2)：250 - 252.

[25] STöRMER H L, DINGLE R, GOSSARD A C, et al. Electron Mobilities in Modulation-Doped Semiconductor Heterojunction Superlattices[J]. Applied physics letters, 1978, 33(7): 665 - 667.

[26] 叶良修, 半导体物理学[M]. 2 版. 北京: 高等教育出版社, 2009.

[27] ESAKI L, TSU R. IBM Research Laboratories, International Report No. RC 2418, 1969 (unpublished).

[28] HIRAKAWA K, SAKAKI H, YOSHINO J. Concentration of electrons in selectively doped GaAlAs/GaAs heterojunction and its dependence on spacer-layer thickness and gate electric field[J]. Applied physics letters, 1984, 45(3): 253 - 255.

[29] HIYAMIZU S, SAITO J, NANBU K, et al. Improved Electron Mobility Higher than 106 cm^2/Vs in Selectively Doped GaAs/N-AlGaAs Heterostructures Grown by MBE [J]. Japanese journal of applied physics, 1983, 22(10): 609 - 611.

[30] LEE K, SHUR M S, KLEM J, et al. Parallel Conduction Correction to Measured Room Temperature Mobility in (Al, Ga) As-GaAs Modulation Doped Layers[J]. Japanese Journal of applied physics, 1984, 23(4): 230 - 231.

[31] VON KLITZING K, DORDA G, PEPPER M. New Method for High-Accuracy Determination of the Fine-Structure Constant Based on Quantized Hall Resistance[J]. Physical review letters, 1980, 45(6): 494 - 497.

[32] STöRMER H L, TSUI D C, GOSSARD A C, et al. Observation of quantized hall effect and vanishing resistance at fractional Landau level occupation[J]. Physica B+C, 1983, 117&118(MAR): 688 - 690.

[33] BERNEVIG B A, HUGHES T L, ZHANG S C. Quantum spin Hall effect and topological phase transition in HgTe quantum wells[J]. Science, 2006, 314 (5806): 1757 - 1761.

[34] KöNIG M, WIEDMANN S, BRüNE C, et al. Quantum spin hall insulator state in HgTe quantum wells[J]. Science, 2007, 318 (5851): 766 - 770.

[35] HIRAKAWA K, SAKAKI H. Mobility of the two-dimensional electron gas at selectively doped n-type $Al_x Ga_{1-x}$ As/GaAs heterojunctions with controlled electron concentrations[J]. Physical review B, 1986, 33(12): 8291 - 8303.

[36] LEE K, SHUR M S, DRUMMOND T J, et al. Low field mobility of 2 - d electron gas in modulation doped $Al_x Ga_{1-x}$ As/GaAs layers[J]. Journal of applied physics, 1983, 54(11): 6432 - 6438.

[37] WALUKIEWICZ W, RUDA H E, LAGOWSKI J, et al. Electron mobility in modulation-doped heterostructures[J]. Physical review. B, 1984, 30(8): 4571 - 4582.

[38] ANDO T. Self-Consistent Results for a GaAs/$Al_x Ga_{1-x}$ As Heterojunciton. II. Low

Temperature Mobility[J]. Journal of the physical society of Japan，1982，51(12)：3900 – 3907.

[39] JENA D，GOSSARD A C，MISHRA U K. Dislocation scattering in a two-dimensional electron gas[J]. Applied physics letters，2000，76(13)：1707 – 1709.

[40] STERN F. Doping considerations for heterojunctions[J]. Applied physics letters，1984，43(10)：974 – 976.

[41] VINTER B. Phonon-Limited Mobility in GaAlAs/GaAs Heterostructures[J]. Applied physics letters，1984，45(5)：581 – 582.

[42] ZANATOD，GOKDEN S，BALKAN N，et al. The effect of interface-roughness and dislocation scattering on low temperature mobility of 2D electron gas in GaN/AlGaN [J]. Semiconductor science and technology，2004，19(3)：427 – 432.

[43] ASGARI A，BABANEJAD S，FARAONE L. Electron mobility，Hall scattering factor，and sheet conductivity in AlGaN/AlN/GaN heterostructures Electron mobility，Hall scattering factor，and sheet conductivity in AlGaN/AlN/GaN heterostructures[J]. Journal of applied physics，2011，110(99)：113713 – 104903.

[44] WANG T，OHNO Y，LACHAB M，et al. Electron mobility exceeding 104cm2/Vs in anAlGaN – GaN heterostructure grown on a sapphire substrate[J]. Applied physics letter，1999，74(23)，3531 – 3533.

[45] ZHENG Z W，SHEN B，ZHANG R，et al. Occupation of the double subbands by the two-dimensional electron gas in the triangular quantum well at $Al_x Ga_{1-x}$ N/GaN heterostructures[J]. Physical review B，2000，62(12)：R7739 – R7742.

[46] TANG N，SHEN B，WANG M J，et al. Beating patterns in the oscillatory magnetoresistance originatedfrom zero-field spin splitting in $Al_x Ga_{1-x}$ N/GaN heterostructures[J]. Applied physics letters，2006，88(17)：172112.

[47] TANG N，SHEN B，ZHENG Z W，et al. Magnetoresistance oscillations induced by intersubband scattering of two-dimensional electron gas in $Al_{0.22} Ga_{0.78}$ N/GaN[J]. Journal of applied physics，2003，94 (8)：5420 – 5422.

[48] TANG N，SHEN B，WANG M J，et al. Comment on "Spin splitting in modulation-doped $Al_x Ga_{1-x}$N/GaN heterostructures"[J]. Physical review B，2006，73(3)：037301.

[49] VON KLITZING K. The quantized hall effect[J]. Physica B+C，1984，126(1 – 3)：242 – 249.

[50] TSUI D C，GOSSARD A C，FIELD B F，et al. Determination of the Fine-Structure Constant Using GaAs-$Al_x Ga_{1-x}$ As Heterostructures[J]. Physical review letters，1982，48(1)：3 – 6.

[51] PERLMAN SS，FEUCHT D L. p – n heterojunctions[J]. Solid state electronics，

1964，7(12)：911－923.

[52]　ANDRESON R J. Experiments on Ge-GaAs heterojunctions [J]. Solid state electronics，1962，5(5)：341－344.

[53]　REDIKER R H，STOPEK S，WARD J H R. Interface-alloy epitaxial heterojunctions [J]. Solid state electronics，1964，7(8)：621－622.

[54]　KROEMER H. Theory of a Wide-Gap Emitter for Transistors[J]. Proceedings of the IRE，1957，45(11)：1535－1537.

[55]　CHEN M F，YEN J L，LI J Y，et al. Stimulated emission in nanostructured silicon p－n junction diode using current injection[J]. Applied physics letters，2004，84(12)：2163－2165.

[56]　CHEUNG D T，PEARSON G L. An analysis of the superinjection phenomenon in heterostructure devices[J]. Journal of applied physics，1975，46(5)：2313－2314.

第 2 章

氮化镓基宽禁带半导体的基本物理性质

在半导体科学技术的发展历程中，按照发展年代的不同，一般将 Si、Ge 等元素半导体称为第一代半导体材料，GaAs、InP 等化合物半导体及其合金称为第二代半导体材料，而把禁带宽度 E_g 大于 2.3 eV 的宽禁带半导体材料称为第三代半导体材料。第三代半导体材料主要包括 III 族氮化物、SiC、ZnSe、金刚石、ZnO、Ga_2O_3 等。

高频、高功率、高能效半导体电子器件一直是半导体领域重要的发展目标，它们在移动通信、新能源汽车、轨道交通、能源互联网、新一代通用电源、国防军工等领域具有重大的应用价值。从 20 世纪 60 年代起其发展经历了从第一代 Si 基器件到第二代 GaAs 基、InP 基器件，对信息技术和产业的发展产生了巨大的推动作用。进入新世纪以来，随着信息技术的迅猛发展以及器件使用环境的日益苛刻，对电子器件的频率、输出功率、带宽、高温、抗辐射、耐腐蚀等性能的要求也在不断提高。为满足这些需求，已经较为成熟的 Si 基和 GaAs 基电子器件的性能已接近其材料的物理极限。国际上一致认为要在器件性能上取得进一步突破必须依靠宽禁带半导体材料及其异质结构。这其中最为引人关注的是 GaN 基半导体及其异质结构[1-2]。

GaN 基半导体材料具有高饱和电子漂移速度、高击穿场强、高热导率、高温度稳定性、耐强腐蚀强辐射等优异的物理、化学性质。特别是 GaN 基半导体异质结构存在极强的自发和压电极化效应，以及很大的界面导带偏移 ΔE_c，可获得比其他半导体异质结构材料高一个数量级以上的二维电子气（2DEG）密度，因而成为当前发展高频、高功率、大带宽、高能效、抗辐射射频电子器件和功率电子器件的优选半导体材料体系之一。而对 GaN 基半导体及其异质结构基本物理性质的了解是制备高质量 GaN 基半导体材料和高性能 GaN 基电子器件的基础。

2.1 氮化镓基半导体的基本物理性质

2.1.1 GaN 基半导体的基本物理性质概述

GaN 基半导体相对 Si 基或 GaAs 基半导体，禁带宽度较大，并具有强极化的特点，同时还具有高饱和电子漂移速率、高击穿场强等优异性质，是发展高频、高功率、高温电子器件的最优选半导体材料体系。热力学上稳定的氮化物晶体是纤锌矿结构，其六方对称的晶体结构缺少反演对称性，加上 GaN、AlN、InN 化学键均是强极性共价键，因此氮化物半导体具有很强的自发极化效应，同时晶格存在应变时会形成很强的压电极化效应，压电系数比其他 III-V 族、II-VI 族化合物半导体晶体大 1 个数量级以上。表 2-1 列出了 GaN、AlN、InN 三种氮化物宽禁带半导体的基本物理参数[3]。

表 2-1 GaN、AlN、InN 半导体的基本物理参数[3]

物理参数	单位	GaN	AlN	InN
晶体结构		纤锌矿	纤锌矿	纤锌矿
密度	g/cm	6.15	3.23	6.81
静态介电常数		8.9	8.5	15.3
高频介电常数		5.35	4.77	8.4
禁带宽度（G 能谷）	eV	3.39	6.2	0.7
电子有效质量（G 能谷）		0.20	0.48	0.11
分离能	eV	8.3	9.5	7.1
极化光学声子能量	meV	91.2	99.2	89.0
晶格常数 a	nm	0.3189	0.311	0.354
晶格常数 c	nm	0.5185	0.498	0.570
电子迁移率	cm²/(V·s)	1000（体材料） 2000（2DEG）	135	3200
空穴迁移率	cm²/(V·s)	30	14	
空穴寿命	ns	7		
空穴扩散长度（300 K）	nm	800		
饱和电子漂移速度	cm/s	2.5×10^7	1.4×10^7	2.5×10^7
峰值电子漂移速度	cm/s	3.1×10^7	1.7×10^7	4.3×10^7
峰值速率场	kV/cm	150	450	67
临界击穿场强	kV/cm	$>5 \times 10^6$		
轻空穴质量		0.259	0.471	
热导率	W/(cm·K)	1.5	2	
熔化温度	℃	>1700	3000	1100

氮化镓基半导体实际上有近百年的研究历史[4]。但由于一直不能获得高质量的 GaN 单晶材料或外延材料，也不能实现 GaN 的 P 型掺杂，氮化物半导体的研究长期没有起色，不被人们所重视。直到 20 世纪 80 年代末、90 年代初，

日本科学家 I. Akasaki、H. Amano 和 S. Nakamura 经过多年的不懈努力，提出和发展了 MOCVD 两步生长方法和 Mg 掺杂 GaN 的 P 型激活技术[5-7]，一举解决了 GaN 基半导体材料的高质量外延生长和 P 型掺杂难题。从此国际上兴起了氮化物半导体材料和器件的研究及产业化热潮，迄今已持续了近 30 年。

早在 1928 年，美国芝加哥大学 W. C. Johnson 等人就合成了 GaN 多晶薄膜[4]，他们发现 GaN 多晶薄膜具有高强度、抗常规湿法腐蚀的特点，在室温下不溶于水和酸性溶液，也不溶于 NaOH 碱性溶液。1938 年，德国海德堡大学 R. JuZa 等人报道了热力学上稳定的 GaN 晶体结构是六方对称的纤锌矿结构（α - GaN）[8]，其晶格常数分别是 $a = 0.3189$ nm，$c = 0.5185$ nm。1940 年，他们进一步发现虽然 α - GaN 是热力学上的稳定相，但在某种条件下，在立方结构的衬底材料上也可生长出亚稳态立方对称的闪锌矿 GaN（β - GaN）薄膜[9]。β - GaN 薄膜生长可采用的衬底材料包括 Si(100)、MgO 和 GaAs(100) 等。迄今为止，大量的研究表明在这些衬底上生长的闪锌矿结构 GaN 薄膜的缺陷密度很高，大多数缺陷属于 {111} 微孪晶和堆积层错[10]，其原因在于严重的晶格失配和热失配。1991 年，比利时安特卫普大学 P. Van Camp 等人发现在非常高的压强下，GaN 或其他氮化物晶体可通过相变转化为岩盐矿晶格结构[11]。

氮化物半导体的电子能带结构研究始于 20 世纪 60 年代末和 70 年代初[12-14]。研究发现纤锌矿结构的氮化物半导体（包括 GaN、AlN、InN 及其三元和四元合金）均为直接带隙半导体，其中 GaN 的室温下禁带宽度为 3.4 eV[3]。1974 年，瑞典 Linköping 大学 B. Monemar 等人报导了 GaN 禁带宽度随温度的变化规律[15]，之后几年人们又做了大量的研究工作[16-22]，虽然各自得到的禁带宽度的温度系数不同，但结果均表明禁带宽度随温度的变化量相对于带隙自身很小，在 0～300 K 之间带隙的变化只有 72 meV。闪锌矿结构的 GaN 也为直接带隙，其禁带宽度室温下为 3.2 eV[23]，略小于纤锌矿结构 GaN。

外延材料的晶体质量和异质界面特性对 GaN 基异质结构中 2DEG 的输运性质起决定性作用。同时，由于 GaN 及其异质结构一般在 SiC、蓝宝石或 Si 单晶衬底上通过异质外延方法获得，衬底和 GaN 之间很大的晶格失配和热膨胀系数失配导致 GaN 外延薄膜及其异质结构中存在高密度的贯穿位错，典型的位错密度达 10^9～10^{11} cm^{-2}[24-26]。研究表明，贯穿位错一般带负电，形成受主型深能级[27]，因此位错散射是影响 GaN 基异质结构中 2DEG 输运性质的重要因素[28-29]，但大量实验表明 GaN 基异质结构中高密度的 2DEG 会对贯穿位错的库仑散射形成量子屏蔽效应[30]，虽然异质结构中位错密度达 10^9～10^{11} cm^{-2}，但 Al$_x$Ga$_{1-x}$N/GaN 异质结构中 2DEG 的室温迁移率依然可高达

2000 cm^2/(V·s)以上[31]。

2.1.2　GaN 基半导体的晶体结构

如前所述，对于氮化物半导体晶体（包括 GaN、AlN 和 InN），热力学上的稳定相是六方对称的纤锌矿（Wurtzite）结构[8-9]，对称群为 C$_{6v}$(6 mm)点群和 C$_{6v}^4$(P$_6$3mc)空间群[32]。热力学上的亚稳相为立方对称的闪锌矿（Blende）结构，对称群为 F - 3m 空间群[33]。另外，还存在岩盐矿（NaCl）结构[33]。

图 2.1 是氮化物半导体的三种基本晶体结构示意图[34]。六方对称的纤锌矿结构和立方对称的闪锌矿结构的主要差别在于原子层的堆垛顺序不同[35]。纤锌矿结构具有包含四个原子的六角单胞，是由六次对称排列的双原子层按 ABAB…的顺序沿⟨0001⟩方向（c 轴方向）堆叠而成的。图 2.1(a)给出了氮化物半导体的纤锌矿晶体结构示意图。以 GaN 为例，它可看成分别由 N 原子和 Ga 原子组成的两套六角密堆结构所组成，这两套密堆结构沿 c 轴方向错开 3c/8（其中 c 为六角密堆结构沿 c 轴方向的晶格常数）。闪锌矿结构具有立方单胞，如图 2.1(b)所示，其晶格由两种不同原子组成的面心立方沿立方对称晶胞的体对角线方向（⟨111⟩方向）错开 1/4 长度套而构成，每个原子各以四个异类原子为最近邻，它们处于四面体的顶点，双原子层按 ABCABC…的顺序沿⟨111⟩方向堆叠而成。岩盐矿结构比较少见，如图 2.1(c)所示，在大于 50 GPa 的高压下 GaN 晶体可从纤锌矿结构通过相变转为岩盐矿结构[11]。

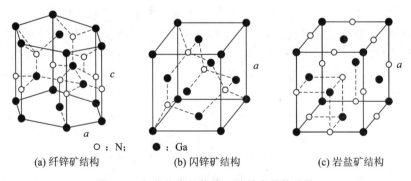

○：N;　●：Ga
(a) 纤锌矿结构　　　　(b) 闪锌矿结构　　　　(c) 岩盐矿结构

图 2.1　氮化物半导体的三种基本晶体结构

为了更形象地显示晶体对称性，六方晶系晶体通常采用四轴坐标系来表达晶面和晶向，如图 2.2 所示[36]。三轴坐标系[UVW]和四轴坐标系[uvtw]的方向指数及面指数的坐标换算关系为[36]

$$\begin{cases} U = 2u + v \\ V = u + 2v \\ W = w \end{cases} \quad (2-1)$$

$$\begin{cases} u = \dfrac{1}{3}(2U - V) \\ v = \dfrac{1}{3}(2V - U) \\ t = -\dfrac{1}{3}(u + v) \\ w = W \end{cases} \quad (2-2)$$

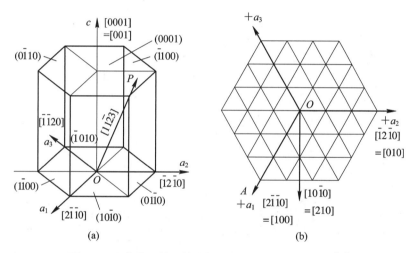

图 2.2　六方晶系的四轴坐标系的方向指数和面指数[36]

纤锌矿结构 GaN 的晶格常数为 $a = 0.3189$ nm，$c = 0.5185$ nm，$300 \sim 700$ K 温度范围内 a 轴方向上 (0001) 面的热膨胀平均值为 $\Delta a/a = 5.59 \times 10^{-6}/\text{K}$[3]。而 AlN 的晶格常数为 $a = 0.3112$ nm，$c = 0.4982$ nm，$300 \sim 700$ K 温度范围内 a 轴方向上 (0001) 面的热膨胀平均值为 $\Delta a/a = 4.2 \times 10^{-6}/\text{K}$[3]。下面的内容如果不特别指出，均指热力学上稳定的纤锌矿结构氮化物半导体。

2.1.3　GaN 基半导体的能带结构

能带结构是决定半导体材料物理性质（特别是光电性质）的基础，为了更好地理解氮化物宽禁带半导体材料，我们需要着重了解氮化镓基半导体的能带结构。图 2.3 是用 $\boldsymbol{k} \cdot \boldsymbol{p}$ 微扰法计算得到的纤锌矿结构 InN、GaN、AlN 的能带结构图[37]。

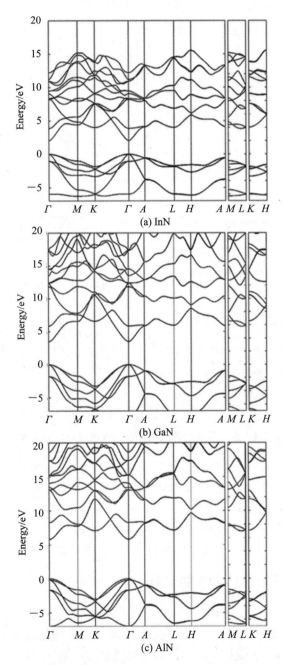

图 2.3　理论计算获得的纤锌矿结构 InN、GaN、AlN 半导体的能带结构图[37]

从图中可发现氮化镓基半导体的价带在 Γ 点附近均分裂为多带结构，现以 GaN 为例给予简要说明。图 2.4 为纤锌矿结构的 GaN 晶体在 Γ 点附近的价带结构示意图[38]。由于受到晶体劈裂场和自旋-轨道耦合场的影响，GaN 的价带劈裂成 A、B、C 三个子能带，分别具有 Γ_9、Γ_7 和 Γ_7 的对称性。其相应的能量值分别为[39]

$$E[A(\Gamma_9)] = \frac{1}{2}(\Delta_{SO} + \Delta_{CF}) \qquad (2-3)$$

$$E[B(\Gamma_7)] = \frac{1}{2}\left[(\Delta_{SO} + \Delta_{CF})^2 - \frac{8}{3}(\Delta_{SO}\Delta_{CF})\right]^{1/2} \qquad (2-4)$$

$$E[C(\Gamma_7)] = -\frac{1}{2}\left[(\Delta_{SO} + \Delta_{CF})^2 - \frac{8}{3}(\Delta_{SO}\Delta_{CF})\right]^{1/2} \qquad (2-5)$$

其中，Δ_{SO} 是自旋轨道耦合分裂能，Δ_{CF} 是晶格场分裂能。

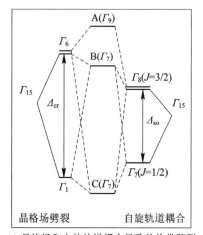

(a) 晶格场和自旋轨道耦合导致的价带劈裂

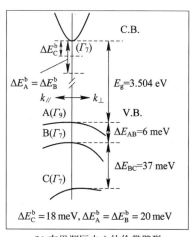

(b) 布里渊区中心的价带劈裂

图 2.4　纤锌矿结构 GaN 晶体的价带结构示意图

氮化物半导体的禁带宽度与晶体结构和晶格常数密切相关。图 2.5 展示了纤锌矿结构和闪锌矿结构的氮化物半导体晶体的禁带宽度随晶格常数的变化关系[40]。氮化物半导体可形成从 InN 的 0.7 eV、GaN 的 3.4 eV 直到 AlN 的 6.2 eV 的带隙连续可调三元或四元固溶体合金体系，如 $Al_xGa_{1-x}N$，$In_xGa_{1-x}N$ 等。室温下 $Al_xGa_{1-x}N$ 的禁带宽度随 Al 组分的变化略微偏离线性关系，可表示为[41]

$$E_g(x) = E_g(GaN)(1-x) + E_g(AlN)x - bx(1-x) \qquad (2-6)$$

式中，$E_g(\text{GaN}) = 3.4$ eV，$E_g(\text{AlN}) = 6.2$ eV，b 为弯曲系数，$b=0.7$ eV[42]。

GaN、InN、AlN 及其三元或四元固溶体合金的禁带宽度随温度的变化满足 Varshni 经验公式[43]：

$$E_g(T) = E_g(0) - \frac{\alpha T^2}{\beta + T} \tag{2-7}$$

式中，$E_g(0)$ 为绝对零度时的禁带宽度，β 是与德拜温度有关的特征温度，α 为氮化物半导体材料的温度系数 $\mathrm{d}E_g/(\mathrm{d}T)$。如前所述，1974 年，瑞典科学家 B. Monemar 首次报导了 GaN 的禁带宽度随温度的变化关系[15]，近年来这方面还有不少研究[16, 18-22, 44]，研究结果均表明禁带宽度随温度的变化相对于带宽本身很小，在 0～300 K 温度之间禁带宽度变化只有 72 meV。这从一个方面说明了 GaN 基半导体材料和器件的温度稳定性。

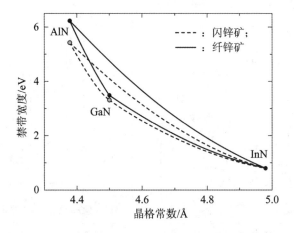

图 2.5　纤锌矿结构和闪锌矿结构的 AlN、GaN 和 InN 及
其三元合金的禁带宽度随晶格常数的变化关系[40]

2.1.4　GaN 基半导体的极化性质

如前所述，氮化物半导体材料一个极其重要的物理特性是具有很强的自发极化和压电极化效应。如图 2.6 所示[45]，纤锌矿结构的 GaN 晶体的对称性属于六方晶系非中心对称点群，具有[0001]方向的 Ga 面极化与相反方向的 N 面极化两种原子层排列方向，因此氮化物半导体的极化方向与 Ga、Al 等阳离子面和 N 阴离子面有关[45]。GaN 晶体结构不具有中心对称性，其原子分布在双原子层上，其中一个原子层由 N 阴离子组成，另一个原子层由 Ga、Al 等阳离子组成，原子层排列顺序可以分为沿 [0001] 方向的 Ga 面和沿 [000$\overline{1}$] 方向的 N 面。对于 Ga 面的情况，Ga 原子沿着 c 轴指向最近邻 N 原子的方向，与 c 轴方向同向。反之，对于 N 面的情况，Ga 原子沿着 c 轴指向最近邻 N 原子的方向，与 c 轴方向相反[45]。

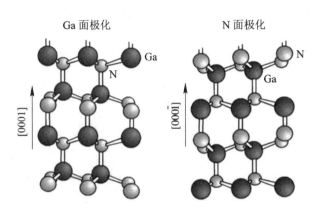

图 2.6 Ga 面和 N 面的 GaN 晶体结构示意图[45]

大量研究表明，不管采用哪种异质外延衬底，采用 MOCVD 方法生长的 GaN 外延薄膜通常呈 Ga 面极化[46]，而用 MBE 方法外延的 GaN 薄膜既可以是 Ga 面极化，也可以是 N 面极化，取决于外延方法和外延温度[47]。如果在衬底上先生长一层 AlN 缓冲层，再进行 MBE 生长，得到的 GaN 外延薄膜一般为 Ga 面极化。GaN 外延薄膜的 Ga 面和 N 面是不等效的，具有不同的物理和化学性质。大量研究确认，Ga 面极化的 GaN 外延薄膜表现出优于 N 面极化薄膜的电学特性，Ga 面极化的 GaN 基异质结构中 2DEG 的输运性质也优于 N 面极化异质结构[48-49]，因此 GaN 基异质结构的外延生长和器件应用如果不是特别需要，一般均使用 Ga 面极化的 GaN 外延薄膜。

现讨论氮化物半导体晶体中的自发极化效应。如前所述，GaN、AlN、InN 晶体中的化学键均是具有一定离子性的强极性共价键，晶体中阳离子和阴离子形成了电偶极子。纤锌矿氮化物半导体晶体的晶格可由 3 个参数来确定[50]，分别是六角棱柱的底面边长 a_0，高 c_0 以及一个无量纲量 u，定义为平行于 c 轴，即 [0001] 方向的键长与晶格常数 c_0 之比，如图 2.7 所示[45]。理想纤锌矿晶格常数比 c_0/a_0 为 1.633，但实际的氮化物半导体晶体中 c 轴长度与 a 轴长度之比要

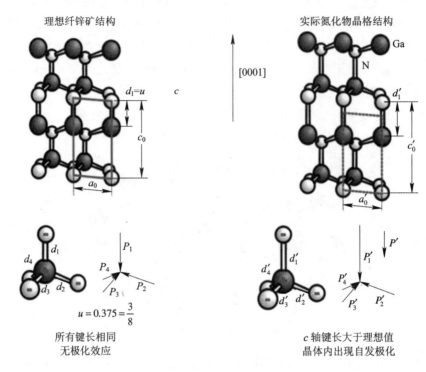

图2.7　氮化物晶体中自发极化示意图（左边为理想纤锌矿结构及其四面体单元中共价键极化强度 P_i 的矢量之和，右边为实际的氮化物晶体结构及其四面体单元中共价键极化强度 P_i 的矢量之和）[45]

小于1.633，由此导致晶体中的四面体单元中 Ga—N（或 Al—N、In—N）共价键的极化强度 P_i 的矢量之和不为零，因此氮化物半导体晶体沿 c 轴方向具有很强的自发极化效应[51-52]。对于 Ga 面（或 Al 面、In 面）外延薄膜，自发极化指向衬底方向，而对于 N 面外延薄膜，自发极化指向外延层生长方向[53]。MOCVD 生长的 GaN 外延薄膜一般为 Ga 面，其自发极化指向衬底方向。自发极化的正方向定义为沿 c 轴从阳离子（Ga、In、Al）指向最近邻阴离子（N）的方向，平行于[0001]方向，因此 MOCVD 生长的 GaN 外延薄膜中自发极化方向为负，具有负的自发极化系数。实验表明 GaN、InN 和 AlN 的晶格常数比 c_0/a_0 均小于理想值，但偏离程度不一样，依次增大，如表2-2所示[54-60]。由此导致的自发极化强度 P_{sp} 在 GaN、InN 和 AlN 之间依次增大。

表 2 - 2　纤锌矿结构氮化物半导体晶格常数、自发极化强度 P_{sp}、

压电极化系数和介电常数 ε [54-60]

Wurtzite(纤锌矿)	AlN	GaN	InN	BN
$a_0/\text{Å}$	3.112	3.189	3.54	2.534[e]
$c_0/\text{Å}$	4.982	5.185	5.705	4.191[e]
c_0/a_0	1.601	1.627	1.612	1.654[e]
	1.619[a]	1.634[a]	1.627[a]	
u	0.380[a]	0.376[a]	0.377[a]	0.374[e]
$P_{sp}/(\text{C}/\text{m}^2)$	−0.081[a]	−0.029[a]	−0.032[a]	
$e_{33}/(\text{C}/\text{m}^2)$	1.46[a]	0.73[a]	0.97[a]	
	1.55[b]	1[c]		
		0.65[d]		
	1.29[e]	0.63[e]		−0.85[e]
$e_{31}/(\text{C}/\text{m}^2)$	−0.60[a]	−0.49[a]	−0.57[a]	
	−0.58[b]	−0.36[c]		
		−0.33[d]		
	−0.38[e]	−0.32[e]		0.27[e]
$e_{15}/(\text{C}/\text{m}^2)$	−0.48[b]	−0.3[c]		
		−0.33[d]		
ε_{11}	9.0[b]	9.5[f]		
ε_{33}	10.7[b]	10.4[f]	10.6[g]	

注：a 表示参考文献[54]，b 表示参考文献[55]，c 表示参考文献[56]，d 表示参考文献
[57]，e 表示参考文献[58]，f 表示参考文献[59]，g 表示参考文献[60]。

表 2 - 2 给出了氮化物半导体晶格常数之比和自发极化强度的关系，可以更为直观地发现自发极化强度与 u 是正相关的。同时表中也列出了 e_{33}、e_{31} 和 e_{15} 三个压电极化系数，这也是与我们接下来要讨论的压电极化有着重要关系的物理量。

接着讨论氮化物半导体晶体中的压电极化效应。与自发极化效应类似，当氮化物半导体晶体受到沿 c 轴方向的应力而产生应变时，同样会改变晶体中电偶极矩的大小和方向，晶体中四面体单元中共价键的极化强度 P_i 的矢量之和将改变，从而产生压电极化效应[53]。一般异质外延生长 Ga 面（或 Al 面、

In 面)氮化物半导体外延薄膜时,由于面内(垂直 c 面,也称为 a 面)晶格失配将在外延薄膜中产生张应变(或压应变),相应地,在 c 轴方向引起相反的压应变(或张应变),导致总极化强度 P_i 的增加(或减少)。

压电极化强度 P_{pz} 由压电系数 e 和应变张量 ε 的乘积决定,压电系数张量 e 有 3 个独立的分量,其中两个分量 e_{33}、e_{31} 决定了沿 c 轴方向的压电极化强度 P_{pz} 的大小[53]:

$$P_{pz} = e_{33}\varepsilon_z + e_{31}(\varepsilon_x + \varepsilon_y) \qquad (2-8)$$

其中 $\varepsilon_z = (c-c_0)/c_0$ 是沿 c 轴的应力大小,$\varepsilon_x = \varepsilon_y = (a-a_0)/a_0$ 为平面内双轴应力大小,c、a 和 c_0、a_0 分别是氮化物半导体的应变和本征晶格常数,两者的关系为[53]

$$\frac{c-c_0}{c_0} = -2\frac{C_{13}}{C_{33}}\frac{a-a_0}{a_0} \qquad (2-9)$$

其中 C_{13} 和 C_{33} 是弹性常数,根据公式(2-8)和(2-9),沿 c 轴方向的压电极化强度 P_{pz} 的大小可表示为[53]

$$P_{pz} = 2\frac{a-a_0}{a_0}\left(e_{31} - e_{33}\frac{C_{13}}{C_{33}}\right) \qquad (2-10)$$

以 $Al_xGa_{1-x}N/GaN$ 异质结构为例,对于任意 Al 组分,$Al_xGa_{1-x}N$ 势垒层都满足($e_{31} - e_{33}C_{13}/C_{33}$)$<0$,因此当 $Al_xGa_{1-x}N$ 层处于张应变($a>a_0$)时,压电极化强度 P_{pz} 为负,与自发极化强度 P_{sp} 方向一样。反之,当 $Al_xGa_{1-x}N$ 层处于压应变($a<a_0$)时,压电极化强度 P_{pz} 的方向与自发极化强度 P_{sp} 方向相反[55]。表 2-3 给出了纤锌矿结构氮化物半导体晶体的弹性常数[61-64],利用表 2-2 和表 2-3 中的参数,根据公式(2-10)可估算得到,在相同应变情况下氮化物半导体晶体中的压电极化强度也是从 GaN、InN 到 AlN 依次增强。

表 2-3　纤锌矿结构氮化物半导体的弹性常数[61-64]

Gpa 纤锌矿	AlN		GaN		InN	
	实验[a]	计算[b]	实验[c]	计算[b]	实验[d]	计算[b]
C_{11}	345	396	374	367	190	223
C_{12}	125	137	106	135	104	115
C_{13}	120	108	70	103	121	92
C_{33}	395	373	379	405	182	224
C_{44}	118	116	101	95	10	48

注:a 表示参考文献[61],b 表示参考文献[62],c 表示参考文献[63],d 表示参考文献[64]。

2.2　氮化镓基半导体异质结构的基本物理性质

如前所述，由于存在极强的自发和压电极化效应，以及异质界面很大的导带偏移 ΔE_c，GaN 基半导体异质结构的界面可形成强量子限制的高密度 2DEG，2DEG 面密度高达约 10^{13} cm^{-2} 量级，是迄今为止 2DEG 密度最高的半导体材料体系。因此，GaN 基半导体异质结构不仅具有丰富的物理学内涵，是研究载流子低维量子输运行为较为理想的半导体体系，而且具有重要的应用价值，非常有利于发展基于高性能 2DEG 特性的电子器件，如高电子迁移率晶体管（HEMT），在射频电子器件和功率电子器件领域均有极其重要的应用。特别是 GaN 基半导体异质结构在研制高功率、大带宽射频电子器件上发挥的作用是不可替代的。而 $Al_xGa_{1-x}N/GaN$ 异质结构是迄今为止最重要、应用最为广泛的 GaN 基半导体异质结构，可视为 GaN 基宽禁带半导体异质结构的代表。

本节将讨论 $Al_xGa_{1-x}N/GaN$ 异质结构的基本物理性质，包括 $Al_xGa_{1-x}N/GaN$ 异质结构的极化效应、能带结构和压电掺杂效应等，同时也将简要讨论另一种 GaN 基半导体异质结构，即晶格匹配的 $In_{0.18}Al_{0.82}N/GaN$ 异质结构，其独特的性质正好对 $Al_xGa_{1-x}N/GaN$ 异质结构形成有益的补充，在超高频射频电子器件领域有其独特的应用价值。

2.2.1　GaN 基异质结构的极化性质

研究表明 $Al_xGa_{1-x}N$ 三元合金的晶格常数随其 Al 组分 x 在 GaN 和 AlN 之间线性变化[65]。在 $Al_xGa_{1-x}N/GaN$ 异质结构中，GaN 外延层较厚，为 μm 量级，而 $Al_xGa_{1-x}N$ 层很薄，只有十几至几十 nm 量级，因此 $Al_xGa_{1-x}N/GaN$ 异质结构的物理模型一般都描述为 GaN 外延层无应变，而 $Al_xGa_{1-x}N$ 和 GaN 之间较大的晶格失配和热失配导致 $Al_xGa_{1-x}N$ 势垒层产生较大的张应变。由于 $Al_xGa_{1-x}N$ 晶体具有很大的压电系数，势垒层的张应变将在异质结构中产生很大的压电极化感应电场，一般可达约 10^6 V/cm 量级[66]。另一方面，如表 2-2 和图 2.8 所示[67]，$Al_xGa_{1-x}N$ 晶体的自发极化强度不同于 GaN 晶体，因此在 $Al_xGa_{1-x}N/GaN$ 异质结构中也存在由两种晶体的自发极化强度之差决定的自发极化感应电场，亦可达约 10^6 V/cm 量级[68]。

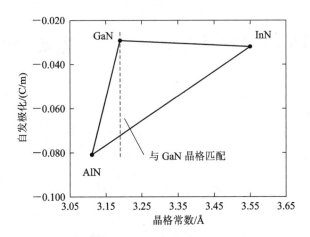

图 2.8 GaN、AlN、InN 晶体的自发极化强度随其晶格常数的变化关系[67]

如前所述，用 MOCVD 方法生长的 GaN 外延层总是 Ga 面，即 Ga 面极性，因此在 $Al_xGa_{1-x}N/GaN$ 异质结构中，压电极化和自发极化同方向，异质结构中存在很强的由压电极化和自发极化相加产生的总极化感应电场，如图 2.9 所示[45]，其中，（a）～（c）为 Ga 面极性的情况，（d）～（f）为 N 面极性的情况。强极化在 $Al_xGa_{1-x}N/GaN$ 异质界面形成正的极化电荷，其激发的强电场导致异质界面下的 GaN 层中能带弯曲形成很深的三角形量子阱，在非故意掺杂的情况下可在三角形量子阱中形成很高密度的 2DEG，一般约在 10^{13} cm^{-2} 量级。如果 $Al_xGa_{1-x}N$ 层不弛豫，始终处于完全应变状态，则异质结构中 2DEG 密度随势垒层 Al 组分增加而增加[69-70]。理论计算表明 AlN/GaN 异质结构中的 2DEG 密度最高可达约 10^{14} cm^{-2}[67]。而对于 N 面极性的 $Al_xGa_{1-x}N/GaN$ 异质结构，压电极化和自发极化方向均反转，在 $Al_xGa_{1-x}N/GaN$ 异质界面形成负的极化电荷，其极化感应电场排斥电子，在异质界面不形成三角形量子阱，自然也不会形成 2DEG。

下面讨论在 Ga 面极性和势垒层张应变条件下，如何求出 $Al_xGa_{1-x}N/GaN$ 异质界面处的极化感应电荷面密度 σ，原则上异质结构中 2DEG 密度与 σ 相当。如图 2.9 所示[45]，在 $Al_xGa_{1-x}N/GaN$ 异质结构中，GaN 外延层被假设为没有应变，因此仅有自发极化强度 P_{sp}，方向指向衬底。而 $Al_xGa_{1-x}N$ 势垒层处于张应变状态，既有自发极化强度 P_{sp}，方向指向衬底，也有压电极化强度 P_{pz}，方向同 P_{sp}，也指向衬底。$Al_xGa_{1-x}N/GaN$ 异质界面两边的极化强度不连续，导致界面处感生出固定的极化正电荷，其面密度 σ 为[45]

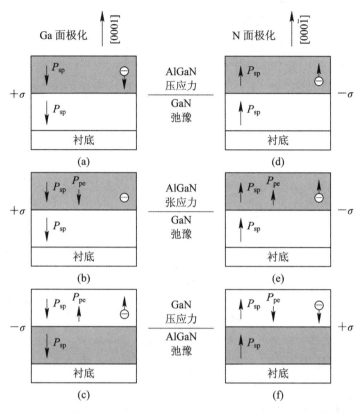

图 2.9 $Al_xGa_{1-x}N/GaN$ 异质结构中自发极化和压电极化的方向以及界面极化电荷示意图

$$\sigma = P(\text{bottom}) - P(\text{top})$$
$$= [P_{sp}(\text{bottom}) + P_{pz}(\text{bottom})] - [P_{sp}(\text{top}) + P_{pz}(\text{top})]$$

$$(2-11)$$

这里 bottom 的意思指 GaN 层，top 的意思指 $Al_xGa_{1-x}N$ 层。以 Ga 面极化方向为正方向，并假设 GaN 外延层没有应变，则异质界面的 σ 可表示为[45]

$$\sigma = P_{sp}(\text{GaN}) - P_{sp}(Al_xGa_{1-x}N) - P_{pz}(Al_xGa_{1-x}N) \quad (2-12)$$

其中 $Al_xGa_{1-x}N$ 层的自发极化强度可采用 AlN 和 GaN 自发极化强度的线性组合，x 是 $Al_xGa_{1-x}N$ 层的 Al 组分[45]。GaN 和 AlN 的自发极化强度大小分别为[71]：$P_{sp}(\text{GaN}) = -2.9 \times 10^{-6} \text{ C/cm}^2$，$P_{sp}(\text{AlN}) = -8.1 \times 10^{-6} \text{ C/cm}^2$，据此可算出 $Al_xGa_{1-x}N$ 层的自发极化强度[45]：

$$P_{sp}(Al_xGa_{1-x}N) = (-0.052x - 0.029)\text{C/m}^2 \quad (2-13)$$

另一方面，根据公式（2－10）和表 2－2、表 2－3 中的参数，取 $c_{13}/c_{33} = 0.3$，得到 $Al_xGa_{1-x}N$ 层的压电极化强度为

$$P_{pz}(Al_xGa_{1-x}N) = (-1.9x^2 - 3.2x) \times 10^{-6} \ C/cm^2 \qquad (2-14)$$

这样得到 $Al_xGa_{1-x}N$ 层总的极化强度为

$$P(Al_xGa_{1-x}N) = P_{pz} + P_{sp} = (-1.9x^2 - 8.4x - 2.9) \times 10^{-6} \ C/cm^2$$
$$(2-15)$$

$Al_xGa_{1-x}N/GaN$ 异质界面处的极化电荷面密度 σ 为界面两侧的总极化强度之差，可表达为

$$\sigma = (1.9x^2 + 8.4x) \times 10^{-6} \ C/cm^2 \qquad (2-16)$$

国际上也有人认为自发极化和压电极化强度与 $Al_xGa_{1-x}N$ 势垒层中 Al 组分的关系并非是完全的线性关系[72-73]，这主要是由 $Al_xGa_{1-x}N$ 合金的宏观结构以及体效应决定的。目前，国际上尚没有足够的实验数据得到 $Al_xGa_{1-x}N/$ GaN 异质结构中自发极化和压电极化强度与势垒层 Al 组分明确的函数关系，以及自发极化和压电极化强度随温度的变化规律。这些问题是近年来 GaN 基异质结构研究领域大家关注的科学问题。另外，如果 $Al_xGa_{1-x}N$ 势垒层出现完全弛豫或部分弛豫，势垒层中的压电极化强度将显著减小，从而使 $Al_xGa_{1-x}N/$ GaN 异质界面处的 2DEG 密度下降[74]，势垒层弛豫造成的异质界面粗糙度散射和失配位错散射的增强还会造成 2DEG 迁移率的降低[75]，因此 $Al_xGa_{1-x}N/$ GaN 异质结构的高质量外延生长必须避免势垒层弛豫，这也是 $Al_xGa_{1-x}N$ 势垒层厚度只选择十几至几十纳米的主要原因。

如前所述，$Al_xGa_{1-x}N/GaN$ 异质结构即使在未掺杂的情况下也可获得高达约 $10^{13} \ cm^{-2}$ 量级的 2DEG 面密度，如此高浓度电子的来源就成为倍受关注的问题。国际上有许多研究组提出了不同的物理机制来解释高浓度电子的来源，包括"压电掺杂"[69,76]、"极化效应与热激发"[21]以及"$Al_xGa_{1-x}N$ 非故意掺杂"[77]等。2000 年，美国 UCSB 的 J. P. Ibbetson 等人提出 $Al_xGa_{1-x}N$ 势垒层的表面态是 $Al_xGa_{1-x}N/GaN$ 异质结构中 2DEG 的主要来源[71]。随后美国 Cornell 大学 G. Koley 等人用扫描 Kelvin 探针显微镜方法研究了异质结构中 $Al_xGa_{1-x}N$ 势垒层的表面势，也得出 2DEG 来源于表面态的观点[78]。2005 年，他们采用紫外激光诱导瞬态光电导谱方法进一步证实了 $Al_xGa_{1-x}N$ 势垒层的表面态是 2DEG 的主要来源[79]。同时他们的研究表明势垒层的表面态密度约为 $1.6 \times 10^{13} \ cm^{-2} \ eV^{-1}$，能量范围为导带下 1.0~1.8 eV。除了表面态来源的

观点，国际上也有人认为 $Al_xGa_{1-x}N$ 和 GaN 外延层的非故意掺杂、$Al_xGa_{1-x}N/$GaN 界面态以及深能级缺陷也是异质结构中 2DEG 的来源之一[77]。

在深刻理解 $Al_xGa_{1-x}N/GaN$ 异质结构的极化效应基础上，如何利用压电极化效应来调控 2DEG 密度，即所谓的"压电掺杂"随即成为国际上的研究热点[45-66]。图 2.10 是解释压电掺杂有代表性的 $Al_xGa_{1-x}N/GaN$ 异质结构示意图[49]。仅考虑 Ga 面极化情况，压电极化和自发极化沿着外延生长的反方向，并在异质界面处突变，从而形成正的界面极化电荷。对应的负电荷出现在 $Al_xGa_{1-x}N$ 势垒层表面。但负的表面电荷会被通过肖特基金属栅流到表面的外来电荷所补偿。即使 $Al_xGa_{1-x}N$ 表面没有金属，表面负电荷也会被空气、水汽、氧化等外来的正电荷补偿，结果与有肖特基金属栅的情况一样[45]。

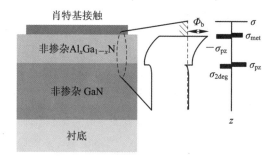

图 2.10　$Al_xGa_{1-x}N/GaN$ 异质结构及其能带弯曲、极化电荷分布和 2DEG 分布示意图[49]

如前所述，强极化效应将在 $Al_xGa_{1-x}N/GaN$ 异质结构中产生高密度 2DEG。这种情况下，如果极化电荷在异质界面分布非常均匀，将不对 2DEG 产生散射作用。但如果界面存在失配位错或贯穿位错，则位错附近的应变场将使压电极化效应在异质界面上变得不均匀，同时三角形量子阱中的 2DEG 分布离异质界面非常近，此时压电极化电荷的不均匀将对 2DEG 产生强散射作用[80]，从而影响 2DEG 的输运性质。

GaN 基半导体中的极化效应会导致一种独特的物理现象，即实空间的量子限制斯塔克效应（QCSE）[81]。其产生的原因是在 GaN 基半导体多量子阱结构中，垒层和阱层的应变状态是相反的，因此压电极化效应在垒层和阱层感应出不同方向的内建电场，从而导致多量子阱结构中阱层和垒层的周期性能带弯曲和偏移，如图 2.11 所示[81]。从图中可看出，在阱层的宽度范围内，导带中的电子和价带中的空穴在空间上将出现一定的偏离，波函数交叠减少，发出的光子能量要小于无极化效应的多量子阱，即发生红移。

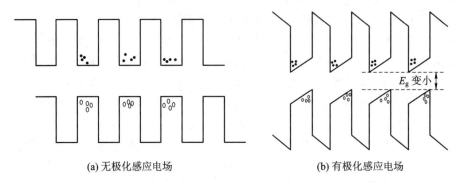

(a) 无极化感应电场   (b) 有极化感应电场

图 2.11　GaN 基半导体多量子阱结构中由极化效应导致的量子限制斯塔克效应示意图

2.2.2　GaN 基异质结构的能带结构

如前所述，纤锌矿结构的氮化物半导体及其三元和四元合金均是直接带隙半导体材料，其禁带宽度从 InN 的 0.7 eV 到 AlN 的 6.2 eV 连续可调。氮化物半导体的禁带宽度还与其晶体结构有关，图 2.12 是纤锌矿结构和闪锌矿结构的氮化物半导体的禁带宽度对比。可看出，纤锌矿结构氮化物半导体的禁带宽度要略大于闪锌矿结构[82]。

由于三种氮化物半导体之间的禁带宽度相差悬殊，组成异质结构时异质界面的能带会有很大的导带偏移 ΔE_c，加上很强的极化效应，会在异质界面形成很深的三角形量子阱。$Al_xGa_{1-x}N/GaN$ 异质结构的能带为 Ⅰ 型能带结构，$Al_xGa_{1-x}N$ 与 GaN 之间的能带偏移 75% 落在导带上[45]。在 $Al_xGa_{1-x}N/GaN$ 异质结构中，当界面两边的费米能级相等时达到平衡状态，电子将填充到窄带隙一边的 GaN 三角形量子阱中。异质结构中 2DEG 面密度 n_{2D} 随费米能级位置（相对于导带边的位置 ΔE_{Fi}）变化而变化，它们之间的关系可表示为[83]

$$n_{2D} = [0.65 + 1.72 \times 10^{-3} \Delta E_{Fi}^{1.42}] \times 10^{12} \ cm^{-2} \qquad (2-17)$$

从上式可看出，为了得到异质结构中高的 2DEG 密度，要尽量让异质界面形成大的导带偏移 ΔE_c。在 $Al_xGa_{1-x}N/GaN$ 异质结构中，2DEG 分布的高峰位置到异质界面的平均距离 Δd 随 2DEG 面密度的变化关系由公式（2-18）表达[83]，因此 2DEG 密度越大，就越靠近异质界面。

$$\Delta d = \frac{69}{n_{2D}^{0.4}} \ Å \qquad (2-18)$$

在 $Al_xGa_{1-x}N/GaN$ 异质结构中，如果增大势垒层 Al 组分或对势垒层进行调制掺杂，则可进一步提高异质界面三角形量子阱中 2DEG 的密度，这有利

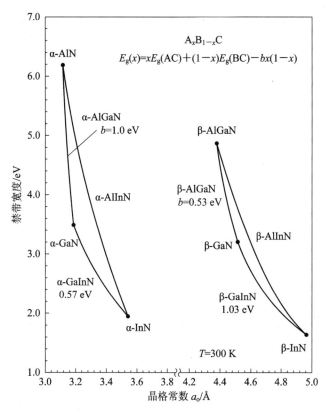

图 2.12　纤锌矿结构和闪锌矿结构的 InN、GaN、AlN 及其三元合金的禁带宽度对比[82]

于研究异质结构界面的精细能带结构和载流子散射机制。但在应用于电子器件研制的 $Al_xGa_{1-x}N/GaN$ 异质结构的外延生长过程中，因为极化效应已在异质结构界面形成很高的 2DEG 密度，很少有人采用调制掺杂结构，以避免掺杂对器件性能带来的负面影响。如前所述，如果提高 $Al_xGa_{1-x}N$ 势垒层的 Al 组分，易于导致势垒层晶格弛豫，反而会减弱势垒层中的压电极化强度，并增强对异质界面 2DEG 的散射，造成 2DEG 密度和迁移率的同时下降，因此 $Al_xGa_{1-x}N/GaN$ 异质结构势垒层的 Al 组分一般控制在 25％以下。

图 2.13 是典型的 $Al_xGa_{1-x}N/GaN$ 异质结构能带示意图[84]，其 $Al_xGa_{1-x}N$ 势垒层中的压电极化效应和整个异质结构中的自发极化效应在异质界面感生的极化电场高达约 2 MV/cm 以上。如前所述，如此强的极化效应以及 $Al_xGa_{1-x}N/GaN$ 异质界面很大的 ΔE_c，使异质界面下 GaN 层中形成一个很深的三角形量子阱，即使不掺杂，也可感生出高达约 10^{13} cm^{-2} 量级的 2DEG 面

密度[61,84-85]。量子阱中电子的波函数及本征能量在本书第 1 章已简要介绍，在此需要指出的是，第 1 章中分析的半导体异质结构及其 2DEG 没有考虑极化效应，只适合描述常规的调制掺杂结构半导体异质结构中 2DEG 的性质。而在 $Al_xGa_{1-x}N/GaN$ 异质结构中，由于其独特的极化效应，可让我们获得更高密度的 2DEG，并增加了我们调控 2DEG 性质的途径，这也是 GaN 基半导体异质结构的主要优势所在。从这个意义上讲，极化效应实际上增加了人们调控半导体异质结构的能带精细结构和 2DEG 性质的一个新的自由度。

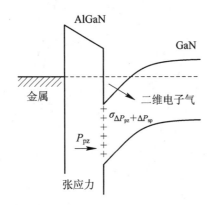

图 2.13　典型的 $Al_xGa_{1-x}N/GaN$ 异质结构能带示意图[84]

2.2.3　晶格匹配的 $In_{0.18}Al_{0.82}N/GaN$ 异质结构

如前所述，$Al_xGa_{1-x}N/GaN$ 异质结构是迄今为止最重要的 GaN 基半导体异质结构，它主要依靠很强的压电和自发极化效应在 $Al_xGa_{1-x}N/GaN$ 异质界面产生高密度的 2DEG，因此成为射频电子器件和功率电子器件研制采用的主流半导体异质结构材料。但这一异质结构的一个突出短板是受极化效应（特别是压电极化效应）的物理限制，当 $Al_xGa_{1-x}N$ 势垒层厚度降低到 7 nm 及以下时，异质结构中 2DEG 将急剧下降[86]。而超高频射频电子器件的研制需要既能保持高密度、高迁移率的 2DEG，又具有超薄势垒层的 GaN 基异质结构，以克服器件研制中因栅长不断缩小而带来的短沟道效应[87]。而晶格匹配的 $In_{0.18}Al_{0.82}N/GaN$ 异质结构可满足这一要求，有大量研究表明，即使 $In_{0.18}Al_{0.82}N$ 势垒层厚度降低到 3～5 nm 以下，异质结构中 2DEG 面密度依然可保持在约 10^{13} cm^{-2} 量级[88]，因此晶格匹配的 $In_{0.18}Al_{0.82}N/GaN$ 异质结构成为近 10 年来氮化物半导体异质结构材料和超高频电子器件研究的一个热点。

现在我们来讨论这种 GaN 基异质结构的主要物理性质。

$In_xAl_{1-x}N$ 是由 InN 和 AlN 按一定比例组成的三元合金，其禁带宽度可从 InN 的 0.7 eV 到 AlN 6.2 eV 大范围内连续可调，而它的晶格常数可通过组分控制实现从 InN 到 AlN 的变化，从而可与任意的氮化物半导体实现面内的晶格匹配，进而可外延生长高质量的氮化物半导体异质结构或量子阱材料。其中最引人注意的是：当 In 组分约为 0.18 时，它可与 GaN 实现面内（a 面）晶格的完全匹配[89]，从而 $In_{0.18}Al_{0.82}N$ 可在 GaN 上基本无应变生长，这是 $Al_xGa_{1-x}N$ 和 $In_xGa_{1-x}N$ 三元合金所不具备的优势。

首先我们来讨论 $In_xAl_{1-x}N$ 合金的禁带宽度。如图 2.14 所示，当 $In_{0.18}Al_{0.82}N$ 与 GaN 实现面内晶格匹配时，其禁带宽度在室温下为 4.5 eV，而 GaN 室温下禁带宽度是 3.4 eV。如果能带偏移 75% 落在导带上[45]，晶格匹配的 $In_{0.18}Al_{0.82}N$ 异质结构的导带偏移 ΔE_c 高达 0.78 eV，远高于 $Al_{0.25}Ga_{0.75}N$/GaN 异质结构的 ΔE_c 值 0.36 eV。

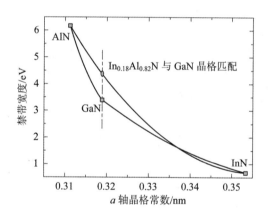

图 2.14　$In_xAl_{1-x}N$、$Al_xGa_{1-x}N$ 和 $In_xGa_{1-x}N$ 的禁带宽度随晶格常数的变化关系[90]

接着我们来讨论 $In_xAl_{1-x}N$ 三元合金的自发极化强度 P_{sp}。$In_xAl_{1-x}N$ 外延层拥有远高于 GaN 和 $Al_xGa_{1-x}N$ 外延层的自发极化强度[90]。如图 2.15 所示，当 In 组分为 0.18 时，Al 面（In 面）的 $In_{0.18}Al_{0.82}N$ 外延层的自发极化强度 P_{sp} 高达 -0.066 C/m^2（负值表示与外延生长方向相反，指向衬底方向），而 GaN 的 P_{sp} 仅为 -0.029 C/m^2，晶格匹配的 $In_{0.18}Al_{0.82}N$/GaN 异质结构的自发极化强度之差高达 0.037 C/m^{-2}[90]，远高于 $Al_{0.25}Ga_{0.75}N$/GaN 异质结构的自发极化强度之差 0.01 C/m^{-2}。

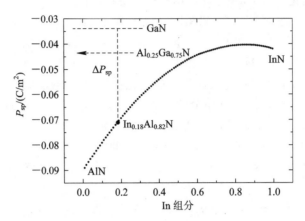

图 2.15　$In_x Al_{1-x} N$ 的自发极化强度 P_{sp} 随其 In 的变化关系[90]

因此，$In_x Al_{1-x} N$ 三元合金具有禁带宽度远大于 GaN、自发极化强度远高于 GaN 这两个显著特点，当 In 组分选取为 0.18，构成晶格匹配的 $In_{0.18} Al_{0.82} N/$ GaN 异质结构时，异质界面的导带偏移 ΔE_c 和自发极化强度之差均远高于典型的 $Al_{0.25} Ga_{0.75} N/GaN$ 异质结构。虽然因晶格匹配的原因，$In_{0.18} Al_{0.82} N/GaN$ 异质结构中基本不存在压电极化效应，但异质界面感应的 2DEG 密度却要高于 $Al_{0.25} Ga_{0.75} N/GaN$ 异质结构，面密度可高达 2×10^{13} cm^{-2}[91]。

更加重要的是，$In_{0.18} Al_{0.82} N/GaN$ 异质结构中 2DEG 的形成主要取决于自发极化效应和其很大的导带偏移 ΔE_c，因此当 $In_{0.18} Al_{0.82} N$ 势垒层厚度降低到只有 3～5 nm 时，超薄势垒层的 $In_{0.18} Al_{0.82} N/GaN$ 异质结构中 2DEG 面密度依然可保持在约 10^{13} cm^{-2} 量级[88]，比起势垒层 15～25 nm 常规厚度的 $In_{0.18} Al_{0.82} N/$ GaN 异质结构只有微小的下降，室温 2DEG 迁移率依然可保持在 1500 $cm^2/(V \cdot s)$ 以上，可满足超高频电子器件研制对超薄势垒层 GaN 基异质结构的需求。

晶格匹配的 $In_{0.18} Al_{0.82} N/GaN$ 异质结构因有更强的自发极化效应导致异质界面附近 GaN 中更大的能带弯曲，形成了更深的三角形量子阱，如图 2.16 所示[92]，可直观地看到 $In_{0.18} Al_{0.82} N/GaN$ 异质界面和 $Al_{0.25} Ga_{0.75} N/GaN$ 异质界面导带上精细能带结构的差异。从图中可见，$In_{0.18} Al_{0.82} N /GaN$ 异质结构的三角形量子阱更深，2DEG 的第二子带占据非常明显，而且第二子带和第一子带的能量间距 $\Delta |E_2 - E_1|$ 更大，对 2DEG 的限制作用更强。

由于晶格匹配的 $In_{0.18} Al_{0.82} N/GaN$ 异质结构的独特性质，它在超高频电子器件研究领域正日益受到关注。2012 年，美国圣母大学 D. Jena 等人采用超

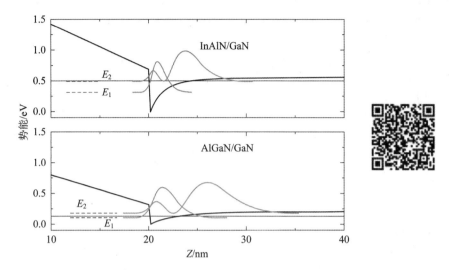

图 2.16　晶格匹配的 $In_{0.18}Al_{0.82}N/GaN$ 异质结构和 $Al_{0.25}Ga_{0.75}N/GaN$
　　　　异质结构导带的精细能带结构对比示意图[92]

薄势垒层的晶格匹配 $In_{0.18}Al_{0.82}N/GaN$ 异质结构，研制出截止频率 f_T 达 370 GHz 的亚 THz 波段 GaN 基 HEMT 器件[93]。随着超薄势垒层 $In_{0.18}Al_{0.82}N/GaN$ 异质结构外延质量和超高频器件研制水平的提高，近年来国际上又有多个研究组报道了基于 $In_{0.18}Al_{0.82}N/GaN$ 异质结构，具有优异频率特性的 HEMT 器件研制结果[94-99]。

参 考 文 献

[1]　WU Y F, SAXLER A, MOORE M. 30-W/mm GaN HEMTs by field plate optimization[J]. IEEE electron device letters，2004，25(3)：117 - 119.

[2]　JAIN S C, WILLANDER M, NARAYAN J, et al. Ⅲ - nitrides：growth, characterization, and properties[J]. Journal of applied physics，2000，87(3)：965 - 1006.

[3]　PEARTON S J, ZOLPER J C, SHUL R J, et al. GaN：Processing, defects, and devices[J]. Journal of applied physics，1999，86(1)：1 - 78.

[4]　JOHNSON W C, PARSONS J B, CREW M C. Nitrogen Compounds of Gallium. III Gallic Nitride[J]. Journal of physical chemistry，1932，36(7)：2651 - 2654.

[5] HIROSHI A, MASAHIRO K, KAZUMASA H, et al. P-type conduction in mg-doped gan treated with low-energy electron beam irradiation (leebi)[J]. Japanese journal of applied physics, 1989, 28(12A): L2112 - L2114.

[6] SHUJI N, TAKASHI M, MASAYUKI S, et al. Hole compensation mechanism of P-type GaN films[J]. Japanese journal of applied physics, 1992, 31(2B): L139 - L142.

[7] SHUJI N. GaN growth using GaN buffer layer[J]. Japanese journal of applied physics, 1991, 30(10A): L1705 - L1707.

[8] JUZA R, HAHN H. Über die kristallstrukturen von Cu3N, GaN und InN metallamide und metallnitride[J]. Zeitshrift für anorganische und allgemeine chemie, 1938, 239 (3): 282 - 287.

[9] JUZA R, HAHN H. Über die Nitride der Metalle der ersten Nebengruppen des periodischen Systems. Metallamide und Metallnitride[J]. Zeitschrift für anorganische und allgemeine chemie, 1940, 244(2): 133 - 148.

[10] BRANDT O, YANG H, PLOOG K H. Surface kinetics of zinc-blende (001) GaN [J]. Physical review B, 1996, 54(7): 4432 - 4435.

[11] VAN CAMP P E, VON DOREN V E, DEVREESE J T. High-pressure properties of wurtzite- and rocksalt-type aluminum nitride[J]. Physical review B, 1991, 44(16): 9056 - 9059.

[12] BLOOM S, HARBEKE G, MEIER E, et al. Band structure and reflectivity of GaN [J]. Physica status solidi B, 1974, 66(1): 161 - 168.

[13] BLOOM S. Band structures of GaN and AlN[J]. Journal of physics & chemistry of solids, 1971, 32(9): 2027 - 2032.

[14] JONESD, LETTINGTON A H. Pseudopotential calculations of the band structure of GaAs, InAs and (GaIn) as alloys[J]. Solid state communications, 1969, 7(18): 1319 - 1322.

[15] MONEMAR B. Fundamental energy gap of GaN from photoluminescence excitation spectra[J]. Physical review B, 1974, 10(2): 676 - 681.

[16] SHAN W, SCHMIDT T J, YANG X H, et al. Temperature dependence of interband transitions in GaN grown by metalorganic chemical vapor deposition[J]. Applied physics letters, 1995, 66(8): 985 - 987.

[17] TEISSEYRE H, PERLIN P, SUSKI T, et al. Temperature dependence of the energy gap in GaN bulk single crystals and epitaxial layer[J]. Journal of applied physics, 1994, 76(4): 2429 - 2434.

[18] PETALAS J, LOGOTHETIDIS S, BOULTADAKIS S, et al. Optical and electronic-structure study of cubic and hexagonal GaN thin films[J]. Physical review B, 1995, 52(11): 8082 - 8091.

[19] SALVADOR A, LIU G, KIM W, et al. Properties of a Si doped GaN/AlGaN single

quantum well[J]. Applied physics letters, 1995, 67(22): 3322 – 3324.

[20] ZUBRILOV A S, MELNIK Y V, NIKOLAEV A E, et al. Optical properties of gallium nitride bulk crystals grown by chloride vapor phase epitaxy [J]. Semiconductors, 1999, 33(10): 1067 – 1071.

[21] MANASREH M O. Optical absorption near the band edge in GaN grown by metalorganic chemical-vapor deposition[J]. Physical review B, 1996, 53(24): 16425 – 16428.

[22] LI C F, HUANG Y S, MALIKOVA L, et al. Temperature dependence of the energies and broadening parameters of the interband excitonic transitions in wurtzite GaN [J]. Physical review B, 1997, 55(15): 9251 –9254.

[23] LEI T, FANCIULLI M, MOLNAR R J, et al. Epitaxial growth of zinc blende and wurtzitic gallium nitride thin films on (001) silicon[J]. Applied physics letters, 1991, 59(8): 944 – 946.

[24] HEYINGB, WU X H, KELLER S, et al. Role of threading dislocation structure on the x-ray diffraction peak widths in epitaxial GaN films[J]. Applied physics letters, 1996, 68(5): 643 – 645.

[25] PONCE F A, CHERNS D, YOUNG W T, et al. Characterization of dislocations in GaN by transmission electron diffraction and microscopy techniques [J]. Applied physics letters, 1996, 69(6): 770 – 772.

[26] PONCE F A. Defect and interfaces in GaN epitaxy[J]. MRS bulletin, 1997, 22(2): 51 – 57.

[27] HANSEN P J, STRAUSSER Y E, ERICKSON A N, et al. Scanning capacitance microscopy imaging of threading dislocations in GaN films grown on (0001) sapphire by metalorganic chemical vapor deposition[J]. Applied physics letters, 1998, 72(18): 2247 – 2249.

[28] NG H M, DOPPALAPUDI D, SINGH R, et al. Electron Mobility of N-Type GaN Films[J]. MRS proceedings, 1998, 482: 507 – 512.

[29] NG H M, DOPPALAPUDI D, MOUSTAKAS T D, et al. The role of dislocation scattering in n-type GaN films[J]. Applied physics letters, 1998, 73(6): 821 – 823 (1998).

[30] LOOK D C, SIZELOVE J R. Dislocation Scattering in GaN [J]. Physical review letters, 1999, 82(6): 1237 – 1240.

[31] SHEN L, HEIKMAN S, MORAN B, et al. AlGaN/AlN/GaN high-power microwave HEMT[J]. IEEE electron device letters, 2001, 22(10): 457 – 459.

[32] MORKOC H. Nitride semiconductors and devices [M]. Berlin: Springer-Verlag, 1999.

[33] FAN W J, LI M F, CHONG T C, et al. Electronic properties of zinc-blende GaN,

AlN, and their alloys Ga$_{1-x}$Al$_x$N[J]. Journal of applied physics, 1996, 79(1): 188 – 194.

[34] NAKAMURA S. The role of structural imperfections in InGaN-based blue light-emitting diodes and Laser diodes[J]. Science, 1998, 281 (5379): 956 – 961.

[35] PARK S H, CHUANG S L. Comparison of zinc-blende and wurtzite GaN semiconductors with spontaneous polarization and piezoelectric field effects [J]. Journal of applied physics, 2000, 87(1): 353 – 364.

[36] 潘金生, 田民波, 仝健民. 材料科学基础[M]. 北京: 清华大学出版社, 2011.

[37] GOANO M, BELLOTTI E, GHILLINO E, et al. Band structure nonlocal pseudopotential calculation of the III-nitride wurtzite phase materials system. Part II. Ternary alloys Al$_x$Ga$_{1-x}$N, In$_x$Ga$_{1-x}$N, and In$_x$Al$_{1-x}$N[J]. Journal of applied physics, 2000, 88(11): 6467 – 6475.

[38] CHUANG S L, CHANG C S. k • p method for strained wurtzite semiconductors[J]. Physical review B, 1996, 54(4): 2491 – 2504.

[39] BIR G L, PIKUS G E. Symmetry and Strain-Induced Effects in Semiconductor[M]. New York: Wiley, 1972.

[40] VURGAFTMAN I, MEYER J R. Band parameters for nitrogen-containing semiconductors[J]. Journal of applied physics, 2003, 94(6): 3675 – 3696.

[41] VAN VECHTEN J A, BERGSTRESSER T K. Electronic Structures of Semiconductor Alloys[J]. Physical review B, 1970, 1(8): 3351 – 3357.

[42] MEYER B K, STEUDE G, GÖLDNER A, et al. Photoluminescence Investigations of AlGaN on GaN Epitaxial Films[J]. Physica status solidi B, 1999, 216(1): 187 – 191.

[43] VARSHNI Y P. Temperature dependence of the energy gap in semiconductors[J]. Physica, 1967, 34(1): 149 – 154.

[44] AMBACHER O, SMART J, SHEALY J R, et al. Two-dimensional electron gases induced by spontaneous and piezoelectric polarization charges in n- and ga-face AlGaN/GaN heterostructures[J]. Journal of applied physics, 85(6): 3222 – 3233.

[45] AMBACHER O, FOUTZ B, SAMRT J, et al. Two dimensional electron gases induced by spontaneous and piezoelectric polarization in undoped [J]. Journal of applied physics, 2000, 87(1): 334 – 344.

[46] OBERHUBER R, ZANDLER G, VOGL P. Mobility of two-dimensional electrons in AlGaN/GaN modulation-doped field-effect transistors[J]. Applied physics letters, 1998, 73(6): 818 – 820.

[47] 孔月婵, 郑有炓. Ⅲ族氮化物异质结构二维电子气研究进展[J]. 物理学进展, 2006, 26(2): 127 – 145.

[48] YU E T, DANG X Z, YU L S, et al. Schottky barrier engineering in III - V nitrides via the piezoelectric effect[J]. Applied physics letters, 1998, 73(13): 1880 – 1882.

[49] AMBACHERO, MAJEWSKI J, MISKYS C, et al. Pyroelectric properties of Al(In) GaN/GaN hetero- and quantum well structures[J]. Journal of physics: condensed matter, 2002 14(13): 3399 – 3434.

[50] BERNARDINIF, FIORENTINI V. Spontaneous polarization and piezoelectric constants of III-V nitrides[J]. Physical review B, 1997, 56(16): R10024 – R10027.

[51] KOLEYG, CHANDRASHEKHAR M V S, THOMAS C I, et al. Polarization in Wide Bandgap Semiconductors and their Characterization by Scanning Probe Microscopy [M]. Berlin: Springer, 2008.

[52] SIMON J D. Polarization-engineered Ⅲ-Ⅴ nitride heterostructure devices by molecular beam epitaxy[D]. University of Notre Dame, 2009, 10 – 128.

[53] AMBACHERO, CIMALLA V. Polarization Induced Effects in GaN-based Heterostructures and Novel Sensors[M]. Berlin: Springer, 2008.

[54] TSUBOUCHIK, SUGAI K, MIKOSHIBA N. AlN Material Constants Evaluation and SAW Properties on AlN/Al$_2$O$_3$ and AlN/Si[J]. IEEE ultrasonics symposium, 1981, 1: 375 – 380.

[55] O'CLOCK G D, DUFFY M T. Acoustic surface wave properties of epitaxially grown aluminum nitride and gallium nitride on sapphire[J]. Applied physics letters, 1973, 23(2): 55 – 56.

[56] LITTLEJOHN M A, HAUSER J R, GLISSON T H. Monte Carlo calculation of the velocity-field relationship for gallium nitride[J]. Applied physics letters, 1975, 26 (11): 625 – 627.

[57] SHIMADA K, SOTA T, SUZUKI K. First-principles study on electronic and elastic properties of BN, AlN, and GaN[J]. Journal of applied physics, 1998, 84(9): 4951 – 4958.

[58] BARKERA S, ILEGEMS M. Infrared Lattice Vibrations and Free-Electron Dispersion in GaN[J]. Physical review B, 1973, 7(2): 743 – 750.

[59] BERNARDINI F, FIORENTINI V, VANDERBILT D. Polarization-Based Calculation of the Dielectric Tensor of Polar Crystals[J]. Physical review letters, 1997, 79(20): 3958 – 3961.

[60] IBBETSONJ P, FINI P T, NESS K D, et al. Polarization effects, surface states, and the source of electrons in AlGaN/GaN heterostructure field effect transistors[J]. Applied physical letters, 2000, 77(2): 250 – 252.

[61] WRIGHT A F. Elastic properties of zinc-blende and wurtzite AlN, GaN, and InN [J]. Journal of applied physics, 1997, 82(6): 2833 – 2839.

[62] TAKAGI Y, AHART M, AZUHATA T, et al. Brillouin scattering study in the GaN epitaxial layer[J]. Physica B, 1996, 220(1): 547 – 549.

[63] SHELEGA. V, SAVASTENKO V A. Determination of the Elastic Constants of

Hexagonal Crystals from measured Values of the Dynamic Displacements of Atoms [J]. Neorg. Materials, 1979, 15: 1598 – 1602.

[64] DENTON A R, ASHCROFT N W. Vegard's law[J]. Physical review A, 1991, 43(6): 3161 – 3164.

[65] KIM K, LAMBRECHT W R L, SEGALL B. Elastic constants and related properties of tetrahedrally bonded BN, AlN, GaN, and InN[J]. Physical review B, 1996, 53(24): 16310 – 16326.

[66] FIORENTINI V, BERNADINI F, DELLA SALA F, et al. Effects of macroscopic polarization in III-V nitride multiple quantum wells[J]. Physical review B, 1999, 60(12): 8849 – 8858.

[67] TANG N, SHEN B, ZHENG Z W, et al. Comment on "Piezoelectric effect on $Al_{0.35-\delta}In_{\delta}Ga_{0.65}N$/GaN heterostructures" [Appl. Phys. Lett. 80, 2684 (2002)][J]. Applied physics letters, 2004, 84(8): 1425 – 1426.

[68] ASBECK P M, YU E T, LAU S S, et al. Piezoelectric charge densities in AlGaN/GaN HFETs[J]. Electronics letters, 1997, 33(14): 1230 – 1231.

[69] YU E T, SULLIVAN G J, ASBECK P M, et al. Measurement of piezoelectrically induced charge in GaN/AlGaN heterostructure field-effect transistors[J]. Applied physics letters, 1997, 71(19): 2749 – 2794.

[70] BULMAN G E, DOVERSPIKE K, SHEPPARD S T, et al. Pulsed operation lasing in a cleaved-facet InGaN/GaN MQW SCH laser grown on 6H-SiC[J]. Electronics letters, 1997, 33(18): 1556 – 1557.

[71] BERNARDINI F, FIORENTINI V. Nonlinear macroscopic polarization in III-V nitride alloys[J]. Physical review B, 2001 64(8): 085207 – 085214.

[72] FIORENTINI V, BERNARDINI F, AMBACHER O. Evidence for nonlinear macroscopic polarization in III - V nitride alloy heterostructures[J]. Applied physics letters, 2002, 80(7): 1204 – 1206.

[73] 孔月婵, 郑有炓, 周春红, 等. AlGaN/GaN 异质结构中极化与势垒层参杂对二维电子气的影响[J]. 物理学报, 2004, 53(7): 2320 – 2324.

[74] SHENB, SOMEYA T, ARAKAWA Y. Influence of strain relaxation of the $Al_x Ga_{1-x}N$ barrier on transport properties of the two-dimensional electron gas in modulation-doped $Al_x Ga_{1-x}N$/GaN heterostructures[J]. Applied physics letters, 2000, 76(19): 2746 – 2748.

[75] BYKHOVSKIA D, GASKA R, SHUR M S. Piezoelectric doping and elastic strain relaxation in AlGaN - GaNheterostructure field effect transistors[J]. Applied physics letters, 1998, 73(24): 3577 – 3579.

[76] HSUL, WALUKIEWICZ W. Effects of piezoelectric field on defect formation, charge transfer, and electron transport at GaN/$Al_x Ga_{1-x}N$ interfaces[J]. Applied physics

letters，1998，73(3)：339 - 341.

[77] KOLEY G，SPENCER M G. Surface potential measurements on GaN and AlGaN/ GaN heterostructures by scanning Kelvin probe microscopy[J]. Journal of applied physics，2001，90(1)：337 - 344.

[78] KOLEYG，SPENCER M G. On the origin of the two-dimensional electron gas at the AlGaN /GaN heterostructure interface[J]. Applied physics letters，2005，86(4)：042107.

[79] ZHENG Z W，SHEN B，GUI Y S，et al. Transport properties of two-dimensional electron gas in different subbands in triangular quantum wells at $Al_x Ga_{1-x} N$/GaN heterointerfaces[J]. Applied physics letters，2003，82(12)：1872 - 1874.

[80] TAKEUCHIT，WETZEL C，YAMAGUCHI S，et al. Determination of piezoelectric fields in strained GaInN quantum wells using the quantum-confined Stark effect[J]. Applied physics letters，1998，73(12)：1691 - 1693.

[81] AMBACHER O. Growth and applications of Group III-nitrides[J]. Journal of physics D：applied physics，1998，31(20)：2653 - 2710.

[82] PANKOVEJ I，MOUSTAKAS T D. Gallium Nitride I (Semiconductors and Semimetals Vol 50)[M]. London：Academic Press，1998.

[83] ZHENG Z W，SHEN B，ZHANG R，et al. Occupation of the double subbands by the two-dimensional electron gas in the triangular quantum well at $Al_x Ga_{1-x} N$/GaN heterostructures[J]. Physical review B，2000，62(12)：7739 - 7742.

[84] ZHANG Y F，SMORCHKOVA I P，ELSASS C R，et al. Charge control and mobility in AlGaN/GaN transistors：Experimental and theoretical studies [J]. Journal of applied physics，2000，87(11)：7981 - 7987.

[85] JEGANATHAN K，SHIMIZU M，OKUMURA H. Lattice-matched InAlN/GaN two-dimensional electron gas with high mobility and sheet carrier density by plasma-assisted molecular beam epitaxy[J]. Journal of crystal growth，2007，304(2)：342 - 345.

[86] SWAIN R，LENKA T R. Investigation of Critical Barrier Thickness in Lattice Matched InAlN/GaN MOSHEMT Towards Normally-off Operation[R]. TENCON IEEE Region 10 Conference Proceedings，2015.

[87] LORENZK，FRANCO N，ALVES E，et al. Anomalous Ion Channeling in AlInN/ GaN Bilayers：Determination of the Strain State[J]. Physical review letters，2006，97 (8)：085501.

[88] 苗振林. $In_x Al_{1-x} N$ 薄膜及其异质结构的 MOCVD 生长和物性研究[D]. 北京：北京大学，2010.

[89] KUZMIK J. Power Electronics on InAlN/(In) GaN：Propect for a Record Performance[J]. IEEE electron device letters，2001，22(11)：510 - 512.

[90] MIAO Z L, TANG N, XU F J, et al. Magnetotransport properties of lattice-matched In$_{0.18}$Al$_{0.82}$N/AlN/GaN heterostructures [J]. Journal of applied physics, 2011, 109(1): 016102.

[91] YUE Y Z, HU Z Y, GUO J, et al. InAlN/AlN/GaN HEMTs with Regrown Ohmic Contacts and f_T of 370 GHz[J]. IEEE electron device letters, 2012, 33(7): 988 – 990.

[92] DADGAR A, SCHULZE F, BLÄSING J, et al. High-sheet-charge-carrier-density AlInN / GaN field-effect transistors on Si(111)[J]. Applied physics letters, 2004, 85(22): 5400 – 5402.

[93] GONSCHOREK M, CARLIN J F, FELTIN E, et al. High electron mobility lattice-matched AlInN /GaN field-effect transistor heterostructures [J]. Applied physics letters, 2006, 89(6): 062106.

[94] XIEJ Q, NI X F, WU M, et al. High electron mobility in nearly lattice-matched AlInN /AlN/GaN heterostructure field effect transistors[J]. Applied physics letters, 2007, 91(13): 132116.

[95] JESSEN G H, GILLESPIE J K, VIA G D, et al. RF Power Measurements of InAlN/GaN Unstrained HEMTs on SiC Substrates at 10 GHz[J]. IEEE electron device letters, 2007, 28(5): 354 – 356.

[96] SUN H, ALT A R, BENEDICKTER H, et al. 102 – GHz AlInN/GaN HEMTs on Silicon with 2.5-W/mm Output Power at 10 GHz[J]. IEEE electron device letters, 30(8): 796 – 798.

[97] SARAZIN N, MORVAN E, DI FORTE POISSON M A, et al. AlInN/AlN/GaN HEMT Technology on SiC with 10-W/mm and 50% PAE at 10 GHz[J]. IEEE electron device letters, 2010, 31(1): 11 – 13.

第 3 章

氮化镓基半导体及其异质结构的外延生长

3.1 氮化镓基半导体的外延生长方法

电子薄膜材料的外延生长早在 1928 年就出现了,但在半导体领域的运用则始于 1960 年[1]。英文中外延一词 Epitaxy 是由希腊文"ep"和"taxio"组合而来的,意思是"……之上的排列",指的是在一定条件下使某种物质的原子(或分子)规则排列,定向生长在经过仔细加工的晶体(一般称为衬底)表面上。它是一种连续、平滑并与衬底材料晶体结构有关联关系的单晶薄层。这个单晶薄层就称为外延层或外延薄膜,而把生长外延的过程称为外延生长。

电子材料的外延生长通常选用单晶材料做衬底。在早期的外延生长过程中,通常外延层是单晶衬底晶面向外复制延伸的结果,故取名为外延[1]。但由于几十年来外延技术的不断发展,现在的外延技术既可生长与单晶衬底相同材料的外延薄膜,也可生长与衬底材料不同的外延薄膜[1-2]。前者称为同质外延,如 Si 单晶衬底上生长 Si 外延薄膜;后者则称为异质外延。在半导体材料的异质外延中,人们研究的核心内容之一是如何避免单晶衬底与外延层晶体结构和物理性质的差异对外延层晶体质量和光电性质的影响,寻找能够满足半导体器件制备需求的异质外延材料及其低维量子结构。在早期的半导体材料异质外延制备中,受外延技术的限制,一般异质外延薄膜与单晶衬底之间的晶格失配不大,如 GaAs 单晶衬底上外延生长 $In_xGa_{1-x}P$、$Ga_xAl_{1-x}As$,InP 单晶衬底上外延生长 $In_xGa_{1-x}As_yP_{1-y}$ 等。

半导体科学技术发展到 20 世纪 80 年代后,这种近似晶格匹配的半导体异质外延材料体系已不能满足飞速发展的半导体器件研制的需求。晶格失配较大的异质外延,如 Si 单晶衬底上外延 GaAs、GaAs 单晶衬底上外延 InP,以及蓝宝石(sapphire)和 Si 单晶衬底上外延 GaN 等第三代半导体材料得到了广泛的重视和系统的研究[3]。在大失配异质外延情况下,由于单晶衬底与外延层的晶格失配、热膨胀系数差别(热失配)以及晶体极性的不同,较难得到晶格非常完整的高质量半导体外延层。因释放晶格失配等原因产生的应力,外延层中将产生大量失配位错,对外延层晶体质量及其半导体器件性能产生了很大影响。单晶衬底与外延层热膨胀系数的差别,将在高温外延生长后的降温过程中产生热应力,同样会导致外延层产生大量的失配位错和残留应力,严重时半导体外延层会出现龟裂,甚至会引起衬底晶片弯曲并导致外延层与衬底的分离。而单晶衬底与半导体外延层晶体极性的不同也会对外延层成核有显著影响，并易于在外延层中引起反向畴缺陷。

为克服大失配异质外延面临的难题，减少半导体外延层中的缺陷密度和残留应力，经过大量的研究探索，国际上提出了各种半导体材料的异质外延方法[4]。最成功、采用最多的方法是过渡层（又叫缓冲层）方法，即在衬底和外延层之间沉积一个缓冲层，缓冲层的生长温度一般比外延温度低得多，因此一般是多晶结构，以此来缓解衬底和外延层之间的晶格失配和热失配，阻挡产生于外延层/衬底界面的位错延伸进外延层中，从而减少外延层中的缺陷密度和残留应力，得到高质量的半导体外延层及其低维量子结构。

根据向外延层生长表面输运原子方法的不同，半导体薄膜的外延方法可分为真空外延、气相外延和液相外延三大类[4]。气相外延又称为化学气相沉积（CVD），用运载气体将反应物气体或饱和蒸气由源区输运到外延淀积区进行化学反应和外延生长，副产物则被运载气体携带排出外延生长系统，是目前应用最为广泛的外延生长方法。CVD 方法具有以下优点[3]：① 可用物理、化学方法制备高纯度的原材料；② 外延生长温度低于外延材料的熔点或升华点；③ 外延材料的组分和性能可通过调整反应原材料的气相配比来严格控制，故可以制备性能特殊的界面、组分渐变的过渡层等；④ 不需要复杂的高真空系统，操作方便，易于大批量外延生长。

经过 20 多年的发展，目前用于Ⅲ族氮化物（又称为 GaN 基）半导体材料的外延生长方法主要有金属有机化学气相沉积（MOCVD）、分子束外延（MBE）和氢化物气相外延（HVPE）。下面将分别讨论这几种外延生长方法。

3.1.1 金属有机化学气相沉积(MOCVD)

金属有机化学气相沉积（Metal Organic Chemical Vapor Deposition，MOCVD）是由美国洛克威公司 H. M. Manasevlt 等人在 1968 年提出的一种制备化合物半导体单晶薄膜的气相外延生长技术[5]。经过近半个世纪的发展，已成为具有适用面广、控制精度高、重复性好、易于批量生产等优势的化合物半导体外延生长的主流技术，广泛应用于微电子和光电子领域的半导体材料和器件制备中，同时在半导体低维物理这一科学前沿领域扮演着低维半导体材料制备的关键角色。用 MOCVD 方法制备Ⅲ-Ⅴ族化合物半导体外延结构时，一般采用Ⅲ族金属元素的有机化合物（原子团一般为甲基或乙基的烷基类化合物，称为 MO 源）的饱和蒸气和气态的Ⅴ族元素氢化物作为原材料，通过在一定温度下的化学反应气相沉积在特定的衬底材料上，整个外延生长过程涉及诸多的物理和化学过程。

1. MOCVD 外延生长系统

一台常规的 MOCVD 外延生长系统主要包括气体输运分系统、反应室分系统、尾气处理分系统、控制分系统以及原位监测分系统等五个主要的部分，如图 3.1 所示[4]。气体输运分系统用以向 MOCVD 装置的反应室输运各种反应源，并且实现其精确的计量控制、输入时间和顺序控制，以及进入反应室的总气体流速控制等功能。气体输运分系统主要由载气供应子系统、MO 源供应子系统、氢化物源供应子系统以及生长/放空多路阀门组成。反应室分系统是 MOCVD 外延装置的核心部分，用以实现特定衬底上化合物半导体及其低维结构的外延沉积，具备对反应室气压、流场、温场及外延生长模式等的精确调控功能。反应室分系统主要包括承载衬底的石墨基座、加热器、温度传感器、光学检测窗口以及密封设计配件等。尾气处理分系统主要用以反应室化学反应后流出的残留反应物、残留 MO 源和气源以及大量携带气体（统称为尾气）的化学处理，以达到符合环境标准的尾气排放，一般是通过高温裂解或化学催化的办法来完成的。控制分系统主要由可编程控制器和与之相连的控制计算机组

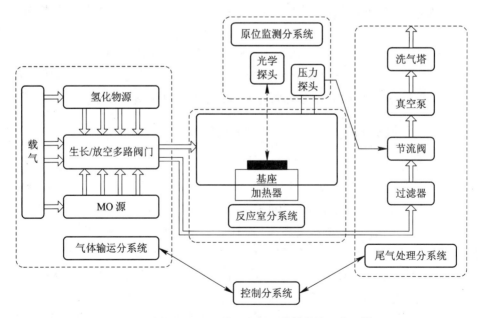

图 3.1　低压 MOCVD 外延生长系统的结构示意图[4]

成，控制器负责各种涉及外延生长的信号采集、处理和输出，计算机负责材料生长过程中的动态实时监控和记录。原位监测分系统由反射率校正红外辐射高温计、反射率监测装置、翘曲监测装置等组成。MOCVD 系统通常安装在配有报警装置、通风装置和温度湿度控制装置的标准超净实验室或厂房内。

现以国内外 GaN 基半导体研究机构广泛使用的德国 Aixtron 公司 3×2 垂直型近耦合喷淋头(Close Coupled Showerhead，CCS) MOCVD 外延系统为例来对目前国际上先进的 MOCVD 外延装置做进一步说明。这种 MOCVD 装置的反应室采用了垂直型喷淋头式结构，Ⅲ族源和Ⅴ族源分别通过相间分布的小孔进入反应室后混合均匀，如图 3.2 所示。外延薄膜的均匀性可通过调整石墨基座的旋转速率来改变外延过程中的化学反应边界层厚度来控制。石墨基座可根据要生长样品的尺寸来选择其上凹槽的大小。为了防止高温下 C 元素的扩散，石墨基座表面包裹有 SiC 涂层。加热部分由内中外三段大功率电阻加热丝组成，通过三个区域加热丝的电源输出功率的精确匹配，可实现整个石墨基座上的均匀加热。测温的热电偶置于石墨基底中央位置正下方。

A—热偶；
B—钨加热丝；
C—淋喷头；
D—反应室盖；
E—光学探针；
F—淋喷头水冷；
G—双O环密封；
H—基座；
I—石英衬垫；
J—基座支撑；
K—排气口

图 3.2　德国 Aixtron 公司 3×2 垂直式 CCS 反应室的结构图

为了实时了解和掌握外延生长进程和外延生长质量，反应室中安装了外延薄膜反射率原位监控系统，其工作的依据是法布里-珀罗光学干涉效应，一束特定波长的光(一般是 405 nm 和 950 nm 两种波长的激光光源)垂直入射到正在生长的外延薄膜表面，在光学界面上发生反射，其中一个光学界面是外延层表面，另一个界面是存在折射率差异的衬底和外延层间的界面。反射回来的光线具有光程差，会发生干涉，其强度变化信息由光学探头进行接收。根据原位监测曲线可以获得外延薄膜的厚度、生长速率和表面粗糙度等信息，这对优化外延生长过程中的生长条件和理解外延动力学过程具有重要价值。

另外，950 nm 波长的反射率原位监测装置具有温度测量功能，其物理依据为普朗克黑体辐射定律，外延生长过程中反应室的温度变化都可采用它进行实时监测。根据衬底对 950 nm 的光是否吸收，可以判断得到的实时温度是石墨基座表面的温度还是外延生长样品表面的温度。这一温度实时监测功能非常有助于对生长温度非常敏感的半导体及其低维结构的外延生长。

该 MOCVD 系统的反应室还可配置 LayTec EpiCurveTT 应力监测装置，以对外延半导体薄膜的翘曲进行实时监控，其原理如图 3.3 所示[5]。平行的两束激光照射到有一定翘曲的外延层后反射出来的光不再平行，到达光接收器的两光斑之间的距离将会反映外延层翘曲的大小。翘曲的大小和外延层中的应力有明确的换算关系，这样就可实时确定外延层中应力的大小[6]。该应力监测装置对外延生长应力较大的大失配异质外延材料及其低维结构非常重要。

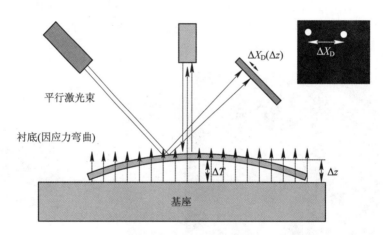

图 3.3　LayTec EpiCurveTT 应力监测装置测量外延层应力的原理示意图[6]

2. MOCVD 外延生长 GaN 基半导体的基本原理

由于在生长速率、膜厚控制、外延质量和适合大规模产业化生产等方面的优势，MOCVD 方法已发展成为制备 GaN 基半导体外延薄膜及其低维量子结构最为有效、使用最广泛的主流外延生长技术。

MOCVD 是一种采用 MO 源的气相外延方法，它把由高纯载气 H_2 或 N_2 携带的 MO 源饱和蒸气输运到外延生长表面上方，通过与作为 N 源的 NH_3 发生气相化学反应，生成所需要的 GaN 基外延薄膜。生长过程中实际发生的具体化学反应相当复杂，迄今尚没有完全清楚，国内外还在进行深入研究[7]。Ⅲ族

MO 源一般优先考虑具有最高蒸气压的烷基化合物，这类烷基化合物具有最低的分子量。因此，MOCVD 通常采用三甲基镓（Trimethylgallium，TMGa）、三甲基铝（Trimethylaluminum，TMAl）和三甲基铟（Trimethylinduim，TMIn）作为Ⅲ族源。有时出于一些特别考虑和需求，也会采用其他Ⅲ族 MO 源，如三乙基镓（Triethylgallium，TEGa）[8]。室温下Ⅲ族 MO 源一般为液态，如 TMGa、TMAl，但室温下 TMIn 为固态。这些 MO 源储存于恒温状态的鼓泡瓶内，外延生长时让高纯载气通过鼓泡瓶，将 MO 源的饱和蒸气携带到 MOCVD 的高温反应室。MO 源的流量可通过鼓泡瓶的温度、压力和载气流量来精确控制。Ⅴ族源一般为气态的高纯 NH_3，N 型掺杂源一般也为气态的高纯硅烷（SiH_4），P 型掺杂源一般为二茂化镁（Bis-cyclopentadienyl Magnesium，Cp_2Mg）。二茂化镁是一种金属 Mg 的 MO 源，其流量控制方法与 MOCVD 中的其他 MO 源相同，而且控制精度要求更高。

MOCVD 生长 GaN 外延薄膜的微观过程如图 3.4 所示[9]。在反应室的气相中 TMGa 与 NH_3 发生一系列高温裂解反应，化学反应方程如下[10-12]：

$$Ga(CH_3)_3 \rightarrow Ga(CH_3)_2 + CH_3 \tag{3-1}$$

$$Ga(CH_3)_2 \rightarrow Ga(CH_3) + CH_3 \tag{3-2}$$

$$Ga(CH_3) \rightarrow Ga + CH_3 \tag{3-3}$$

$$NH_3 \rightarrow H + NH_2 \tag{3-4}$$

$$NH_2 \rightarrow H + NH \tag{3-5}$$

$$NH \rightarrow N + H \tag{3-6}$$

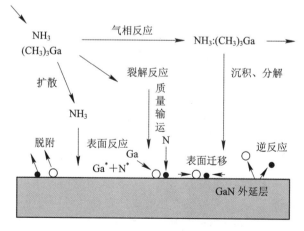

图 3.4　MOCVD 方法生长 GaN 外延薄膜的热力学和动力学示意图[9]

当气相中的反应产物扩散至衬底表面时被吸附在表面上，然后在衬底表面迁移并继续发生化学反应，最终并入晶格形成 GaN 外延薄膜。这一阶段的化学反应方程为[12]

$$Ga + nNH \rightarrow GaN + nH \quad (n = 0, 1, 2, 3) \tag{3-7}$$

同时，反应室中也随时发生着气相副反应[12]：

$$Ga(CH_3)_3 + NH_3 \rightarrow Ga(CH_3)_3 : NH_3 \tag{3-8}$$

$$3(Ga(CH_3)_3 : NH_3) \rightarrow (Ga(CH_3)_2 : NH_2)_3 + 3CH_4 \tag{3-9}$$

$$Ga(CH_3)_3 : NH_3 \rightarrow GaN + 3CH_4 \tag{3-10}$$

气相副反应的产物从外延生长表面脱附后，通过扩散再回到主气流，由载气携带出反应室。此外也有部分气相反应产物被气流直接带出反应室。

3. GaN 基半导体异质外延的两步生长法

由于 GaN 和 AlN 单晶衬底材料的制备依然不够成熟，价格高昂，迄今为止 GaN 基半导体及其低维量子结构的制备主要是异质外延生长，最常用的异质外延衬底包括蓝宝石、SiC 和 Si 单晶晶片。其中蓝宝石是目前使用最为普遍的一种衬底，它具有与 GaN 基半导体相同的六方对称晶体结构，具有折射率低(1.7)、化学稳定性和高温热稳定性好、价格低廉等优点。因其禁带宽度达 9.9 eV，在紫外波段具有很高的光透过率，在上千摄氏度的温度下也不与 MOCVD 生长主要载气 H_2 发生化学反应，现广泛应用于 GaN 基半导体的高温外延生长。但其缺点是不导电、导热性差、解理困难、与 GaN 基半导体的晶格失配和热失配较大等。

如图 3.5 所示[13]，一般在蓝宝石的(0001)面(又称为 c 面)上进行 GaN 基半导体的外延生长，这样生长出的 GaN 基半导体仍沿着[0001]方向生长，但是面内会相对于(0001)蓝宝石围绕 c 轴旋转 30°，GaN 基半导体的[11 20]晶向平行于蓝宝石的[1 100]晶向，[1 100]晶向平行于蓝宝石的[11 20]晶向，这种旋转是由于两者之间过大的晶格失配引起的[13]。蓝宝石的晶格常数除以 $\sqrt{3}$ 为 0.2748 nm，AlN 和 GaN 的面内晶格常数分别为 0.3112 nm 和 0.3189 nm，对应的晶格失配分别为 11.7% 和 13.8%。GaN 基半导体外延层的晶格相对蓝宝石晶格在面内旋转 30°，由大晶格失配形成的弹性能量可更低一些[13]。

由于蓝宝石和 GaN 之间的晶格失配和热失配很大，20 世纪 90 年代之前制备的 GaN 外延薄膜晶体质量很差，位错密度和非故意掺杂的施主浓度均很

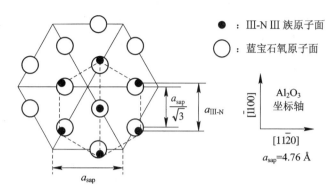

图 3.5　c 面蓝宝石晶面上外延生长(0001)面氮化物晶体的相对晶格位置示意图[13]

高,很难进行 GaN 的背景电子浓度调控,GaN 的 P 型掺杂也很难实现,这导致 GaN 基半导体材料和器件的研究进展非常缓慢[14]。1986 年,日本名古屋大学 I. Akasaki 教授和他的学生 H. Amano 采用低温 AlN 成核层(Nucleation Layer)技术首次在蓝宝石衬底上用 MOCVD 技术外延生长出高质量的 GaN 外延薄膜[15]。1991 年,日本日亚化学公司 S. Nakamura 博士采用低温 GaN 成核层技术得到了表面光洁的高质量 GaN 外延薄膜[16]。在很短的时间内,这几位日本科学家发明的 GaN 基半导体外延两步生长法技术在国际上被学术界和产业界广泛采用,不仅限于蓝宝石衬底上 GaN 基半导体的外延生长,SiC、Si 和其他单晶衬底上 GaN 基半导体的外延生长使用两步生长法也非常有效。由此开始,GaN 基半导体材料和器件的研究和产业化进入了高速发展时期。

下面讨论蓝宝石衬底上 GaN 基半导体 MOCVD 两步生长法的详细过程:

(1) 蓝宝石衬底的高温烘烤:在大于 1080 ℃高温下的 H_2 气氛中烘烤蓝宝石衬底,利用 H_2 的刻蚀作用清洁衬底表面。

(2) 低温成核层(缓冲层)生长阶段:把 MOCVD 反应室降温到 450～550 ℃左右,通入 MO 源(TMGa 或 TMAl)以及 NH_3 源,生长 20～25 nm 的 GaN 或 AlN 低温成核层。

(3) 升温退火阶段:终止 MO 源通入反应室,升温至大于 1000 ℃的外延生长温度,然后退火 2～3 min,让 GaN 或 AlN 成核层形成高密度、有一定尺度的成核岛。

(4) 高温外延生长阶段:在高温下,重新通入 TMGa 生长 GaN 外延层以及各种 GaN 基低维量子结构,完成 GaN 基半导体的 MOCVD 两步生长全过程。

下面借助于原位激光反射谱和原子力显微镜（Atomic Force Microscope，AFM）照片介绍 GaN 外延生长的 MOCVD 两步生长法的特点。如图 3.6 所示[17]，图中间是 GaN 生长过程中典型的原位激光反射谱。其中ⓐ、ⓑ、ⓒ、ⓓ表示外延生长各阶段的关键点，图两边的 AFM 照片为对应的外延生长表面形貌。ⓐ点之前的光反射信号是稳定上升的过程，对应于致密均匀的低温成核层生长过程。在ⓐ点终止低温成核层生长，GaN 的表面形貌显示成核层表面呈颗粒状，为非晶或多晶 GaN。从ⓐ点到ⓑ点之间是退火阶段，在该阶段温度升高，到 900 ℃ 左右时 GaN 部分分解，并形成一定密度、尺寸比较大的岛状 GaN 晶体结构，从而使表面变得十分粗糙，光反射信号急剧下降。AFM 照片显示了这些尺寸比较大的岛状 GaN 晶体结构，它们为接下来的高温外延生长提供了成核位置。从ⓑ点开始进行 GaN 的高温外延生长，在生长初期，这些成核岛会通过三维扩张方式逐渐长大，GaN 表面变得更加粗糙，所以光反射信号继续下降。直到这些成核岛大到一定程度开始聚合时，光反射信号才重新开始上升并出现干涉振荡。干涉振荡的振幅逐渐升高，到ⓓ点趋于饱和。这说明ⓓ点对应的 GaN 外延层已形成了平整光滑的表面，GaN 开始准二维生长，如ⓓ点的 AFM 照片所示[17]。

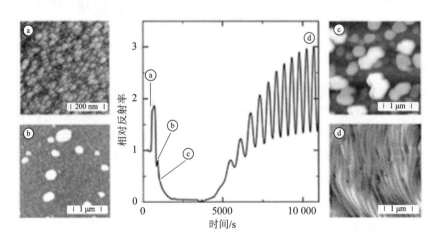

图 3.6　典型的 GaN 外延薄膜两步法生长过程的光反射率曲线和不同生长阶段样品表面的 AFM 形貌[17]

根据上述讨论可以发现，低温缓冲层生长、升温退火过程以及高温生长初始阶段的外延状态很大程度上决定了 GaN 外延层最终的晶体质量、表面形貌以及光学和电学性质。从大量 MOCVD 外延生长实验可以归纳出影响 GaN 外延层质量的主要生长环节和关键生长参数主要有低温缓冲层生长过程、升温退火过程、外延生长温度、V/Ⅲ摩尔比、反应室压力等。

3.1.2　分子束外延(MBE)

分子束外延(Molecular Beam Epitaxy，MBE)是一种在超高真空(一般为 $10^{-8} \sim 10^{-12}$ Torr)环境下生长制备高质量单晶薄膜的外延技术。20 世纪 50 年代澳大利亚国防部实验室 K. G. Günther 等人发明了真空环境下沉积Ⅲ-Ⅴ族化合物半导体的三温度生长法[18]，那时选用的生长衬底多为玻璃，因此获得的生长薄膜为多晶状态。但这些研究工作使人们逐渐意识到半导体薄膜的外延制备有赖于真空环境的提高和洁净单晶衬底的应用。在 20 世纪 60 年代末，美国贝尔实验室 J. R. Arthur 和 A. Y. Cho(卓以和)等人成功研制出分子束外延系统[19]。在半导体薄膜的 MBE 外延生长过程中，所需要的原材料通过高温、裂解、电子束轰击、激光熔溅等物理方法形成活性分子或原子，经生长室源炉顶部的小孔准直后形成的分子或原子束流直接喷射到加热至一定温度的单晶衬底上。通过控制源炉顶部的挡板，可实现不同分子或原子在衬底上的交替沉积，因此可以使外延层按设计结构逐层周期式地"生长"从而形成外延薄膜。通常情况下，在生长过程中 MBE 生长室的压强约为 $10^{-5} \sim 10^{-6}$ Torr，根据热力学定律，该环境下分子的平均自由程约为 5～50 m，远大于生长室的尺寸。而我们知道在 760 Torr 的一个大气压下，空气分子的平均自由程只有 6.4×10^{-8} m。由此可见，在 MBE 外延生长的高真空环境下，很大的分子平均自由程能够保证分子在不发生相互碰撞的情况下，直接入射到衬底表面，因此被称为"分子束"外延。

MBE 技术在发展初期主要用于 GaAs、$Al_x Ga_{1-x} As$ 等Ⅲ-Ⅴ族化合物半导体外延薄膜及其低维量子结构的制备，然后逐步拓展到Ⅱ-Ⅵ族、Ⅳ族半导体薄膜，甚至金属薄膜、超导薄膜及介质薄膜的外延生长，发展至今已成为国际上一种广泛使用的功能电子薄膜外延生长方法[20]。因其具有精确控制薄膜厚度和界面的优势，常用来制备超薄半导体薄膜和低维量子结构。近几十年来，采用 MBE 制备半导体低维量子结构已成为半导体物理、材料和器件研究领域的关键材料制备技术，在半导体光电器件、功率电子器件、纳米材料、二维材料、量子通信等诸多研究领域正在被广泛使用。同时，科技进步推动着 MBE 系统和生长技术的不断完善和改进，应用市场对 MBE 外延材料的需求为其产

业化带来了契机，MBE 技术在一些应用领域正在逐渐从实验室走进企业。

根据分子束或原子束的来源不同，可将 MBE 技术大致分为金属有机源 MBE（Metal-organic MBE）、气源 MBE（Gas-source MBE）和化学束外延（Chemical Beam Epitaxy）。在 GaN 基半导体及其低维量子结构的制备中，金属源通常采用热蒸发源（Knudsen Cell），而 N 原子的产生方式包括氨气（NH_3）、超音速喷射源（Supersonic Jet Source）、等离子体源和离子源等多种途径。GaN 基半导体的 MBE 生长温度一般在 $500\sim900$ ℃，在此温度范围内 N_2 的物理性质比较稳定，因此直接从 N_2 中获得 N 原子比较困难。另一种获得 N 原子的方式是在较高温度下裂解 NH_3，然而 NH_3 对维持高真空的机械泵、分子泵、离子泵和其他部件有一定的腐蚀作用，并且产生的 H 原子对 GaN 外延层的 P 型掺杂非常不利。这些问题是用传统 MBE 技术外延生长 GaN 基半导体遇到的困难。目前，我们常见的 GaN 基半导体外延生长用 MBE 系统是采用等离子体技术提供 N 原子，这便是等离子体辅助分子束外延（Plasma-Assisted MBE，PA-MBE），它是属于气源分子束外延技术的一种。一般而言，根据等离子体的产生方式不同，有两种 N 源获得技术：第一种是 RF-MBE 技术，采用射频（Radio Frequency）等离子体获得生长的 N 源，一般使用 13.56 MHz 的射频等离子体在高温放电腔中裂解 N_2 分子得到 N 原子和离子，然后将离子通过偏转电场过滤掉，剩下的 N 原子束用于外延生长；第二种是 ECR-MBE 技术，采用电子回旋共振（Electron Cyclotron Resonance）微波等离子体技术，通过 2.45 GHz 微波与静磁场中电子共振频率的耦合来产生低能量的氮原子束。

用于 GaN 基半导体外延生长的典型 PA-MBE 系统如图 3.7 所示[11]，主要包括真空分系统、真空腔室分系统、原位监测分系统、控制分系统及其他配套装置。

真空分系统是 MBE 系统的重要组成部分，用于维持超高真空外延生长环境，由各级真空泵、阀门和真空规等构成。真空泵是维护整个 MBE 系统超高真空状态的关键装置，根据 MBE 系统的具体需求可配备机械泵、分子泵、离子泵和低温冷凝泵等不同等级的泵体。机械泵通过周期性的机械运动改变吸气腔、压缩腔和排气腔的体积，利用气压平衡原理不断抽出腔室内的气体，一般作为前级泵工作在大气压强至 10^{-2} Torr 的低真空范围。分子泵通过高速旋转的转子将动量传递给腔室内的气体分子，使之获得定向速度，从而被压缩至排气口由前级泵抽走。分子泵根据不同规格，通常作为二级泵工作于 $10^{-1}\sim$

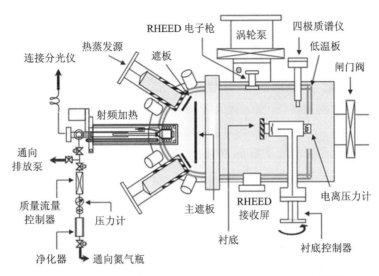

图 3.7　GaN 基半导体外延生长的 PA－MBE 系统示意图[11]

10^{-9} Torr 的中高真空范围，其入口压强应小于 10^{-3} Torr。离子泵和低温冷凝泵属于三级真空泵。离子泵通过高电场发射电子与气体分子发生碰撞产生正离子和二次电子，引发雪崩效应，正离子在电场作用下被钛阴极吸附或从阴极得到电子后反射回阳极被掩埋，从而消除气体分子，一般工作于 10^{-6} Torr 以下的高真空环境中。低温冷凝泵通过压缩机循环压缩氦气使其内壁达到极低温度，气体分子被冷凝吸附于内壁上，从而提高 MBE 系统的真空度，具有抽速大、无油、无选择性等优点，可工作于 10^{-5} Torr 以下的高真空环境中，获得的极限压强可达 10^{-13} Torr，是 MBE 系统不可或缺的配置。

　　MBE 的真空腔室主要包括进样室、准备室和生长室三部分。进样室用于 MBE 系统内外的样品传递，也是唯一与外界连通的腔室。准备室位于进样室和生长室之间，主要用于储存样品及对衬底进行外延生长前的预处理。生长室是 MBE 系统的核心部分，包含源炉(Cell)、挡板(Shutter)、样品台及其控制器和冷却系统等部分。源炉分为热蒸发源和等离子体源两种，热蒸发源用于存放高纯原材料，如Ⅲ族 Al、Ga、In 金属源和 Si、Mg、Fe、Ge 等掺杂源，通过控制源炉的温度可以控制相应源的束流大小，通过控制各个源对应的挡板开关状态可调节外延薄膜的组分。氮源通常由射频等离子体源提供，利用射频等离子体在高温放电腔中裂解 N_2 分子，得到氮原子和离子，然后利用偏转电压将氮离子过滤得到氮原子束。氮原子束束流大小可通过通入的高纯 N_2 流量和射频功率予以调节。通过外部的控制器，生长室中样品台一般可实现对衬底的升降温、旋转等操作。

MBE的原位监测分系统主要包括反射式高能电子衍射谱仪（Reflection High Energy Electron Diffraction，RHEED）、束流监测仪（Beam Flux Monitor）、激光反射谱、X射线光电子能谱（X-ray Photoelectron Spectroscopy）、椭偏仪（Spectroscopic Ellipsometry）、同轴碰撞离子散射谱仪（Coaxial Impact Collision Ion Scattering Spectroscopy）等，安装在生长室，主要用于监测外延生长过程中源的束流、外延层表面平整度、衬底温度等参数，以便精确调控外延结构的组分、厚度、周期等信息。其中，RHEED是MBE系统中最常用的实时原位监测装置，其他原位监测装置可根据MBE系统的工作需要进行选择。

RHEED作为一种新型的表面晶体结构分析工具，随着MBE系统的发展而不断完善，并用于外延生长中的实时原位表面分析[21]。RHEED主要探测掠入射（一般在0.5°～2.5°范围）的高能电子（一般在10～30 keV 范围，对应的电子束波长为0.12～0.069 Å）在与外延生长样品的表面数层原子相互作用后产生的衍射图案，通过分析图案的明暗变化、形状、间距、振荡周期及演变趋势等参数，即可推测出外延生长的源束流比、衬底温度，以及外延层的晶格取向、晶格常数、组分、应力分布和生长行为等信息，从而反馈调节、优化外延生长窗口。RHEED的结构及工作原理如图3.8所示[21]，入射电子在样品表面发生弹性散射，反射衍射束的波矢在倒空间形成Ewald衍射球。由于电子只与样品表面原子作用，样品可以等效为二维平面晶体，其对应的倒格矢空间为一系列垂直于样品表面的有限长度倒易杆。形成的倒易杆与Ewald球相截的点

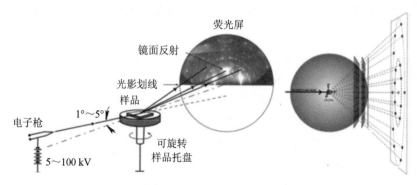

图 3.8　RHEED 的结构和工作原理图[21]

即为衍射图案中的亮点,较小的入射角导致 Ewald 球半径非常大,局部甚至可以近似为平面,投射至荧光屏上即为沿弧分布的平行条纹。外延生长过程中,如果外延层以单晶二维方式生长,则为平行直条纹(Streaky);如果外延层以三维单晶模式生长,则为点状(Spotty);如果所生长的材料呈现多晶取向,则为同心圆弧。

MBE 的控制分系统包括各组件的电源、控制器、操作面板及相应软件等,用于控制和维持 MBE 系统工作过程中各组件的正常运转。MBE 系统的配套装置不尽相同,可根据生长需要进行配置,但肯定有系统冷却装置。冷却装置包括水冷和液氮两套系统,除了维持 MBE 系统的高真空度功能外,主要用于带走外延生长过程中热蒸发源和衬底在加热过程中辐射的热量,保障 MBE 系统正常、安全地运行。

MBE 外延生长过程一般可分为五个阶段,如图 3.9 所示[22]:① 吸附(Absorption)过程,源炉喷射的活性分子或原子以无相互间作用的形式自由沉积至衬底或外延层表面上,形成表面吸附分子或原子;② 迁移(Diffusion)过程,表面吸附分子或原子在或外延层表面发生分解并迁移;③ 成核(Nucleation)过程,表面吸附原子迁移至衬底或外延层晶格的平台(Terrace)、扭结(Kink)、台阶(Step)和空位(Vacancy)等位置进行晶体成核或外延生长;④ 再蒸发(Desorption)过程,未进入外延层晶格参与外延生长的原子从衬底或外延层表面解吸附并脱离表面;⑤ 液滴(Droplets)形成过程,不参与晶格外延

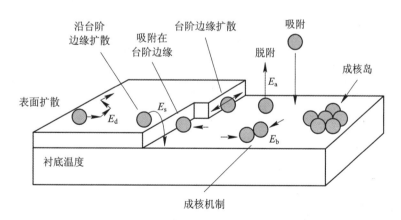

图 3.9　MBE 外延生长过程中入射分子或原子束在衬底或外延层表面的吸附、迁移、成核、再蒸发和形成金属液滴过程示意图[22]

生长且未能及时脱附的金属原子在生长表面聚集形成金属液滴。

相对于 GaN 基半导体的 MOCVD 外延生长，MBE 外延生长有其自身的特点和优势，主要有：

（1）精确的表面/界面控制。由于 MBE 生长速率一般不超过 1 $\mu m/h$，相当于每秒钟只生长一个单原子层，因而非常有利于实现厚度、结构与成分的精确控制，能够形成陡峭的 GaN 基半导体异质结构等。MBE 实际上是一种原子级别的外延生长技术，因而特别适用于生长 GaN 基超薄外延层及其低维量子结构等。

（2）外延生长温度较低。该特点有利于降低 GaN 基半导体异质外延过程中由于热膨胀系数失配引起的外延层晶格失配效应以及衬底中杂质外扩散对 GaN 基外延薄膜中杂质控制的影响。此外，由于 InN 的分解温度较低，采用 MBE 技术外延 InN 薄膜可以提高 In 原子的并入效率，获得高质量的 InN 和 $In_xGa_{1-x}N$ 三元合金外延薄膜。

（3）整个 GaN 基半导体外延生长过程在超高真空中进行。衬底表面经过一系列的前期处理后可以视为完全清洁的表面，在外延过程中可以避免环境杂质的影响，因而能够生长出高纯度的 GaN 基半导体外延薄膜。同时，在 MBE 的超高真空环境中一般配备有实时监控装置，用以检测 GaN 基外延材料表面的结构、成分和真空中残余气体，有利于对 GaN 基半导体材料外延生长的动力学过程和外延生长机制进行科学研究。

（4）MBE 外延生长是一个非平衡态动力学过程。国际上普遍认为入射到衬底或外 GaN 基延层表面的分子或原子是一个一个地堆积在表面上从而进行外延生长的，而没有一个热力学平衡态过程，因此可外延生长一些基于常规热力学平衡原理的生长方法不可能生长的 GaN 基半导体外延薄膜。

（5）MBE 是在超高真空中进行的物理沉积过程。由于不需要考虑生长室中不同生长源分子或原子在外延生长前的化学反应，因此不受质量传输过程的影响。此外，可利用挡板对生长源束流进行瞬时控制。因此，GaN 基半导体外延薄膜的组分和掺杂可以实时地变化和调整。

3.1.3　氢化物气相外延（HVPE）

氢化物气相外延（Hydride Vapor Phase Epitaxy，HVPE）是一种非平衡态的外延生长方法，生长设备及工艺相对简单。采用 HVPE 方法进行 GaN 外延生长，通常使用化学性质稳定、毒性较低的 NH_3 作为 N 源，Ga 源是液态金属

Ga 与 HCl 气体反应的气相产物,利用 N_2 或者 H_2 作为载气,将该气相产物输运到衬底表面,最终与 NH_3 反应沉积为 GaN 外延薄膜。其生长过程可以分为热力学过程和动力学过程。首先分析采用 HVPE 方法进行 GaN 外延生长的热力学过程。

金属 Ga 通过以下化学反应得到形成 GaN 的 Ga 源:

$$Ga_{liq} + HCl_g \leftrightarrow GaCl_g + \frac{1}{2}H_{2g} \tag{3-11}$$

$$GaCl_g + 2HCl_g \leftrightarrow GaCl_{3g} + H_{2g} \tag{3-12}$$

其中,下标 g 表示气相。美国 RCA 实验室 V. S. Ban 等人估计第一个反应的转化率高达 99.5%[23]。

与 GaAs 半导体的 HVPE 外延生长相似,GaN 的 HVPE 沉积过程可表示为[24]

$$NGa - ClH \leftrightarrow NGa + HCl \tag{3-13}$$

$$GaCl_g + 2NH_{3g} \leftrightarrow 2GaN + HCl_g + 3H_{2g} \tag{3-14}$$

日本东京农工大学 A. Koutitu 等人和法国克莱蒙费朗大学 E. Aujol 等人都对反应式(3-11)～式(3-14)的热力学常数进行了计算[25-26],并得出结论上述四个化学反应都可以自发进行。

现分析采用 HVPE 方法进行 GaN 外延生长的动力学过程:

1999 年,法国克莱蒙费朗大学 R. Cadoret 根据 GaAs 半导体的 HVPE 外延生长模型提出了 HVPE 生长 GaN 的动力学模型,GaN 外延层表面变化主要包括以下三个吸附过程[24]:① NH_3 分子的吸附;② NH_3 分子热分解为 N 原子的吸附;③ N 原子对 GaCl 分子的吸附(V 代表表面空位)。

$$V + 2NH_{3g} \leftrightarrow NH_3 \tag{3-15}$$

$$NH_3 \leftrightarrow N + \frac{3}{2}H_{2g} \tag{3-16}$$

$$N + GaCl_g \leftrightarrow NGaCl \tag{3-17}$$

如图 3.10 所示[24],NH_3 分子首先吸附在 GaN 生长表面的空位处;接着由于反应温度较高,被表面吸附的 NH_3 分子不稳定,会发生热分解,分解后的 N 原子继续吸附在 GaN 生长表面空位处;再接下来,GaCl 分子吸附在 N 原子处;最后 Cl 原子脱落,在生长表面形成一层 GaN 分子。

GaN 生长表面吸附在 N 原子处的 GaCl 分子分解,Cl 的脱落有两种可能

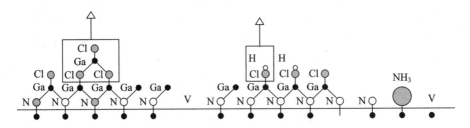

图 3.10　HVPE 外延生长过程中 GaN 形成过程示意图(右边方框表示 Cl 脱落的
H_2 机制，左边方框表示 Cl 脱落的 $GaCl_3$ 机制[24])

的机制，分别是 H_2 机制和 $GaCl_3$ 机制，H_2 机制的反应过程如下[24]：

$$2NGaCl + H_{2g} \leftrightarrow 2NGa - ClH \qquad (3-18)$$

$$NGa - ClH \leftrightarrow NGa + HCl \qquad (3-19)$$

Cl 脱落的 $GaCl_3$ 机制反应过程如下[24]：

$$2NGaCl + GaCl_g \leftrightarrow 2NGa - GaCl_3 \qquad (3-20)$$

$$2NGa - GaCl_g \leftrightarrow 2NGa + GaCl_{3g} \qquad (3-21)$$

　　常用的 HVPE 生长系统分为水平式和垂直式两种[27]，分别如图 3.11 和图 3.12 所示[27-29]，两种系统组成均包括气体供给及输运系统、反应室系统、加热系统及尾气处理系统四部分。反应室由耐高温的石英管构成，水平式系统中石英管水平放置，而垂直式系统中石英管竖直放置。根据反应源和载气进入方式的不同，垂直式系统又有底部供气结构和顶部供气结构之分[28-29]。

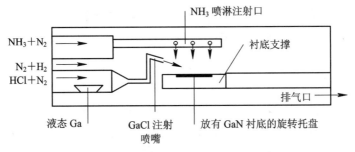

图 3.11　水平式 HVPE 外延生长系统反应室结构示意图[27]

　　不管 HVPE 生长系统为水平式还是垂直式，GaN 的外延生长过程是一样的。金属 Ga 源盛放在反应室中的石英舟上，该区域的温度保持在到 900 ℃左

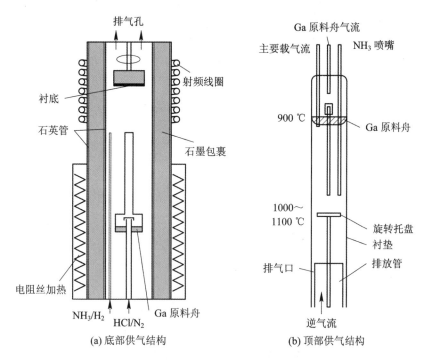

图 3.12　垂直式 HVPE 外延生长系统反应室结构示意图

右，HCl 气体在 N_2 或者 H_2 载气的携带下进入 Ga 舟区域，反应生成气态 GaCl，最后进入约 1050℃ 的高温生长区与 NH_3 气体反应生成 GaN 分子。反应生成的 GaN 分子一部分沉积在衬底上形成单晶 GaN 外延层，其余 GaN 分子沉积在石英管壁上形成多晶 GaN 层。反应室中的化学反应同时生成大量的氯化氨，最终在尾气处理系统中进行处理。因此，HVPE 生长装置生长一段时间后，需要对石英管进行洗清，同时洗清尾气处理系统中的氯化氨粉末。

　　HVPE 是一种传统的半导体薄膜外延生长方法，广泛应用于 Si 和 GaAs 等半导体外延材料的工业生产中。它也是最早进行 GaN 外延薄膜的生长方法，实际上一直到 20 世纪 80 年代初，HVPE 还是外延生长 GaN 唯一有效的方法[30]。1969 年，国际上第一片透明的 GaN 单晶薄膜是美国普林斯顿大学 H. P. Maruska 等人采用 HVPE 方法外延生长得到的[31]，他们制备的 GaN 单晶薄膜厚度为 $50\sim150\ \mu m$。1971 年，英国通用电气公司半导体实验室 D. K. Wickenden 等人采用 HVPE 方法在 SiC 和蓝宝石单晶衬底上生长出 GaN 单晶薄膜[30]。随后，美国贝尔电话实验室 M. Ilegems 等人于 1972 年在蓝宝石衬底

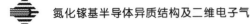

上获得了厚度为 $100 \sim 200~\mu m$ 的 GaN 单晶薄膜[32]。1974 年,日本日立中央研究所 A. Shintani 等人详细研究了 HVPE 方法制备 GaN 的生长参数,如衬底位置、反应气体流量和生长温度等对 GaN 生长速率的影响[33]。1977 年,法国电子和应用物理实验室 R. Madar 等人生长出掺 Si 杂质的 N 型 GaN 单晶薄膜[34]。到了 1983 年,德国莱比锡大学 W. Seifert 等人深入研究了 H_2 和惰性气体作为载气对 GaN 生长速率的影响[35],他们得到了高达 $800~\mu m/h$ 的 GaN 外延生长速率。

但是,由于当时 HVPE 方法制备的 GaN 晶体质量太差并且不能实现 P 型掺杂,在随后十几年中 HVPE 方法在国际 GaN 基半导体研究领域基本被放弃。直到 20 世纪 90 年代中后期,以两步生长法和实现 P 型掺杂为标志的 GaN 外延生长技术得到了飞速发展。GaN 基半导体外延质量及其器件性能的不断提高使得 HVPE 这一古老技术重获新生。这主要是因为相对 MOCVD 和 MBE 外延方法,HVPE 方法外延 GaN 的生长速度非常快,很容易得到位错密度低的 GaN 厚膜,而且生长成本低廉。1998 年,韩国大邱理工大学 S. T. Kim 等人和韩国光云大学 Y. Melnik 等人先后用 HVPE 方法制备出自支撑 GaN 单晶衬底材料[36-37]。进入 21 世纪后,结合了 GaN 侧向外延技术和激光剥离技术的 HVPE 技术发展成为制备高质量自支撑 GaN 单晶衬底最为有效的途径。

与广泛使用 HVPE 方法制备的 GaAs 外延材料相比,HVPE 方法制备 GaN 有其独特性,使得当年 HVPE 法生长 GaN 的研究遇到了许多问题。首先 V 族源 NH_3 分解率低,生成的活性 N 原子容易结合成非常稳定的 N_2 分子,难以生成 GaN,因此需要很高的生长温度才能保障 GaN 的外延生长。此外,寄生反应严重,极易在管壁上沉积。另一个困难是热石英壁易与 Al、Mg 等活性金属反应,掺杂困难,同时热石英壁易与 HCl 气体反应,形成 N 型掺杂,使 P 型或半绝缘 GaN 难以实现。在 HVPE 方法发展过程中,通过重新设计反应室结构,精确控制外延生长温场、选择新的反应源和设计新的 Ga 舟结构,上述困难已可克服或获得了很大改善。

对于 HVPE 法生长高质量自支撑 GaN 单晶衬底,接着面临的主要难点是:首先由于所用异质外延衬底(如蓝宝石等)与 GaN 之间的晶格失配和热膨胀系数失配很大,GaN 厚膜在生长过程中应力过大而开裂,这一问题在几百 μm 厚度以上的 GaN 薄膜中尤其严重;其次就是如何将 GaN 厚膜与异质衬底分离的问题。从 21 世纪初开始,各国的研究者从如何提高晶体质量和如何实现 GaN 与衬底分离两大问题入手,对 HVPE 法制备 GaN 自支撑衬底的关键技术和工艺进行了深入研究。

2000 年，美国加州大学圣塔芭芭拉分校 P. R. Tavernier 等人把 MOCVD 外延生长 GaN 使用的两步生长法引入 HVPE 外延生长 GaN 的过程[38]，即先生长低温 GaN 缓冲层再生长高温 GaN 外延层，可将 HVPE 方法生长的 GaN 外延层位错密度降低到 6×10^7 cm^{-2}。同年，美国劳伦斯伯克利国家实验室 M. K. Kelly 等人采用激光剥离方法成功将大面积 GaN 外延薄膜完整地从蓝宝石衬底上分离下来[39-40]。2004 年，保加利亚太阳能和新能源中心实验室 D. Gogova 等人将侧向外延技术与 HVPE 生长技术相结合，进一步降低了 GaN 厚膜的位错密度[41]。2005 年，瑞典林雪平大学 A. Kasic 等人采用 HVPE 分步生长法制备出 2 英寸范围内应力分布均匀的 GaN 厚膜[42]。2006 年，保加利亚 D. Gogova 等人进一步发展了与侧向外延技术和激光剥离技术相结合的 HVPE 制备技术[43]，成功获得了 2 英寸完整的高质量 GaN 自支撑衬底材料，位错密度降低到 1×10^7 cm^{-2}，(10 14)晶面的 XRD 摇摆曲线半高宽降至 264 arcsec。2007 年，日本日立电线公司（Hitachi Cable Ltd.）T. Yoshida 等人采用 HVPE 技术成功获得了直径为 3 英寸的 GaN 自支撑衬底材料[44]。2008 年，美国 Kyma Technologies 公司 D. Hanser 等人报道了他们采用 HVPE 方法制备的 10 mm 厚 GaN 自支撑衬底材料[45]，并通过切片得到了非极性面 GaN 衬底材料。2009 年，日本三菱化学公司（Mitsubishi Chemical Corporation）采用 HVPE 方法成功获得了 5.8 mm 厚的 2 英寸 GaN 自支撑衬底材料[46]，该样品具有很高的晶体质量，(002)晶面 XRD 摇摆曲线半高宽为 30 arcsec，样品表面十分光亮。2013 年，日本东北大学 T. Sato 等人采用 HVPE 方法获得了近 4 英寸的 GaN 自支撑衬底[47]。同年，日本住友电气工业公司和法国 Soitec 公司也分别成功制备出 4 英寸和 6 英寸的 GaN 自支撑衬底[48]。2017 年，日立电线公司在获得 2 英寸 GaN 自支撑衬底基础上，采用"瓷砖技术"，获得了 7 英寸 GaN 自支撑衬底[49]，也是迄今为止国际上报道的最大尺寸 GaN 自支撑衬底材料。

国内该领域的主要研究单位有北京大学、南京大学、中科院苏州纳米所和中科院半导体所等。经过多年的刻苦攻关，先后突破了低缺陷密度、无裂纹 GaN 厚膜的 HVPE 外延生长技术、可控的 2 英寸 GaN 厚膜与异质衬底的完整分离技术，以及大尺寸多片 HVPE 外延生长系统等关键技术，有多家单位研发出具有自主知识产权的 2 英寸自支撑 GaN 衬底材料。中科院苏州纳米所和北京大学先后将 GaN 自支撑衬底的 HVPE 制备技术向企业转化，先后建立了以 GaN 自支撑衬底制造为主体的高技术企业。

采用 HVPE 方法制备 GaN 自支撑衬底材料主要有两项关键技术：一是完整无裂纹的 GaN 厚膜外延生长技术，二是 GaN 厚膜与蓝宝石等异质衬底的完整分离技术。

在无裂纹 GaN 厚膜 HVPE 外延生长方面，可采用缓冲层技术、插入层技术、图形衬底技术等多种方法来缓解大失配应力，阻止裂纹的产生。北京大学吴洁君等人提出了渐变调节和周期调制相结合的外延生长方法[50]，使得关键生长工艺参数在高质量生长条件和应力释放生长条件这两种生长状态之间逐渐变化并对其进行周期调制，在保证 GaN 厚膜低位错密度的同时，有效释放了 GaN 厚膜的应力。该方法可使 GaN 厚膜无裂纹厚度从 100 μm 提升至 400 μm，位错密度降至 $2 \times 10^7 \sim 5 \times 10^7$ cm^{-2}。

GaN 厚膜与蓝宝石衬底的分离技术是整个 GaN 自支撑衬底制备的一个瓶颈和难点。国际上迄今主要的分离技术包括激光剥离、牺牲层和自分离技术等。中科院苏州纳米所和纳维公司的徐科等人通过激光剥离技术和 HVPE 缓冲层工艺相配合，成功获得了 2 英寸 GaN 自支撑衬底，并形成了批量生产能力。北京大学吴洁君等人则选取了自分离技术[51]，即通过各种缓冲层、插入层或纳米图形层的 HVPE 生长，结合生长条件调节使应力集中于这些插入层处，在 HVPE 高温外延生长后的降温阶段使 GaN 厚膜自发地从蓝宝石衬底上脱离。该技术的优势是不需要激光剥离机等昂贵设备，缺点是不易控制，分离率不高。针对此难点，他们通过对 GaN 厚膜/蓝宝石两层膜体系的力学特性进行深入的理论计算[52]，结合生长工艺调整，通过控制关键生长术指标，成功实现了高分离率、可重复的可控自分离技术，使 GaN 厚膜与蓝宝石衬底的自分离比率从 10% 提高到 60% 以上。

3.2 氮化镓基半导体的异质外延生长

3.2.1 GaN 基半导体外延生长的衬底选择

GaN 晶体的熔点高达 2300 ℃[53]，但其分解温度只有 900 ℃左右[54]，即在熔点处 GaN 的存在需要极高的平衡氮气压，利用现有的高压单晶材料生长技术很难达到这么高的离解压，因此 GaN 的单晶体材料生长迄今难以取得突破。如上所述，迄今 GaN 自支撑衬底的制备主要通过 HVPE 制备技术来获得，制备成本相对半导体产业常用的蓝宝石、Si 和 SiC 单晶衬底还很昂贵，尺寸上也有很大差距。因此近二十年来，GaN 基半导体及其低维量子结构的制备主要采用异质外延方法，以 MOCVD 异质外延为主，MBE 异质外延为辅。常用的异质外延衬底主要是蓝宝石、Si 和 SiC 单晶衬底，也有人尝试了一些氧化物衬底、金属衬底以及一些低廉的非晶介质衬底，但并非主流，评价各异。

SiC 和 GaN 之间的晶格失配、热失配相对蓝宝石、Si 和 GaN 之间均较小，通过 AlN 缓冲层技术，在 SiC 衬底上可得到较高质量的 GaN 基半导体及其低维量子结构[55-56]。美国著名 CREE 公司的 SiC 衬底上高质量 GaN 异质外延技术在半导体照明领域和微波射频电子领域获得了广泛应用。目前，由于其突出的导热特性，SiC 衬底在 GaN 基微波功率器件领域处于主导地位。但是 SiC 衬底的制备成本比蓝宝石和 Si 衬底依然很高，限制了其在其他 GaN 基半导体器件领域的大规模应用。

如前所述，蓝宝石单晶制备技术成熟、价格低廉。从外延角度看，它与 GaN 基半导体具有相同的六方对称晶体结构，折射率只有 1.7，还具有化学稳定性和高温热稳定性好、衬底尺寸大等优点，成为人们非常看好的一种 GaN 基半导体制备的衬底材料，在 GaN 基 LED 和半导体照明领域处于主导地位。但是蓝宝石和 GaN 之间的晶格失配和热失配较大，早年一直在蓝宝石衬底上得不到较高质量的 GaN 外延薄膜。直到 20 世纪 80 年代末，日本科学家 I. Akasaki、H. Amano 和 S. Nakamura 发展了蓝宝石衬底上 GaN 外延的两步生长法及其 GaN 的 P 型掺杂退火激活技术[15-16]，蓝宝石衬底上的 GaN 基半导体异质外延技术获得了很大发展[57-59]，快速走向商业化。日本这三位科学家也因其两步生长法及 GaN 的 P 型掺杂技术获得了 2014 年诺贝尔物理学奖。

Si 衬底上的 GaN 基半导体异质外延技术被称为除了蓝宝石和 SiC 衬底异质外延两条路线之外的第三条 GaN 基半导体异质外延技术路线。Si 单晶衬底具有制备技术成熟、晶体质量高、衬底尺寸大、与 Si 集成电路制造工艺兼容、价格低廉等优势[60-62]。但迄今 Si 衬底 GaN 基半导体外延制备的最大难点是它和 GaN 之间的面内（a 面）晶格失配高达 16.9%，面内热失配高达 56.0%[63]，因此 Si 衬底上 GaN 外延层的位错密度和残留应力比 SiC 和蓝宝石衬底上的 GaN 高，严重影响了相应 GaN 基电子器件的性能和可靠性。尽管如此，Si 衬底巨大的优势还是吸引了国内外大批科学家开展 Si 衬底上 GaN 基半导体材料和器件的研究。我国南昌大学江风益等人因在 Si 衬底上 GaN 基 LED 研发的突出成果获得了我国国家技术发明一等奖。目前 Si 衬底上功率电子材料和器件、Si 衬底上射频电子材料和器件、Si 衬底上 Micro-LED 以及 Si 衬底上长波

长发光器件等均是国际上高度关注的前沿研究方向。

3.2.2　蓝宝石衬底上 GaN 及其异质结构的外延生长

1991 年，美国南卡大学 M. A. Khan 等人采用 MOCVD 方法首次在蓝宝石衬底上外延生长出 $Al_xGa_{1-x}N/GaN$ 异质结构[64]，虽然室温下 2DEG 的迁移率只有 620 $cm^2/(V \cdot s)$，但他们的工作开辟了 GaN 基质结构及其电子器件研究的先河。1993 年，南卡大学的研究组进一步研制出国际上第一只 GaN 基高电子迁移率晶体管（HEMT）器件，但是由于异质结构 2DEG 的迁移率较低，器件只有静态特性，没有微波特性[65]。

蓝宝石衬底上 GaN 基半导体的外延生长在 GaN 基 LED 器件和半导体照明领域处于主导地位。但由于蓝宝石是绝缘体，同时热传导特性很差，目前在国际上已经很少有人研究蓝宝石衬底上 $Al_xGa_{1-x}N/GaN$ 异质结构的外延生长和研制 GaN 基电子器件。但由于早期的 GaN 基异质结构和电子器件研究工作主要是在蓝宝石衬底上开展的，有关 GaN 基异质结构和电子器件一些关键的科学和技术问题的解决也是在研究蓝宝石衬底上的材料和器件过程中解决的，因此我们在本章将根据历史上的实际发展过程，先讨论蓝宝石衬底上 $Al_xGa_{1-x}N/GaN$ 异质结构的外延生长和相关物性研究。

图 3.13 是典型的 $Al_xGa_{1-x}N/GaN$ 异质结构示意图。由于异质结构中很强的极化效应和异质界面很大的导带阶跃，异质界面 GaN 一侧可诱导产生密度很高的二维电子气（2DEG）。如何提高 2DEG 的输运性质，以提高 GaN 基电子器件的性能是 $Al_xGa_{1-x}N/GaN$ 异质结构外延生长研究面临的第一个关键问题。GaN 基 HEMT 器件最核心的指标之一是输出功率密度，其大小与 2DEG 的面密度 n_s 和迁移率 μ 的乘积密切相关，提升 $n_s \times \mu$ 取决于提高 $Al_xGa_{1-x}N/GaN$ 异质结构的外延质量。高质量 $Al_xGa_{1-x}N/GaN$ 异质结

图 3.13　$Al_xGa_{1-x}N/GaN$
异质结构示意图

构的实现对材料的外延生长有如下要求：① 高阻 GaN 的外延生长，用于在 HEMT 器件中消除并行电导；② 高质量 GaN 沟道材料的外延生长，要求低背景电子浓度和高电子迁移率；③ 高质量 $Al_xGa_{1-x}N$ 势垒层的外延生长，要求组分可控且均匀；④ $Al_xGa_{1-x}N/GaN$ 异质界面质量控制，要求组分突变以及界面非常平整，以减少对 2DEG 输运的散射。

非故意掺杂 GaN 外延薄膜中，由于属于施主能级的 N 空位或 O 杂质的存

在[31, 66-67]，均含有一定的背景电子浓度，由此在 $Al_xGa_{1-x}N/GaN$ 异质结构中形成并行电导，影响 2DEG 的输运性质。要获得高阻 GaN 外延薄膜，必须要降低背景电子浓度。针对这一问题，一般是在 GaN 外延层中引入深能级缺陷形成电子陷阱或通过 P 型掺杂补偿的方法来获得高阻 GaN 层。历史上高阻 GaN 的制备方法先后出现过离子注入法、P 型杂质补偿法、深能级杂质补偿法和外延生长缺陷补偿法[68-73]。实践证明离子注入法在带来高阻的同时，在 GaN 层中产生大量难以控制的缺陷，并不适合用于高质量异质结构的高阻层，更适合用于电子器件的隔离区[68]。P 型杂质补偿法的优点是可以定量控制，重复性好，缺点是一般掺入的 P 型杂质（如 Mg 杂质）均来源于 MO 源，在后续的 MOCVD 外延生长中有记忆效应，严重影响 GaN 沟道层的输运性质。迄今为止，最成功的高阻 GaN 外延层获得方法是深能级杂质补偿法。

2006 年，瑞典皇家理工学院 T. Aggerstam 等人最早提出了掺 Fe 杂质实现高阻 GaN 的方法[74]。Fe 掺杂源也是 MO 源，但其记忆效应要远好于 Mg 杂质，只需要在 GaN 沟道层外延生长前停止 Fe 掺杂，就不会产生严重的记忆效应，这也与 Fe 杂质是深能级杂质，而不是室温下可激活的浅受主 P 型杂质有关。采用这种方法实现的 $Al_xGa_{1-x}N/GaN$ 异质结构既没有并行沟道，也避免了 Fe 杂质对 2DEG 的散射，2DEG 室温迁移率提高到 $1720\ cm^2/(V \cdot s)$[74]。这一高阻 GaN 制备方法目前已在国际上 GaN 基微波功率器件研制中被广泛采用。但是在强电场下 GaN 晶体中的 Fe 杂质稳定性不够好，而需要承受高压的 GaN 基功率电子器件中存在很强的电场。1999 年，加拿大微观结构科学研究所的 J. B. Webb 等人在 GaN 外延生长中通入 CH_4 气体作为掺杂源，发展了 C 掺杂实现高阻 GaN 的方法，GaN 外延层的电阻率达到了 $10^6\ \Omega \cdot cm$[75]。由于 C 杂质在强电场下比 Fe 杂质更稳定，并且 CH_4 气态源没有记忆效应，因此迄今为止，掺 C 高阻 GaN 外延层在 GaN 基功率电子器件的研制中被广泛采用。

外延生长缺陷补偿法也被称为自补偿高阻 GaN 方法，其思路是通过对 GaN 外延生长模式的调控，引入能产生类受主型深能级缺陷，来补偿 GaN 中的背景电子浓度，实现对 GaN 电阻率的调控。严格来讲，迄今用异质外延方式制备的 GaN 不可避免地含有大量的缺陷，大多为补偿型半导体材料。要提高 GaN 外延层的电阻率，必须引入足够高密度的类受主型缺陷，如刃型位错。2007 年，北京大学许福军、沈波等人采用 MOCVD 位错自补偿方法实现了高阻 GaN 外延生长，$2\ \mu m$ 厚的 GaN 外延薄膜方块电阻超过了 $10^{11}\ \Omega/sq$，如图 3.14 所示，GaN 的表面平整度依然可保持在 0.16 nm[76]。

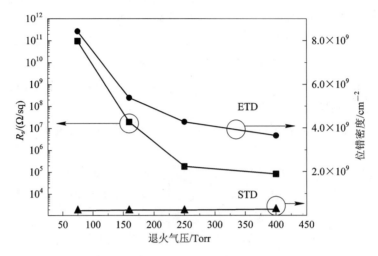

图 3.14 GaN 外延薄膜方块电阻(R_s)、刃型位错(ETD)密度和螺型位错(STD)密度
随 MOCVD 外延生长中 GaN 成核层退火压力的变化关系[76]

  然而，由于贯穿位错会不断向上延伸的特点，高阻 GaN 层中引入的大量贯穿位错将会继续向上延伸到 GaN 沟道层中，必然会严重影响 2DEG 的输运性质，因此低位错密度的高阻 GaN 外延薄膜的制备十分重要。大量的研究表明，蓝宝石衬底上 GaN 外延层中的背景电子浓度主要来源于蓝宝石中 O 原子的外扩散。如果能在 GaN 外延生长中控制蓝宝石的氧扩散，就不需要引入大量的位错来补偿背景载流子。2016 年，北京大学许福军、沈波等人进一步在蓝宝石衬底上引入预沉积低温 AlN 缓冲层来阻挡 O 原子的外扩散，并以此为基础发展了一种改进的三维-二维生长模式调控方法，获得了低位错密度的高阻 GaN 外延薄膜[77]。采用这种方法生长的高阻 GaN 外延薄膜的 XRD 摇摆曲线(002)和(102)面的 FWHM 分别为 173 arcsec 和 360 arcsec，室温电阻率达到了 5.78×10^{12} $\Omega \cdot cm$。与国际上通常采用的高阻 GaN 制备方法相比，这种方法不需要引入故意掺杂的杂质来补偿 N 型背景载流子，如图 3.15 所示。GaN 外延薄膜在具有高电阻率的同时，其位错密度较低，且生长窗口变宽，更易于 GaN 外延生长条件的控制。

  高质量 GaN 沟道层中载流子的输运性质是决定异质结构 2DEG 输运性质的关键。需要尽可能减少 GaN 沟道层中的散射来源。除了前述的贯穿位错因素外，GaN 沟道层中点缺陷和非故意掺杂杂质的压制也至关重要。从 MOCVD 外延生长角度而言，一般会选择温度升高到生长速率基本不随温度变化的外延

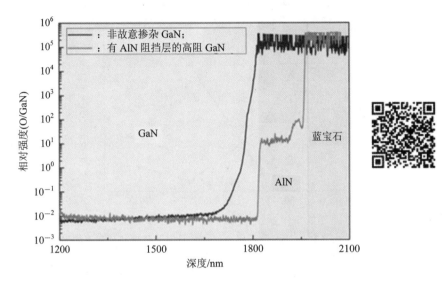

图 3.15　采用 AlN 阻挡层法生长的高阻 GaN 和非故意掺杂
GaN 外延层中 O 杂质的 SIMS 分析曲线[77]

控制窗口，即生长速率由质量输运过程控制（质量输运模式）阶段来进行 GaN 的外延生长。从热力学角度看，研究表明高的生长温度和高的生长压力能极大地减少 MO 源本身含有的 C 杂质并入 GaN。从动力学角度看，Ga 原子在表面的原子迁移率决定了此阶段 GaN 的生长速率及表面形貌。提高 GaN 外延层的生长温度，有助于提高 Ga 原子的迁移能力，提高其扩散长度，从而有助于改善 GaN 的表面形貌。另一方面，外延温度的提高有助于提高 NH_3 分子的分解效率，从而有助于降低 GaN 外延层中的 N 空位浓度。图 3.16 显示了 GaN 的外延生长温度对室温下背景电子浓度和迁移率的影响规律[77]。从图中可看出，随着生长温度的升高，电子迁移率也随之增加，在 1080℃时达到 616 $cm^2/(V \cdot s)$，而背景电子浓度则随着温度的升高而降低，在 1065℃时，达最低值 1.42×10^{16} cm^{-3}。结果表明通过优化生长温度可以显著提高 GaN 沟道层载流子的输运性质。

　　高质量的 $Al_x Ga_{1-x} N$ 势垒层是保证 $Al_x Ga_{1-x} N/GaN$ 异质结构中 2DEG 具有好输运性质的又一关键。影响异质结构中 2DEG 输运性质的因素较多，其中增强 $Al_x Ga_{1-x} N$ 势垒层的极化强度是提高 2DEG 密度的有效途径，而提高 $Al_x Ga_{1-x} N$ 势垒层的 Al 组分可以显著增强其压电极化和自发极化效应，因此通过对势垒层中 Al 组分的调整，可以有效调控异质结构中 2DEG 密度。但是在势垒层厚度不变时，当其 Al 组分增加一定比例时，$Al_x Ga_{1-x} N$ 和 GaN 之间

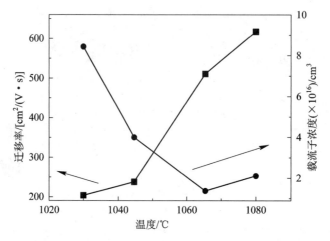

图 3.16　外延生长温度对 GaN 外延层中室温背景电子浓度和迁移率的影响[77]

的晶格失配将导致 $Al_xGa_{1-x}N$ 势垒层发生晶格弛豫，从而导致势垒层中的压电效应显著减小，而且晶格弛豫导致的失配位错将对 2DEG 产生散射作用。因此，对 $Al_xGa_{1-x}N$ 势垒层的 Al 组分需要仔细权衡，迄今的大量研究表明，$Al_xGa_{1-x}N$ 势垒层的 Al 组分控制在 0.20～0.25 是最佳选择，一旦超过 0.30，势垒层晶格弛豫将导致异质结构的输运性质急剧恶化[78-80]。此外，$Al_xGa_{1-x}N$ 势垒层厚度也是影响 2DEG 输运性质的重要因素。大量实验表明，势垒层厚度的最佳范围为 15～25 nm。图 3.17 展示了 $Al_xGa_{1-x}N/GaN$ 异质结构中 2DEG 密度与势垒层 Al 组分和厚度的关系[81]。

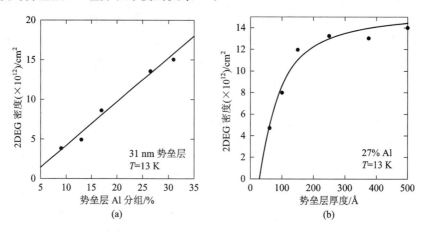

图 3.17　$Al_xGa_{1-x}N/GaN$ 异质结构中 2DEG 密度与势垒层 Al 组分和势垒层厚度的关系[81]

$Al_xGa_{1-x}N$ 势垒层虽然很薄，但其表面形貌和晶体质量却对异质结构中 2DEG 密度和迁移率影响很大。在 MOCVD 外延生长 $Al_xGa_{1-x}N$ 势垒层时，由于 $TMAl$ 和 NH_3 存在预反应，会降低 Al 在 $Al_xGa_{1-x}N$ 层中的并入效率，人们可采用较低的反应室气压来避免这种预反应。1999 年，美国 UCSB 的 S. Keller 等人发现 NH_3 流量会对 $Al_xGa_{1-x}N$ 势垒层的晶体质量有很大影响，较低的 NH_3 流量可以有效改善其表面形貌[82]。他们的研究表明，在 $Al_xGa_{1-x}N$ 外延生长过程中，获得原子级平整表面的关键是保证 $Al_xGa_{1-x}N$ 表面的Ⅲ族金属原子具有较高的表面扩散长度。通过调整反应室的 NH_3 流量可调整 Ⅴ/Ⅲ摩尔比，从而影响金属吸附原子的扩散长度。图 3.18 是低 NH_3 流量下 $Al_{0.35}Ga_{0.65}N/GaN$ 异质结构的 AFM 表面形貌[82]。

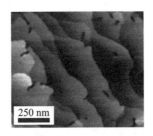

250 nm

图 3.18　低 NH_3 流量下 $Al_{0.35}Ga_{0.65}N/GaN$ 异质结构的 AFM 表面形貌[82]

通常而言，影响 $Al_xGa_{1-x}N/GaN$ 异质结构中 2DEG 的散射机制包括声学声子散射、极化光学声子散射、库仑散射、合金无序散射、压电极化散射、位错散射等[83]。如图 3.19(a)所示[83]，除声子散射外，GaN 和 $Al_xGa_{1-x}N$ 中存在的电离杂质散射、高密度位错导致的位错散射，以及取决于界面控制质量的界面散射和合金无序散射都是影响 2DEG 迁移率的重要散射机制。从实际外延生长角度来看，由于 $Al_xGa_{1-x}N/GaN$ 异质界面很难控制呈绝对陡峭的平整界面，界面的起伏导致的界面粗糙度散射是难以避免的，而且随着沟道中 2DEG 密度的增加，沟道中 2DEG 分布更加靠近异质界面，从而导致界面粗糙度散射会增大。因此，在外延生长过程中如何优化 $Al_xGa_{1-x}N/GaN$ 异质结构的界面过渡，保证界面平整、陡峭十分重要。合金无序散射是另一个显著影响 2DEG 迁移率的因素。当 GaN 沟道中部分电子波函数延伸到 $Al_xGa_{1-x}N$ 势垒层中时，会受到三元合金无序造成的散射。随着 2DEG 密度的增加，2DEG 空间分布的中心更接近异质界面，因而电子波函数进入势垒层的概率增加，从而使得合金无序散射的影响也随着 2DEG 密度增加而增大。

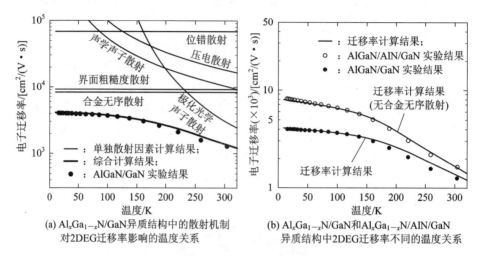

(a) $Al_xGa_{1-x}N/GaN$ 异质结构中的散射机制
对2DEG迁移率影响的温度关系

(b) $Al_xGa_{1-x}N/GaN$ 和 $Al_xGa_{1-x}N/AlN/GaN$
异质结构中2DEG迁移率不同的温度关系

图 3.19   GaN 基异质结构中 2DEG 迁移率的温度依赖关系理论和实验对比

2001 年，美国卡内基梅隆大学 L. Hsu 等人提出在 $Al_xGa_{1-x}N/GaN$ 异质结构的界面插入一层很薄的 AlN 插入层（Interlayer）[81,83]，该插入层可显著改善 $Al_xGa_{1-x}N/GaN$ 异质结构中 2DEG 的输运性质。美国 UCSB 的 L. Shen 等人通过实验确认采用这一方法可使 2DEG 室温迁移率超过 2000 $cm^2/(V \cdot s)$ [84-85]，他们的工作大大推动了 GaN 基异质结构 2DEG 输运性质的改善。图 3.19(b) 对比了没有 AlN 插入层的 $Al_xGa_{1-x}N/GaN$ 异质结构和有 AlN 插入层的 $Al_xGa_{1-x}N/AlN/GaN$ 异质结构中 2DEG 不同温度下迁移率的对比，确认了 AlN 插入层对界面粗糙度散射合金无序散射的隔离作用。

图 3.20 进一步展示了 UCSB 的 Shen 等人报道的 AlN 插入层厚度对 2DEG 迁移率和异质结构方块电阻的影响规律[83]，他们发现存在最优的 AlN 厚度，对应着最高的 2DEG 迁移率和最低的异质结构方块电阻。他们的研究表明，AlN 插入层的功能主要有两点[83]：一是可将沟道电子与 $Al_xGa_{1-x}N$ 三元合金隔开，而且使得禁带宽度更大的 AlN 与 GaN 的导带不连续性更大，从而大幅提高电子向 $Al_xGa_{1-x}N$ 中隧穿的势垒高度，导致电子在 $Al_xGa_{1-x}N$ 势垒层中的隧穿深度呈数量级降低，因而合金无序散射对 2DEG 迁移率的影响将会显著降低；二是由于 AlN 插入层很薄，在其外延生长时，不会因为大晶格失配出现应力弛豫使界面变得粗糙，因此在减少合金无序散射的同时，并没有增加界面粗糙度散射。此外，AlN/GaN 界面处导带不连续性的增加，也提高了对沟道中 2DEG 的量子限制作用，使 2DEG 具有更高的浓度，从而进一步增强

2DEG 的屏蔽效应，提升其迁移率。

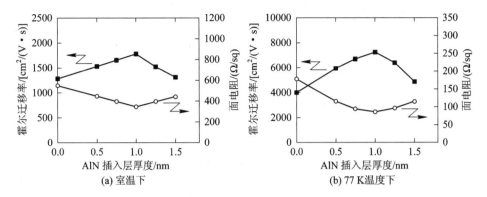

(a) 室温下　　　　　　　　　　(b) 77 K温度下

图 3.20　$Al_x Ga_{1-x} N/AlN/GaN$ 异质结构中 2DEG 迁移率和
方块电阻随 AlN 插入层厚度的变化关系[83]

北京大学许福军、沈波等人也详细研究了 AlN 插入层对 $Al_x Ga_{1-x} N/$ AlN/GaN 异质结构的微结构性质和 2DEG 输运性质的影响[86]。他们发现 AlN 插入层能显著减弱合金无序散射，一个恰当厚度的 AlN 插入层亦能改善 $Al_x Ga_{1-x} N$ 势垒层的应变均匀性。如图 3.21 所示[86]，倒易空间格点在 Q_z 方向的展宽 ΔQ_z 反映了 $Al_x Ga_{1-x} N$ 势垒层晶格常数 c 的偏差。c 的偏差越小，表明 $Al_x Ga_{1-x} N$ 势垒层不同区域的应变越均匀，则倒易空间格点在 Q_z 方向的展宽 ΔQ_z 就越小。实验结果表明，外延生长时间 13 s 的 AlN 插入层对应的 $Al_{0.25} Ga_{0.75} N$ 势垒层 c 的偏差最小，这时势垒层的应变均匀性最好。他们的研究还表明 AlN 插入层还能有效降低 $Al_x Ga_{1-x} N$ 势垒层中的位错密度，从而减

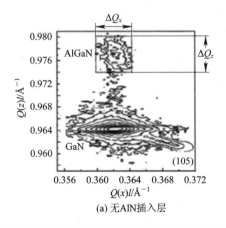

(a) 无AlN插入层

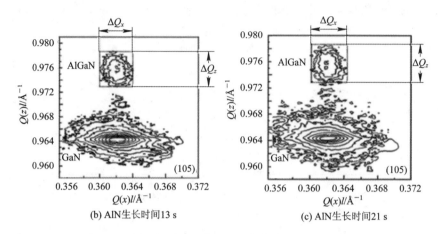

图 3.21 具有不同 AlN 插入层厚度的 $Al_{0.25}Ga_{0.75}N/AlN/GaN$
异质结构的(105)面倒易空间分布图[86]

小 $Al_xGa_{1-x}N$ 势垒层由于局域应变导致的不均匀性,进而可抑制压电极化电场的不均匀性[86]。因此恰当厚度的 AlN 插入层能减弱由极化电场不均匀性导致的对 2DEG 的散射,从而提高 2DEG 的迁移率。

3.2.3 SiC 衬底上 GaN 及其异质结构的外延生长

SiC 与 GaN 之间的晶格失配和热失配虽然也较大,但要小于蓝宝石,因此 SiC 衬底上生长的 GaN 外延薄膜及其异质结构具有更低的位错密度和更高的晶体质量。同时,SiC 单晶衬底的一个突出优点是热导率高达 $4.9\ W\cdot cm^{-1}\cdot K^{-1}$[87],可满足高功率密度半导体器件的散热需要,这是除金刚石衬底外,其他 GaN 外延使用的单晶衬底不具备的。SiC 还具有良好的力学性能和化学稳定性。因此,随着 SiC 单晶制备技术的不断成熟和衬底尺寸的不断增大,SiC 成为继蓝宝石之后 GaN 基半导体及其低维量子结构外延生长常用的衬底材料,并成为制备大功率 GaN 基射频电子器件的首选衬底材料。

目前国际上用于 GaN 外延生长的 SiC 衬底主要有(0001)面的 6H-SiC 和 4H-SiC。由于 SiC 与 GaN 之间的晶格失配和热失配,在 SiC 衬底上直接生长 GaN 会在外延层中产生很大的应力,导致外延层开裂。而 AlN 的晶格系数和热膨胀系数处于 SiC 与 GaN 之间,能够有效缓解晶格失配和热失配产生的应力。因此经过多年的探索,国际上通常在 SiC 衬底上首先生长 AlN 缓冲层(也称为成核层),接着再生长 GaN 外延层。这种生长路径可有效降低 GaN 外延层中的应力并避免了开裂，可制备出高质量的 GaN 基半导体及其异质结构[88-92]。表 3-1 是 6H-SiC、4H-SiC、GaN 和 AlN 的相关物理参数对比[87]。

表 3-1　6H-SiC、4H-SiC、GaN 和 AlN 的相关物理参数对比表[87]

材料参数	4H-SiC	6H-SiC	AlN	GaN
禁带宽度 E_g/eV	3.28	3.08	6.2	3.39
a 轴晶格常数/Å	3.076	3.081	3.112	3.189
c 轴晶格常数/Å	10.05	15.079	4.982	5.185
热导率/(W·cm^{-1}·K^{-1})	4.9	4.9	2	1.5
a 轴热膨胀系数($\times 10^{-6}$)/K^{-1}	3.78	4.2	4.2	5.59
c 轴热膨胀系数($\times 10^{-6}$)/K^{-1}	4.13	4.68	5.3	3.17
相对介电常数(平行于 c 轴)	9.76	9.66	9.32	10.4
相对介电常数(垂直于 c 轴)	10.32	10.03	7.76	9.5

如上所述，与蓝宝石衬底上的外延生长类似，SiC 衬底上 GaN 及其异质结构的 MOCVD 外延生长也采用两步生长法，分别以 TMGa 和 TMAl 作为 Ga 源和 Al 源，以 NH$_3$ 作为 N 源。主要生长过程包括：① SiC 衬底表面预处理，一般是将 SiC 衬底置于 1100℃，H$_2$ 气氛下刻蚀 10 min 左右，以祛除表面吸附的杂质和其他粘污；② 高温 AlN 缓冲层生长，一般是升温到 1200℃ 左右，生长厚度约 100 nm 的 AlN 缓冲层；③ GaN 外延层生长，生长温度一般在 1000~1200℃ 之间，生长压力控制在 50~400 mbar 之间。如果是外延生长 GaN 基半导体异质结构，生长完 GaN 高阻外延层之后，与在蓝宝石衬底上外延 GaN 基异质结构的生长过程和具体结构基本一样。下面讨论各生长环节对 GaN 及其异质结构外延质量的影响。

1. 衬底预处理的影响

GaN 外延生长前，SiC 衬底表面预处理的功能有：① 降低了衬底表面吸附的杂质和其他粘污；② 提高了 SiC 衬底与 AlN 缓冲层的黏附；③ 在一定程度上改变了 SiC 表面的原子结构和原子台阶，有利于产生 AlN 形核中心，进而影响 GaN 的外延质量。不同的预处理条件，如预处理时间、预处理气压等均会对随后的外延生长产生影响。图 3.22 展示了预处理时间对后续生长的 GaN 外延层晶体质量的影响规律[93]。实验中其他条件固定不变，预处理时间为 0~10 s。可以看出不同预处理时间的 GaN 外延层晶体质量有明显差异，当预处理时间为 2 s 时，GaN 的外延层质量最好，(002)和(102)面的 XRD 摇摆曲线半高宽

均最小，而更长的预处理时间并不利于 GaN 的外延生长。

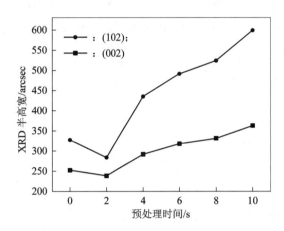

图 3.22 GaN 外延层(002)和(102)面 XRD 摇摆曲线半高宽随预处理时间的变化[93]

不同衍射面的 XRD 摇摆曲线半高宽值对应着 GaN 外延层不同的穿透位错类型。对称的(002)面摇摆曲线半高宽值对应着螺型位错密度，而非对称的(102)面摇摆曲线半高宽值对应着刃型位错密度和混合型位错密度[94-96]。外延层中不同的位错类型对 GaN 的导电特性也有着不同的影响。1998 年，日本名古屋大学 H. Amano 等人发现螺型位错是 GaN 的漏电流通道[94]。2002 年，日本先进工业技术研究所 D. H. Cho 等人用 DLTS(深能级瞬态谱仪)证实刃型位错会在 GaN 中形成深受主能级，对背景电子浓度可产生补偿作用[97]，而混合型位错一般被认为是电中性的。

2. 高温 AlN 缓冲层对 GaN 外延层晶体质量的影响

国际上普遍认为 SiC 衬底上 GaN 的外延生长采用高温 AlN 缓冲层，能够使 GaN 外延层在生长初期快速从 3D 纵向生长模式转为 2D 层状生长模式[98]，进而获得较高质量的 GaN 外延层。而低温条件下生长的 AlN 缓冲层，AlN 形核岛密度较低，后续 GaN 外延生长过程中岛间合并困难，不利于高质量 GaN 的外延。缓冲层的晶体质量越高，后续生长的 GaN 外延层晶体质量就越好。因此，在 SiC 衬底上外延 GaN 均选择高温 AlN 缓冲层，并需要对其生长工艺进行优化。

在 MOCVD 外延生长中，高温 AlN 缓冲层的质量受生长厚度、生长温度、Ⅴ/Ⅲ比、生长压力等的影响，继而影响 GaN 外延层的晶体质量和表面形貌。图 3.23 为 SiC 衬底上 GaN 外延层的晶体质量随 AlN 缓冲层生长 Ⅴ/Ⅲ比的变化规律[93]，其中 TMAl 的流量分别为 120 sccm、150 sccm、300 sccm、400 sccm、600 sccm，NH₃ 的流量固定不变。

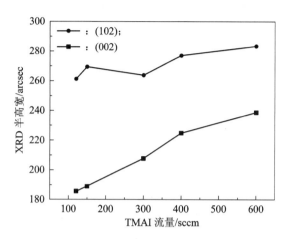

图 3.23　GaN 层(002)和(102)面 XRD 摇摆曲线半高宽随 AlN 缓冲层生长 TMAl 流量的变化规律[93]

从图中可看出，随着 TMAl 流量的减小，即 V / Ⅲ 比的增加，GaN 外延层的晶体质量变好。当 TMAl 的流量为 120 sccm 时，GaN 外延层的(002)和(102)面的 XRD 摇摆曲线半高宽分别降低到 185 arcsec 和 261 arcsec。分析认为，TMAl 和 NH₃ 在高温下存在剧烈的预反应，提高 V / Ⅲ 比会导致预反应变弱，使 Al 原子在 SiC 表面的迁移能力上升，进而提升 AlN 缓冲层的形核能力，最终改善 GaN 外延层的晶体质量[93]。此外，由于需要释放晶格失配产生的应力，在 AlN 缓冲层的生长初期，会在 SiC 表面产生一层尺寸很小、相对起伏较小的成核岛，随后 Al 原子和 N 原子更倾向于吸附在这些形核岛进行生长，通过调整 V / Ⅲ 比，可调整这些形核岛的密度和大小，改善了随后 AlN 缓冲层的生长。

接着在 GaN 外延生长的初始阶段，首先会在高温 AlN 缓冲层中的形核岛处成核。由于 GaN 在不同分布区域表面结合能的差异，后来吸附的 Ga 原子更倾向于结合在已经形成的 GaN 成核岛上。合适的 AlN 形核岛密度和大小是形成大尺寸、高密度、形状较为规则的 GaN 成核岛的基础，然后 GaN 成核岛不断生长，并完成合并，开始整个 GaN 外延层的二维生长。

3. 高温 AlN 缓冲层对 GaN 外延层应变的影响

可以预见，SiC 衬底上 AlN 缓冲层对 GaN 外延层的晶体质量和应变状态均有重要影响。但目前国际上对 AlN 缓冲层的研究多集中于其在 GaN 外延生长中的成核作用，而有关 AlN 缓冲层对 GaN 外延层应变状态影响的报道较少[93]。图 3.24(a)显示了 SiC 衬底上 AlN 缓冲层不同应变状态下生长的 GaN 外延层 XRD ω-2θ 扫描曲线。通过 c 轴晶格常数的变化可以反映 GaN 外延层晶格的应变，由测量出的 c 轴晶格常数可计算出外延层(0001)方向的应变为

$$\varepsilon_{\perp} = \frac{c - c_0}{c_0} \tag{3-22}$$

其中，c 为测得的 GaN 外延层结果，c_0 为理论值，此处取 5.185 61Å。

如图 3.24(a)所示[93]，AlN 缓冲层的理论峰位用虚线标出，相较于理论峰位，AlN 缓冲层的实测峰位已有很大偏离。根据面间距式和布拉格定律可得出，实测峰位相对理论峰位左移，说明该样品中 AlN 缓冲层处于压应变状态。GaN 外延层的应变随 AlN 缓冲层的应变的变化规律如图 3.24(b)所示[93]，这里正号表示压应变，负号表示张应变。当 AlN 缓冲层的 c 轴方向张应变为 -0.251% 时，GaN 外延层的 c 轴方向张应变为 -0.077%。当 AlN 的 c 轴方向压应变为 $+0.189\%$ 时，GaN 的 c 轴方向张应变为 -0.0295%。由此可见，在该实验中，GaN 外延层始终处于张应变状态，但应变量随着 AlN 缓冲层从张应变变为压应变而逐渐减小。使用拉曼光谱测量的双轴应力的实验结果给出了同样的结论。

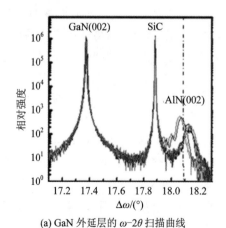

(a) GaN 外延层的 ω-2θ 扫描曲线

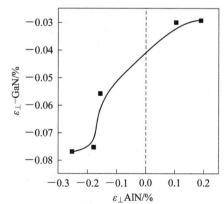

(b) GaN 外延层应变随 AlN 缓冲层应变的变化规律

图 3.24　SiC 衬底上 AlN 缓冲层对 GaN 外延层应变状态的影响

实验中所用拉曼光谱波长为 514.5 nm，物镜选 100×，测得的拉曼光谱如图 3.25(a) 所示，AlN 缓冲层和 GaN 外延层的 E_2 声子峰在图中已标出。根据文献[99-100]，AlN 缓冲层和 GaN 外延层的应力可由 E_2 声子峰的漂移量算出。应力 σ_{xx} 和拉曼峰波数漂移量 $\Delta\omega_\gamma$ 呈线性关系：

$$\Delta\omega_\gamma = \kappa_\gamma \cdot \sigma_{xx} \tag{3-23}$$

其中 κ_γ 为应力系数。AlN 的应力系数取 3.39 cm^{-1}/GPa，特征频率取 655 cm^{-1}，GaN 的应力特征频率取 568 cm^{-1}[99-100]。根据测量结果计算获得的 GaN 外延层应力随 AlN 缓冲层的应力的变化关系如图 3.25(b) 所示，正号表示压应力，负号表示张应力。当 AlN 缓冲层的 c 轴方向张应力为 -2.57 GPa 时，GaN 外延层的 c 轴方向张应力为 -0.58 GPa；当 AlN 的 c 轴方向压应力为 $+1.03$ GPa 时，GaN 的 c 轴方向张应力为 -0.05 GPa，其变化关系和趋势与 XRD 测量的结果大致相同。

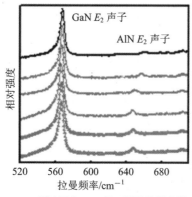

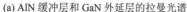

(a) AlN 缓冲层和 GaN 外延层的拉曼光谱

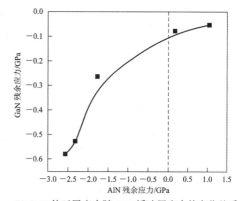

(b) GaN 外延层应力随 AlN 缓冲层应力的变化关系

图 3.25　SiC 衬底上 GaN 应力测试结果

基于以上结果可以提出一个 SiC 衬底上 AlN 缓冲层影响 GaN 外延层应力或应变状态的机制。例如，MOCVD 高温生长后样品由外延温度降温至室温，GaN 外延层会产生由热失配和晶格失配导致的应力或应变，它会受到 AlN 缓冲层的影响。一方面，由于 AlN 的热膨胀系数小于 GaN，GaN 会承受由两者之间热失配导致的张应力 σ_1；另一方面，由于 AlN 晶格常数小于 GaN 的晶格常数，GaN 会承受由两者之间晶格失配导致的压应力 σ_2。因此，室温下 GaN 外延层承受的总应力 σ 为

$$\sigma = \sigma_1 - \sigma_2 \tag{3-24}$$

其中正号表示张应力，负号表示压应力。由热失配导致的张应力不受晶格失配影响，因此 σ_1 会保持不变；而 AlN 缓冲层所受的压应力越大，受晶格失配驱动，AlN 缓冲层给 GaN 外延层施加的压应力 σ_2 也就越大，这样就会导致 GaN 外延层中的总应力随 AlN 缓冲层的增加而减小。

3.2.4 Si 衬底上 GaN 及其异质结构的外延生长

1. Si 衬底上 GaN 及其异质结构外延生长的意义

半导体功率电子器件在工业控制、新能源发电、电动汽车、电网系统以及消费类电子等领域具有重大的应用价值，全球 70% 以上的电力电子系统均由基于半导体功率电子器件的电力管理系统来调控管理。现在电力电子技术中主要应用的是基于 Si 材料的功率电子器件。经过数十年的发展，Si 基功率电子器件的性能已接近 Si 材料的物理极限，难以满足电力电子系统进一步发展的需求。

GaN 基宽禁带半导体材料具有高禁带宽度、高击穿电场、高饱和电子漂移速度等优异的物理性质[101-106]，强极化效应使 GaN 基异质结构中 2DEG 的面密度高达 10^{13} cm^{-2} 量级，迁移率可达到 2000 cm^2/(V·s) 以上，使得基于 GaN 基异质结构的 HEMT(高电子迁移率场效应晶体管)器件具有优良的输入、输出特性，决定器件自身能量损耗的导通电阻(on-resistance)理论值在同等耐压条件下比 Si 基器件低两个数量级以上，比 SiC 基器件低一个数量级，如图 3.26 所示[107]。因此，GaN 基功率电子器件自身的能耗大大低于 Si 和 SiC 器件，其节能效益非常可观，具有巨大的应用潜力。

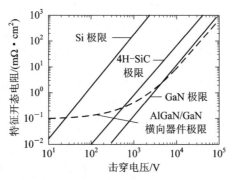

图 3.26　三种主要的功率电子器件用半导体材料 Si、GaN 和 SiC 的比导通电阻
　　　　与击穿电压关系的理论曲线[107]

如前所述，由于 GaN 单晶衬底尚未能大规模应用，近二十年来，GaN 基半导体材料和器件的研究主要基于异质外延。常用的 GaN 异质外延衬底有蓝宝石、SiC 和 Si。蓝宝石是绝缘体，难以用于半导体功率电子器件领域。Si 单晶衬底在价格方面相比于 SiC 优势很大；并且现在的 Si 单晶技术可得到直径最大达 12 英寸(1 英寸＝0.025 米)的 Si 单晶衬底，可以进一步降低 GaN 基电子器件的制造成本并提高 Si 衬底的利用率；同时 Si 晶体的热导率比较大，有利于功率电子器件的散热；特别是 Si 衬底上的 GaN 基电子器件的制作工艺可以和 Si 基器件制备的 CMOS 工艺兼容[53, 107-109]，大幅度降低了 GaN 基功率电子器件的制造成本，为 GaN 基电子器件与 Si 基电子器件的单片集成奠定了材料基础。

2. Si 衬底上 GaN 外延生长面临的挑战和主要的解决途径

Si 衬底上 GaN 的外延生长最早是用于低成本 GaN 基蓝光 LED 的制备。1998 年，德国马德堡大学 A. Krost 等人最早开始了 Si 衬底上 GaN 的外延生长研究，并于 1999 年提出了采用 AlN 成核层解决 Si 和 GaN 之间的回溶问题[110]。2000 年，他们进一步提出采用低温 AlN 插入层技术来调控 GaN 外延层中因 Si 和 GaN 之间巨大的热应力所带来的应力[111]。2001 年，法国 CNRS（国家科学研究中心）的 E. Feltin 等人提出采用 $Al_xGa_{1-x}N/GaN$ 超晶格过渡层的办法来调控 GaN 外延层中的应力[112]。2006 年，比利时 IMEC（微电子研究中心）的研究组提出采用梯度渐变 $Al_xGa_{1-x}N$ 过渡层的技术来调控 GaN 外延层中的应力[113]。

从尺寸角度看，Si 衬底上 GaN 的外延生长最早集中在 2 英寸 Si 片上，并逐步向 4 英寸、6 英寸发展[114-115]。2007 年，日本名古屋工业大学 T. Egawa 等人成功地在 6 英寸 Si 衬底上实现了无裂纹的 GaN 外延薄膜[115]。2012 年，新加坡 A＊STAR(Agency for Science，Technoloay and Research)的S. Tripathy 等人和比利时 IMEC 的 K. Cheng 等人分别实现了 8 英寸 Si 衬底上无裂纹 GaN 外延薄膜[116-117]。与此同时，随着 Si 衬底上 GaN 外延生长技术的快速发展，近 10 年来出现了一批 GaN 基功率电子器件制造企业，如美国 Transphorm 公司、日本松下公司和德国英飞凌公司等，并于近期开始推出 GaN 基适配器和快充电源产品[118]。

国内 Si 衬底上 GaN 的外延生长研究比国外晚几年。21 世纪初，南昌大学江风益等人在国内开始了该领域的研究[119]，主要集中在 Si 衬底上 GaN 基 LED 的关键技术研究上，他们已经将相关技术成功实现了产业化。国内用于

GaN 基功率电子器件的 Si 衬底上 GaN 外延生长研究更晚一些。近期从事这一领域研究的主要有北京大学、西安电子科技大学、中科院苏州纳米所、中山大学等研究机构和苏州晶湛、英若赛科等公司。近期国际上有专家断言，Si 衬底上 GaN 基功率电子器件和射频电子器件的市场规模未来有望与 GaN 基 LED 和半导体照明媲美。目前，Si 衬底上 GaN 的外延生长和 GaN 基电子器件的研制已成为 GaN 半导体研究和产业化新的热点[120]。

Si 衬底上 GaN 材料和器件具有一系列优势的同时，材料外延生长也面临着巨大的挑战，主要是 Si 和 GaN 之间巨大的晶格失配和热失配，以及金属回溶问题[63, 121-122]。早期大量的实验表明，直接在 Si 衬底上生长 GaN 对 Si 衬底存在严重的刻蚀，这是由高温下 Ga 原子可以和 Si 发生固体相应所致，反应后的形貌如图 3.27 所示[63]。为解决这一问题，经过大量研究获得的解决办法就是在 Si 衬底上首先生长一层黏附性好的 AlN 缓冲层，然后外延 GaN。由于 Al 对 Si 衬底表面没有刻蚀作用，可保持 Si 衬底在 MOCVD 高温外延生长中的稳定性。

图 3.27　GaN 中 Ga 原子对 Si 衬底刻蚀的横截面照片[63]

Si 衬底上 GaN 外延生长的第二个严重问题是巨大的晶格失配和热失配。表 3-2 给出了 Si 和 GaN 的晶格常数和热膨胀系数及其失配度，两者之间的晶格失配高达 16.9 ％，热失配高达 54％[63]。很大的晶格失配将会在 GaN 外延层中产生大量的失配位错，巨大的热失配将会导致在 MOCVD 生长结束后在降温的过程中 GaN 外延层中积聚很大的张应力，甚至龟裂，并导致外延片翘曲，如图 3.28 所示。近二十年来，Si 衬底上 GaN 外延主要在围绕 GaN 外延层应力的控制和晶体质量的提高这两个方面开展研究，经过大量系统、深入的研究工作，近几年逐步形成了几条控制 GaN 外延层应力及提升其晶体质量的技术路线[60]，主要包括：① 选区外延生长技术；② AlN/GaN 超晶格缓冲层技术；③ 低温 AlN 插入层技术；④ $Al_xGa_{1-x}N$ 组分渐变缓冲层技术。

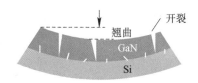

图 3.28　Si 衬底上 GaN 外延层的翘曲和龟裂示意图

表 3 – 2　GaN、AlN 和 Si 的晶格常数和热膨胀系数以及
相对于 GaN 的失配度[63]

材料	a/nm	c/nm	热膨胀系数($\times 10^{-6}$)/K	晶格失配/%	热失配/%
GaN	0.3189	0.5185	5.59	—	—
AlN	0.311	0.498	4.2	2.4	25
Si(111)	0.543	—	2.59	−16.9	54

（1）选区外延生长技术：Si 衬底表面通过掩膜或刻蚀的方法制作成一些规则的图形，如图 3.29(a)所示[123]，这种方法并不能完全避免裂纹的产生，而是引导裂纹沿着 Si 衬底掩膜或者刻蚀的地方延展。只要图形化后的连续区域小于平均裂纹的距离，那么 GaN 外延层中就不会出现裂纹，而是出现在较软的 Si 衬底上。最简单的图形化的方法是沉积 Si_3N_4 或者 SiO_2[123]，由于 Si_3N_4（或 SiO_2）层是多晶状态，其上面不能成核生长 GaN，仅存在极少量的多晶 GaN 膜。另一种图形化的方法是采用刻蚀挖槽的方法来阻止裂纹，以形成连续的

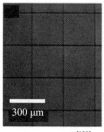

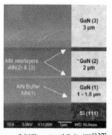

(a) 图形化衬底[123]　　(b) AlN/GaN 超晶格　　(c) 低温 AlN 插入层[127]　　(d) 阶梯组分渐变
　　　　　　　　　　　　缓冲层[126]　　　　　　　　　　　　　　　　　　　　AlGaN[113]

图 3.29　Si 衬底上外延生长 GaN 的主要应力控制方案

GaN 外延薄膜[124-125]。

（2）AlN/GaN 超晶格缓冲层技术：在 AlN 成核层上继续生长若干个周期的 AlN/GaN 超晶格之后再生长 GaN 外延层，如图 3.29（b）所示[126]。超晶格中 AlN 和 GaN 的厚度比例决定了超晶格对应的等效 $Al_xGa_{1-x}N$ 层组分，这样超晶格层和 GaN 外延层的晶格失配就会比 AlN 和 GaN 的晶格失配要小很多。利用超晶格的周期数可以控制 GaN 外延层的应力，同时超晶格的界面可以阻断贯穿位错向上传播，从而提升 GaN 外延层的晶体质量[126, 128-130]。

（3）低温 AlN 插入层技术：如本章 3.1.1 节所述，日本名古屋大学 H. Amano 等人首次采用低温 AlN 插入层（缓冲层）技术在蓝宝石衬底上获得了高质量的 GaN 外延薄膜[94]，之后又用该技术实现了蓝宝石衬底上 $Al_xGa_{1-x}N$、AlN 的外延生长[131-132]。德国马德堡大学 A. Krost 等人把低温 AlN 插入层技术借鉴过来用在了 Si 衬底上 GaN 的外延过程中，并成功抑制了外延层裂纹的产生[111]。通过 XRD 倒易空间图谱，他们发现低温生长的 AlN 插入层的面内晶格常数比上面 GaN 外延层小，而高温生长的 AlN 插入层的面内晶格常数与 GaN 外延层基本相同。因此低温下生长的 AlN 会对上面的 GaN 外延层施加压应力来补偿 MOCVD 外延生长后降温时产生的巨大张应力[133]。他们进一步发现通过多层低温 AlN 插入层技术可获得比较厚的 GaN 外延薄膜[127]，如图 3.29(c)所示。近期，该研究组发现通过低温 AlGaN 插入层也可提高 GaN 外延薄膜的厚度[134]。

（4）$Al_xGa_{1-x}N$ 组分渐变缓冲层技术：实验表明，在高温 AlN 成核层上直接生长 GaN 外延层，外延层中会产生大量的裂纹，主要原因是 AlN 和 GaN 之间的晶格失配较大，晶格弛豫发生得较早，压应力并不能在 GaN 外延层中很好地保持[135]。人们自然想到的解决方案就是从 AlN 的晶格渐渐变成 GaN 的晶格。目前主要有两种渐变的方案：一是线性渐变，二是梯度渐变。线性渐变是 $Al_xGa_{1-x}N$ 缓冲层的 Al 组分按照一定的线性关系随厚度从高 Al 组分变化到低 Al 组分[136-137]。梯度渐变是指 $Al_xGa_{1-x}N$ 缓冲层由三个或更多子层组成，Al 组分分别为 75%、50%、25% 或更多变化，共同组成应力调控层来控制 GaN 外延层中的应力，如图 3.29（d)所示[136]。

利用以上 GaN 外延层的应力控制方法，国际上已有多个研究机构和企业实现了高质量、有一定厚度、无裂纹的大尺寸 Si 衬底上 GaN 及其异质结构的 MOCVD 外延生长。表 3-3 列出了该领域的一些代表性工作。

表 3-3　Si 衬底上 GaN 外延层应力控制方法、厚度和晶体质量的代表性工作[138-143]

研究机构	应力控制方法	GaN 层厚度/μm	XRC 半高宽	参考文献
比利时 IMEC	AlGaN 过渡层，SiN 插入层	2～3	(002) 533 (102) 415	Cheng[138] (2008)
日本名古屋工业大学	GaN/AlN 超晶格过渡层	9	—	Selvaraj[139] (2009)
德国 Otto-von-Guericke-大学	SiN，AlN 插入层	14.3	(002) 252 (102) 372	Dadgar[140] (2011)
韩国三星	—	7		Kim[141] (2011)
日本东芝	SiN，AlGaN 过渡层	3	(002) 289 (102) 256	Toshiki[142] (2014)
中科院苏州纳米所	AlGaN 过渡层	6	(002) 260 (102) 270	Yi Sun[143] (2016)

然而，该领域依然存在诸多严峻的问题和挑战，主要如下：

第一，当前 Si 衬底上 GaN 外延方法处于多种技术路线并存的阶段，各种技术路线均有优势和不足，在国际上还没有形成一个主流的、具备突出优势的技术路线，因此新的、易于推广、重复性好、可靠性强的外延生长方法依然有待提出和发展。提高 Si 衬底上 GaN 外延层及其异质结构的晶体质量，降低其残余应变和翘曲依然是该领域面临的关键科学技术问题之一。

第二，半导体功率电子器件工作于电力电子系统，要求其栅极关断时器件能承受一定的电压。高阻或半绝缘是耐压电子材料的重要特性。GaN 本身有很高的背景载流子浓度，实现高阻 GaN 的方法之一是补偿法，常用的补偿方法有 C 掺杂和位错补偿[76,144]。在 GaN 外延生长过程中如何采用这两种方法得到适应器件研制需求的高阻 GaN 依然是需要探索的问题。

第三，半导体功率电子器件的另外一个重要的性能参数是导通电阻，其在电应力条件下的退化是 GaN 基功率电子器件普遍存在的最主要的可靠性问题[145-147]。大量实验表明，动态导通电阻退化与 GaN 外延层及其异质结构中的体缺陷和表/界面缺陷密切相关[148-150]。如何认识和控制 GaN 中动态导通电阻退化的缺陷和局域态依然任重道远。此外，GaN 基异质结构的表面稳定性以及表面态对功率电子器件性能的影响研究还不深入[151]，如何获得 Si 衬底上表面稳定的 GaN 基异质结构也是我们需要思考和研究的问题。

3.2.5　Si 衬底上 GaN 的大失配诱导应力控制外延方法

1. 大失配诱导应力控制外延方法的提出

如前所述，Si 晶体的热膨胀系数为 2.59×10^{-6} K^{-1}，比 GaN 晶体的热膨胀系数 5.56×10^{-6} K^{-1} 小很多，Si 和 GaN 之间存在高达 56% 的热失配。Si 衬底上 MOCVD 高温生长的无龟裂 GaN 外延薄膜，在降温时收缩的速度远快于 Si 衬底，因此将会积累很大的张应力，当应力达到一定程度时，GaN 外延薄膜将会龟裂以释放张应力。迄今国际上业已发展的四种 Si 衬底上 GaN 外延层应力控制技术路线均有其各自的优势和不足。选区外延生长技术是将 Si 衬底刻蚀成一块块区域，然后在其上进行 GaN 外延。这种方法在利用 CMOS 工艺制作功率电子器件时会导致有效利用面积过小的问题；而低温 AlN 插入层技术会限制与器件耐压性能密切相关的高阻 GaN 外延层的厚度。因此，这两种方法在用于功率电子器件领域的 Si 衬底上 GaN 外延工艺中已较少使用。AlN/(Al)GaN 超晶格缓冲层技术和 $Al_xGa_{1-x}N$ 组分渐变缓冲层技术是迄今国内外 Si 衬底上 GaN 及其异质结构外延生长的常用方法。这两种方法的共同特点是 GaN 外延生长时预先引入压应力来补偿外延生长后降温过程中形成的张应力。但由于 Si 和 GaN 之间还存在 17% 的晶格失配，会在 GaN 外延层中产生大量的失配位错。因此，对 Si 衬底上 GaN 外延更深刻的理解是所设计的缓冲层技术不仅要起到张应力控制的作用，还要同时担负着过滤、湮灭失配位错的功能。而常用的 AlN/(Al) 超晶格缓冲层和 $Al_xGa_{1-x}N$ 组分渐变缓冲层技术在过滤、湮灭失配位错的功能上考虑不够周全，因此国际上迄今采用这两种外延技术得到的 GaN 外延层及其异质结构材料中的位错密度较高。新的、兼具张应力控制和失配位错过滤、湮灭功能的 Si 衬底上 GaN 外延方法依然有待于提出和发展。

若要控制 Si 衬底上 GaN 外延层中的失配位错，需对 GaN 晶体中的位错性质，特别是其运动和湮灭方式有所认识和理解。一般而言，通过异质外延制备的 GaN 外延薄膜中的贯穿位错分为螺型位错（其伯格斯矢量 b = 晶格常数 c）、刃型位错（b = 晶格常数 a）和混合型位错（$b = a + c$）[153]，以刃型位错为主，其密度一般比其他位错高一个数量级。刃型位错在 GaN 晶体中的运动方式包括滑移和攀移。GaN 晶体是六方对称纤锌矿结构，刃型位错的滑移面为 m 面。

晶体结构的因素导致异质外延的 GaN 晶体中位错滑移面内缺少沿伯格斯矢量方向的应力，从而不能驱动刃型位错的滑移[154]，因此异质外延的 GaN 晶体中刃型位错的运动方式主要是攀移。如图 3.30 所示的 AlN/Al$_x$Ga$_{1-x}$N 体系中[152]，晶格失配所形成的压应力会导致刃型位错通过攀移而发生弯转，进而通过位错之间的相互作用或遇到界面而湮灭。

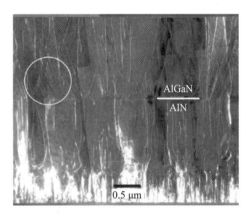

图 3.30　Si 衬底上 GaN 外延插入的 Al$_{0.61}$Ga$_{0.39}$N/AlN 缓冲层剖面的弱束 TEM 暗场像[152]

GaN 晶体中刃型位错因攀移而发生弯转的过程会吸收大量的空位，如图 3.31 所示[132]，导致 GaN 晶体中的空位浓度降低。为维持空位这一自然点缺陷的热平衡，GaN 晶体将通过弛豫压应力来释放空位[132]。也就是说，GaN 外延层刃型位错因攀移而发生弯转的过程会消耗其压应力，即 GaN 外延层中的压应力随着外延过程的持续和厚度的增加而不断减小。因此 Si 衬底上 GaN 外延

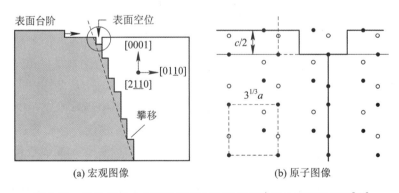

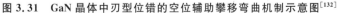

图 3.31　GaN 晶体中刃型位错的空位辅助攀移弯曲机制示意图[132]

生长过程中位错控制和应力控制这两个方面有密切的关联。在设计 Si 衬底上 GaN 外延的缓冲层结构时，必须考虑如何把引入的压应力在补偿热失配带来的张应力和驱动位错通过攀移而弯转湮灭这两个动力学过程之间进行合理的分配和平衡，这是在 Si 衬底上外延生长残留应力低、位错密度低的高质量 GaN 外延层及其异质结构的关键，决定着 Si 衬底上 GaN 外延生长的成败。

北京大学杨学林、沈波等人根据以上对位错和应力关系的理解，通过大量外延生长实验摸索，提出和发展了一种在 Si 衬底上高质量外延 GaN 的大失配诱导应力外延生长方法。通过该方法得到的外延的样品结构如图 3.32 所示[155]。所谓大失配，是指设计采用的低 Al 组分 $Al_xGa_{1-x}N$ 缓冲层（应力控制层）和 AlN 成核层之间的晶格失配很大，大量的贯穿位错在该层间晶格失配造成的压应力驱动下在 $Al_xGa_{1-x}N$ 缓

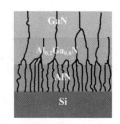

图 3.32　Si 衬底上 GaN 的大失配诱导应力外延方法得到的样品结构示意图[155]

冲层中弯转而湮灭，向上延伸的位错密度将会大大降低。$Al_{0.2}Ga_{0.8}N$ 层和 GaN 层之间的晶格失配造成的压应力主要用以补偿 GaN 外延层中因热失配造成的张应力。

2. 低 Al 组分 $Al_xGa_{1-x}N$ 缓冲层的外延生长

北京大学的研究组在研究 Si 衬底上 GaN 外延生长过程中设计了三个典型的样品 A、B、C，它们的结构如图 3.33 所示[155]。样品 A 中采用了低 Al 组分 $Al_xGa_{1-x}N$ 作为外延生长的缓冲层，其 Al 组分为 23.4%，厚度为 330 nm；样品 B 中也采用了 $Al_xGa_{1-x}N$ 缓冲层，但其 Al 组分为 52.0%，相对比较高，厚度也为 330 nm；而样品 C 中没有 $Al_xGa_{1-x}N$ 缓冲层。三个样品中 AlN 成核层的生长条件一样，厚度均为 270 nm；随后 GaN 外延层的生长条件也一样，其厚度为 3 μm。样品生长前，Si 衬底首先在浓度为 40% 的 HF 溶液中进行时长为 1 min 的表面清洗，以除去表面的氧化物和其他沾污；随后放入 MOCVD 中在 H_2 气氛围下被加热到 1000℃，经历 10 min 的退火过程；然后在压力为 100 mbar(1 bar＝0.1 MPa)，温度为 1100℃ 的条件下生长 AlN 成核层。对于样品 A 和 B，接着生长的 $Al_xGa_{1-x}N$ 缓冲层的生长温度为 1060℃，压力仍为 100 mbar，通过调节 Al 和 Ga 的气相比来调控其 Al 组分。三个样品的 GaN 生长条件是相同的，生长温度为 1040℃，生长压力为 100 mbar。生长过程中通过

405 nm 和 950nm 的光源监测实时的外延层厚度，以及 950 nm 的光源监测实时的生长温度。

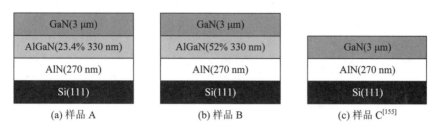

(a) 样品 A　　　　　　　(b) 样品 B　　　　　　　(c) 样品 C[155]

图 3.33　Si 衬底上 GaN 外延生长的典型样品结构示意图

3. 大失配诱导应力控制外延方法的生长机制

为了深入理解大失配诱导应力控制外延方法的生长机制，首先表征三个典型样品的 GaN 晶体质量。三个样品在奥林巴斯光学显微镜下的表面形貌如图 3.34 所示[155]。样品 A 的表面没有出现裂纹，而样品 B 和 C 的表面出现了明显的裂痕。很容易理解，样品 B 和 C 中 GaN 外延层的裂纹是由预置的压应力不足以补偿热失配导致的张应力造成的，而样品 A 中预置的压应力则可满足补偿张应力的需求。

(a) 样品 A　　　　　　　(b) 样品 B　　　　　　　(c) 样品 C

图 3.34　样品表面的光学显微镜照片[155]

通过对样品进行拉曼光谱测试来确定三个样品中具体的残留应力。我们知道，GaN 晶体拉曼光谱中的 E_2(high)横光学（TO）声子峰的位置对 GaN 中的应力状态是非常敏感的，因此常被用来表征 GaN 外延层中的应力。GaN 晶体无应力状态下的 E_2 峰标准位置为 567.5 cm^{-1}，相对于此峰位的红移对应于张应力，而蓝移对应于压应力。应力的大小和峰移的关系由经验公式给出[156]：

$$\sigma_{xx} = \frac{\Delta\omega}{4.3}\ \text{GPa} \qquad (3-25)$$

其中 σ_{xx} 是外延晶体的面内应力，张应力为正值，压应力为负值，$\Delta\omega$ 是 E_2 峰的位移，红移为正，蓝移为负。三个样品的拉曼光谱中 $E_2(\text{high})$ 声子峰的位置对比如图 3.35 所示[155]，图中的黑色虚线标出了无应力状态下的标准峰位，三个样品的峰位相对于标准峰位都发生了红移，表明三个样品中 GaN 层的残留应力均为张应力。但样品 B 和 C 的峰位红移要远大于样品 A。根据公式（3-25），可以算出样品中的残余张应力大小，很显然样品 B 和 C 的残余张应力远大于样品 A。考虑到 GaN 外延层的开裂会释放部分张应力，可确认样品 A 在降温前的外延生长过程中低 Al 组分 $Al_xGa_{1-x}N$ 缓冲层预置的压应力要远大于样品 B 和 C 的。

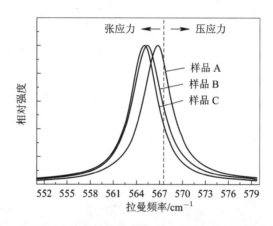

图 3.35　A、B、C 三个样品的拉曼光谱中 $E_2(\text{high})$ 声子峰的位置对比[155]

为了定量测量出样品中的应变大小，对样品 A 和 B 进行 GaN（105）晶面的 XRD 倒易空间 mapping 测量。测量结构如图 3.36 所示[155]，图中包括 AlN 成核层、$Al_xGa_{1-x}N$ 缓冲层和 GaN 外延层的衍射斑点，并标出了 GaN 在无应力状态下（晶格常数 $a_0 = 0.3189$ nm，$c_0 = 0.5185$ nm）的标准衍射点位置（放大图中的五角星）。可以看出样品 A 和样品 B 中 GaN 的最大强度衍射斑点位置与标准衍射点的距离不一样，说明两个样品中 GaN 的应力状态不同。为了精确测定 GaN 外延层的应变，首先需要得到应变状态下的晶格常数 a 和 c。晶格常数与倒格矢的关系为[157]

$$a^{\text{GaN}} = \frac{1}{Q_x}\sqrt{\frac{4}{3}(h^2 + k^2 + hk)}, \quad c^{\text{GaN}} = \frac{l}{Q_z} \qquad (3-26)$$

其中：h、k、l 为测量面（$h\,k\,l$）的密勒指数，Q_x 和 Q_z 分别为倒格矢沿 x 和 z 方

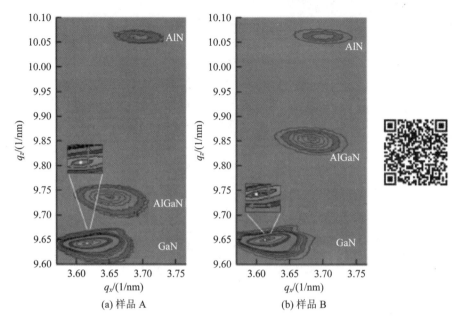

(a) 样品 A　　　　　　　　(b) 样品 B

图 3.36　样品中 GaN (105)晶面的 XRD 倒易空间 mapping 图[155]

向的分量。对于(105)面而言,晶格常数与倒格矢的关系可以表示为[157]

$$a^{GaN} = \frac{2}{\sqrt{3}Q_x}, \quad c^{GaN} = \frac{5}{Q_z} \tag{3-27}$$

在得到 GaN 外延层应变状态下的晶格常数 a 和 c 后,便可得到 GaN 外延层的应变大小[157],即

$$e_{xx} = \frac{a(GaN) - a_0(GaN)}{a_0(GaN)} \tag{3-28}$$

根据上述公式,可得到样品 A 和 B 中 GaN 外延层的应变大小分别为 0.098% 和 0.198%,两个样品中的残余应力相差达一倍。考虑到 GaN 外延层的开裂会释放部分张应力,与拉曼光谱测试结果一致,可确认样品 A 在降温前的外延生长过程中低 Al 组分 $Al_xGa_{1-x}N$ 缓冲层预置的压应力要比样品 B 多一倍以上。

为了解释上述样品中应力或应变不同的原因,揭示 GaN 外延层应力弛豫和位错弯转的机制,有必要对其微结构进行分析观测,北京大学的研究组对样品 A 和 B 进行了透射电镜(TEM)实验观测。在 TEM 实验中,选择了 GaN 的 $(1\bar{1}00)$面作为电子束的接收面。在拍摄电镜照片时,衍射矢量 $\boldsymbol{g}=(11\bar{2}0)$,以保证伯格斯矢量具有 a 分量的位错成像。图 3.37 给出了样品 A 和样品 B 中 AlN 成核层和 $Al_xGa_{1-x}N$ 缓冲层界面附近区域的弱束暗场像[155]。

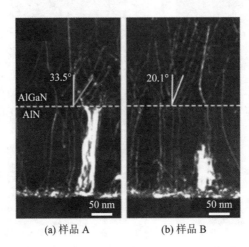

(a) 样品 A　　　　　　　(b) 样品 B

图 3.37　样品剖面的弱束暗场 TEM 像[155]

从图中可看出，在这两个样品中，大量位错均在 $Al_xGa_{1-x}N/AlN$ 界面附近的 $Al_xGa_{1-x}N$ 缓冲层中开始弯转，这显然是晶格失配形成的压应力驱使位错攀移的结果。倾斜后的位错在(0001)面上的投影沿着垂直于位错滑移面的方向，即 GaN 的 $\langle 1\bar{1}00\rangle$ 方向。刃型位错在 AlN 中可以近似认为是竖直的，进入 $Al_xGa_{1-x}N$ 后开始偏离原来的向上延伸方向。我们重点关注一下位错弯转角度的大小，在样品 A 中偏转的角度大约为 33.5°，而在样品 B 中偏转的角度大约只有 20.1°。毫无疑问，样品中刃型位错的偏转角度与 $Al_xGa_{1-x}N/AlN$ 界面的晶格失配大小密切相关。样品 A 中 $Al_xGa_{1-x}N$ 的 Al 组分为 23.4%，而样品 B 中的 Al 组分则为 52.0%，样品 A 中的 $Al_xGa_{1-x}N/AlN$ 界面处晶格失配远大于样品 B。TEM 观测结构直接确认了大的晶格失配会导致大角度的位错弯转[152]。

从 TEM 暗场像中也可清晰地看到位错弯转越大，在其延伸的过程中遇到其他位错通过相互作用而湮灭的可能性越大，因此样品 A 中 $Al_xGa_{1-x}N$ 缓冲层中因弯转而湮灭的位错比样品 B 多得多，样品 A 中 $Al_xGa_{1-x}N$ 缓冲层上部的位错密度要明显低于样品 B。这样样品 A 中穿透到 GaN 外延层的贯通位错密度自然比样品 B 低，这一结果可从两个样品中 GaN 外延层的 XRD 摇摆曲线半峰宽得到验证。样品 A 和样品 B 中与刃型位错密度相关的 GaN(102)面的半峰宽值分别为 527 arcsec 和 816 arcsec。由半峰宽的值可以大致算出样品中 GaN 外延层的刃位错密度[157]：

$$D_{\text{edge}} = \frac{\beta_{(102)}^2}{9b^2} \text{ cm}^{-2} \qquad (3-29)$$

其中，D_{edge} 为 GaN 中刃型位错密度，$\beta_{(102)}$ GaN 为（102）面摇摆曲线半峰宽值，b 为刃位错伯格斯矢量的长度[158]。由公式(3-29)计算得到样品 A 的 GaN 位错密度为 7.1×10^8 cm^{-2}，而样品 B 的位错密度为 1.71×10^9 cm^{-2}。

正因为样品 A 的 GaN 位错密度为样品 B 的一半，所以 A 样品中 GaN 外延层因位错弛豫所消耗的压应力较小，因而有更多剩余的压应力来补偿外延生长后降温带来的张应力，这就解释了样品 A 中 GaN 表面没有裂纹的物理机制。整个外延生长过程中防止 GaN 外延层龟裂和翘曲的关键点是低 Al 组分的 $Al_xGa_{1-x}N$ 缓冲层与 AlN 成核层之间大的晶格失配。这种大失配外延技术既可以通过过滤位错来降低 GaN 外延层中的位错密度，又可以防止 GaN 外延层龟裂和翘曲的产生，将本来耦合在一起、相互矛盾的应力弛豫和位错控制功能分别置于 $Al_xGa_{1-x}N$ 缓冲层和 GaN 外延层不同的空间位置来处理。

大失配诱导应力控制外延方法的成功实现说明 $Al_xGa_{1-x}N$ 组分渐变缓冲层技术等应力控制技术所遵循的逐渐减小晶格失配的原理是 Si 衬底上外延 GaN 的充分条件而并非必要条件。事实上，只需要保证 $Al_xGa_{1-x}N$ 缓冲层和 GaN 外延层界面的晶格失配较小即可，而采用高 Al 组分 $Al_xGa_{1-x}N$ 缓冲层保持与 AlN 成核层界面形成小的晶格失配不仅没有必要，而且对减少 GaN 外延层中的位错密度非常不利。在 $Al_xGa_{1-x}N$ 缓冲层中没有过滤掉的位错延伸到 GaN 外延层中再弯曲湮灭，将会因为消耗压应力而对控制 GaN 外延层的龟裂和翘曲非常不利。

4. $Al_xGa_{1-x}N$/GaN 异质结构的外延生长

采用大失配诱导应力控制外延方法可在 Si 衬底上制备出应力可控、位错密度低的 GaN 外延层，在此基础上，北京大学的研究组继续研究了 Si 衬底上 $Al_xGa_{1-x}N$/GaN 异质结构的外延生长。如前所述，2DEG 室温迁移率是衡量 $Al_xGa_{1-x}N$/GaN 异质结构外延质量的关键指标，而影响 2DEG 迁移率的主要因素有杂质散射、界面粗糙度散射、合金无序散射以及位错散射等。北京大学的研究组据此来指导 Si 衬底上 $Al_xGa_{1-x}N$/GaN 异质结构的外延生长。

为了抑制异质结构中的杂质散射，在掺 C 高阻 GaN 外延层上生长了 GaN 沟道层，生长沟道层时采用低生长速率和高 V/Ⅲ 比的条件。生长速率减慢有利于 C 杂质原子从生长面脱附，从而减少 GaN 沟道层中 C 杂质浓度。V/Ⅲ 比的提升相当于提高了 H 在反应室中的比例，更有利于甲基形成甲烷被抽走，也可减少 GaN 沟道层中的 C 杂质浓度。外延生长速率的降低还有利于生长出表面平整的 GaN 沟道层，图 3.38(a)展示了 GaN 外延层的 AFM 形貌图[159]，其表面非常平滑，有清晰的原子台阶，表面粗糙度为 0.112 nm。GaN 外延层的位错密度可通过 XRD 表征，如图 3.38(b)所示[159]，体现螺型位错密度的 (002)面摇摆曲线半峰宽为 389 arcsec，而体现刃型和混合型位错密度的(102) 面摇摆曲线半峰宽为 527 arcsec，表明 GaN 外延层的总位错密度在 10^8 cm^{-2} 量级，位错密度的降低无疑会减弱异质结构中的位错散射。同时，为减少 $Al_xGa_{1-x}N$ 势垒层的合金无序散射，在 GaN 沟道层和 $Al_xGa_{1-x}N$ 势垒层之间插入了 1 nm 左右厚的 AlN 层。

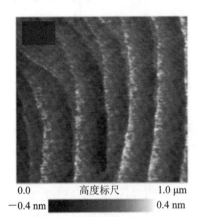

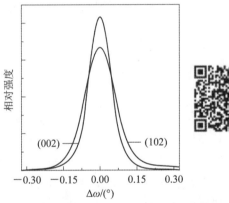

(a) GaN 外延层表面的 AFM 形貌图　　(b) GaN外延层 (002) 面和(102) 面的XRD摇摆曲线半峰宽[159]

图 3.38　GaN 晶体质量表征结果

最终采用大失配诱导应力控制外延方法外延生长的 $Al_xGa_{1-x}N$/GaN 异质结构中 GaN 外延层总厚度为 4.5 μm，$Al_xGa_{1-x}N$ 势垒层厚度为 15~25 nm，Al 组分为 0.20~0.25，通过霍尔测量得到的异质结构典型样品的 2DEG 面密度为 1.0×10^{13} cm^{-2}，室温迁移率高达 2260 cm^2/(V·s)[159]，是国际上报道的 Si 衬底上 $Al_xGa_{1-x}N$/GaN 异质结构中 2DEG 室温迁移率最高的结果之一。而北京大学研究组采用的低 Al 组分单层 $Al_xGa_{1-x}N$ 缓冲层结构比国际上迄今处于主流地位的 AlN/GaN 超晶格缓冲层技术、$Al_xGa_{1-x}N$ 组分渐变多层缓冲层技术结构要简单很多，外延生长的重复性和稳定性较好，易于产业化推广。同时该缓冲层结构减少了 $Al_xGa_{1-x}N/GaN$ 异质结构中的过渡界面数量，增强了基于 $Al_xGa_{1-x}N/GaN$ 异质结构的功率电子器件的散热特性。

5. 高空位浓度位错调控层的引入和 GaN 厚膜的外延生长

采用上述大失配诱导应力控制外延方法可实现厚度为 $4\sim5~\mu m$ 的 GaN 外延薄膜的制备。为了进一步提高 GaN 外延薄膜厚度，以实现其在 Si 衬底上垂直结构或准垂直结构 GaN 基功率电子器件的应用，需要寻找一种既能通过攀移机制有效降低位错密度，又不消耗 GaN 外延层中压应力的外延方法。如上所述，氮化物半导体中位错的攀移弯转必须吸收外延表面附近的空位，而 GaN 中的空位是通过消耗压应力产生的，这是 GaN 外延层中位错攀移弯曲消耗压应力的主要原因。下面就来讨论 GaN 外延生长过程中表面附近的空位是否可以不通过消耗压应力而产生。

一般情况下，半导体晶体中空位在位错芯附近的形成能与原子扩散脱离位错芯的能量是一致的，这种原子扩散的驱动力可用化学势 $\Delta\mu$ 来表示[160]：

$$\Delta\mu = -\rho \cdot \Omega + \Delta\mu_{RC} + \Delta\mu_{ID} \qquad (3-30)$$

其中，Ω 是原子体积，$\rho \cdot \Omega$ 是应变驱动力，在压应变情况下 ρ 是负值，这说明 GaN 晶体中的压应变可驱动原子离开外延薄膜表面；$\Delta\mu_{RC}$ 是化学反应驱动力，这与生长条件相关；$\Delta\mu_{ID}$ 是位错相互作用驱动力，此项影响较小，往往可忽略不计[160]。因此，GaN 晶体中表面附近空位产生的驱动力不仅可以由外延层中的压应变来产生，也可以通过外延生长反应室合适的化学条件来产生。通常在 Si 衬底上 GaN 的外延生长过程中，由于 GaN 外延层处于压应变状态，压应变往往是空位产生的主要驱动力。根据公式(3-30)，如果将化学势作为空位产生的主要驱动力，理论上讲就可以不用或少消耗 GaN 外延层中的压应力来使位错发生弯曲湮灭，从而达到降低 GaN 中位错密度的目的。

根据这一思路，北京大学沈波、杨学林等人提出了通过在 Si 衬底上 GaN 外延生长过程中引入空位调控位错层（VADE）的外延新方法，即在高质量 GaN 外延层生长之前，先插入一层通过调控 MOCVD 反应室中 V/Ⅲ 比而生长的高空位浓度 GaN 层，使位错在该层中快速发生大角度水平弯曲，乃至湮灭，因而在后续的外延生长过程中不消耗或少消耗上面高质量 GaN 外延层中的压应力[161]。他们设计了如图 3.39 所示的 Si 衬底上 A、B、C 三种结构的样品，其缓冲层都是由 300 nm 的 AlN 成核层和 400 nm 的 $Al_xGa_{1-x}N$ 应变控制层构成的。样品 A 的 GaN 外延层厚度为 $4.3~\mu m$，其采用的是正常的生长条件，V/Ⅲ 比为 945。样品 B 与 C 在正常条件生长的 GaN 外延层与缓冲层中间插入

了一层较大 Ⅴ/Ⅲ 比的 GaN 层（VADE 层），其中样品 C 采用的 Ⅴ/Ⅲ 比大于样品 B。样品 B 与 C 的 GaN 外延层总厚度与样品 A 一致，也为 4.3 μm。

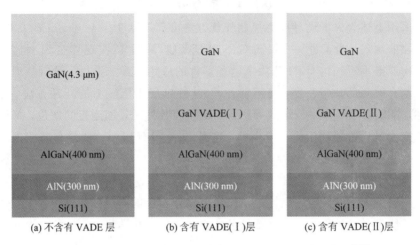

(a) 不含有 VADE 层   (b) 含有 VADE(Ⅰ)层   (c) 含有 VADE(Ⅱ)层

图 3.39　VADE 层 Si 衬底上 GaN 外延层的样品结构示意图[161]

图 3.40 展现了样品 A、B、C 的 XRD 摇摆曲线[161]。由图 3.40(a)测得样品 A、B、C 的(002)面的半峰宽分别为 452 arcsec、400 arcsec、320 arcsec，由图 3.40 (b)测得(102)面的半峰宽分别为 715 arcsec、518 arcsec、379 arcsec。从中可发

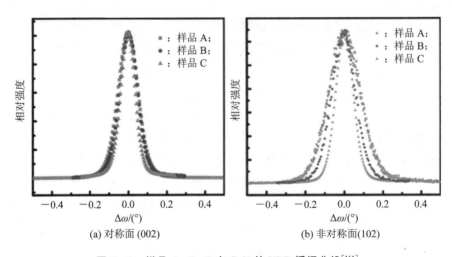

(a) 对称面 (002)   (b) 非对称面(102)

图 3.40　样品 A、B、C 中 GaN 的 XRD 摇摆曲线[161]

现，从样品 A 到样品 C，GaN 中的刃位错密度大幅度下降，并且这种降低位错密度的能力随着 V/Ⅲ 比的增大而增强[161]。

为了更清楚地理解外延生长 V/Ⅲ 比对 GaN 外延层位错密度的抑制机理，对三个样品进行 TEM 观测。图 3.41 展示了 A、B、C 三个样品中的刃位错在 $Al_xGa_{1-x}N$ 应变控制层和 GaN VADE 层界面上方的弯曲情况。在样品 A 中，位错在 $Al_xGa_{1-x}N$/GaN 界面处发生了不到 45° 的位错倾斜，仅有少量位错在界面上方相遇形成了位错环，大部分位错仍然从 $Al_xGa_{1-x}N$ 层中穿透到 GaN 层中，并继续向上延续；在样品 B 中，位错不仅仅在 $Al_xGa_{1-x}N$/GaN 界面处发生了小角度倾斜，更在距界面大约为三十几纳米处发生了水平弯转，大大降低了向上延伸的位错密度；在样品 C 中，这个水平弯转作用更为明显，并且发生在距离 $Al_xGa_{1-x}N$/GaN 界面更近的约十几纳米处，仅有少量的位错延伸到上层的 GaN 外延层中。这一现象与 XRD 的表征结果相一致，说明 GaN VADE 层确实起到了调控位错水平弯转的作用，而位错的水平弯转加大了位错间彼此相互作用的概率，使得位错容易相遇而湮灭，从而有效降低了 GaN 外延层中的位错密度。

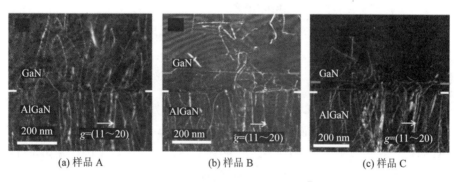

(a) 样品 A　　　　　　　　(b) 样品 B　　　　　　　　(c) 样品 C

图 3.41　三个样品的弱束暗场像，g 为 $\langle 11\bar{2}0\rangle$ 方向[161]

为了确认调控 MOCVD 反应室中的 V/Ⅲ 比能够增加 GaN VADE 层中的空位浓度，北京大学课题组又准备了三个 Si 衬底上的 GaN 样品，其中 Si 衬底上 AlN/$Al_xGa_{1-x}N$ 缓冲层的结构和上述样品 A、B、C 一致，而在其上分别生长了 2 μm 厚的 GaN 层，其生长条件分别对应样品 A 中 GaN 的外延条件以及样品 B 和样品 C 中不同 GaN VADE 层的外延条件，分别将这三个样品标记为样品 A1、B1、C1，并对其分别进行了正电子湮灭谱的测试，如图 3.42 所示[162]。由于 S 参数可以表征 Ga 空位相关的缺陷浓度，此图可以看作是 Ga 空位浓度在 GaN 层中的分布图[162]。从图中可看出，Ga 空位浓度在三个样品中依次递增，这一结论验证了前面的实验设想，即增大 MOCVD 反应室中的 V/Ⅲ 比能够增加 GaN VADE 层的空位浓度，从而促进其辅助位错通过攀移弯转机制而湮灭，有效降低 GaN 外延层中的位错密度，并且可以不消耗或少消耗 GaN 外延层中的压应力。

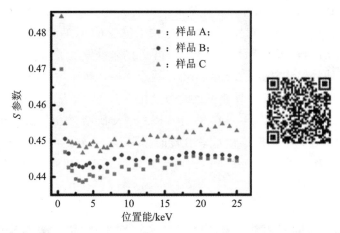

图 3.42　样品 A1、B1、C1 的 S 参数随入射正电子束的能量的变化曲线[162]

图 3.43 是样品 A、B、C 的拉曼光谱[162]。由于 GaN 外延层在无应变情况下的 E_2(high)声子峰位为 567.5 cm^{-1}，如 GaN 中存在张应变或压应变，此峰位会发生红移或蓝移。可以清晰地看出，样品 A 的残余应变为张应变，样品 B 则几乎处于无应变状态，而样品 C 则处于压应变状态，说明高空位浓度 GaN VADE 层的存在起到了不消耗或少消耗 GaN 外延层中压应力的作用，而且样品 C 仍有继续增加 GaN 外延层厚度的可能性。

北京大学的研究组进一步选用了样品 C 中的 GaN VADE 层的外延条件，基于 Si 衬底上 1 μm 厚的 VADE 层继续生长了 7 μm 厚的 GaN 外延层，即在 Si 衬底上生长了连续厚度为 8 μm 的 GaN 外延层，得到的样品表面光滑且无裂纹，如图 3.44（a）所示[161]。图 3.44(b)为连续厚度为 8 μm 的 GaN 外延层的 (002) 和 (102) 面 XRD 摇摆曲线，其半高宽分别为 242 arcsec 和 324 arcsec，表明采用 GaN VADE 层实现了 Si 衬底上高质量 GaN 连续厚膜的外延生长。图 3.44(c)则是 GaN 外延厚膜的 AFM 形貌像，样品表面原子台阶清晰，表面均方根粗糙度仅为 0.15 nm。2019 年，北京大学的研究组采用 GaN VADE 插入

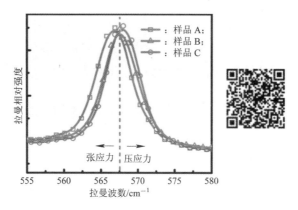

图 3.43 A、B、C 三个样品的拉曼光谱中 E_2(high)声子峰的位置对比[162]

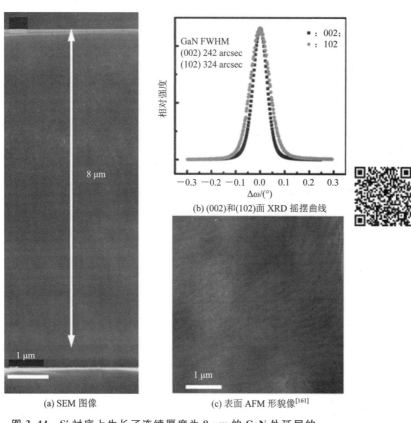

图 3.44 Si 衬底上生长了连续厚度为 8 μm 的 GaN 外延层的
XRD 摇摆曲线和表面 AFM 形貌像

层外延生长新方法，进一步在 Si 衬底上成功制备出表面无裂纹的 $10.2~\mu\mathrm{m}$ 厚连续生长 GaN 外延薄膜[161]。

3.2.6 $\mathrm{In}_x\mathrm{Al}_{1-x}\mathrm{N/GaN}$ 和 $\mathrm{AlN/GaN}$ 异质结构的外延生长

1. $\mathrm{Al}_x\mathrm{Ga}_{1-x}\mathrm{N/GaN}$ 异质结构在超高频电子器件领域的局限性

近年来，移动数据的需求爆炸式增长，急需研发新一代 5G 移动通信系统，而毫米波射频电子器件和功放模块将成为 5G 移动通信系统中的关键半导体部件。同时 THz(太赫兹)通信和探测技术的发展也急需工作于 THz 和亚 THz 波段的固态射频电子器件[163-164]。正是在这样的应用驱动力下，GaN 基异质结构及其超高频电子器件成为近年来 GaN 基宽禁带半导体领域一个重要的发展方向[165-166]。

迄今为止，SiC 和 Si 衬底上外延生长的 $\mathrm{Al}_x\mathrm{Ga}_{1-x}\mathrm{N/GaN}$ 异质结构是高功率射频电子器件领域采用的主流半导体异质结构材料。由于自发和压电极化的作用，$\mathrm{Al}_x\mathrm{Ga}_{1-x}\mathrm{N/GaN}$ 异质结构界面可形成面密度在 $10^{13}~\mathrm{cm}^{-2}$ 量级、室温迁移率高达 $2000~\mathrm{cm}^2/(\mathrm{V}\cdot\mathrm{s})$ 以上的 2DEG，这使得 $\mathrm{Al}_x\mathrm{Ga}_{1-x}\mathrm{N/GaN}$ 异质结构在制备高功率射频电子器件(也称为微波功率器件)上的优势非常显著。然而随着射频电子器件的工作频率不断向毫米波、亚毫米波、甚至 THz 等超高频方向不断发展，GaN 基 HEMT 器件的栅长不断缩小，目前国际上已发展到栅长 20 nm 左右的 GaN 基 HEMT 超高频电子器件[166]。如上所述，$\mathrm{Al}_x\mathrm{Ga}_{1-x}\mathrm{N/GaN}$ 异质结构的势垒层厚度一般为 15~25 nm，因此当 GaN 基 HEMT 器件的栅长缩小到 10 nm 量级、甚至几 nm 量级时，器件将出现短沟道效应(Short-channel Effect)，主要表现为阈值电压随着栅长降低而降低、跨导减小、工作频率下降，以及热电子效应变得严重等现象，此时 GaN 基 HEMT 器件模型上的缓变沟道近似不再成立[167]。短沟道效应严重限制了基于 $\mathrm{Al}_x\mathrm{Ga}_{1-x}\mathrm{N/GaN}$ 异质结构的 HEMT 器件频率特性的进一步提高。为克服短沟道效应，最简单的办法就是把异质结构的 $\mathrm{Al}_x\mathrm{Ga}_{1-x}\mathrm{N}$ 势垒层厚度降低到 3~5 nm，形成超薄势垒层 $\mathrm{Al}_x\mathrm{Ga}_{1-x}\mathrm{N/GaN}$ 异质结构。但由于该异质结构中极化效应(特别是压电极化效应)的物理限制，当势垒层厚度降低到 7 nm 及以下时，异质结构中 2DEG 密度将急剧下降[81]，将很难用于射频电子器件的研制。近十年来，国际上一直在寻找替代 $\mathrm{Al}_x\mathrm{Ga}_{1-x}\mathrm{N/GaN}$ 异质结构，用于超高频射频电子器件研制的 GaN 基异质结构，迄今综合性质较好的新型异质结构主要是晶格匹配的 $\mathrm{In}_x\mathrm{Al}_{1-x}\mathrm{N/GaN}$ 异质结构和超薄势垒层 $\mathrm{AlN/GaN}$ 异质结构[166,168]。下面对照

$Al_x Ga_{1-x} N/GaN$ 异质结构讨论这两种 GaN 基异质结构的特点和外延生长。

2. 晶格匹配的 $In_x Al_{1-x} N/GaN$ 异质结构及其外延生长

不同于 $Al_x Ga_{1-x} N/GaN$ 异质结构，在 $In_x Al_{1-x} N/GaN$ 异质结构中，当 $In_x Al_{1-x} N$ 势垒层的 In 组分约为 18% 时，$In_x Al_{1-x} N$ 与 GaN 的晶格常数 a 将相等[169]。上下晶格匹配的 $In_{0.18} Al_{0.82} N/GaN$ 异质结构理论上将不存在压电极化效应，主要由自发极化效应感应出 2DEG，这样即使 $In_{0.18} Al_{0.82} N$ 势垒层厚度降低到 5 nm 及以下，异质界面沟道中依然有很高密度的 2DEG 存在。但由于 AlN 和 InN 的最佳外延生长条件，特别是最佳外延生长温度相差太大，很难外延生长出高质量的 $In_x Al_{1-x} N/GaN$ 异质结构材料。与 $Al_x Ga_{1-x} N/GaN$ 异质结构相比，迄今 $In_x Al_{1-x} N/GaN$ 异质结构中 2DEG 的迁移率依然较低[170]。特别是在较高 2DEG 密度的情况下，异质结构中 2DEG 的分布更加靠近异质界面，$In_x Al_{1-x} N$ 势垒层比较严重的合金无序和低晶体质量导致的合金无序散射和界面粗糙度散射成为限制异质结构中 2DEG 迁移率提高的主要因素。因此，如何控制好 $In_x Al_{1-x} N$ 势垒层晶体质量和界面质量是提高 $In_x Al_{1-x} N/GaN$ 异质结构中 2DEG 输运特性，乃至射频电子器件性能的关键。为此，北京大学沈波、杨学林等人提出了一种有效提高异质结构界面质量的外延方法[171]，即用 MOCVD 在 Si 衬底上外延生长 $In_x Al_{1-x} N/GaN$ 异质结构时采用低温 AlN 插入层，同时将外延生长的中断改在制备 AlN 插入层前，避免了 GaN 沟道层在高温 AlN 插入层生长环境下的表面退化，获得了尖锐的 $In_x Al_{1-x} N/GaN$ 异质界面，如图 3.45 所示[171]。该方法有效抑制了 $In_x Al_{1-x} N/GaN$ 异质结构中的界面粗糙度散射，较好地解决了 2DEG 浓度和迁移率难以同时提高的难题，

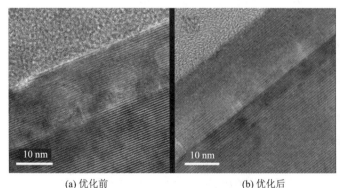

(a) 优化前　　　　　　　　　　　　　(b) 优化后

图 3.45　晶格匹配 $In_{0.18} Al_{0.82} N/GaN$ 异质结构界面优化前后的 HRTEM 形貌像[171]

实现了 Si 衬底上高质量晶格匹配 $In_xAl_{1-x}N/GaN$ 异质结构的外延生长。室温下异质结构中 2DEG 面密度高达 2.0×10^{13} cm^{-2}，迁移率为 1620 cm^2/(V·s)；77 K 低温下 2DEG 迁移率为 8260 cm^2/(V·s)，异质结构方阻为 37 Ω/sq[171]。

随着基于晶格匹配 $In_xAl_{1-x}N/GaN$ 异质结构的 HEMT 器件的发展，人们发现器件存在较严重的肖特基接触栅漏电流，但对于这一反向漏电的形成原因却一直没有研究清楚。北京大学沈波、许福军等人系统研究了 $In_xAl_{1-x}N/GaN$ 异质结构的肖特基接触漏电特性，分析出了其大的反向漏电的形成机制。GaN 上 200 nm 厚 $In_{0.18}Al_{0.82}N$ 样品的截面高角环形暗场（HAADF）STEM 像如图 3.46 所示[172]。$In_{0.18}Al_{0.82}N$ 表面区域的 V 型坑清晰可见，V 型坑下方连接着

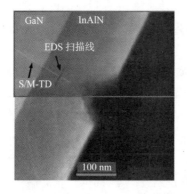

图 3.46　GaN 上 200 nm 厚 $In_{0.18}Al_{0.82}N$ 样品的截面高角环形暗场（HAADF）STEM 像[172]

一条螺型或混合型位错线，沿着这条位错线做了电子能量色散谱（EDS）的扫描分析，如图上箭头所示。图 3.47 展示了 STEM 像中 EDS 扫描分析的结

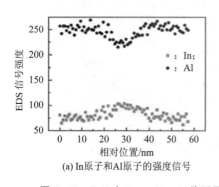
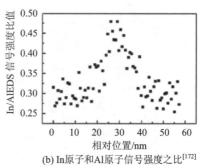

(a) In原子和Al原子的强度信号　　　　(b) In原子和Al原子信号强度之比[172]

图 3.47　GaN 上 $In_{0.18}Al_{0.82}N$ 外延层的 STEM 像中 EDS 扫描分析结果

果[172]。图 3.47(a)是 EDS 扫描得到的 $In_{0.18}Al_{0.82}N$ 中 In 原子和 Al 原子的强度信号,图 3.47(b)所示是 In 原子和 Al 原子强度信号的比值。从图示结果可看出,在螺型或混合型位错处存在明显的 In 富集现象。In 的富集导致该处的肖特基势垒高度被降低,In 富集的螺型或混合型位错形成了高的漏电通道,因而大大增加了 $In_xAl_{1-x}N/GaN$ 异质结构的肖特基漏电流密度。

3. 超薄势垒层 AlN/GaN 异质结构及其外延生长

为了克服基于 $Al_xGa_{1-x}N/GaN$ 异质结构的 HEMT 器件的短沟道效应,超薄势垒层 AlN/GaN 异质结构在国际上也受到了关注[173-174]。AlN 晶体有极强的自发极化效应[175],AlN 和 GaN 巨大的晶格失配也使得 AlN/GaN 异质结构中压电极化效应非常强[176],因此即使 AlN 势垒层薄到 3~5 nm,AlN/GaN 异质结构中的 2DEG 面密度依然高于 $1×10^{13}$ cm^{-2},2DEG 室温迁移率一般高于 1200 $cm^2/(V·s)$[166,177],可满足高功率、超高频电子器件研制的要求。图 3.48 展示了 AlN/GaN 异质结构的 2DEG 密度和器件工作频率相对其他半导体异质结构的优势[178]。

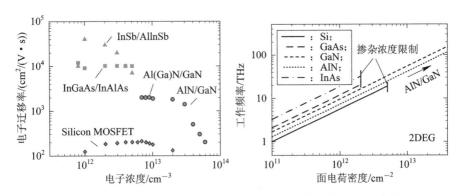

图 3.48　AlN/GaN 异质结构中 2DEG 密度和基于该异质结构的 HEMT 器件工作频率相对其他半导体异质结构的优势[178]

目前,超薄势垒层 AlN/GaN 异质结构主要通过 MBE 方法制备,可实现几纳米厚的超薄 AlN 势垒层的高质量外延生长[166]。由于 AlN/GaN 异质结构中 2DEG 的面密度和室温迁移率存在一定的竞争关系,并都与 AlN 势垒层厚度密切相关,因此在设计异质结构时,需要考虑 2DEG 面密度与 2DEG 室温迁移率对 AlN 势垒厚度的依赖性,以获得最低的方块电阻。另外需要考虑的是AlN 与 GaN 之间存在非常大的晶格失配,MBE 外延生长时,随着 AlN 厚度增

大,势垒层表面将出现裂纹,会对 2DEG 输运性质产生较大影响。图 3.49 中的
(a) 和 (b) 分别展示了 AlN/GaN 异质结构中 2DEG 面密度和 2DEG 迁移率随
AlN 势垒层厚度的变化关系[85, 179],可看到 2DEG 在室温和 77 K 低温下的迁
移率均随 AlN 厚度迅速下降。因此,外延生长中对 AlN 势垒层厚度的精确控
制至关重要。此外,由于超薄 AlN 势垒层暴露在空气中非常容易氧化,因此必
须在 AlN 势垒层表面再外延一层很薄的 GaN 盖层。实验发现该 GaN 盖层厚
度对异质结构中 2DEG 面密度也有影响,如图 3.49(c) 所示[85]。综上所述,在
超薄势垒层 AlN/GaN 异质结构的外延生长中,对 AlN 势垒层厚度和 GaN 盖
层厚度的精确控制是制备高质量异质结构的关键环节之一。

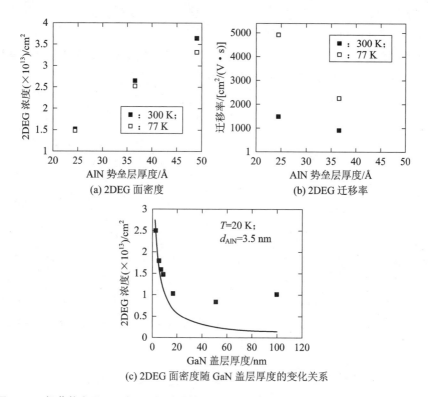

(a) 2DEG 面密度

(b) 2DEG 迁移率

(c) 2DEG 面密度随 GaN 盖层厚度的变化关系

图 3.49　超薄势垒层 AlN/GaN 异质结构中 2DEG 面密度和 2DEG 迁移率随 AlN 势垒层
厚度的变化关系以及 2DEG 面密度随 GaN 盖层厚度的变化关系[85, 179]

超薄势垒层 AlN/GaN 异质结构外延生长的另一关键环节是如何获得平整
锐利的 AlN/GaN 异质界面,以克服其界面粗糙度散射,实现 2DEG 的高迁移

率。MBE 外延方法在这一环节具有优势，可以通过原子级的精确控制外延获得锐利的 AlN/GaN 异质界面。一般情况下，AlN/GaN 异质结构中 2DEG 的面密度比 $Al_xGa_{1-x}N/GaN$ 异质结构高，但由于异质结构中 2DEG 浓度和迁移率的竞争关系，AlN/GaN 异质结构中 2DEG 的室温迁移率一般比 $Al_xGa_{1-x}N/GaN$ 异质结构要低。如上所述，目前国际上超薄势垒层 AlN/GaN 异质结构中 2DEG 的室温迁移率最高可达 $1800~cm^2/(V \cdot s)$，已可满足工作频率在亚 THz 波段的 GaN 基射频电子器件的研制要求[180]。

北京大学王新强、杨流云等人近年来采用 MBE 方法对超薄势垒层 AlN/GaN 异质结构的外延生长进行了系统研究，如图 3.50 所示[181]，AlN 和 GaN 生长界面的互扩散得到了很好的控制，从而获得了锐利的异质界面。2020 年，通过对异质结构势垒层和盖层厚度的精确控制，实现了室温方阻低至 $82~\Omega/sq$ 的高质量 AlN/GaN 异质结构，2DEG 面密度为 $2.4 \times 10^{13}~cm^{-2}$，室温迁移率高达 $2300~cm^2/(V \cdot s)$[181]；在 3 K 低温下，AlN/GaN 异质结构的方阻低至 $29~\Omega/sq$，2DEG 迁移率高达 $1.1 \times 10^4~cm^2/(V \cdot s)$。

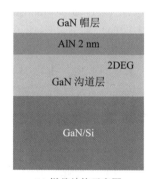

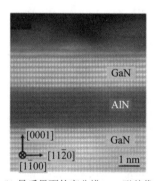

(a) 样品结构示意图　　　(b) 异质界面的高分辨 TEM 形貌像

图 3.50　AlN/GaN 异质结构的样品结构示意图和异质界面的高分辨 TEM 形貌像[181]

参 考 文 献

[1]　杨树人，丁墨元. 外延生长技术[M]. 北京：国防工业出版社，1992.

[2]　姚连增. 晶体生长基础[M]. 合肥：中国科技大学出版社，1995.

[3]　陈志涛. GaN 基稀磁半导体材料和 GaN 薄膜材料缺陷结构分析[D]. 北京：北京大学，2006.

［4］ 陆大成，段树坤. 金属有机化合物气相外延基础及应用［M］. 北京：科学出版社，2009.

［5］ MANASEVLT H M, SIMPSON W I. The Use of Metal‐Organics in the Preparation of Semiconductor Materials：Ⅰ. Epitaxial Gallium‐Ⅴ Compounds［J］. Journal of the electrochemical society, 1969, 116：1725－1731.

［6］ KROST A, DADGAR A, SCHULZE F, et al. In situ monitoring of the stress evolution in growing group‐Ⅲ‐nitride layers［J］. Journal of crystal growth, 2005, 275 (1)：209－216.

［7］ TANG L, ZUO R, ZHANG H, et al. Quantum chemical study on gas-phase oligomerization in AlGaN MOCVD growth［J］. Computational and theoretical chemistry, 2019, 15：112573－112581.

［8］ SAXLER A, WALKER D, KUNG P, et al. Comparison of trimethylgallium and triethylgallium for the growth of GaN［J］. Applied physics letters, 1997, 71(22)：3272－3274.

［9］ 童玉珍. GaN 及其三元化合物的 MOCVD 生长和性质及蓝光 LED 的研究［D］. 北京：北京大学, 2006.

［10］ YU Z, JOHNSON M A L, BROWN J D, et al. Epitaxial lateral overgrowth of GaN on SiC and sapphire substrates［J］. Materials research society symposium‐proceedings, 1998, 537(S1)：447－452.

［11］ MOSCATELLI D, CACCIOPPOLI P, CAVALLOTTI C. Ab initio study of the gas phase nucleation mechanism of GaN［J］. Applied physics letters, 2005, 86(9)：091106－091113.

［12］ SUN J, REDWING J M, KUECH T F. Transport and reaction behaviors of precursors duringmetal organic vapor phase epitaxy of gallium nitride［J］. Physics status solidi A, 1999, 176(1)：693－698.

［13］ DOVIDENKO K, OKTYABRSKY S, NARAYAN J, et al. Aluminum nitride films on different orientations of sapphire and silicon［J］. Journal of applied physics, 1996, 79：2439－2445.

［14］ SANO M, AOKI M. Epitaxial Growth of Undoped and Mg-Doped GaN［J］. Japanese Journal of applied physics, 1976, 15(10)：1943－1950.

［15］ AMANO H, SAWAKI N, AKASAKI I, et al. Metalorganic vapor phase epitaxial growth of a high quality GaN film using an AlN buffer layer［J］. Applied physics letters, 1986, 48：353－355.

［16］ NAKAMURA S. GaN growth using GaN buffer layer［J］. Japanese journal of applied physics, 1991, 30：L1705－L1707.

[17] FIGGE S, BOKTTCHER T, EINFELDT S, et al. In situ and ex situ evaluation of the film coalescence for GaN growth on GaN nucleation layers[J]. Journal of crystal growth, 2000, 221: 262 – 266.

[18] GÜNTHER K G. Aufdampfschidhten aus halbleitenden Ⅲ-Ⅴ-Verbindungen[J]. Zeitschrift für naturforschung A, 1958, 13(12): 1081 – 1088.

[19] CHO A Y, ARTHUR J R. Molecular beam epitaxy[J]. Progress in solid state chemistry, 1975, 10: 157 – 191.

[20] GEORGAKILAS A, NG H M, KOMNINOU P. Nitride Semiconductors: Handbook on Materials and Devices[M]. USA: CRC Press, 2003.

[21] MAKSYM P, BEEBY J L. A theory of RHEED[J]. Surface science, 1981, 110: 423 – 438.

[22] https: //www. slideshare. net/skaterK/molecular-beam-epitaxy-68062440.

[23] BAN V S. Mass Spectrometric Studies of Vapor - Phase Crystal Growth: Ⅱ. GaN [J]. Journal of the electrochemical society, 1972, 119(6): 761 – 765.

[24] CADORET R. Growth mechanisms of (001) GaN substrates in the hydride vapour-phase method: surface diffusion, spiral growth, H_2 and $GaCl_3$ mechanisms[J]. Journal of crystal growth, 1999, 205(1 – 2): 123 – 135.

[25] KOUKITU A, HAMA S, TAKI T, et al. Thermodynamic analysis of hydride vapor phase epitaxy of GaN[J]. Japanese journal of applied physics part 1, 1998, 37(3a): 762 – 765.

[26] AUJOL E, NAPIERALA J, TRASSOUDAINE A, et al. Thermodynamical and kinetic study of the GaN growth by HVPE under nitrogen[J]. Journal of crystal growth, 2001, 222(3): 538 – 548.

[27] SEGAL A S, KONDRATYEV A V, YU S, et al. Surface chemistry and transport effects in GaN hydride vapor phase epitaxy[J]. Journal of crystal growth, 2004, 270: 384 – 395.

[28] HEMMINGSSON C, PASKOV P P, POZINA G, et al. Growth of bulk GaN in a vertical hydride vapour phase epitaxy reactor[J]. Superlattices and microstructures, 2006, 40: 205 – 213.

[29] MOLNAR R J, GÖTZ W, ROMANO L T, et al. Growth of gallium nitride by hydride vapor-phase epitaxy[J]. Journal of crystal growth, 1997, 178(1 – 2): 147 – 156.

[30] WICKENDEN D K, FAULKNER K R, BRANDER R W, et al. Growth of Epitaxial Layers of Gallium Nitride on Silicon Carbide and Corundum Substrates[J]. Journal of crystal growth, 1971, 9(1): 158 – 164.

［31］ MARUSKA H P，TIETJEN J J. the Preparation and Properties of Vapor-Deposited Single-Crystal-line GaN［J］. Applied physics letters，1969，15(10)：327－329.

［32］ ILEGEMS M. Vapor Epitaxy of Gallium Nitride［J］. Journal of crystal growth，1971，13：360－364.

［33］ SHINTANI A，MINAGAWA S. Kinetics of the epitaxial growth of GaN using Ga，HCl and NH_3［J］. Journal of crystal growth，1974，22：1－5.

［34］ MADAR R，MICHEL D，JACOB G，et al. Growth anisotropy in the GaN/Al_2O_3 system［J］. Journal of crystal growth，1977，40(2)：239－252.

［35］ SEIFERT W，FRANZHELD R，BUTTER E，et al. On the Origin of Free-Carriers in High-Conducting Normal-GaN［J］. Crystal research and technology，1983，18(3)：383－390.

［36］ KIM S T，LEE Y J，MOON D C，et al. Preparation and properties of free-standing HVPE grown GaN substrates［J］. Journal of crystal growth，1988，194(1)：37－42.

［37］ MELNIK Y，NIKOLAEV A，NIKITINA I，et al. Properties of free-standing GaN bulk crystals grown by HVPE［J］. Nitride semiconductors，1998，482：269－274.

［38］ TAVERNIER P R，ETZKORN E V，WANG Y，et al. Two-step growth of high-quality GaN by hydride vapor-phase epitaxy［J］. Applied physics letters，2000，77(12)：1804－1806.

［39］ KELLY M K，VAUDO R P，PHANSE V M，et al. Large free-standing GaN substrates by hydride vapor phase epitaxy and laser-induced liftoff［J］. Japanese journal of applied physics，1999，38(3a)：L217－L219.

［40］ STACH E A，KELSCH M，NELSON E C，et al. Structural and chemical characterization of free-standing GaN films separated from sapphire substrates by laser lift-off［J］. Applied physics letters，2000，77(12)：1819－1821.

［41］ GOGOVA D，KASIC A，LARSSON H，et al. Strain-free bulk-like GaN grown by hydride-vapor-phase-epitaxy on two-step epitaxial lateral overgrown GaN template［J］. Journal of applied physics，2004，96(1)：799－806.

［42］ KASIC A，GOGOVA D，LARSSON H，et al. Highly homogeneous bulk-like 2″ GaN grown by HVPE on MOCVD-GaN template［J］. Journal of crystal growth，2005，275(1－2)：E387－E393.

［43］ GOGOVA D，TALIK E，IVANOV I G，et al. Large-area free-standing GaN substrate grown by hydride vapor phase epitaxy on epitaxial lateral overgrown GaN template［J］. Physica B，2006，371(1)：133－139.

［44］ YOSHIDA T，OSHIMA Y，ERI T，et al. Fabrication of 3-in GaN substrates by hydride vapor phase epitaxy using void-assisted separation method［J］. Journal of crystal growth, 2008, 310(1): 5 - 7.

[45] HANSER D, LIU L, PREBLE E A, et al. Fabrication and characterization of native non-polar GaN substrates[J]. Journal of crystal growth, 2008, 310(17): 3953 - 3956.

[46] FUJITO K, KUBO S, NAGAOKA H, et al. Bulk GaN crystals grown by HVPE[J]. Journal of crystal growth, 2009, 311(10): 3011 - 3014.

[47] SATO T, OKANO S, GOTO T, et al. Nearly 4-Inch-Diameter Free-Standing GaN Wafer Fabricated by Hydride Vapor Phase Epitaxy with Pit-Inducing Buffer Layer[J]. Japanese journal of applied physics, 2013, 52(8): 08JA08 - 08JA08 - 03.

[48] http://www.sei.co.jp/news/press/12/prs008_s.html.

[49] FUJIKURA H, YOSHIDA T, SHIBATA M, et al. Recent Progress of High-Quality GaN Substrates by HVPE Method[J]. Gallium nitride materials and devices XII, 2017: 1010403 - 1010403 - 8.

[50] LUO W, WU J J, GOLDSMITH J, et al. The growth of high-quality and self-separation GaN thick-films by hydride vapor phase epitaxy[J]. Journal of crystal growth, 2012, 340: 18 - 22.

[51] LI X B, WU J J, LIU N L, et al. Self-separation of two-inch-diameter freestanding GaN by hydride vapor phase epitaxy and heat treatment of sapphire[J]. Materials letters, 2014, 132: 94 - 97.

[52] LI M D, CHENG Y T, YU T J, et al. Critical thickness of GaN film in controllable stress-induced self-separation for preparing native GaN substrates[J]. Materials and design, 2019, 180: 107985 - 107990.

[53] HARAFUJI K, TSUCHIYA T, KAWAMURA K. Molecular dynamics simulation for evaluating melting point of wurtzite-type GaN crystal[J]. Journal of applied physics, 2004, 96: 2501 - 2512.

[54] KOLESKE D D, WICKENDEN A E, HENRY R L, et al. GaN decomposition in H_2 and N_2 at MOVPE temperatures and pressures[J]. Journal of crystal growth, 2001, 223: 466 - 483.

[55] WEEKS T W, BREMSER M D, AILEY K S, et al. GaN thin films deposited via organometallic vapor phase epitaxy on alpha(6H) - SiC(0001) using high-temperature monocrystalline AlN buffer layers[J]. Applied physics letters, 1995, 67: 401 - 403.

[56] PONCE F A, KRUSOR B S, MAJOR J S, et al. Microstructure of GaN Epitaxy on SiC Using AlN Buffer Layers [J]. Applied physics letters, 1995, 67(3): 410 - 412.

[57] AKASAKI I. Nobel Lecture: Fascinated journeys into blue light[J]. Reviews of modern physics, 2015, 87: 1119 - 1131.

[58] AMANO H. Nobel Lecture: Growth of GaN on sapphire via low-temperature deposited buffer layer and realization of p-type GaN by Mg doping followed by low-energy electron beam irradiation[J]. Reviews of modern physics, 2015, 87: 1133 – 1138.

[59] NAKAMURA S. Nobel Lecture: Background story of the invention of efficient blue InGaN light emitting diodes[J]. Reviews of modern physics, 2015, 87: 1139 – 1151.

[60] ZHU D, WALLIS D J, HUMPHREYS C J. Prospects of Ⅲ-nitride optoelectronics grown on Si[J]. Reports on progress in physics, 2013, 76: 106501 – 106530.

[61] DADGAR A. Sixteen years GaN on Si[J]. Physica status solidi B, 2015, 252: 1063 – 1068.

[62] SEMOND F. Epitaxial challenges of GaN on silicon[J]. MRS bulletin, 2015, 40: 412 – 417.

[63] DADGAR A. Metalorganic chemical vapor phase epitaxy of gallium-nitride on silicon [J]. Physica status solidi C, 2003, 6: 1583 – 1606.

[64] KHAN M A, HOVE J M V, KUZNIA J N, et al. High electron mobility GaN/Al$_x$ Ga$_{1-x}$N heterostructures grown by lowpressure metalorganic chemical vapor deposition [J]. Applied physics letters, 1991, 58: 2408 – 2410.

[65] KHAN M, BHATTARAI A, KUZNIA J, et al. High electron mobility transistor based on a GaN - Al$_x$Ga$_{1-x}$N heterojunction[J]. Applied physics letters, 1993, 63: 1214 – 1215.

[66] IIEGEMS M, MONTGOMERY H C. Electrical properties of n-type vapor-grown gallium nitride[J]. Journal of physics and chemistry of solids, 1973, 34: 885 – 895.

[67] FORTE-POISSON M A, HUET F, ROMANN A, et al. Relationship between physical properties and gas purification in GaN grown by metalorganic vapor phase epitaxy[J]. Journal of crystal growth, 1998, 195: 314 – 318.

[68] PEARTON S J, VARTULI C B, ZOLPER J C, et al. Ion implantation doping and isolation of GaN[J]. Applied physics letters, 1995, 67: 1435 – 1437.

[69] HEIKMAN S, KELLER S, DENBARRS S P, et al. Growth of Fe doped semi-insulating GaN by metalorganic chemical vapor deposition[J]. Applied physics letters, 2002, 81: 439 – 441.

[70] POLYAKOV A Y, SMIRNOV N B, GOVORKOV A V, et al. Properties of Fe-doped semi-insulating GaN structures[J]. Journal of vacuum science & technology B, 2004, 22: 120 – 125.

[71] WICKENDEN A E, KOLESKE D D, HENRY R L, et al. Resistivity control in unintentionally doped GaN films grown by MOCVD[J]. Journal of crystal growth,

2004，260：54 - 62.

[72] BOUGRIOUA Z，MOERMAN I，SHARMA N，et al. Material optimisation for AlGaN/GaN HFET applications[J]. Journal of crystal growth，2001，230：573 - 578.

[73] LOOK D C，REYNOLDS D C，JONES R L，et al. Electrical and optical properties of semi-insulating GaN[J]. Materials science & engineering B，1997，44：423 - 426.

[74] AGGERSTAM T，LOURDUDOSS S，RADAMSON H H，et al. Investigation of the interface properties of MOVPE grown AlGaN/GaN high electron mobility transistor (HEMT) structures on sapphire[J]. Thin solid films，2006，515：705 - 707.

[75] WEBB J B，TANG H，ROLFE S，et al. Semi-insulating C-doped GaN and high-mobility AlGaN/GaN heterostructures grown by ammonia molecular beam epitaxy[J]. Applied physics letters，1999，75：953 - 955.

[76] XU F J，XU J，SHEN B，et al. Realization of high-resistance GaN by controlling the annealing pressure of the nucleation layer in metal-organic chemical vapor deposition [J]. Thin solid films，2008，517：588 - 591.

[77] XU Z Y，XU F J，WANG J M，et al. High-resistance GaN epilayers with low dislocation density via growth mode modification[J]. Journal of crystal growth，2016，450：160 - 163.

[78] KELLER S，WU Y F，PARISH G，et al. Gallium nitride based high power heterojunction field effect transistors: process development and present status at UCSB[J]. IEEE transactions on electron devices，2001，48(3)：552 - 559.

[79] HE L，LI L，ZHENG Y，et al. The influence of Al composition in AlGaN back barrier layer on leakage current and dynamic R_{ON} characteristics of AlGaN/GaN HEMTs: Influence of Al composition on characteristics of AlGaN/GaN HEMTs[J]. Physica status solidi A. 2017，214：1600824 - 1600824 - 6.

[80] BOUGRIOUA Z，AZIZE M，LORENZINI P，et al. Some benefits of Fe doped less dislocated GaN templates for AlGaN/GaN HEMTs grown by MOVPE[J]. Physica status solidi A，2005，202：536 - 544.

[81] HSU L，WALUKIEWICZ W. Effect of polarization fields on transport properties in AlGaN/GaN heterostructures[J]. Journal of applied physics，2001，89：1783 - 1789.

[82] KELLER S，PARISH G，FINI P T，et al. Metalorganic chemical vapor deposition of high mobility AlGaN/GaN heterostructures[J]. Journal of applied physics，1999，86：5850 - 5857.

[83] MIYOSHI M，EGAWA T，ISHIKAWA H. Study on mobility enhancement in MOVPE-grown AlGaN/AlN/GaN HEMT structures using a thin AlN interfacial layer

[J]. Solid-state electronics，2006，50：1515 - 1521.

[84]　SHEN L，HEIKMAN S，MORAN B，et al. AlGaN/AlN/GaN high-power microwave HEMT[J]. IEEE electron device letters，2001，22：457 - 459.

[85]　SMORCHKOVA I P，CHEN L，MATES T，et al. AlN/GaN and (Al, Ga)N/AlN/GaN two-dimensional electron gas structures grown by plasma-assisted molecular-beam epitaxy[J]. Journal of applied physics，2001，90：5196 - 5201.

[86]　SONG J，XU F J，MIAO Z L，et al. Influence of ultrathin AlN interlayer on the microstructure and the electrical transport properties of $Al_xGa_{1-x}N/GaNAl_xGa_{1-x}N/GaN$ heterostructures[J]. Journal of applied physics，2009，106：083711 - 083715.

[87]　LEVINSHTEIN M E，RUMYANTSEV S L，SHUR M S. Properties of Advanced Semiconductor Materials：GaN，AlN，InN，BN，SiC，SiGe[M]. USA：Wiley，2001.

[88]　PONCE F A，KRUSOR B S，MAJOR J S，et al. Microstructure of GaN Epitaxy on SiC Using AlN Buffer Layers[J]. Applied physics letters，1995，67(3)：410 - 412.

[89]　KOLESKE D D，HENRY R L，TWIGG M E，et al. Influence of AlN Nucleation Layer Temperature on GaN Electronic Propertiesgrown on SiC[J]. Applied physics letters，2002，80(23)：4372 - 4374.

[90]　WALTEREIT P，BRANDT O，TRAMPERT A，et al. Influence of AlN Nucleation Layers on Growth Mode and Strain Relief of GaN Grown on 6H-SiC(0001)[J]. Applied physics letters，1999，74(24)：3660 - 3362.

[91]　TANAKA S，IWAI S，AOYAGI Y，et al. Reduction of the Defect Density InGaN Films Using Ultra-Thin AlN Buffer Layers on 6H-SiC[J]. Journal of crystal growth，1997，170(1 - 4)：329 - 334.

[92]　KECKES J，KOBLMUELLER G，AVERBECK R. Temperature dependence of stresses in GaN/AlN/6H - SiC(0 0 0 1) structures：correlation between AlN buffer thickness and intrinsic stresses in GaN[J]. Journal of crystal growth，2002，246：73 - 77.

[93]　房玉龙. Ⅲ族氮化物极化掺杂场效应晶体管基础研究[D]. 北京：北京科技大学，2016.

[94]　AMANO H，IWAYA M，KASHIMA T，et al. Stress and Defect Control in GaN Using Low Temperature Interlayers[J]. Japanese journal of applied physics，1998，37：L1540 - L1542.

[95]　HEINKE H，KIRCHNER V，EINFELDT S，et al. X-ray diffraction analysis of the defect structure in epitaxial GaN[J]. Applied physics letters，2000，77(14)：2145 - 2147.

[96]　HUBBARD S M，ZHAO G，PAVLIDIS D，et al. Optimization of GaN channel

conductivity in AlGaN/GaN HFET structures grown by MOVPE［J］. Materials research society symposium proceedings，2005，831：641 – 646.

［97］ CHO D H，SHIMIZU M，IDE T，et al. AlN/AlGaN/GaN metal insulator semiconductor heterostructure field effect transistor［J］. Japanese journal of applied physics part 1：regular papers short notes & review papers，2002，41(7A)：4481 – 4483.

［98］ NAM O H，BREMSER M D，et al. Lateral epitaxy of low defect density GaN layers via organometallic vapor phase epitaxy［J］. Applied physics letters，1997，71(18)：2638 – 2640.

［99］ KUBALL M. Raman spectroscopy of GaN，AlGaN and AlN for process and growth monitoring/control［J］. Surface and interface analysis，2001，31(10)：987 – 999.

［100］ SARUA A，POMEROY J，KUBALL M，et al. Raman-IR micro-thermography tool for reliability and failure analysis of electronic devices［C］. 15th International Symposium on the Physical and Failure Analysis of Integrated Circuits. IEEE，2008：1 – 5.

［101］ ISHIDA M，UEDA T，TANAKA T，et al. GaN on Si Technologies for Power Switching Devices［J］. IEEE transactions on electron devices，2013，60：3053 – 3059.

［102］ ZHANG N Q. High voltage GaN HEMTs with low on-resistance for switching applications［D］. USA：University of California，Santa Barbara，2002.

［103］ BAHAT-TREIDEL E. GaN-Based HEMTs for High Voltage Operation Design，Technology and Characterization［D］. Germay：Ferdinand-Braun-Institut fur Hochstfrequenztechnik，2012.

［104］ MISHRA U K，PARIKH P，WU Y F. AlGaN/GaN HEMTs：an Overview of Device Operation and Applications［J］. Proceedings of the IEEE，2002，90：1022 – 1031.

［105］ PENGELLY R S，WOOD S M，MILLIGAN J W，et al. A Review of GaN on SiC High Electron-Mobility Power Transistors and MMICs［J］. IEEE transactions on microwave theory and techniques，2012，60：1764 – 1783.

［106］ MISHRA U K，SHEN L，KAZIOR T E，et al. GaN-Based RF Power Devices and Amplifiers［J］. Proceedings of the IEEE，2008，96：287 – 305.

［107］ CHOWDHURY S，SWENSON B L，WONG M H，et al. Current status and scope of gallium nitride-based vertical transistors for high-power electronics application［J］. Semicondutor science and technology，2013，28：074014 – 074021.

［108］ LEVINSHTEIN M E，RUMYANTSEV S L，SHUR M S. 先进半导体材料性能与

数据手册[M]. 杨树人，殷景志，译. 北京：化学工业出版社，2003.

[109]　KAZIOR T E, LAROCHE J R, HOKE W E. More than moore：GaN HEMTs and Si CMOS get it together[C]. IEEE compound semiconductor integrated circuit symposium. IEEE，2013.

[110]　STRITTMATTER A, KROST A, BLAÈSING J, et al. High Quality GaN Layers Grown by Metalorganic Chemical Vapor Deposition on Si(111) Substrates[J]. Physica status solidi A, 1999, 176：611 – 614.

[111]　DADGAR A, BLASING J, DIEZ A, et al. Metalorganic Chemical Vapor Phase Epitaxy of Crack-Free GaN on Si(111) Exceeding 1μm in Thickness[J]. Japanese journal of applied physics, 2000, 39：L1183 – L1185.

[112]　FELTIN E, BEAUMONT B, LAÜGT M, et al. Stress control in GaN grown on silicon (111) by metalorganic vapor phase epitaxy[J]. Applied physics letters, 2001, 79：3230 – 3232.

[113]　CHENG L, LEYS M, DEGROOTE S, et al. Flat GaN Epitaxial Layers Grown on Si(111) by Metalorganic Vapor Phase Epitaxy Using Step-Graded AlGaN Intermediate Layers[J]. Journal of electronic materials, 2006, 35：592 – 598.

[114]　CHENG K, LEYSA M, DERLUYN J, et al. AlGaN/GaN HEMT grown on large size silicon substrates by MOVPE capped with in-situ deposited Si_3N_4[J]. Journal of crystal growth, 2007, 298：822 – 825.

[115]　UBUKATAA A, IKENAGAA K, AKUTSUA N, et al. GaN growth on 150-mm-diameter (1 1 1) Si substrates[J]. Journal of crystal growth, 2007, 298：198 – 201.

[116]　TRIPATHY S, LIN V K X, DOLMANAN S B, et al. AlGaN/GaN two-dimensional-electron gas heterostructures on 200 mm diameter Si(111)[J]. Applied physics letters, 2012, 101：082110 – 082110 – 5.

[117]　CHENG K, LIANG H, HOVE M V, et al., AlGaN/GaN/AlGaN Double Heterostructures Grown on 200mm Silicon (111) Substrates with High Electron Mobility[J]. Applied physics express, 2012, 5：011002 – 011002 – 3.

[118]　BAINES Y, ENERGY A, COM A E, et al. The 2018 GaN power electronics roadmap[J]. Journal of physics D：applied physics, 2018, 51(16)：163001 – 163048.

[119]　MO C L, FANG W Q, PU Y, et al. Growth and characterization of InGaN blue LED structure on Si(1 1 1) by MOCVD[J]. Journal of crystal growth, 2005, 285：312 – 317.

[120]　郝跃，张金风，张进成. 氮化物宽禁带半导体材料与电子器件[M]. 北京：科学出版社，2013.

[121]　DADGAR A, POSCHENRIEDER M, BLASING J, et al. MOVPE growth of GaN

on Si(1 1 1) substrates[J]. Journal of crystal growth, 2003, 248: 556 – 562.

[122]　ISHIKAWA H, YAMAMOTO K, EGAWA T, et al. Thermal stability of GaN on (1 1 1) Si substrate[J]. Journal of crystal growth, 1998, 189/190: 178 – 182.

[123]　HONDA Y, KUROIWA Y, YAMAGUCHI M, et al. Growth of GaN free from cracks on (111) Si substrate by selective metalorganic vapor-phase epitaxy[J]. Applied physics letters, 2002, 80: 222 – 224.

[124]　ZAMIR S, MEYLER B, SALZMAN J. Thermal microcrack distribution control in GaN layers on Si substrates by lateral confined epitaxy[J]. Applied physics letters, 2001, 78: 288 – 290.

[125]　ZAMIR S, MEYLER B, SALZMAN J. Lateral confined epitaxy of GaN layers on Si substrates[J]. Journal of crystal growth, 2001, 230: 341 – 345.

[126]　CHRISTY D, EGAWA T, YANO Y, TOKUNAGA H, et al. Uniform Growth of AlGaN/GaN High Electron Mobility Transistors on 200 mm Silicon (111) Substrate [J]. Applied physics express, 2013, 6: 026501 – 026501 – 4.

[127]　SCHENK H P D, FRAYSSINET E, BAVARD A, ET AL. Growth of thick, continuous GaN layers on 4-in. Si substrates by metalorganic chemical vapor deposition[J]. Journal of crystal growth, 2011, 314: 85 – 91.

[128]　ROWENA I B, SELVARAJ S L, EGAWA T. Buffer Thickness Contribution to Suppress Vertical Leakage Current with High Breakdown Field (2. 3 MV/cm) for GaN on Si[J]. IEEE electron device letters, 2011, 32: 1534 – 1536.

[129]　SELVARAJ S L, WATANABE A, WAKEJIMA A, et al. 1.4 kV Breakdown Voltage for AlGaN/GaN High-Electron-Mobility Transistors on Silicon Substrate [J]. IEEE electron device letters, 2012, 33: 1375 – 1377.

[130]　NI Y, HE Z, ZHOU D, et al. The influences of AlN/GaN superlattices buffer on the characteristics of AlGaN/GaN-on-Si (111) template [J]. Superlattices and microstructures, 2015, 83: 811 – 818.

[131]　IWAYA M, TERAO S, HAYASHI N, et al. Realization of crack-free and high-quality thick $Al_xGa_{1-x}N$ for UV optoelectronics using low-temperature interlayer[J]. Applied surface science, 2000, 159: 405 – 413.

[132]　YAMAGUCHI S, KOSAKI M, WATANABE Y, et al. Metalorganic vapor phase epitaxy growth of crack-free AlN on GaN and its application to high-mobility AlN/GaN superlattices[J]. Applied physics letters, 2001, 79: 3062 – 3064.

[133]　BLÄSING J, REIHER A, DADGAR A, et al. The origin of stress reduction by low-temperature AlN interlayers[J]. Applied physics letters, 2002, 81: 2722 – 2724.

[134]　FRITZE S, DRECHSEL P, STAUSS P, et al. Role of low-temperature AlGaN

interlayers in thick GaN on silicon by metalorganic vapor phase epitaxy[J]. Journal of applied physics, 2012, 111: 124505-124510.

[135] RAGHAVAN S, REDWING J M. Growth stresses and cracking in GaN films on (111) Si grown by metal-organic chemical-vapor deposition. Ⅰ. AlN buffer layers [J]. Journal of applied physics, 2005, 98: 023514 – 023514 – 9.

[136] RAGHAVAN S, REDWING J. Growth stresses and cracking in GaN films on (111) Si grown by metalorganic chemical vapor deposition. Ⅱ. Graded AlGaN buffer layers [J]. Journal of applied physics, 2005, 98: 023515 – 023515 – 8.

[137] RAGHAVAN S, WENG X J, DICKEY E, et al. Correlation of growth stress and structural evolution during metalorganic chemical vapor deposition of GaN on (111) Si[J]. Applied physics letters, 2006, 88: 041904 – 041906.

[138] CHENG K, LEYS M, DEGROOTE S, et al. High quality GaN grown on silicon (111) using a SixNy interlayer by metalorganic vapor phase epitaxy[J]. Applied physics letters, 2008, 92: 192111 – 192111 – 3.

[139] SELVARAJ S L, SUZUE T, EGAWA T. Breakdown Enhancement of AlGaN/GaN HEMTs on 4-in Silicon by Improving the GaN Quality on Thick Buffer Layers[J]. IEEE electron device letters, 2009, 30(6): 587 – 589.

[140] DADGAR A, HEMPEL T, BLÄSING J, et al. Improving GaN-on-silicon properties for GaN device epitaxy[J]. Physica status solidi C, 2011, 8(5): 1503 – 1508.

[141] KIM J Y, KIM M H, SONE C, et al. Highly efficient InGaN/GaN blue LEDs on large diameter Si (111) substrate comparable to those on sapphire[J]. Proceedings of SPIE: the international society for optical engneering, 2011: 81230A – 81230A – 6.

[142] HIKOSAKA T, YOSHIDA H, SUGIYAMA N, et al. Reduction of threading dislocation by recoating GaN island surface with SiN for high-efficiency GaN-on-Si-based LED[J]. Physica status solidi C, 2014, 11: 617 – 620.

[143] SUN Y, ZHOU K, SUN Q, et al. Room-temperature continuous-wave electrically injected InGaN-based laser directly grown on Si[J]. Nature photonics, 2016, 10: 595 – 599.

[144] CHEN J T, FORSBERG U, JANZÉN E. Impact of residual carbon on two-dimensional electron gas properties in $Al_x Ga_{1-x} N/GaN$ heterostructure[J]. Applied physics letters, 2013, 102: 193506 – 193510.

[145] JOH J, DEL ALAMO J A. Critical Voltage for Electrical Degradation of GaN High-Electron Mobility Transistors[J]. IEEE electron device letters, 2008, 29: 287 – 289.

[146] CHOU Y C, LEUNG D, SMORCHKOVA I, et al. Degradation of AlGaN/GaN HEMTs under elevated temperature lifetesting [J]. Microelectronics reliability,

2004，44：1033 – 1038.

[147]　DEL ALAMO J A, JOH J. GaN HEMT reliability[J]. Microelectronics reliability，2009，49：1200 – 1206.

[148]　SAITO W, KURAGUCHI M, TAKADA Y, et al. Influence of surface defect charge at AlGaN-GaN-HEMT upon Schottky gate leakage current and breakdown voltage[J]. IEEE transactions on electron devices，2005，52(2)：159 – 164.

[149]　VERTIATCHIKH A V, EASTMAN L F. Effect of the surface and barrier defects on the AlGaN/GaN HEMT low-frequency noise performance[J]. IEEE electron device letters，2003，24(9)：535 – 537.

[150]　ZHOU C, JIANG Q, HUANG S, et al. Vertical Leakage/Breakdown Mechanisms in AlGaN/GaN-on-Si Devices[J]. IEEE electron device letters，2012，33(8)：1132 – 1134.

[151]　ZHANG C, WANG M J, XIE B, et al. Temperature Dependence of the Surface- and Buffer-Induced Current Collapse in GaN High-Electron Mobility Transistors on Si Substrate[J]. IEEE transactions on electron devices，2015，62：2475 – 2480.

[152]　FOLLSTAEDT D M, LEE S R, ALLERMAN A A, et al. Strain relaxation in AlGaN multilayer structures by inclined dislocations[J]. Journal of applied physics，2009，105(8)：083507 – 083519.

[153]　MORAM M A, OLIVER R A, KAPPERS M J, et al. The Spatial Distribution of Threading Dislocations in Gallium Nitride Films[J]. Advanced materials，2009，21：3941 – 3944.

[154]　ROMANOV A E, SPECK J S. Stress relaxation in mismatched layers due to threading dislocation inclination[J]. Applied physics letters，2003，83：2569 – 2571.

[155]　CHENG J P, YANG X L, SANG L, et al. High mobility AlGaN/GaN heterostructures grown on Si substrates using a large lattice-mismatch induced stress control technology[J]. Applied ahysics letters，2015，106：142106 – 142106 – 4.

[156]　TRIPATHY S, CHUA S J, CHEN P, et al. Micro-Raman investigation of strain in GaN and $Al_x Ga_{1-x}N$/GaN heterostructures grown on Si(111) [J]. Journal of applied physics，2002，92：3503 – 3510.

[157]　ANGERER H, BRUNNER D, FREUDENBERG F, et al. Determination of the Al mole fraction and the band gap bowing of epitaxial $Al_x Ga_{1-x}N$ films[J]. Applied physics letters，1997，71：1504 – 1506.

[158]　IDEA T, SHIMIZUB M, SHEN X Q, et al. Improvement of film quality using Si-doping in AlGaN/GaN heterostructure grown by plasma-assisted molecular beam epitaxy[J]. Journal of crystal growth，2002，245(1)：15 – 20.

[159] CHENG J P, YANG X L, ZHANG J, et al. Edge Dislocations Triggered Surface Instability in Tensile Epitaxial Hexagonal Nitride Semiconductor[J]. ACS applied materials & interfaces, 2016, 8: 34108 – 34114.

[160] RAGHAVAN S. Kinetic approach to dislocation bending in low-mobility films[J]. Physical review B, condensed matter, 2011, 83(5): 407 – 414.

[161] ZHANG J, YANG X L, SHEN J F, SHEN B, et al. Vacancy assistant dislocation engineering for continuous 10.2 μm-thick GaN films on Si substrates[C]. The 9th Asia-Pacific Workshop on Widegap Semiconductors, Japan, 2019.

[162] SAARINEN K, LAINE T, KUISMA S, et al. Observation of native Ga vacancies in GaN by positron annihilation[J]. Physics review letters, 1997, 79: 3030 – 3033.

[163] 武帅，屈浩，涂昊，等. 太赫兹技术应用进展[J]. 电子技术应用, 2019, 45(7): 3 – 7, 18.

[164] 张栋文，袁建民. 太赫兹技术概述[J]. 国防科技, 2015, 36(2): 12 – 16.

[165] TANG Y, SHINOHARA K, REGAN D, et al. Ultrahigh-Speed GaN High-Electron-Mobility Transistors with f_T/f_{max} of 454/444 GHz[J]. IEEE electron device letters, 2015, 36(6): 549 – 551.

[166] SHINOHARA K, REGAN D C, TANG Y, et al. Scaling of GaN HEMTs and Schottky Diodes for Submillimeter-Wave MMIC Applications[J]. IEEE transactions on electron devices, 2013, 60: 2982 – 2996.

[167] JESSEN G H, FITCH R C, GILLESPIE J K, et al. Short-Channel Effect Limitations on High-Frequency Operation of AlGaN/GaN HEMTs for T-Gate Devices[J]. IEEE transactions on electron devices, 2007, 54(10): 2589 – 2597.

[168] YUE Y, HU Z, GUO J, et al. InAlN/AlN/GaN HEMTs with Regrown Ohmic Contacts and f_T of 370 GHz[J]. IEEE electron device letters, 2012, 33: 988 – 990.

[169] KUZMÍK J. Power Electronics on InAlN/(In)GaN: Prospect for a Record Performance[J]. IEEE transactions on electron devices, 2001, 22(11): 510 – 512.

[170] ARULKUMARAN S, RANJAN K, NG G I, et al. High-Frequency Microwave Noise Characteristics of InAlN/GaN High-Electron Mobility Transistors on Si (111) Substrate[J]. IEEE electron device letters, 2014, 35: 992 – 994.

[171] ZHANG J, YANG X L, CHENG J P, et al. Enhanced transport properties in InAlGaN/AlN/GaN heterostructures on Si (111) substrates: The role of interface quality[J]. Applied physics letters, 2017, 110: 172101 – 172101 – 4.

[172] SONG J, XU F J, YAN X D, et al. High conductive gate leakage current channels induced by In segregation around screw-and mixed-type threading dislocations in lattice-matched In$_x$Al$_{1-x}$N/GaN heterostructures[J]. Applied physics letters, 2010,

97(23)：232106 – 232108.

[173] Higashiwaki M，Mimura T，Matsui T. Enhancement-Mode AlN/GaN HFETs Using Cat-CVD SiN[J]. IEEE transactions electron devices，2007，54：1566 – 1570.

[174] MEDJDOUB F，ZEGAOUI M，DUCATTEAU D，et al. High-performance low-leakage-current AlN/GaN HEMTs grown on silicon substrate[J]. IEEE electron device letters，2011，32：874 – 876.

[175] BERNARDINI F，FIORENTINI V，VANDERBILT D. Spontaneous polarization and piezoelectric constants of Ⅲ-Ⅴ nitrides[J]. Physics review B，1997，56：R10024 – R10027.

[176] MAJEWSKI J，VOGL P. Polarization and band offsets of stacking faults in AlN and GaN[J]. MRS internet journal of nitride semiconductor research，1998，3(21)：64 – 68.

[177] YANG L，WANG J，WANG T，et al. Planar anisotropic Shubnikov-de-Haas oscillations of two-dimensional electron gas in AlN/GaN heterostructure[J]. Applied physics letters，2019，115：152107 – 152111.

[178] LIU L，SENSALE-RODRIGUEZ B，ZHANG Z，et al. 21st International Synposiun on Space Terahertz Technology[M]. USA：Oxford，2010.

[179] SMORCHKOVA I P，KELLER S，HEIKMAN S，et al. Two-dimensional electron-gas AlN/GaN heterostructures with extremely thin AlN barriers[J]. Applied physics letters，2000，77：3998 – 4000.

[180] DABIRAN M，WOWCHAK A M，OSINSKY A，et al. Very high channel conductivity in low-defect AlN/GaN high electron mobility transistor structures[J]. Applied physics letters，2008，93：082111 – 082113.

[181] YANG L，WANG X，WANG T，et al. Three subband occupation of the two-dimensional electron gas with high density in ultrathin barrier AlN/GaN heterostructures[J]：To be published，2020.

第 4 章

氮化镓基半导体异质结构中二维电子气的输运性质

如前所述，由于存在极强的自发和压电极化效应，GaN 基宽禁带半导体异质结构中具有很高密度的 2DEG，其面密度可达 10^{13} cm^{-2} 量级，是迄今所有半导体异质结构中 2DEG 密度最高的半导体低维量子体系。同时，由于高密度 2DEG 的静电屏蔽效应，尽管 GaN 基异质结构中存在高密度的位错和各种点缺陷，2DEG 依然具有很高的迁移率，室温下可达 2000 cm^2/(V·s) 以上。这些独特的输运性质使得 GaN 基异质结构成为研制高迁移率场效应晶体管（HEMT）最重要的半导体材料体系之一，特别是在研制高频、高功率射频电子器件领域，GaN 基半导体异质结构具有不可替代性。

2DEG 输运性质是半导体异质结构最主要和最关键的物理性质之一，是研制基于半导体异质结构的射频和功率电子器件的物理基础。本章将首先讨论 GaN 基异质结构中 2DEG 的经典输运性质，然后讨论其高场输运性质，最后重点讨论其量子输运性质。

4.1　氮化镓基异质结构二维电子气的经典输运性质

在讨论 GaN 基异质结构中 2DEG 的经典输运性质时，首先需要介绍 Drude 模型，此物理模型一般用于描述金属中自由电子的输运性质。而对于半导体异质结构，在垂直于异质结构外延方向（z 方向）的准二维平面内（x-y 平面），2DEG 是准自由电子，当其处于低电场条件下时，Drude 模型也近似适用[1]。

4.1.1　半导体异质结构中 2DEG 低场输运的 Drude 模型

对导体和半导体中的自由电子在电磁场中输运性质的描述，十分常见的是采用 Drude 模型[1]。它可以用来描述半导体异质结构中 2DEG 在不高的电磁场条件下的运动规律，此时 2DEG 像一般的自由电子一样，被当作经典带电粒子来处理。我们知道，当电子处于稳态时，它们从外界电磁场获得动量的速率与在输运过程中由于散射而损失动量的速率相等，由此可以得到[1]：

$$\left(\frac{\mathrm{d}\boldsymbol{p}}{\mathrm{d}t}\right)_{\mathrm{scattering}} = \left(\frac{\mathrm{d}\boldsymbol{p}}{\mathrm{d}t}\right)_{\mathrm{field}} \tag{4-1}$$

即

$$\frac{m\boldsymbol{v}_{\mathrm{d}}}{\tau_{\mathrm{m}}} = e(\boldsymbol{E} + \boldsymbol{v}_{\mathrm{d}} \times \boldsymbol{B}) \tag{4-2}$$

其中，m 是电子的有效质量，v_d 是异质结构沟道中电子在外加电场作用下的漂移速度，τ_m 是电子的动量弛豫时间。可将式(4-2)改写成如下矩阵的形式[1]：

$$\begin{bmatrix} \dfrac{m}{e\tau_m} & -B \\ +B & \dfrac{m}{e\tau_m} \end{bmatrix} \begin{pmatrix} v_x \\ v_y \end{pmatrix} = \begin{pmatrix} E_x \\ E_y \end{pmatrix} \quad (4-3)$$

其中 v_x，v_y，E_x，E_y 分别为漂移速度和电场强度在 x 方向和 y 方向的分量。

因为电流密度可表示成 $\boldsymbol{J} = ev_d n_s$（其中 n_s 是电子的浓度），所以可将式(4-3)中的 v_x，v_y 用 J_x，J_y 来表示[1]：

$$\begin{bmatrix} \dfrac{m}{e\tau_m} & -B \\ +B & \dfrac{m}{e\tau_m} \end{bmatrix} \begin{pmatrix} \dfrac{J_x}{en_s} \\ \dfrac{J_y}{en_s} \end{pmatrix} = \begin{pmatrix} E_x \\ E_y \end{pmatrix} \quad (4-4)$$

最后，将式(4-4)中的矩阵变换后得到：

$$\begin{pmatrix} E_x \\ E_y \end{pmatrix} = \begin{bmatrix} \dfrac{m}{e^2\tau_m n_s} & -\dfrac{B}{en_s} \\ +\dfrac{B}{en_s} & \dfrac{m}{e^2\tau_m n_s} \end{bmatrix} \begin{pmatrix} J_x \\ J_y \end{pmatrix} \quad (4-5)$$

在进一步讨论半导体异质结构中 2DEG 的输运性质之前，我们先引进 2DEG 的电导率张量和电阻率张量，在外加磁场作用下，异质结构中 2DEG 的电导率 $\boldsymbol{\sigma}$ 和电阻率 $\boldsymbol{\rho}$ 变为二阶张量，其表达式分别为[1]

$$\boldsymbol{\sigma} = \begin{pmatrix} \sigma_{xx} & \sigma_{xy} \\ \sigma_{yx} & \sigma_{yy} \end{pmatrix}, \quad \boldsymbol{\rho} = \begin{pmatrix} \rho_{xx} & \rho_{xy} \\ \rho_{yx} & \rho_{yy} \end{pmatrix} \quad (4-6)$$

其中，电导率 $\boldsymbol{\sigma}$ 和电阻率 $\boldsymbol{\rho}$ 的矩阵元之间的对应关系分别如下：

$$\begin{cases} \sigma_{xx} = \dfrac{\rho_{xx}}{\rho_{xx}^2 + \rho_{xy}^2}, & \sigma_{xy} = \dfrac{\rho_{xy}}{\rho_{xx}^2 + \rho_{xy}^2} \\ \sigma_{yx} = \dfrac{\rho_{yx}}{\rho_{xx}^2 + \rho_{xy}^2}, & \sigma_{yy} = \dfrac{\rho_{yy}}{\rho_{xx}^2 + \rho_{xy}^2} \end{cases} \quad (4-7)$$

电阻率 $\boldsymbol{\rho}$ 的张量形式可以定义如下[1]：

$$\begin{pmatrix} E_x \\ E_y \end{pmatrix} = \begin{pmatrix} \rho_{xx} & \rho_{xy} \\ \rho_{yx} & \rho_{yy} \end{pmatrix} \begin{pmatrix} J_x \\ J_y \end{pmatrix} \quad (4-8)$$

因此，从式(4-5)和式(4-8)的对应关系可得到 Drude 模型中 2DEG 的纵向电阻率 ρ_{xx} 和霍尔电阻率 ρ_{xy} 的最终表达式为[1]

$$\rho_{xx} = \frac{m}{e^2 \tau_{\rm m} n_{\rm s}} = \frac{1}{\sigma_0} \tag{4-9}$$

$$\rho_{yx} = -\rho_{xy} = \frac{B}{e n_{\rm s}} \tag{4-10}$$

Drude 模型对半导体异质结构中 2DEG 在磁场中的输运行为做了简单的描述和预测。其纵向电阻率 ρ_{xx} 在磁场中保持恒定不变，而霍尔电阻率 ρ_{xy} 随着磁场的增大而线性增长。这就是我们熟知的经典霍尔效应。

在经典物理中，当导体或半导体材料受到垂直于材料表面的外加磁场作用时，对样品通以恒定电流 I，由于电子受到洛仑兹力的作用，在样品中会产生一个与电流和磁场方向垂直的电势差，即霍尔电压，其表达式为

$$V_{\rm H} = R_{\rm H} \frac{IB}{d} \tag{4-11}$$

其中，比例系数 $R_{\rm H}$ 即霍尔系数。经典霍尔效应的原理如图 4.1 所示[1]。

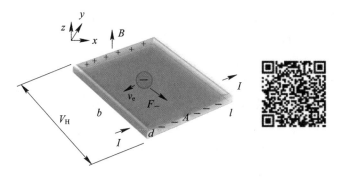

图 4.1　导体或半导体中经典霍尔效应的原理示意图

在达到平衡时，y 方向的电流为 0，根据式(4-9)和式(4-10)，可通过低磁场下纵向和横向磁阻的测量得到半导体中载流子浓度 $n_{\rm s}$ 和迁移率 μ[1]：

$$\begin{cases} n_{\rm s} = \left(|e| \dfrac{{\rm d}\rho_{yx}}{{\rm d}B} \right)^{-1} = \dfrac{I/|e|}{{\rm d}V_{\rm H}/{\rm d}B} \\ \mu = \dfrac{1}{|e| n_{\rm s} \rho_{xx}} = \dfrac{I/|e|}{n_{\rm s} V_x W/L} \end{cases} \tag{4-12}$$

霍尔效应是测量半导体异质结构中 2DEG 经典输运性质最常用的手段，可在室温、高温或低温下进行测量。霍尔测量应该在较低磁场下进行，在高磁场

下，由于朗道能级的出现，霍尔电压 V_H 会失去线性，而出现量子霍尔效应。因此经典霍尔测量一般都在磁场强度小于 1 T 的条件下进行。

在第 2 章中我们详细讨论过，由于存在很大的导带偏移和很强的极化感应电场，在 GaN 基异质结构中会形成面密度高达 10^{13} cm^{-2} 量级的 2DEG。高密度 2DEG 对于离化杂质或缺陷导致的库仑散射具有很强的屏蔽作用，使得 GaN 基异质结构即使由于异质外延而位错密度很高，但 2DEG 依然具有很高的迁移率，迄今在液氦温度下最高可接近 100 000 cm^2/(V·s)，在室温下最高可达 2500 cm^2/(V·s)[2]。如本书第 2 章所述，在室温下影响 GaN 基异质结构中 2DEG 迁移率的因素主要是界面粗糙度散射、合金无序散射、位错散射和声子散射。接下来我们以 $Al_xGa_{1-x}N/GaN$ 异质结构为代表，详细讨论 GaN 基异质结构中 2DEG 的高迁移率特性及其散射机制。

4.1.2 $Al_xGa_{1-x}N/GaN$ 异质结构中 2DEG 的高迁移率特性及其散射机制

在低温下的掺杂半导体异质结构中，电离杂质散射和载流子之间的相互散射是载流子的主要散射机制。为了减弱这一散射机制并提高 2DEG 的低温迁移率，1969 年，美国贝尔实验室 L. Esaki 和 R. Tsu 创新性地提出了通过外延生长仅在势垒层中高掺杂，而沟道层不掺杂的调制掺杂半导体异质结构，可将 2DEG 和提供载流子的电离杂质中心从空间上分离，因此可有效提高 2DEG 的室温迁移率，特别是低温迁移率[3]。20 世纪 70 年代后，随着 MBE 外延技术的发展，这种调制掺杂半导体异质结构得以实现，并在半导体射频电子器件的研制和应用中发挥了巨大作用[4]。$Al_xGa_{1-x}As/GaAs$ 异质结构的研究结果表明，和 GaAs 体材料相比，调制掺杂异质结构中的电子（2DEG）迁移率可提高 3 个量级[5-7]。由于这种异质结构材料有晶体质量很好的 GaAs 同质外延衬底，同时 $Al_xGa_{1-x}As$ 和 GaAs 之间晶格匹配很好，因此可外延制备出非常完美的 $Al_xGa_{1-x}As/GaAs$ 异质结构材料。

$Al_xGa_{1-x}N/GaN$ 异质结构中 2DEG 的面密度比 $Al_xGa_{1-x}As/GaAs$ 异质结构高 1 个数量级。即使采用比较低的势垒层 Al 组分，因为存在很强的极化效应和很大的导带偏移 ΔE_c，2DEG 的面密度一般远高于 10^{12} cm^{-2}。2DEG 的高密度导致 $Al_xGa_{1-x}N/GaN$ 异质结构中的经典散射机制和 2DEG 输运性质与 $Al_xGa_{1-x}As/GaAs$ 异质结构存在很大的不同。在 $Al_xGa_{1-x}N/GaN$ 异质结构中，高密度 2DEG 在三角型量子阱中的分布非常接近于异质界面，因此势垒层合金无序散射和界面粗糙度散射对 2DEG 的散射变得非常强，成为主要的散射机制。即使在液氦温度下，这两种散射机制也不会减弱。因此对 GaN 基异质结构而言，调制掺杂结构既不能大幅提高 2DEG 的密度，也不能有效提高 2DEG 的迁移率，因此我们很少看到实际用于器件研制的 $Al_xGa_{1-x}N/GaN$ 异质结构采用调制掺杂结构，甚至对异质结构进行掺杂。由于高位错密度的影响，即使考虑到强量子屏蔽效应，GaN 基异质结构中 2DEG 的低温迁移率从物理机理上讲也不可能达到 $Al_xGa_{1-x}As/GaAs$ 异质结构那么高的水平。

在 $Al_xGa_{1-x}N/GaN$ 异质结构中，如果进一步增加 2DEG 密度，则可使异质界面三角型量子阱中的高激发子带被电子占据。这时第二子带中的电子相对于第一子带将离界面远一点，因而第二子带上的电子受到的合金无序散射和界面粗糙度散射会明显弱于第一子带，因而第二子带上的电子迁移率要高于第一子带上的电子[8]。

下面对 $Al_xGa_{1-x}N/GaN$ 异质结构中各种散射机制进行讨论。

1. 库仑散射

根据日本东京大学 K. Hirakawa 和 H. Sakaki 等人 1986 年发展的标准模型，半导体中库仑散射的弛豫时间可表达为[9]

$$\frac{1}{\tau_C} = \int_0^\pi \nu(\theta)\,\mathrm{d}\theta \qquad (4-13)$$

其中，散射角 θ 的函数 $\nu(\theta)$ 的表达为[9]

$$\nu(\theta) = \frac{\pi\hbar(1-\cos\theta)}{2m^*}\left(\frac{q_s}{q}\right)^2 \int \mathrm{d}z\,[S(q)F(q,z)]^2 N(z) \qquad (4-14)$$

这里 $N(z)$ 是库仑散射中心的分布，$F(q,z)$ 和屏蔽因子 $S(q)$ 分别为[9]

$$F(q,z) = \int \mathrm{d}z'\,|\chi(z')|^2 \exp(-q\,|z-z'|) \qquad (4-15)$$

$$S(q) = \frac{q}{q+q_s H(q)} \qquad (4-16)$$

式(4-16)中 $H(q)$ 的表达式为[9]

$$H(q) = \int_0^\infty \mathrm{d}z \int_0^\infty \mathrm{d}z'\,\chi(z)^2\chi(z')^2 \exp(-q\,|z-z'|) \qquad (4-17)$$

其中，q 为电子动量，χ 为电子波函数。对 $Al_xGa_{1-x}N/GaN$ 异质结构而言，可将式(4-14)中对 z 的积分分为 3 个区域，即对应于 $Al_xGa_{1-x}N$ 势垒层中的远程电离中心散射、AlN 插入层中的电离中心散射和 GaN 沟道层中的电离中心

散射。由于 $Al_xGa_{1-x}N/GaN$ 异质结构很少进行掺杂，也不采用调制掺杂结构，这些电离散射中心主要来源于分布不够均匀的界面极化电荷、点缺陷、界面态和非故意掺杂的背景离化杂质。

在 GaN 体材料或外延薄膜中，库仑散射将严重影响载流子的迁移率。但如前所述，在 $Al_xGa_{1-x}N/GaN$ 异质结构中，由于高密度 2DEG 的量子屏蔽效应，这种来自离化中心的长程库仑散射在室温和低温下均受到较好的屏蔽，不像在 $Al_xGa_{1-x}As/GaAs$ 异质结构中的作用那样突出。

2. 声子散射

在半导体晶体中，晶格振动扰乱了晶体势场的周期性，从而产生了附加微扰势。附加微扰势导致的局部电场和电子的相互作用使电子由某一个本征态跃迁到另一个本征态，因此形成了声子散射。在半导体异质结构中，声子散射在限制 2DEG 室温和高温迁移率方面起着重要作用。三种重要的声子散射过程分别是形变势声子散射、压电势声子散射和极化光学声子散射，这三种声子散射过程在半导体材料中均已被广泛研究。

在 $Al_xGa_{1-x}N/GaN$ 异质结构中，虽然电子的运动被限制在异质界面附近几纳米以内的准二维平面内运动，但通常仍假设声学声子可在三维方向上自由传播[10]。形变势散射与压电散射是声学声子散射的主要弛豫时间来源，声学声子散射速率随温度的增加而增加，因而在低温下对 2DEG 迁移率的影响较小。GaN 为强极性晶体，因此纵光学声子（LO 声子）在 GaN 基异质结构中具有较强的散射作用[9]。$Al_xGa_{1-x}N/GaN$ 异质结构中的 LO 声子能量为 92 MeV[11]，与异质界面三角型量子阱中的子带能级间距（特别是激发子带间能量间距）相比较大。所以在较高温度下，当 LO 声子散射概率较大时，LO 声子散射将促使量子阱中的多子带电子参与 2DEG 输运。

3. 合金无序散射

如本书第 2 章所述，在 $Al_xGa_{1-x}N/GaN$ 异质结构中，2DEG 的高密度使其在异质界面三角型量子阱中的分布非常接近界面，部分电子波函数将进入 $Al_xGa_{1-x}N$ 势垒层，因此 $Al_xGa_{1-x}N$ 三元合金中的合金无序散射成为 2DEG 的主要散射机制之一，而且这种短程散射微扰势基本不受量子屏蔽效应的影响[12]，在室温和低温下均发挥显著作用。

合金无序散射的弛豫时间可表示如下[12]：

$$\frac{1}{\tau_{all}} = \frac{m^* x(1-x)\Omega\langle V\rangle^2}{\hbar^3}\int_{-\infty}^{0}|\chi'(z)|^4 dz \qquad (4-18)$$

其中，$\langle V \rangle$ 是 AlN 和 GaN 之间的导带偏移 ΔE_c，Ω 是单位原胞的体积，x 是 $Al_x Ga_{1-x} N$ 层的 Al 组分，$\chi'(z)$ 是描述波函数穿入 $Al_x Ga_{1-x} N$ 三元合金内的特征函数，表示如下[12]：

$$\chi'(z)^2 = \frac{4\pi e^2}{\varepsilon_s V_0} \left(\frac{1}{2} N_s + N_{depl} \right) \exp\left[\left(\frac{8m^* V_0}{\hbar^2} \right)^{1/2} z \right] \qquad (4-19)$$

从式(4-19)可看出，由于与电子波函数在异质界面附近的分布密切相关，在 $Al_x Ga_{1-x} N/GaN$ 异质结构中，合金无序散射的速率对 2DEG 的密度 N_s 非常敏感，与 N_s 呈二次方的关系。也就是说，2DEG 的密度越高，合金无序散射越强，因此合金无序散射是 GaN 异质结构中主要的散射机制之一，这与 $Al_x Ga_{1-x} As/GaAs$ 异质结构差异很大。

4. 界面粗糙度散射

半导体异质结构界面处生长不完美导致的几何不平整也会等效为一个外加微扰势场对电子产生散射，即界面粗糙度散射。处理半导体异质结构中界面粗糙度散射问题时可以借鉴 Si 反型层处理方法[13]，即认为界面粗糙度可用两个物理量进行描述：异质界面处起伏的物理高度差 Δ 与沿着界面方向高度起伏的平均周期 Λ[13]。通过这两个物理参数可以定量描述界面粗糙度导致的散射势场，从而求出界面粗糙度散射对应的动量弛豫时间，具体求解表达式如下[14]：

$$\frac{\hbar}{\tau_{IR}(k)} = 2\pi \sum_q \pi \left[\frac{\Delta \Lambda F_{eff}}{\varepsilon(q)} \right]^2 \exp\left(-\frac{1}{4} q^2 \Lambda^2 \right) \times (1 - \cos\theta) \delta(\varepsilon_k - \varepsilon_{k-q})$$

$$(4-20)$$

其中，$\varepsilon(q)$ 是与形状因子有关的经典电介质方程，$\varepsilon_k = \hbar^2 k^2/(2m)$，$F_{eff}$ 是有效电场，定义为[14]

$$F_{eff} \equiv \int dz |\zeta(z)|^2 \frac{\partial v(z)}{\partial z} = \frac{4\pi e^2}{\kappa} \left(\frac{1}{2} N_s + N_{depl} \right) \qquad (4-21)$$

其中，$v(z)$ 是电势，N_s 是 2DEG 的密度，N_{depl} 是势阱处杂质浓度，κ 是静电介电常数。由式(4-21)可看出界面粗糙度散射随着 2DEG 的密度 N_s 上升而明显增强，原因在于 N_s 上升代表界面附近的导带弯曲变得更大，电子波函数更加靠近异质界面，此时界面粗糙度对载流子运动的影响就更大。也就是 2DEG 的密度越高，界面粗糙度散射越强。因此，界面粗糙度散射也是 GaN 基异质结构中主要的散射机制之一，这与 $Al_x Ga_{1-x} As/GaAs$ 异质结构也非常不同。

5. 位错散射

如前所述，由于异质外延的原因，GaN 基异质结构中存在高密度的贯穿位错，与异质界面垂直的贯穿位错面密度一般为 $10^8 \sim 10^{10}$ cm^{-2}[15-16]，取决于选用的异质外延单晶衬底和外延生长技术水平。位错散射本质上依然属于库仑散射，但位错线上的悬挂键和吸附的杂质原子带来的电荷可近似看成一种线电荷分布，贯穿异质界面附近的 2DEG 沟道层[17]。因此大量研究表明，尽管有高密度 2DEG 的量子屏蔽效应，位错散射依然是 $Al_xGa_{1-x}N/GaN$ 异质结构中不可忽视的散射机制[18-19]。

GaN 基异质结构中贯穿位错线可认为是以线电荷密度 ρ_L 分布的线电荷[17,19-20]，则线电荷散射的微扰势可表达如下[21]：

$$A(q) = \frac{e}{2\varepsilon_0\varepsilon_b} \cdot \frac{dz\rho_L e^{-q|z|}}{q + q_{TF}} \tag{4-22}$$

其中，$\varepsilon_0\varepsilon_b$ 是 GaN 的介电常数，$q_{TF} = 2/\alpha_B^*$，α_B^* 是 GaN 中电子的有效玻尔半径。式（4-22）表明[21]，散射时间 τ_q 与异质结构中 2DEG 的密度 N_s 的关系近似是 $N_s^{3/2}$ 的关系。最后，$Al_xGa_{1-x}N/GaN$ 异质结构中 2DEG 的迁移率、2DEG 的密度和位错密度的关系可表示为[21]

$$\mu_{dis}^{2D} \propto N_s^{3/2}/N_{dis} \tag{4-23}$$

其中，N_{dis} 是贯穿位错密度。

2DEG 的迁移率直接反映了 $Al_xGa_{1-x}N/GaN$ 异质结构的外延质量和界面质量。1999 年，日本德岛大学 T. Wang 等人在蓝宝石衬底上外延生长出高质量的 $Al_{0.18}Ga_{0.82}N/GaN$ 异质结构，在 1.5 K 低温下，2DEG 的迁移率超过了 $10^4 \ cm^2/(V \cdot s)$[22]。2000 年，美国贝尔实验室 M. J. Manfra 等人用 MBE 方法在 GaN 同质衬底上外延生长出 $Al_{0.09}Ga_{0.91}N/GaN$ 异质结构，在 4.2 K 低温下，2DEG 的迁移率达到了 53 300 $cm^2/(V \cdot s)$[23]。同年，波兰科学院高压物理研究所 E. Frayssinet 等人用 MBE 方法在 GaN 同质衬底上外延生长出 $Al_{0.13}Ga_{0.87}N/GaN$ 异质结构，在 1.5 K 低温下，2DEG 的迁移率达到了 60 100 $cm^2/(V \cdot s)$[24]。2005 年，波兰科学院高压物理研究所 C. Skierbiszewski 等人同样用 MBE 方法生长出 GaN 同质衬底上的 $Al_xGa_{1-x}N/GaN$ 异质结构，液氦温度下 2DEG 的迁移率超过了 100 000 $cm^2/(V \cdot s)$，室温下 2DEG 的迁移率达 2500 $cm^2/(V \cdot s)$[2]，是迄今为止国际上报道的 GaN 基异质结构中 2DEG 室温和低温下迁移率的最高水平。

近年来，国际上对 GaN 基异质结构中 2DEG 输运性质的研究越来越深入。2011 年，伊朗大不里士大学 A. Asgari 等人理论计算了有 AlN 插入层的 $Al_xGa_{1-x}N/GaN$ 异质结构中 2DEG 的输运性质随温度的变化关系[25]。他们的计算囊括了可能出现的所有散射机制，最终给出结果：低温下界面粗糙度散射和贯穿位错散射是主要的散射机制。该结果表明，AlN 插入层对克服 $Al_xGa_{1-x}N$ 势垒层的合金无序散射有明显作用，而在高温下光学声子散射是主要的散射机制。2012 年，美国美光公司 S. W. Kaun 等人系统研究了贯穿位错密度对 $Al_xGa_{1-x}N/GaN$ 异质结构中 2DEG 迁移率的影响[26]，他们的实验结果确认在不同势垒层 Al 组分的样品中，也就是对不同的 2DEG 密度，位错散射都对 2DEG 的迁移率产生较大的影响，并且势垒层 Al 组分越低，也就是 2DEG 的密度越低，在低温下位错散射的影响就越大。

4.2　氮化镓及其异质结构的高场输运性质

随着 GaN 基高频、高功率电子器件的不断发展，GaN 基电子器件的尺寸已进入了亚微米范围，器件有源沟道中的峰值电场强度超过了欧姆定律起作用的电场值，器件工作的性能不仅由 GaN 及其异质结构中载流子的低电场输运性质决定，而是更多地和高电场（以下简称为高场）条件下热电子的输运行为相关[27-28]。因此，为了更好地理解和提升 GaN 基电子器件的性能，开展 GaN 及其异质结构的高场输运性质研究变得非常重要。

相比于 Si 和 GaAs 等半导体材料，GaN 基半导体材料具有禁带宽度大、能谷间分离能量高、LO 声子能量大、介电常数较低等特点，因此 GaN 具有优于 Si 和 GaAs 的高场输运性质[29]。具体来看 GaN 与 GaAs 的对比，与载流子高场输运性质相关的重要特性包括：

（1）GaN 中 LO 声子的能量为 92 meV，而 GaAs 是 36 meV，高 LO 声子能量保证了电子在达到 LO 声子能量之前可得到有效加速，理论预期 GaN 的峰值电子漂移速度为 3×10^7 cm/s，远高于 GaAs 的 2×10^7 cm/s[30]；

（2）GaN 中电子峰值漂移速度发生在电场值 200 kV/cm 以上，比 GaAs 约 3.8 kV/cm 的阈值电场高得多，这是 GaN 禁带宽度大、能谷间分离能量高所决定的[30-31]；

（3）GaN 的大禁带宽度使 GaN 基电子器件相比 GaAs 基器件更适合高温工作。

基于上述优点以及对于器件研制的必要性，GaN 外延薄膜及其异质结构中载流子的高场输运性质已成为近年来国际上的研究热点[32-35]。这里我们将对 GaN 中载流子的高场输运性质进行详细讨论，并介绍近年来北京大学的研

究组在该领域所做的工作。

4.2.1 GaN 的微分负阻效应

半导体中的微分负阻效应也叫负微分电阻效应，是指在半导体内任何一点，若载流子的随机涨落产生随时间指数增长的瞬态空间电荷，则半导体会表现出体负微分电阻率[36]。半导体材料或器件的体微分负阻可分成两类：电压控制型微分负阻（N 型）和电流控制型微分负阻（S 型）[36]。对于 N 型微分负阻，某一电流下，电场强度可取多值，对于 S 型微分负阻，电流可取多值。由于微分负阻效应的存在，起初电导和电场分布均匀的半导体因试图达到稳定状态而在电学性质上呈现不均匀性。电压控制型微分负阻的典型 $J-V$ 和 $\rho-V$ 特性曲线如图 4.2(a)所示。从图中可看出，正的微分电阻随电场增加而增加，若某区域的电场稍高，则那里的电阻就较大，因此，流过该区域的电流就较小。这就使得该区域伸长并形成与低场区分开的高场畴[36]。分隔低场畴和高场畴的界面沿着等势面，因而分界面位于与电流方向垂直的平面内，如图 4.2(b)所示。

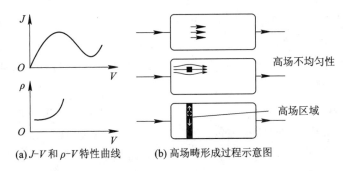

(a) $J-V$ 和 $\rho-V$ 特性曲线　　(b) 高场畴形成过程示意图

图 4.2　半导体中电压控制型微分负阻的特性曲线及高场畴形成过程

对于半导体材料或器件中的电流控制型微分负阻，初始正微分电阻率随电场增加而减少，典型的 $J-V$ 和 $\rho-V$ 特性曲线如图 4.3(a)所示，若半导体中某区域的电场稍高，则那里的电阻就较小，因此，流过该区域的电流就较大。这就使得该区域沿电流路径伸长，最终形成沿电场方向的电流丝，如图 4.3(b)所示[36]。

1964 年，美国汤姆斯·沃森研究中心 J. Gunn 等人发现，当在长度较短的 N 型 GaAs 或 InAs 半导体样品上加上大于几 kV/cm 的电场时，会产生相干的微波输出，振荡频率等于电子沿样品长度的渡越时间的倒数[37]，这个效应被后人称为 Gunn 振荡或 Gunn 效应（耿氏振荡或耿氏效应）。随后，美国瓦里安

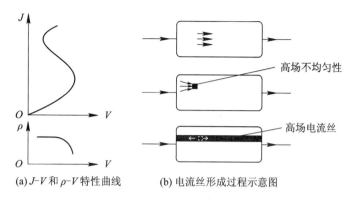

(a) J-V 和 ρ-V 特性曲线　　　(b) 电流丝形成过程示意图

图 4.3　半导体中电流控制型微分负阻的特性曲线及电流丝形成过程

公司 H. Kroemer 指出 J. Gunn 等人所观察到的微波振荡性质与 B. Ridley 等人提出的微分负阻理论相一致[38]。在 GaAs 中，决定微分负阻的主要机制是导带电子从低能量、高迁移率能谷向高能量、低迁移率次能谷的场致转移。美国贝尔实验室 A. Hutson 等人对 GaAs 的压力光谱实验表明，阈值电场随两个能谷极小值的能量间隔的减小而降低[39]。他们的研究结果为转移电子效应的机制导致 Gunn 振荡提供了有力证据。

　　对于造成半导体中体微分负阻效应的理解，迄今国际上提出了各种物理机制。其中最主要的机制之一是上面所述的谷间载流子发生的转移电子效应，其过程是导带电子从高迁移率的低能谷向低迁移率的高能次能谷转移的效应。以闪锌矿结构的 GaAs 为例，其第一个高能次能谷定义为 X 点，室温下 X 点与导带中最低能谷 Γ 点之间的能量间距约为 0.36 eV[37-39]。而在纤锌矿结构的 GaN 中，Γ 点与次能谷之间的能量间距则大得多，约为 1.9～2.1 eV[31]，如图 4.4 所示。这表明在 GaN 中只有当电子具有非常高的能量时才可能发生转移电子效应。

　　在 GaN 中，另一个可能导致微分负阻效应的物理机制是导带 Γ 谷的非抛物性[40-41]。GaN 导带的非抛物性使得在导带 E-k 关系中存在一个反射点 (inflection point)，即能量对波矢的微分(群速度 $v_k = \mathrm{d}E/\mathrm{d}k$)为零的点。当电子能量达到此值后，其半经典有效质量变为负值，即使不存在任何散射机制，电子在电场的作用下也会发生减速。随着电子能量的减小，电子温度的上升也将得到抑制。表现在 v_d-F 特性上，即微分负阻效应。导致 GaN 中微分负阻效应的原因究竟是能带反射点还是转移电子效应，要看导致这两个效应的相对能

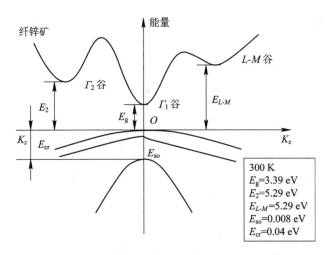

图 4.4　纤锌矿结构 GaN 的精细能带结构[31]

量差[41]。图 4.5 为采用第一性原理计算出的闪锌矿结构 GaN 中能带图与群速度的关系曲线[41]。从图中可看出，若反射点的能量位于 X 谷带底之下，电子将首先由能量反射点导致微分负阻效应，转移电子效应将受到抑制[41]。

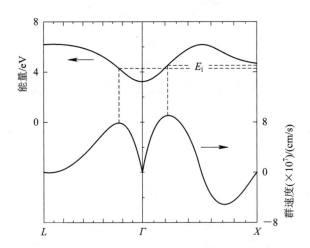

图 4.5　GaN 中导带能带图和群速度的关系曲线（E_i 为反射点能量）

　　当半导体电子器件工作于高电压时，沟道中的电子占据着较高能量的状态。微分负阻效应作为一种高场下的典型效应显著影响着器件的性能，尤其对小尺寸器件。一些理论计算表明，在 GaN 中，电压控制型微分负阻的阈值电场

E_{th} 约为 150～200 kV/cm，电子峰值漂移速度 v_{peak} 约为 2.5×10^7 cm/s。然而，2000 年，美国陆军研究实验室 M. Wraback 等人通过实验观测到 GaN 中的电子峰值漂移速度 v_{peak} 为 1.9×10^7 cm/s，明显低于理论预期值[42]。他们认为，GaN 中的 E_{th} 应高于 325 kV/cm，且微分负阻效应由 Γ 谷内导带的非抛物性所导致[40]。2003 年，土耳其比尔肯特大学 C. Bulutay 等人的理论计算支持了这一较低的速度并且认为 E_{th} 应发生于约 400 kV/cm 以上的更高电场[43]。

　　虽然国际上迄今对 GaN 中高场电子输运性质进行了一些研究，但是直接通过实验方法确认 v_{peak} 和 E_{th} 依然很困难。这是由于当电场达到阈值电场时，GaN 沟道中高场畴的形成扰乱了载流子和电场分布的均匀性。1995 年，美国 NASA 的 Z. C. Huang（黄振春）等人通过在很低背景电子浓度（10^{14} cm^{-3}）和很短沟道长度（1.5～4.5 μm）的 GaN 样品上进行的 I-V 特性测试，直接观察到了电压控制型微分负阻效应[44]，如图 4.6 所示。然而，在实际的 GaN 基电子器件沟道中，电子浓度和沟道长度的乘积往往高于能够抑制高场畴的临界值，在 GaN 中约为 5×10^{12}～8×10^{12} cm^{-2}[45]。此外，在直流测量下发现的微分负阻效应可能和其他许多效应（如自热效应等）相关[46]，而并非与 Gunn 效应直接相关。

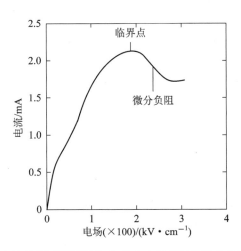

图 4.6　直流信号下观测到的 GaN 中电压控制型微分负阻效应[44]

　　2010 年，北京大学沈波、马楠等人与中国电科 13 所冯志红等人合作，采用自己搭建的脉冲高场输运测量装置研究了常规背景电子浓度的 N 型 GaN 外延薄膜的高场输运性质[47]。他们精确测量了 GaN 中发生 Gunn 效应的电子峰

值漂移速度 v_{peak} 和阈值电场 E_{th}，同时观察到了由 Gunn 不稳定性导致的电流控制型微分负阻效应。

他们的实验采用脉冲电导法进行测量，利用脉冲技术来获取无损的样品电流、电压信号，可避免样品自热效应的影响。脉冲电压幅值为 $0\sim450$ V 连续可调，脉冲宽度为 100 ns，频率为 1 Hz。实验样品为非故意掺杂的 GaN 外延薄膜，背景电子浓度为 4.0×10^{16} cm^{-3}，室温电子迁移率为 128 cm^2/(V·s)。样品加工成经典的 H 形结构，有源区包含注入区(injection areas)和沟道区(channel)，且欧姆接触的面积远大于沟道面积。样品结构可保证避免电极附近可能产生的电场尖峰影响沟道电场的均匀性，可减小接触电阻的影响，并控制载流子的电极注入效应。为了防止样品表面因表面局域态的影响发生击穿，在沟道刻蚀完成后样品表面覆盖有 SiN$_x$ 钝化层。图 4.7 为他们测得的 GaN 样品典型的高场 I-V 特性曲线[47]。

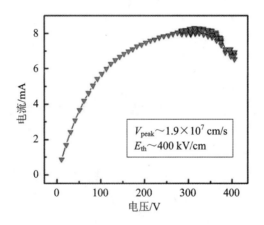

图 4.7　采用脉冲电导法测得的 GaN 外延薄膜样品的高场 I-V 特性曲线[47]

从图 4.7 中可以看到，当外加电压高于某个临界值(阈值电压 V_{th})时，出现了明显的电压控制型微分负阻效应，该临界值由电流不稳定性的发生来界定。曲线取值于样品中的脉冲电流、电压信号。图 4.8 显示了电压到达 V_{th} 前随时间变化的电流和电压波形。从图 4.8 中可以看到，电压信号由零直至 V_{th} 的变化过程中，矩形电流波形均为平顶且十分稳定，I-V 特性曲线为稳态，且不随时间发生变化。此外，除去脉冲上升沿和下降沿处的电容充放电尖峰，电流信号具有良好的保真性，说明电路中阻抗匹配良好且脉冲信号完全进入了测试样品。并且，在电流持续期间并无明显的焦耳热效应，即电流无明显随时间增长而减小的现象。

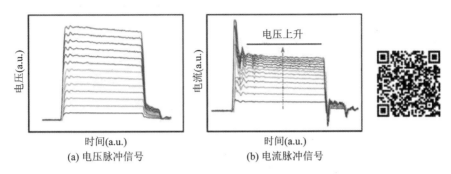

(a) 电压脉冲信号　　　　　(b) 电流脉冲信号

图 4.8　电压达到阈值前 GaN 外延薄膜中电压和电流的脉冲信号

基于以上实验分析，我们可假设 GaN 样品中电子浓度 n 不随电压和时间发生变化，且电场分布均匀。高场漂移速度 v_d 即可由电流密度 J 得出：

$$J = env_d \tag{4-24}$$

其中，n 为 GaN 中的电子浓度。由以上关系得到的阈值电场 E_{th} 为 400 kV/cm，峰值漂移速度 v_{peak} 约为 1.9×10^7 cm/s。这个结果与 C. Bulutay 等人和 C. Dyson 等人的理论预期结果[43]，以及 M. Wraback 等人的实验结果非常吻合[40, 42, 48]。

如前所述，在直流 I-V 特性测量中，有很多原因都可能导致观察到微分负阻效应，如场致缺陷势垒降低效应、焦耳加热效应等[49-50]，这些效应均会造成电流随时间增长的持续下降。而在北京大学研究组的实验结果中，当电压高于 V_{th} 时，电流波形开始出现不稳定性。随着时间的增长，电流先减小然后迅速增长，标志着耿氏效应的发生[47]，如图 4.9 所示。

GaN 中发生电流上升现象的原因是当样品被偏置于 V_{th} 以上时，沟道会沿电场方向分裂成一个高场畴区域以及一个低场区域[36]。高场畴的形成导致的一个主要结果即畴内碰撞电离的发生。

另一方面，一定电压下电流的增大意味着沟道电阻的减小。因此，沟道中的电压也相应地随着电流的增大而减小，进而导致电流控制型微分负阻效应的发生[51]。北京大学研究组在 GaN 中观察到了电流控制型微分负阻效应[47]。如图 4.10 所示，当电场高于 E_{th} 时，I-V 特性曲线明显由电压控制型微分负阻效应转向电流控制型微分负阻效应。如前所述，当 GaN 处于电流控制型微分负阻效应区域时，样品中倾向于形成沿电流方向的大电流丝。由图 4.8 及图 4.10 可以看出，在脉冲开始时的前几个纳秒时间范围内，电流依然保持在

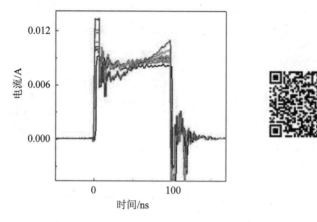

图 4.9　外加电压超过阈值 V_{th} 后 GaN 外延薄膜中的电流脉冲波形

GaN 中未发生碰撞电离的状态。随着高场畴的变大，电流迅速增大，并且一个由阴极到阳极的电离路径开始建立。也就是说，一旦样品中有高场畴建立起来，电流丝就立即形成，并且其通过的电流立即不可控地增长。因此，电流控制型微分负阻效应是由高场畴的形成导致的，也即由 Gunn 效应所导致[47]。电流控制型微分负阻效应也可以很好地解释 GaN 通常在电场 $500\sim600$ kV/cm 范围内发生击穿的现象，也就是在电流不稳定性刚刚开始建立后立刻击穿。

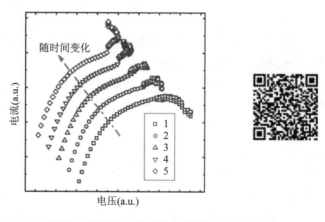

图 4.10　GaN 中高场 I-V 特性由电压控制型微分负阻效应向电流控制型微分负阻效应转变电线

4.2.2　GaN 中高场电子漂移速度的尺寸效应

热载流子的能量和动量弛豫是半导体中高场输运性质研究的基本问题之一，也是决定半导体电子器件性能的关键因素之一。在稳态条件下，半导体中的电子漂移速度由能量弛豫时间 τ_E 和动量弛豫时间 τ_P 共同决定[52]：

$$v_d = v_0 \sqrt{\frac{\tau_P}{\tau_E}} \tag{4-25}$$

其中，$v_0 = \sqrt{3k_B(T_e - T_0)/(2m^*)}$，$T_e$ 为半导体中电子温度，T_0 为半导体晶格温度，k_B 为玻尔兹曼常数，m^* 为电子有效质量。v_0 中的电子温度项 T_e 同样依赖于载流子的能量和动量弛豫，因此，电子漂移速度实际上是 τ_E 和 τ_p 复杂函数。由于问题的重要性，近 10 年来，GaN 及其异质结构在高场下的能量弛豫和动量弛豫得到了广泛研究[53-59]。

另一方面，为了在高场下保持半导体中沟道电场的均匀性以及电流信号的保真度，高场测量样品的结构必须认真设计以获得可靠的高场输运性质。不同的半导体样品结构可能影响载流子的能量和动量弛豫机制，进而可能导致载流子高场输运性质的差异。A. Zylbersztejn 等人曾在 N 型 Ge 中发现，高场下电子在不同沟道截面尺寸样品中表现出了不同的行为，如图 4.11 所示[60]，这种现象被归因于热电子对声学声子分布的扰动[60-61]。

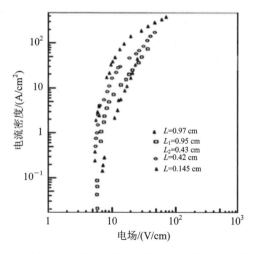

图 4.11　不同尺寸 N 型 Ge 样品沟道中电子的高场漂移速度[60]

在研究 GaN 宽禁带半导体中载流子的高场输运性质时，有两种样品结构被广泛采用：一种是利用传输线模型（TLM）电极中的相邻一组电极来测量，其沟道长宽比（r_{L-W}）非常小，通常在 $0.05\sim0.2$ 范围内[35, 57, 62]；另外一种结构为 H 形窄沟道结构，在 Si 及 GaAs 半导体中被作为研究高场输运性质的标准结构[63-68]，其 r_{L-W} 通常大于 1。采用不同样品结构研究半导体中载流子高场输运性质时时常会得出差异较大的测量结果[35, 57, 60-68]。

北京大学沈波、马楠等人基于上述分析，与中国电科 13 所冯志红等人合作，系统研究了具有不同沟道尺寸的 N 型 GaN 样品的高场输运性质，发现不同沟道尺寸的样品在高场下存在不同的电子漂移速度，并进一步利用 Boltzmann 传输方程以及声子散射理论分析了导致这种差异的物理原因[69]。

实验采用的样品为 $1.82~\mu m$ 厚的 GaN 外延薄膜，样品基本电学参数和样品结构同上[47]，也采用脉冲电导法进行高场下电子漂移速度的测量[47]。用微加工方法制备的不同导电沟道尺寸样品分为两组，具体沟道尺寸[69]如表 4-1 所示。A 组样品的沟道宽度 W 大于 $18~\mu m$，而 B 组样品的沟道宽度 W 小于 $5~\mu m$。所选用的样品结构和尺寸均满足沟道的低场电阻正比于 r_{L-W} 的关系，说明采用的所有 GaN 样品的低场输运性质在不同沟道尺寸下是一样的[69]。

表 4-1　高场下电子漂移速度的测量的 GaN 样品导电沟道尺寸

测量参数	A 组			B 组			
$L/\mu m$	7.0	7.5	7.2	6.8	9.4	10.6	14
$W/\mu m$	78.2	39	18.9	4.1	3.2	4.6	3.4
r_{L-W}	0.09	0.19	0.38	1.66	2.94	2.30	4.12

为了研究 GaN 中电子的能量和动量弛豫过程，需要了解其中电子温度随电场的变化规律。北京大学的研究组采用了迁移率比较法来获得 GaN 中的电子温度[62, 70-71]，即通过比较不同温度下的 GaN 低场迁移率 $\mu_0(T_L)$ 和不同电场下的热电子迁移率 $\mu_F(T_e)$ 来获得电子温度，两组样品的实验结果[69]如图 4.12 所示。

与此同时，通过比较相同迁移率时的温度和电场，可获得 GaN 中电子温度对电场的依赖关系 $T_e(F)$，对比关系[62, 69]如下：

$$\frac{\mu_0(T_L)}{\mu_0(RT)} = \frac{\mu_F(T_e)}{\mu_F(T_e = RT)} \qquad (4-26)$$

而 $\mu_F(T_e)$ 的表达式[70-71]为

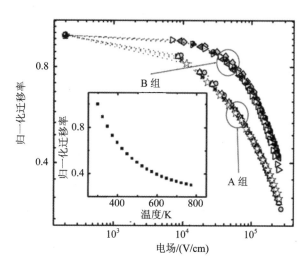

注：插图是低场迁移率随湿度的变化关系

图 4.12　A 组和 B 组 GaN 样品中高场下热电子迁移率随电场的变化关系

$$\mu_F(T_e) = \frac{v_d}{F} \qquad (4-27)$$

图 4.13 是采用迁移率比较法获得的高场下两组 GaN 样品中电子温度 T_e 随所加电场的变化曲线[69]。从图 4.13 中可以看出，A 组样品中的电子温度明显高于 B 组，说明相比于 B 组样品，A 组样品中电子通过所加电场获得的能量较难得到有效的弛豫。

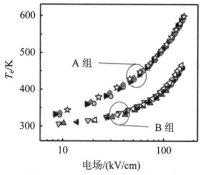

图 4.13　A 组和 B 组 GaN 样品中高场下电子温度 T_e 随

电场的变化曲线

图 4.14 显示了两组 GaN 样品中高场下电子漂移速度随所加电场的变化

曲线[69]。两组样品中电子的迁移率在低场下并无明显差异，但当外加电场增大时，B组样品中电子的漂移速度开始明显高于 A 组样品，并且这种差异只依赖于沟道宽度而不明显依赖于沟道长度[69]。

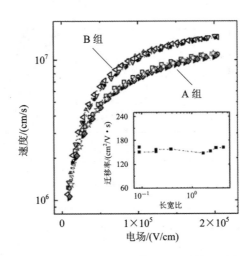

注：插图为不同沟道尺寸样品中电子的低场迁移率

图 4.14　A 组和 B 组 GaN 样品中高场下电子漂移速度随所加电场的变化曲线

下面来分析上述高场实验的测量结果。在弛豫时间近似下，一维平衡方程可用于获得半导体中电子能量和动量弛豫的平均速率[54]：

$$\frac{\mathrm{d}E}{\mathrm{d}t} = qFv_{\mathrm{d}} - \frac{E - E_0}{\tau_{\mathrm{E}}(E)} \tag{4-28}$$

$$\frac{\mathrm{d}(m^* v_{\mathrm{d}})}{\mathrm{d}t} = qF - \frac{m^* v_{\mathrm{d}}}{\tau_{\mathrm{P}}(E)} \tag{4-29}$$

其中，F 是沟道电场的大小，v_{d} 是电子漂移速度，τ_{P} 是动量弛豫时间，τ_{E} 是能量弛豫时间。同时，电子温度 T_{e} 可以定义为电子平均自由热动能的标志[52]，即

$$\frac{3}{2} k_{\mathrm{B}} T_{\mathrm{e}} = \frac{1}{2} m^* \langle v^2 \rangle - \frac{1}{2} m^* v_{\mathrm{d}}^2 \tag{4-30}$$

其中，$\langle v^2 \rangle$ 表示电子速度平方的平均值。由以上方程以及前面通过迁移率比较法获得的电子温度 T_{e}，可以得到平均电子能量。上述平衡方程的稳态解[52]为

$$\tau_{\mathrm{E}}(E) = \frac{E - E_0}{qFv_{\mathrm{d}}} \tag{4-31}$$

$$\tau_{\mathrm{P}}(E) = \frac{m^* v_{\mathrm{d}}}{qF} \tag{4-32}$$

图 4.15 所示是根据实验数据，采用上述稳态平衡方程获得的两组 GaN 样品中热电子的能量弛豫时间 τ_E 和动量弛豫时间 τ_P 随所加电场的变化关系[69]。从图 4.15 中可以看出，A 组样品相对于 B 组样品，热电子的动量弛豫较快而能量弛豫较慢。

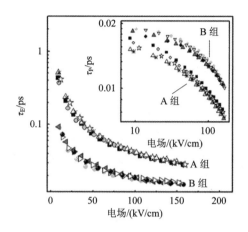

注：插图为动量弛豫时间 τ_P 随所加场的变化关系

图 4.15　根据稳态平衡方程解出的 A 组和 B 组 GaN 样品中高场下热电子的
能量弛豫时间 τ_E 随所加电场的变化关系

　　若要分析导致 A 组和 B 组样品差异的物理原因，以及不同沟道尺寸样品中热电子的能量弛豫和动量弛豫机制，则首先需要解决的一个问题是热电子间的散射是否足够频繁以至电子的能量和动量完全得到随机化。电子间的能量交换速率由下式[72-73]决定：

$$\left\langle \frac{\mathrm{d}E}{\mathrm{d}t} \right\rangle_{e\text{-}e} = \frac{4\pi n q^4}{\varepsilon_s^2 \varepsilon_0^2 m^* v_d} \tag{4-33}$$

其中，ε_s 是静电相对介电常数，ε_0 是真空介电常数，m^* 是电子有效质量。采用实验中 GaN 样品的参数和测量得到的高场漂移速度，根据式(4-33)算出的 GaN 样品中热电子间的能量交换速率远高于电子同电场之间的能量交换速率[69]。因此，可认为电子间的碰撞足够频繁，电子分布函数可以假设为以电子温度来标记的移位 Maxwellian 分布[73]。

　　在这个前提下，对 Boltzmann 方程进行积分可得到 GaN 中电子能量和动量的平衡方程，热电子通过碰撞损失的能量和动量分别被电子由电场获得的能量和动量所平衡，平衡方程[73]如下：

$$\left\langle \frac{\mathrm{d}E}{\mathrm{d}t} \right\rangle_F + \sum_j \left\langle \frac{\mathrm{d}E}{\mathrm{d}t} \right\rangle_j = 0 \tag{4-34}$$

$$\left\langle \frac{\mathrm{d}p}{\mathrm{d}t} \right\rangle_F + \sum_j \left\langle \frac{\mathrm{d}p}{\mathrm{d}t} \right\rangle_j = 0 \tag{4-35}$$

其中，下标 j 表示第 j 种散射机制，下标 F 表示由电场获得的部分。在给定的电场下，根据实验结果，上述方程可用于自洽地分析 GaN 样品中热电子的能量和动量弛豫时间。

在 GaN 中，低场下的电子主要通过声学声子散射来弛豫由外加电场所获得的能量。然而在高场条件下，电子和声学声子之间的准弹性散射不足以耗散电子从电场获得的能量[69]。热电子的能量平衡主要由电子和 LO 声子的相互作用决定。由于在 GaN 中，LO 声子寿命 τ_{ph} 远高于其约 10 fs 的发射时间[74]，LO 声子将在 GaN 沟道中积累，这些积累起来的非平衡 LO 声子即所谓的热声子(HP)。在 LO 声子处于平衡态的沟道中，电子发射 LO 声子的散射是其能量弛豫的主要途径[69]。当 GaN 沟道中产生 HP 时，HP 数量的增加导致电子吸收 LO 声子的散射大大增强，这一过程降低了电子的能量弛豫速率。同时，频繁的 e‐HP 相互作用使得电子动量遭受更多的随机化散射[69]。

如果 GaN 中的 τ_{ph} 不依赖于电子浓度，这种附加散射在低电子背景浓度下会变得很弱甚至可能消失。然而，研究表明，在 GaN 中，τ_{ph} 随着电子浓度的增大而减小至 $0.35\sim2.5$ ps[57,75]，如图 4.16 所示。这就意味着，即使在背景电

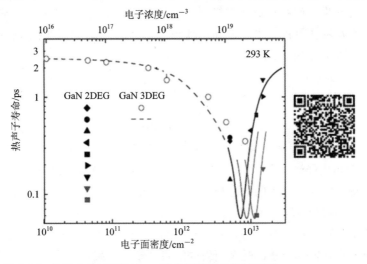

图 4.16　GaN 中热声子寿命 τ_{ph} 随电子浓度的变化规律

子浓度较低的 GaN 外延薄膜中，热声子效应也可对热电子的动量和能量弛豫过程产生很大的影响。

为了评估热声子效应对热电子动量和能量弛豫过程的影响，可做如下简化假设：

（1）τ_{ph} 不依赖于波矢 q 以及 GaN 沟道电场；

（2）为了计算等效热声子寿命，用 LO 声子分布中的最大声子占据数 n_{max}（对应于"最热"声子态的占据数）来计算声子散射速率；

（3）等效热声子温度由 n_{max} 决定。

做了这些简化假设后，根据声子散射理论，弛豫时间近似下描述声子占据数 n_q 增长速率的平衡方程[76-77]为

$$\frac{\mathrm{d}n_q}{\mathrm{d}t} = G_e(q) = \frac{n_a - n_0}{\tau_{ph}} \tag{4-36}$$

其中，$G_e(q)$ 为波矢 q 的 LO 声子的净产生速率，由 e-LO 声子相互作用过程中 LO 声子的产生与再吸收决定，其表达式[76-77]为

$$G_e(q) = \frac{1}{2\tau_0}\left(\frac{\hbar\omega_{LO}}{E_q^3}\right) \times \left((n_q+1)\int_{E_1}^{\infty} f(E)(1-f(E-\hbar\omega_{LO}))\mathrm{d}E - \right.$$
$$\left. n_q\int_{E_2}^{\infty} f(E)(1-f(E+\hbar\omega_{LO}))\mathrm{d}E\right) \tag{4-37}$$

其中，f 为热电子的分布函数，且有[76-77]

$$E_1 = \frac{(\hbar\omega_{LO} + E_q)^2}{4E_q} \tag{4-38}$$

$$E_2 = \frac{(\hbar\omega_{LO} - E_q)^2}{4Q_q} \tag{4-39}$$

$$E_q = \frac{\hbar^2 q^2}{2m^*} \tag{4-40}$$

最终，求解方程（4-36）可得稳态的热声子占据数[76-77]为

$$n_q = \frac{\dfrac{\tau_q}{2\tau_0}\left(\dfrac{\hbar\omega_{LO}}{E_q^3}\right)^{1/2}\dfrac{N_1 k_B T_e}{N_c}\exp\left(-\dfrac{E_1}{k_B T_e}\right) + n_0}{1 + \left[\exp\left(\dfrac{\hbar\omega_{LO}}{k_B T_e}\right) - 1\right]\dfrac{\tau_P}{2\tau_0}\left(\dfrac{\hbar\omega_{LO}}{E_q^3}\right)^{1/2}\dfrac{N_1 k_B T_e}{N_c}\exp\left(-\dfrac{E_1}{k_B T_e}\right)}$$
$$\tag{4-41}$$

北京大学的研究组假设 τ_{ph} 为 2 ps，计算了稳态热声子占据数 n_q 随电子温度 T_e 的变化关系，如图 4.17 所示[69]。图中的横轴波矢 q_0 采用所谓的中心波矢，即对具有 LO 声子能量的电子波矢进行了归一化[69]，有

$$q_0 = \sqrt{\frac{2m^* \omega_{LO}}{\hbar^2}} \qquad (4-42)$$

从而可以看出，在 GaN 中背景电子浓度只有 4×10^{16} cm^{-3} 的低浓度情况下，LO 声子虽然尚未与热电子系统形成热平衡，但其占据数依然远高于平衡声子的分布。

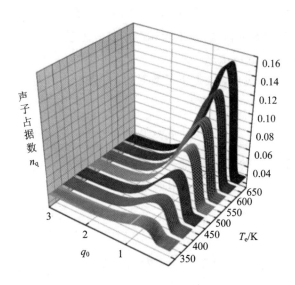

图 4.17 高场下 GaN 中稳态热声子占据数 n_q 随电子温度 T_e 的变化关系

接下来，北京大学的研究组通过计算研究了 GaN 中不同的声子态对 e - LO 相互作用的影响。如图 4.18 中的最上方曲线所示[69]，从动量弛豫的角度来说，"最热"的 HP 态能够最有效地散射电子动量。因此，虽然 HP 态只占据着动量空间的很小一部分，它们却几乎是唯一参与 e - LO 相互作用的声子态。另一方面，HP 态对热电子能量弛豫的贡献最小，如图 4.18 所示[69]。如果热声子可从这些"热态"中被散射出去，那么声子对热电子动量散射的作用会减弱，而对热电子能量的弛豫作用会增强。换句话说，这些热声子态上声子的动量弛豫可以看作是热声子的一种附加弛豫渠道，也即一种等效寿命。这种等效寿命和 LO 声子的实际寿命(分解为声学声子)是并联关系。总寿命的减小可加速热声子系统向平衡晶格震动系统的转换和过渡[69]。

考虑到在窄沟道 GaN 中(B 组样品)的高场电子漂移速度明显高于宽沟道(A 组样品)的实验结果，可推断边界散射很可能影响到高场下 GaN 中热声子的分布。边界散射可包含镜面或粗糙表面散射，以及边界和表面电荷中心的库

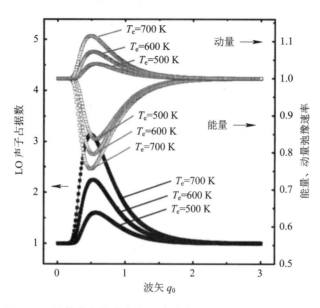

图 4.18　计算获得的稳态声子动量弛豫速率、能量弛豫速率和占据数随其波矢 q_0 的变化关系

仑散射[76]，这些散射中心的特征长度可能与 $1/q_0$ 处于同一量级。与边界相关的散射均为弹性散射，对于高能量的热电子来说影响并不明显。然而，由于 GaN 中 LO 声子的群速度很低，这些弹性散射却可显著影响到热声子的分布[69]。GaN 中的热声子以非平衡态的形式存在，任何形式的随机化散射都可能破坏这样的非平衡态进而使热声子向平衡态转化。北京大学的研究组引入了动量弛豫时间 τ_b 来描述 GaN 中热声子态占据数的有效弛豫[69]：

$$\frac{\mathrm{d}n_q}{\mathrm{d}t} = G_e(q) - \frac{n_q - n_0}{\tau_{ph}} - \frac{n_q - n_0}{\tau_b} \tag{4-43}$$

其中，$G_e(q)$ 是波矢为 q 的 LO 声子的净产生速率，τ_{ph} 是 LO 声子寿命，n_q 是声子占据数。通过对 Boltzmann 方程积分可得出热电子的能量和动量平衡方程，以 τ_b 为拟合参数，结合实验结果可自洽得到热电子能量和动量的平均弛豫速率[69]。这里考虑的电子散射机制包括 LO 声子散射、声学声子散射、电离杂质散射以及贯穿位错散射，实验中将其加在 GaN 沟道的电场范围内，电子进入上能谷的散射可忽略。

　　通过实验测量与自洽计算得到的两组 GaN 样品中热电子的能量弛豫速率随电子温度 T_e 倒数的变化关系如图 4.19 所示[69]，图中点为实验结果，实线为

计算结果。研究结果表明，在窄沟道的 B 组样品中，LO 声子的等效寿命 τ_{ph} 为
0.4 ps，而在宽沟道的 A 组样品中为 1.0 ps。如果取 GaN 中的电子温度 T_e 为
450 K，B 组样品中热声子对热电子能量耗散的影响比在 A 组样品中低 1.3
倍，而 B 组样品中对热电子动量弛豫的影响只比 A 组样品中低 1.05 倍。由此
可看出热声子效应对 GaN 中热电子高场输运性质的影响主要是热电子的能量
弛豫，而对其动量弛豫的影响并不显著。这个结论与美国约翰斯·霍普金斯大
学 J. Khurgin 等人的研究结果基本一致[55]。显而易见的是，GaN 中的边界散
射对加速热声子系统向平衡晶格系统转换，进而对削弱高场下 GaN 中的热声
子和热电子效应有显著影响[69]。

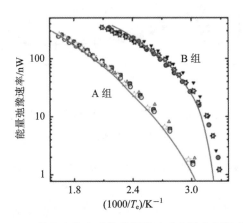

图 4.19 A 组和 B 组 GaN 样品中热电子的能量弛豫速率随电子温度 T_e 倒数的变化关系

4.3 氮化镓基异质结构中二维电子气的量子输运性质

如前所述，GaN 基异质结构中很强的极化电场和很大的导带偏移 ΔE_c 导
致在异质界面形成很深的三角形量子阱，并感应出达 10^{13} cm^{-2} 量级的高密度
2DEG。如此高密度的 2DEG 必然会产生一些在常规的半导体异质结构中不可
能或不易观察到的新物理现象，因此，以 Al$_x$Ga$_{1-x}$N/GaN 异质结构为代表的
GaN 基异质结构中 2DEG 的量子输运性质成为近十年来国际上半导体物理研
究的热点领域之一[78-81]。

强磁场、超低温下的磁电阻测量是研究半导体低维量子结构中载流子量子

输运性质的主要和强有力的方法。从 20 世纪六七十年代起，人们对 $Al_xGa_{1-x}As/GaAs$ 等常规半导体异质结构和量子阱中精细能带结构和 2DEG 量子输运行为的发现和认识绝大部分是通过强磁场、超低温下的纵向和横向磁电阻测量获得的[82]。近二十年来，国际上采用此方法也在 GaN 基异质结构 2DEG 的量子输运性质上获得了许多富有价值的研究成果。

国内，在南京大学郑有炓院士的提议和指导下，在中科院上海技术物理所褚君浩院士等人的支持下，沈波教授近 20 年来先后带领其南京大学和北京大学的研究组在此领域开展了系统的研究工作[78,80-81,83-84]。下面结合南京大学和北京大学在该领域取得的研究进展，详细讨论 GaN 基半导体异质结构中 2DEG 的量子输运性质。

4.3.1　异质界面量子阱的精细能带结构和多子带占据

首先讨论 GaN 基质结构中三角形量子阱的精细能带结构和 2DEG 的子带占据行为。我们知道由于 $Al_xGa_{1-x}N/GaN$ 异质结构中存在很强的自发和压电极化效应，以及大的导带偏移 ΔE_c，在异质界面形成了很深的三角形量子阱，并感应出高密度的 2DEG，其量子阱的精细能带结构和 2DEG 的子带占据行为与 $Al_xGa_{1-x}As/GaAs$ 异质结构有很大差异。

1992 年，美国南卡大学 M. A. Khan 等人首次在蓝宝石衬底上制备出室温迁移率为 620 $cm^2/(V \cdot s)$、低温迁移率为 2626 $cm^2/(V \cdot s)$ 的 $Al_xGa_{1-x}N/GaN$ 异质结构，并在国际上首次通过磁输运测量观察到异质结构磁电阻的 Shubnikov de Haas(SdH)振荡[85]，而国际上通行的观点认为 SdH 振荡是确认半导体异质结构中形成 2DEG 的主要判据。正是由于这个工作，M. A. Khan 被公认为国际上 GaN 基异质结构和 HEMT 器件研究的开创者。但由于当时 M. A. Khan 等人制备的 $Al_xGa_{1-x}N/GaN$ 异质结构质量较差，2DEG 的室温和低温迁移率很低，特别是存在较强的并行电导，其观测到的 SdH 振荡较弱。随着国际上 GaN 基异质结构外延生长方法的不断进步，到 2000 年前后，人们已可制备出 2DEG 低温迁移率超过 10 000 $cm^2/(V \cdot s)$ 的高质量 $Al_xGa_{1-x}N/GaN$ 异质结构，因而可观察到很强、很清晰的 SdH 振荡[22-24]。这为人们采用强磁场、超低温的磁输运测量，特别是 SdH 振荡谱深入研究 GaN 基异质结构中 2DEG 的量子输运性质，首先是其精细能带结构和载流子子带占据行为奠定了基础。

1. 异质界面量子阱中 2DEG 的磁电阻振荡

本书第 2 章分析了 GaN 基异质结构界面因能带弯曲形成的三角形量子阱的能带结构，得到在异质界面量子阱中，因 z 方向（与界面垂直方向）上三角形势阱的限制，连续能级劈裂为分立能级，形成一个个二维运动电子的能带，即所谓"子带"。当进行磁输运测量时，如果在 z 方向引入强磁场，磁场会使得二维平面内的连续能级量子化为一系列分立的朗道能级[1]。这里，我们首先讨论半导体异质结构的磁电阻（也称为磁阻）SdH 振荡的物理原理。

1930 年，荷兰莱顿大学 L. W. Shubnikov 和 W. J. de Haas 首先在金属铋单晶中观察到磁阻振荡，后来以发现者的名义将此命名为 SdH 振荡，该振荡行为是由电子的量子效应引起的，反映朗道能级态密度在费米面能级处的变化。振荡产生的原因简单来说就是当外加磁场变大时，能带分裂形成的等间距朗道能级间距也随之变大，各子带底相继越过费米能级，引起散射增强，从而导致磁阻随外加磁场周期性的高低变化。下面来讨论半导体异质结构中 2DEG 的 SdH 振荡的物理图像。如前所述，因 z 方向上三角形势阱的限制，2DEG 在 z 方向上形成分立的能级，而 x-y 平面（异质界面）内则是准连续能级。2DEG 的能态密度可表示为[10]

$$N_s(E) = \frac{m}{\pi\hbar^2}\vartheta(E - E_s) \qquad (4-44)$$

其中，m 是电子有效质量，s 代表子带序数，E_s 是子带带底能量，ϑ 函数定义为变量大于零则输出为 1，否则为 0。当外加 z 方向磁场时，2DEG 在 x-y 平面内的准连续能级将发生分裂，形成一系列分立的朗道能级[1]。

为了更好地理解能级分裂的物理起因，我们先从单电子情形出发来进行讨论。从经典物理上讲，一个电子在磁场中会因洛仑兹力的作用沿圆形轨迹做回旋运动，其圆周的半径正比于电子的速度：

$$r_c = \frac{v}{\omega_c} \qquad (4-45)$$

其中，$\omega_c = eB/m$ 为电子在磁场中运动的回旋频率，并且电子可以沿任意半径的圆周做回旋运动。但在量子力学中，电子运动的圆周周长必须满足德布罗意波长的整数倍这一要求[1]，即

$$2\pi r_c = \frac{nh}{mv} \qquad (4-46)$$

从式（4-46）的限定条件中可以得到电子的动能只能取分立的能量值[1]：

$$\frac{mv^2}{2} = \frac{n\,\hbar\,\omega_c}{2} \tag{4-47}$$

因此可得到磁场中运动的单电子的能级分布如下[1]：

$$E_n = E_0 + n\left(\frac{\hbar\,\omega_c}{2}\right) \tag{4-48}$$

其中，E_0 为电子的基态能量，n 是激发态能级序数。磁场中 2DEG 的能级分布与单电子情形相似，具有相同的物理起源。

通过详细的量子力学分析，可以得到半导体异质结构中 2DEG 的各能级能量。假设异质结构的 2DEG 沟道方向为 x 方向，磁场垂直于沟道平面，沿 z 方向。采用朗道规范，2DEG 的单电子哈密顿量可写为[86]

$$H = \frac{(i\,\hbar\nabla + e\mathbf{A})^2}{2m} + U(y) \tag{4-49}$$

其中，$\mathbf{A} = (-By, 0, 0)$ 为朗道规范下的磁矢势，$U(y)$ 描述了 y 方向上沟道的限制势。由于体系在 x 方向上存在平移对称性，上述哈密顿量的本征函数可写为 $\Psi(x, y) = \mathrm{e}^{ikx}\chi(y)$，其中 $\chi(y)$ 满足[86]：

$$\left[\frac{(\hbar k + eBy)^2}{2m} + \frac{p_y^2}{2m} + U(y)\right]\chi(y) = E\chi(y) \tag{4-50}$$

其中，k 为 x 方向电子平面波波矢，p_y 是 y 方向电子动量算符。如果不考虑沟道的限制势，式(4-50)的本征值[86]为

$$E(n, k) = \left(n + \frac{1}{2}\right)\hbar\,\omega_c, \quad n = 0, 1, 2, \cdots, \ \omega_c = \frac{|e|B}{m} \tag{4-51}$$

综上所述，在强磁场下，异质界面量子阱中二维平面内的连续能级分裂成一系列等间距的朗道能级[86]：

$$E_n = E_s + \left(n + \frac{1}{2}\right)\hbar\,\omega_c \tag{4-52}$$

在不考虑塞曼分裂的前提下，相邻能级的能级间距相等，均为 $\hbar\,\omega_c$。这些分立的能级就命名为朗道能级，每个朗道能级对应的能态密度[86]为

$$N_s(E, B) \approx \frac{2eB}{h}\sum_{n=0}^{\infty}\delta\left[E - E_s - \left(n - \frac{1}{2}\right)\hbar\,\omega_c\right] \tag{4-53}$$

磁场中半导体异质结构中 2DEG 朗道能级的能态分布如图 4.20 所示[86]。

在理想情况下，磁场中半导体异质结构中每一个朗道能级应为能量的 Delta 函数，但在实际的半导体异质结构中，因为各种散射过程的存在，朗道能级在一定的能量范围内发生扩展，由原来的 Delta 分布变为 Gauss 分布[86]，

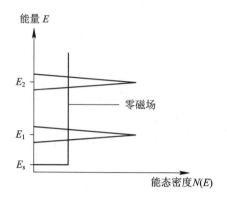

图 4.20　磁场中半导体异质结构中 2DEG 朗道能级的能态分布示意图

其中朗道能级的简并度为 $D=(m^*/\pi\hbar^2)\hbar\omega_c=2eB/h$。需要注意的是，上面所讨论的是不考虑电子自旋自由度的结果。若考虑到强磁场作用下电子自旋简并的解除，则每个朗道能级将会劈裂成自旋向上和自旋向下的两个能级，每个能级的简并度就变为 $D=eB/h$[86]。本书第 5 章论述 GaN 基异质结构中 2DEG 的自旋性质时，将进一步讨论这一问题。

随着磁场的变化，半导体异质结构中朗道能级的态密度和能级间距相应发生变化，并且朗道能级的占据数也随之改变。当某一朗道能级与费米能级具有相同的能量时，将会出现磁电阻的极大值。随着朗道能级间隔随磁场增强不断变大，磁电阻将会出现振荡现象，即产生 SdH 振荡。

我们在此进一步讨论为什么当某一朗道能级与费米能级具有相同的能量时，磁电阻会出现极大值。当异质界面量子阱中的电子处于垂直于异质界面的强磁场且面内外加电场的作用时，沿着电场方向电子的群速度为零，沿着电场方向的电流完全是由散射引起的，导电过程可认为是散射引起的量子跳跃过程。对于纵向电阻率，导电过程对其的主要贡献来自费米能级附近能量状态的电子之间的散射过程。当费米能级穿过任意朗道能级时，对朗道能级上电子的散射都将增强，由此出现磁电阻的 SdH 振荡。因此半导体异质结构出现磁阻极大值的条件[1]如下：

$$\left(n+\frac{1}{2}\right)\hbar\omega_c=E_F-E_i \tag{4-54}$$

其中，$\omega_c=eB/m^*$，E_F 为费米能级，E_i 为第 i 个子带的带底能级。随着磁场的增大，朗道能级和费米能级周期性地相齐，磁电阻的极值周期性地出现，从而形成振荡。将式(4-54)变换一下形式有[1]

$$n + \frac{1}{2} = \frac{(E_{\mathrm{F}} - E_i)m^*}{e\,\hbar} \frac{1}{B} \qquad (4-55)$$

随着朗道能级穿越费米面，以 $1/B$ 振荡的周期为[1]

$$\Delta\left(\frac{1}{B}\right) = \frac{1}{B_{n+1}} - \frac{1}{B_n} = \frac{e\,\hbar}{(E_{\mathrm{F}} - E_i)m^*} \qquad (4-56)$$

为了在实验上观察到半导体异质结构的 SdH 振荡，必须满足两个条件：

（1）费米能级热展宽 $k_{\mathrm{B}}T$ 必须小于朗道能级分裂 $\hbar\omega_{\mathrm{c}}$，为了使电子占据更多的朗道能级，费米能级 $E_{\mathrm{F}} - E_i > \hbar\omega_{\mathrm{c}}$，即 $k_{\mathrm{B}}T \ll \hbar\omega_{\mathrm{c}} < E_{\mathrm{F}} - E_i$；

（2）朗道能级展宽必须小于 $\hbar\omega_{\mathrm{c}}$，即 $\Gamma_{n,s} \ll \hbar\omega_{\mathrm{c}}$，由于 $\tau = \hbar/\Gamma_{n,s}$，$\mu = e\tau/m^*$，因此 $\omega_{\mathrm{c}}\tau \gg 1$，$\mu B \gg 1$。

这两个条件意味着电子在被杂质散射之前，在动量弛豫时间 τ 内将完成多次回旋运动，这样才能够形成朗道能级[1]。因此，观察到异质结构中 SdH 振荡的实验条件为：

（1）半导体异质结构中载流子迁移率较高；

（2）具有很低的测量温度，一般在液氦温区 4.2 K 以下；

（3）足以克服碰撞展宽及热展宽的磁场强度。

如不考虑自旋分裂的影响，半导体异质结构磁电阻的 SdH 振荡可表示如下[87]：

$$\frac{\Delta R_{xx}}{R_0} = 4\,\frac{X}{\sinh X}\exp\left(-\frac{\pi}{\omega_{\mathrm{c}}\tau_{\mathrm{q}}}\right)\cos\left(\frac{2\pi(E_{\mathrm{F}} - E_i)}{\hbar\omega_{\mathrm{c}}} - \pi\right) \qquad (4-57)$$

其中，R_0 是零场电阻，$X = 2\pi^2 k_{\mathrm{B}}T/(\hbar\omega_{\mathrm{c}})$ 是温度相关项，$E_{\mathrm{F}} - E_i$ 为费米面与子能带带底的能量差。式(4-57)中的余弦项反映子带底穿越费米能级引起的周期变化。对于异质结构中的 2DEG 而言，该周期实际上只依赖于载流子浓度 n，而与 m^* 无关。$E_{\mathrm{F}} - E_i$ 反比于 m^*，可表示如下[87]：

$$E_{\mathrm{F}} - E_i = \frac{n_i\pi\hbar^2}{m^*} \qquad (4-58)$$

其中，n_i 为量子阱中各子带的电子面密度，其大小为 $n_i = 2ef_i/h$，其中

$$f_i = \frac{1}{\Delta(1/B)}$$

异质结构中 2DEG 的有效质量可从 SdH 振幅 A 的温度相关项得到。随着温度升高，振幅减小。如果将 $\sinh X$ 近似为 $\exp(X)/2$，A 和 B 的关系式为[87]

$$\ln\left(\frac{A}{T}\right) \approx C - \frac{2\pi^2 k_B m^*}{e \hbar B}T \tag{4-59}$$

其中，C 是和温度无关的常数，k_B 为玻尔兹曼常数。2DEG 的有效质量 m^* 可以从 $\ln\left(\frac{A}{T}\right)$-$T$ 图中的直线斜率拟合得到。另一方面，根据 SdH 振荡谱也可求得电子的量子散射时间 τ_q，其表达式为[87]

$$Y \equiv \ln\left[AB\sinh\left(\frac{2\pi^2 k_B T}{\hbar \omega_c}\right)\right] = C' - \frac{\pi m^*}{e\tau_q}\frac{1}{B} \tag{4-60}$$

其中，A 为振幅，C' 为常数，作 Y-$\frac{1}{B}$ 直线，从其斜率就可得到量子散射时间 τ_q。这里简单讨论一下量子散射时间 τ_q 的物理含义。半导体中电子的输运性质通常由输运散射时间 τ_t 表征，同时存在量子散射时间 τ_q，用以表征单粒子电子态的量子增宽。假设 $Q(\theta)$ 是 θ 的函数，如果 $Q(\theta)$ 正比于散射概率，则 τ_q 由下式给出[88]：

$$\frac{1}{\tau_q} = \int_0^\pi Q(\theta)\mathrm{d}\theta \tag{4-61}$$

而输运散射时间 τ_t 为

$$\frac{1}{\tau_t} = \int_0^\pi Q(\theta)(1-\cos\theta)\mathrm{d}\theta \tag{4-62}$$

对于短程势散射，如合金无序散射和界面粗糙度散射，这两种散射的时间相差不大。但对于长程势散射，如库仑散射，输运散射时间和量子散射时间相差很大[89]。量子散射时间可由磁输运测量得到，即可从测量获得的异质结构 SdH 振荡谱中提取。通过对比异质结构输运散射时间 τ_t 和量子散射时间 τ_q，可获得半导体异质结构中散射机制的重要信息。

2000 年，美国 CREE 公司 A. Saxler 等人通过 SdH 振荡测量得到 $\text{Al}_x\text{Ga}_{1-x}\text{N/GaN}$ 异质结构中 2DEG 低温下的输运散射时间 τ_t 为 2.34 ps，而量子散射时间 τ_q 为 0.5 ps[90]，τ_q 明显小于 τ_t。2005 年，法国异质外延及其应用研究中心 P. Lorenzini 等人测得 $\text{Al}_x\text{Ga}_{1-x}\text{N/GaN}$ 异质结构中 2DEG 的 τ_t 和 τ_q 之比在 9 到 19 之间[91]。2005 年，美国 UCSB 的 L. Hsu 和 W. Walukiewicza 理论计算了 $\text{Al}_x\text{Ga}_{1-x}\text{N/GaN}$ 异质结构中 τ_t 和 τ_q 之比[92]，计算结果是当势垒层 Al 组分在 0.15 以上时，2DEG 的面密度在 10^{12} cm^{-2} 范围内，输运散射时间和量子散射时间的比值很容易大于 20，但当 2DEG 的面密度接近或超过 10^{13} cm^{-2} 时，比值急剧变小。

同时我们可发现 SdH 振荡的周期只依赖于电子浓度，而与电子的有效质量 m^* 无关。若磁场 B_1 对应于某一个磁阻峰值，B_2 对应于与之相邻的峰值，它们的关系可表示为[10]

$$\frac{n_s}{2eB_1/h} - \frac{n_s}{2eB_2/h} = 1 \qquad (4-63)$$

其中，n_s 即为异质结构中某一子带上的 2DEG 面密度，可通过式(4-63)表示为[10]

$$n_s = \frac{2ef_i}{h} = \frac{2e}{h} \frac{1}{(1/B_1)-(1/B_2)} \qquad (4-64)$$

因此，从 SdH 振荡谱的周期中还可得到各子带上 2DEG 占据密度的信息。接着，我们将通过 SdH 振荡来观测和分析 GaN 基半导体异质结构界面量子阱中 2DEG 的多子带占据行为。

2. $Al_xGa_{1-x}N/GaN$ 异质结构中 2DEG 的双子带占据

2000 年，南京大学沈波、郑泽伟等人在郑有炓老师的指导下，与中科院上海技术物理所褚君浩、郑国珍等人合作，观察到了 $Al_{0.22}Ga_{0.78}N/GaN$ 异质结构中 2DEG 的双子带占据行为[78]。他们通过强磁场、超低温磁输运测量，获得了 $Al_{0.22}Ga_{0.78}N/GaN$ 异质结构的双周期 SdH 振荡曲线及其快速傅里叶变换(FFT)谱如图 4.21 所示[78]。

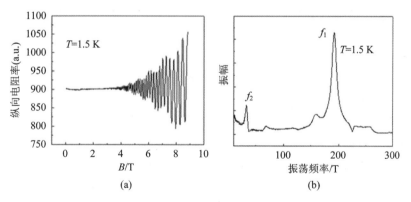

(a)　　　　　　　　(b)

图 4.21 $Al_{0.22}Ga_{0.78}N/GaN$ 异质结构的双周期 SdH 振荡曲线及其快速傅里叶变换谱

如前所述，$Al_xGa_{1-x}N/GaN$ 异质结构中具有很强的极化效应和很大的导带偏移 ΔE_c，使得异质界面处的三角形量子阱既深又窄，其中第一和第二子带间的能量间距很大。大的能量间距虽然不利于 $Al_xGa_{1-x}N/GaN$ 异质结构第二子带占据，但是高密度的 2DEG 使其双子带占据变为可能。图 4.22 为 $Al_{0.22}Ga_{0.78}N/GaN$ 异质结构的导带精细结构和电子波函数的分布示意图[78]。该图展示了异质结构界面三角型量子阱中 $n=0,1,2$ 量子态的波函数平方。左边虚线表示费米能级，实线表示前 3 个子带能级的相对位置。

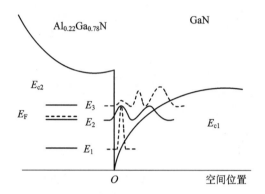

图 4.22 $Al_xGa_{1-x}N/GaN$ 异质界面的导带精细结构和电子波函数分布示意图

基于图 4.22 给出的 $Al_{0.22}Ga_{0.78}N/GaN$ 异质界面三角形量子阱的物理图像和图 4.21 展示的实验结果，根据前面给出的物理公式，我们可得到 $Al_{0.22}Ga_{0.78}N/GaN$ 异质界面量子阱中占据第一子带的 2DEG 面密度 n_1 为 $9.27×10^{12}$ cm^{-2}，占据第二子带的 2DEG 面密度 n_2 为 $1.6×10^{12}$ cm^{-2}，量子阱中总的 2DEG 面密度 n 为 $1.09×10^{13}$ cm^{-2}[78]。

取电子的有效质量 $m^*=0.23m_0$，可得到量子阱中第一子带和第二子带之间的能量间距约为 80 meV[78]。

$Al_xGa_{1-x}N/GaN$ 异质结构 SdH 振荡的双周期并非全是双子带占据的原因导致，特别是对于两种振荡的频率十分接近的情形。2002 年，台湾大学 I. Lo 等人曾在 $Al_{0.35}Ga_{0.65}N/GaN$ 异质结构中观测到 SdH 振荡的拍频现象，他们把这种拍频振荡的原因归于 2DEG 的双子带占据[79]。但是从 SdH 振荡谱得到的一系列物理参数（特别是两个子带上 2DEG 面密度的数值）比他们通过 Hall 测量得到的 2DEG 面密度要低很多。更直观的判断如下：$Al_xGa_{1-x}N/GaN$ 异质结构三角形量子阱中的子带位置公式[79]为

$$E_i = \left(\frac{\hbar^2}{2m^*}\right)^{1/3}\left(\frac{3\pi eF}{2}\right)^{2/3}\left(i+\frac{3}{4}\right)^{2/3} \tag{4-65}$$

根据式(4-65)，随着能量的增加，子带能级的能量间距越来越小，如图

4.23 所示。

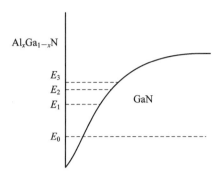

图 4.23　$Al_xGa_{1-x}N/GaN$ 异质界面三角形量子阱中子带结构示意图

　　如果 $Al_xGa_{1-x}N/GaN$ 异质结构中两个子带被占据，根据他们的测量结果，第一子带到第二子带的能量间距为 16.7 meV，远小于费米面到第二子带的能量距离 139.0 meV。因此，量子阱中势必有很多子带在费米面以下被电子占据，这样，2DEG 的浓度应该成倍增加，与实验结果显然不符。因此，这种频率十分接近的磁电阻振荡不可能是异质结构中 2DEG 双子带占据的表现[93]。接下来我们还会讨论到磁致子带间散射效应及零场自旋分裂效应，这些物理效应都会导致异质结构磁电阻的拍频振荡。

3. AlN/GaN 异质结构中 2DEG 的三子带占据

　　近年来，由于在 GaN 基超高频电子器件领域的应用价值，超薄势垒层 AlN/GaN 异质结构受到了国际上的重视[94-96]。AlN/GaN 异质结构相比 $Al_xGa_{1-x}N/GaN$ 异质结构的最大特点就是在异质界面具有更深的三角形量子阱和更高的 2DEG 密度，而且当 AlN 势垒层厚度降到只有 3～5 nm 的超薄状态时，依然可保持高密度的 2DEG。这首先是由于 AlN/GaN 异质结构中具有非常强的自发和压电极化效应，且远强于 $Al_xGa_{1-x}N/GaN$ 异质结构[94]；其次，AlN 和 GaN 的禁带宽度存在很大的差别，导致界面处形成高达 1.8 eV 的导带偏移 ΔE_c[95]，也远大于 $Al_xGa_{1-x}N/GaN$ 异质结构。但是由于 AlN 和 GaN 之间的晶格失配和热失配比 $Al_xGa_{1-x}N/GaN$ 异质结构更大，其外延制备质量一直难以提高，2DEG 室温迁移率远低于 $Al_xGa_{1-x}N/GaN$ 异质结构。然而，近年来超薄势垒层 AlN/GaN 异质结构的 MBE 外延制备方法发展很快，国际上报道的 AlN/GaN 异质结构中 2DEG 的室温迁移率最高已达 1800 $cm^2/(V \cdot s)$[96]。

　　2020 年，北京大学王新强、杨流云等人深入研究了超薄势垒层 AlN/GaN

异质结构的 MBE 外延生长，通过对 AlN 势垒层和 GaN 盖层厚度的精确控制，以及对界面的优化调控，实现了室温方块电阻 82 $\Omega/(sq)$ 的高质量 AlN/GaN 异质结构，2DEG 的面密度为 2.4×10^{13} cm^{-2}，室温迁移率高达 2300 cm$^2/(V \cdot s)$，3 K 低温下其 2DEG 的迁移率达 1.1×10^4 cm$^2/(V \cdot s)$[80]。在制备出高质量 AlN/GaN 异质结构的基础上，他们对该异质结构中高密度 2DEG 的多子带占据和其他量子输运性质进行了研究。图 4.24 展示了 AlN/GaN 异质结构的 SdH 振荡曲线[80]。

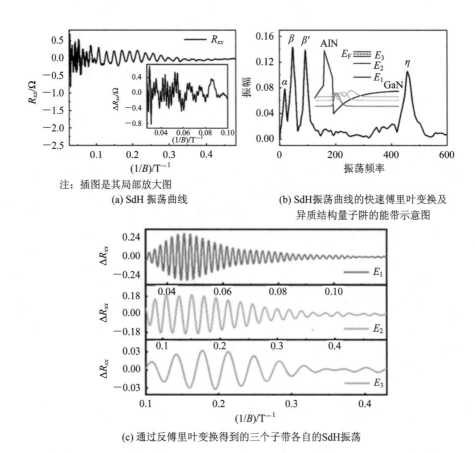

注：插图是其局部放大图

(a) SdH 振荡曲线

(b) SdH 振荡曲线的快速傅里叶变换及异质结构量子阱的能带示意图

(c) 通过反傅里叶变换得到的三个子带各自的 SdH 振荡

图 4.24 AlN/GaN 异质结构的 SdH 振荡曲线

从图 4.24(a) 可以看到 AlN/GaN 异质结构的 SdH 振荡曲线存在多个振荡磁频率。为了分离出这些不同的振荡频率，对图 4.24(a) 所示的 SdH 振荡曲线做快速傅里叶变换（FFT），结果如图 4.24(b) 所示，可看到 3 个明显的 SdH 振荡频率，分别将其标记为 α、β 和 η，可确认图 4.24(b) 中的 β' 峰是 β 的倍频信号。这 3 个不同的振荡频率分别对应着异质界面量子阱中的 3 个子带（E_1、E_2 和 E_3）。通过反傅里叶变换（Inverse FFT，IFFT）可以得到每个子带的 SdH 振荡曲线，如图 4.24(c) 所示。通过计算和拟合，得到的异质界面量子阱中的 E_1、E_2 和 E_3 3 个子带的详细物理参数如表 4-2[80] 所示。

表 4-2 E_1、E_2 和 E_3 三个子带的主要物理参数

子带参数	E_1	E_2	E_3
n_i/cm^{-2}	2.2×10^{13}	2.3×10^{12}	8.8×10^{11}
$E_F - E_i/eV$	265	28	11
τ_q/ps	0.09	0.7	0.4
T_D/K	13.6	1.7	3.1

注：主要物理参数包括子带的载流子浓度 n_i、能级位置 $E_F - E_i$、量子散射时间 τ_q、丁格尔温度 T_D 和量子迁移率 μ_q。

4. 晶格匹配 $In_{0.18}Al_{0.82}N/GaN$ 异质结构的子带结构和子带占据

如本书第 2 章所述，晶格匹配的 $In_{0.18}Al_{0.82}N/GaN$ 异质结构在 GaN 基超高频电子器件领域亦有重要的应用价值，因而近年来受到了国际上的重视[97-100]。不同于 $Al_xGa_{1-x}N/GaN$ 异质结构，$In_{0.18}Al_{0.82}N/GaN$ 异质结构因 $In_{0.18}Al_{0.82}N$ 和 GaN 之间的面内晶格匹配，异质结构中基本没有压电极化效应，主要依靠自发极化效应和导带偏移 ΔE_c 形成 2DEG，因此当 $In_{0.18}Al_{0.82}N$ 势垒层厚度降低到只有 3~5 nm 时，异质结构的 2DEG 密度依然可保持在 10^{13} cm^{-2} 量级，室温 2DEG 迁移率也可保持在 1100 $cm^2/(V \cdot s)$ 以上[101]，可满足超高频电子器件研制对超薄势垒层 GaN 基异质结构的需求。

虽然没有压电极化效应，但是 $In_{0.18}Al_{0.82}N$ 外延层的自发极化效应远高于 $Al_{0.25}Ga_{0.75}N$ 外延层，同时 $In_{0.18}Al_{0.82}N/GaN$ 异质界面的导带偏移 ΔE_c 也远大于 $Al_{0.25}Ga_{0.75}N/GaN$ 异质结构[99]。因此，$In_{0.18}Al_{0.82}N/GaN$ 界面附近 GaN 中有更大的能带弯曲，形成的三角形量子阱更深，从而 2DEG 的第二子带和第一子带的能量间距更大，对 2DEG 的限制更强。可以预见，与 $Al_xGa_{1-x}N/GaN$ 异质结构相比，晶格匹配的 $In_{0.18}Al_{0.82}N/Ga$ 异质结构中 2DEG 的子带占据和其他量子输运性质应该有明显的差别。

2011 年，北京大学唐宁、苗振林等人通过强磁场、超低温下的磁输运测量，结合薛定谔方程和泊松方程的自洽计算，系统研究了 $In_{0.18}Al_{0.82}N/Ga$ 异

质结构中 2DEG 的 SdH 振荡行为[81]。异质结构样品包括 1.8 μm 厚的高晶体质量 GaN 外延层、2 nm 厚的 AlN 插入层及 22 nm 厚的 $In_{0.18}Al_{0.82}N$ 势垒层。通过室温下的 Hall 测量获得的 $In_{0.18}Al_{0.82}N/GaN$ 异质结构中 2DEG 的面密度为 2.1×10^{13} cm^{-2}，迁移率为 1340 cm^2/(V·s)。磁输运测量样品采用 Hall bar 结构，测量温度为 1.4 K，磁场强度最高为 14 T。

1.4 K 低温下 $In_{0.18}Al_{0.82}N/GaN$ 异质结构的纵向磁阻 ρ_{xx} 随磁场 B 的变化曲线如图 4.25(a) 所示[81]。从图 4.25(a) 中可以看到，$In_{0.18}Al_{0.82}N/GaN$ 异质结构显示出清晰的 SdH 振荡，这也是国际上第一次在 $In_{0.18}Al_{0.82}N/GaN$ 异质结构中观察到 SdH 振荡行为。SdH 振荡呈现明显的双周期特征，这表明异质结构中 2DEG 的双子带占据。图 4.25(b) 是 SdH 振荡曲线的快速傅里叶变换 (FFT) 谱，从中可得到 SdH 振荡的频率分别为 $f_1 = 397.1$ T 和 $f_2 = 34.6$ T。根据式 (4-64) 可得到异质界面三角形量子阱中第一子带上的 2DEG 面密度 $n_1 = 1.92 \times 10^{13}$ cm^{-2}，第二子带上的 2DEG 面密度 $n_2 = 1.67 \times 10^{12}$ cm^{-2}，异质结构中总的 2DEG 面密度高达 2.09×10^{13} cm^{-2}[81]，与 Hall 测量获得的面密度基本一致。

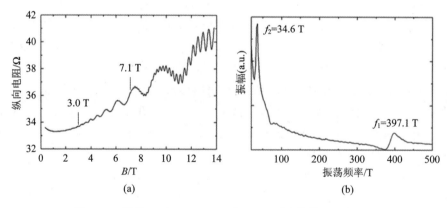

图 4.25　晶格匹配 $In_{0.18}Al_{0.82}N/GaN$ 异质结构的双周期 SdH 振荡曲线及其快速傅里叶变换谱

意大利卡利亚里大学 V. Fiorentini 等人采用第一性原理计算得到了 $In_{0.18}Al_{0.82}N$ 的自发极化强度的大小[102]，推出 $In_{0.18}Al_{0.82}N/Ga$ 异质界面的极化电荷密度为 0.037 C/m^2，远大于 $Al_{0.25}Ga_{0.75}N/GaN$ 异质界面的 0.022 C/m^2[103]。毫无疑问，这是 $In_{0.18}Al_{0.82}N/GaN$ 异质结构中 2DEG 的面密度比 $Al_{0.25}Ga_{0.75}N/GaN$ 异质结构高约 1 倍的主要原因。如此高密度的 2DEG 气被限制在一个很

深的三角形量子阱中，可以预见在界面处会存在很强的电场。三角形量子阱的基本公式如下[79]：

$$E_i = \left(\frac{\hbar^2}{2m^*}\right)^{1/3} \left(\frac{3\pi eF}{2}\right)^{2/3} (i - 0.25)^{2/3} \qquad (4-66)$$

其中，F 为异质界面量子阱中的平均电场强度。根据式（4-66）可得 $F=$ 0.86 MV/cm，此值远大于 I. Lo 等人报道的 $Al_{0.35}Ga_{0.65}N/GaN$ 异质结构中的电场强度[79]。式（4-66）采用了理想的三角形量子阱近似，而 $In_{0.18}Al_{0.82}N/GaN$ 异质结构实际的量子阱的精细能带如图 4.26 所示[81]。在临近异质界面的区域，导带弯曲的斜率很大，远离界面时弯曲程度变小。通过对三角形势阱的电势做距离的一阶微分，可得到电场强度的分布，如图 4.26 中的插图所示，在异质界面处的最大电场高达 3.88 MV/cm²[81]，但是它随着远离界面而迅速减小，这正是由密度非常高的 2DEG 分布在异质界面极窄的区域引起的。

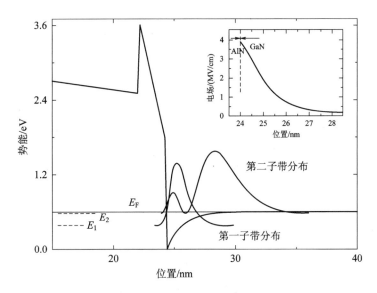

注：插图为异质界面附近的电场强度分布曲线

图 4.26　$In_{0.18}Al_{0.82}N/GaN$ 异质界面的导带精细结构和电子波函数分布示意图

由于异质界面三角形既深又窄，必然导致 $In_{0.18}Al_{0.82}N/GaN$ 异质结构量子阱中第二子带和第一子带的能级间距远大于 $Al_{0.25}Ga_{0.75}N/GaN$ 异质结构。取电子的有效质量 $m^* = 0.22m_0$，根据图 4.25 的实验数据计算可得量子阱中第二子带和第一子带的能级间距为 191 meV[81]，它和自洽计算得到的结果

189 meV很接近，远大于$In_{0.22}Ga_{0.78}N/GaN$异质结构中的75～80 meV的典型值[78]。表明$In_{0.18}Al_{0.82}N/GaN$异质结构对2DEG的量子限制远强于$Al_xGa_{1-x}N/GaN$异质结构。

在图4.25(a)中可观察到$In_{0.18}Al_{0.82}N/GaN$异质结构中第二子带的SdH振荡起振点为3.0 T，远小于第一子带的7.1 T[81]，这一差异表明2DEG在两个子带中的散射有很大差别。根据本书第2章由SdH振荡得到半导体异质结构电子量子散射时间的讨论，我们可分别作出异质结构中两个子带的$\ln((1/4)(\Delta\rho_{xx}/\rho_0)\times(\sinh\chi/\chi))$和$1/B$的关系曲线（Dingle Plots），如图4.27所示[81]。其中，τ_1和τ_2分别指分布在异质界面量子阱中第一子带和第二子带上2DEG的量子散射时间（亦叫量子寿命），$\Delta\rho_{xx}$是磁阻的振荡成分，ρ_0是磁场为零时的磁阻值，$\chi=2\pi^2k_BT/(\hbar\omega_c)$[104-105]。从图4.27中的两条线性关系可拟合得到$\tau_1=7.60\times10^{-14}$ s，而$\tau_2=2.24\times10^{-13}$ s。τ_2与前面给出的$Al_{0.22}Ga_{0.78}N/GaN$异质结构中的量子散射时间接近，但得到的τ_1不仅是τ_2的1/4，也远小于$Al_{0.22}Ga_{0.78}N/GaN$异质结构中的量子散射时间。

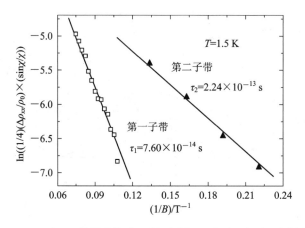

图4.27　$In_{0.18}Al_{0.82}N/GaN$异质结构中$\ln((1/4)(\Delta\rho_{xx}/\rho_0)\times(\sinh\chi/\chi))$和$1/B$的关系

如前所述，一般情况下，2DEG在GaN基异质结构中的主要散射机制是合金无序散射、界面粗糙度散射、声子散射和贯穿位错散射[106-107]。4.1节的讨论中已经确认AlN插入层可有效抑制异质结构势垒层的合金无序散射[25]，而且声子散射和贯穿位错散射对两个子带没有差别，所以不会导致两个子带上2DEG量子寿命明显的不同，而只可能是两个子带上2DEG的界面粗糙度散射存在显著的强弱差别。

而从图 4.26 中可以看到，$In_{0.18}Al_{0.82}N/GaN$ 异质结构量子阱中第一子带上 2DEG 分布的峰值位置距异质界面只有约 0.9 nm，而第二子带上 2DEG 分布的峰值距异质界面约有 4.0 nm[81]。如前所述，界面粗糙度散射的强弱主要依赖于 2DEG 分布与异质界面的远近，因此第一子带上 2DEG 受到的界面粗糙度散射远大于第二子带上的 2DEG[81]。由于 $In_{0.18}Al_{0.82}N/GaN$ 异质结构中约有 90% 的电子占据在第一子带上，因此相对于 $Al_xGa_{1-x}N/GaN$ 异质结构，一般 $In_{0.18}Al_{0.82}N/GaN$ 异质结构中 2DEG 的室温和低温迁移率均要低一些，而提高界面质量对于提升其 2DEG 迁移率，从而提高基于 $In_{0.18}Al_{0.82}N/GaN$ 异质结构的射频电子器件的性能也更加重要。

4.3.2　GaN 基异质结构中导带 $E \sim k$ 关系的非抛物性

在前面讨论 GaN 基异质结构的经典输运性质和量子输运性质时，都假设了 GaN 导带的电子能量-动量（$E-k$）关系是抛物线形式的，即认为导带中电子的有效质量 m^* 是一个常数。但是在实际的 GaN 基异质结构中，异质界面导带 $E-k$ 关系是抛物线形式，还是具有非抛物性特点，一直没有系统的研究和明确的结论。而精确的电子有效质量数值对于 GaN 基半导体异质结构材料和器件十分重要，是影响其输运性质和器件性能的基本物理参数之一。

基于上述认识，2006 年，北京大学唐宁、沈波等人与中科院上海技术物理所褚君浩、蒋春萍等人合作，进行了这方面的系统研究[83]。他们首先分析了国际上通过各种方法获得的 GaN 基异质结构中电子有效质量的结果，发现数据非常离散。理论计算的结果表明，GaN 基异质结构中电子的有效质量为 $0.15m_0$ 和 $0.18m_0$，其中 m_0 为自由电子的质量[108-110]。法国蒙佩利尔大学 W. Knap 等人用回旋共振的方法测得 $Al_xGa_{1-x}N/GaN$ 异质结构中电子的有效质量为 $0.223m_0 \sim 0.231m_0$[111]，美国空军实验室 S. Elhamri 等人、美国美光公司 A. Saxler 等人、美国加州大学洛杉矶分校 L. W. Wong 等人及日本德岛大学 T. Wang 等人用 SdH 振荡方法分别测得的 $Al_xGa_{1-x}N/GaN$ 异质结构中电子的有效质量为 $0.18m_0 \sim 0.23m_0$ 之间[90, 105, 112-114]。因此，电子有效质量实验的离散数据表明，$Al_xGa_{1-x}N/GaN$ 异质结构中导带 $E-k$ 关系的非抛物性是很有可能的。

半导体中由导带 $E-k$ 关系的非抛物性导致的有效质量增加值可表达如下[114]：

$$m^*(E) = m_0^* \left(1 + \frac{2E}{E_g}\right) \tag{4-67}$$

其中，E_g 为半导体的禁带宽度，m_0^* 是导带底电子的有效质量。实验结果一般都是在特定的 2DEG 密度（电子浓度）和特定的磁场强度下测得的，而理论计算值通常不考虑电子浓度，得到的是导带底电子的情况。在上述离散的电子有效质量报道数据中，实验测量结果普遍大于理论计算值。如果 GaN 导带的 $E-k$ 关系具有一定的非抛物性，电子浓度和磁场强度将会对 $Al_xGa_{1-x}N/GaN$ 异质结构中电子有效质量的测量值产生影响。

2001 年，台湾大学 D. R. Hang 等人用 SdH 振荡的方法研究了 $Al_xGa_{1-x}N/GaN$ 异质结构中电子有效质量的磁场依赖关系[115]，他们用抛物线拟合得到零磁场下导带底电子的有效质量为 $0.195m_0$，线性拟合的结果为 $0.17m_0$。由于他们的实验采用的 $Al_xGa_{1-x}N/GaN$ 异质结构的外延质量不够理想，只能在很强的磁场下观测到 SdH 振荡，因此，很难判断获得的电子有效质量数据是否合理。2003 年，美国哥伦比亚大学 S. Syed 等人用回旋共振的方法研究了 $Al_xGa_{1-x}N/GaN$ 异质结构中的电子有效质量随 2DEG 面密度的变化关系[116]，从实验曲线推得导带底电子的有效质量为 $0.208m_0$。然而，由回旋共振方法测得的 GaN 中电子有效质量普遍大于 SdH 振荡外推到零场的方法得到的结果，原因在于磁场对 GaN 中电子有效质量的影响是不可忽略的。如果综合考虑磁场和电子浓度的因素，GaN 导带底电子的有效质量或许会更小。

正是在上述研究背景下，北京大学唐宁、沈波等人用 SdH 振荡的方法系统研究了 $Al_xGa_{1-x}N/GaN$ 异质结构中电子有效质量对 2DEG 密度和所加磁场强度的依赖关系，并具体分析了 GaN 能带结构非抛物线型的性质[83]。实验中一共采用了三种 $Al_xGa_{1-x}N/GaN$ 异质结构样品，样品 A 采用 5 nm 厚的非故意掺杂 $Al_{0.15}Ga_{0.85}N$ 和 25 nm 厚的 Si 掺杂 $Al_{0.15}Ga_{0.85}N$ 复合势垒层，样品 B 采用 18 nm 厚的非故意掺杂 $Al_{0.22}Ga_{0.78}N$ 势垒层，样品 C 采用 10 nm 厚的非故意掺杂 $Al_{0.15}Ga_{0.85}N$ 和 25 nm 厚的 Si 掺杂 $Al_{0.15}Ga_{0.85}N$ 复合势垒层。实验中通过分析低温强磁场下的 SdH 振荡，得到 2 K 温度下三个样品的 2DEG 面密度分别为 $n_A=4.98\times10^{12}$ cm^{-2}，$n_B=8.75\times10^{12}$ cm^{-2}，$n_C=1.11\times10^{13}$ cm^{-2}。而当室温到 2 K 温度范围内时，2DEG 的面密度基本保持不变。

对 SdH 振荡实验得到的数据采用式（4-59）进行拟合，可计算出不同 2DEG 密度下 $Al_xGa_{1-x}N/GaN$ 异质结构中电子有效质量随所加磁场强度的变化关系，结果如图 4.28 所示[83]。从图 4.28 中可以看出，电子的有效质量和磁场有着很强的依赖关系，随着磁场强度的增大，电子的有效质量线性增大，直线斜率为 0.01 T^{-1}。美国俄亥俄州立大学 E. D. Palik 等人预言了 GaAs、InP

和 InAs 等半导体中电子有效质量随磁场强度的线性依赖关系[117]，这种线性关系也在 $Si/Si_{0.8}Ge_{0.2}$ 和 AlSb/InAs/AlAs 材料的 SdH 振荡和回旋共振实验上被观测到[118-119]。在 GaN 或 $Al_xGa_{1-x}N/GaN$ 异质结构中，如果导带的 $E-k$ 关系是非抛物线形式，则磁场的增大对应着更大的波矢 k，即对应着 $E-k$ 关系中更平缓的部分，而 $E-k$ 关系中小的曲率对应着更大的电子有效质量，因此 GaN 导带中的电子或 $Al_xGa_{1-x}N/GaN$ 异质结构中 2DEG 的有效质量随磁场强度的增大而线性增大[83]。

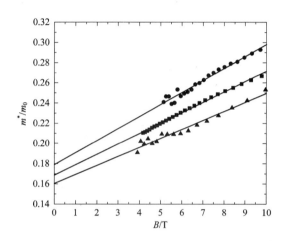

注：样口 A、B 和 C 分别对应着实心三角、方块和圆，实线为线性拟合

图 4.28　不同 2DEG 面密度的 $Al_xGa_{1-x}N/GaN$ 异质结构中

电子有效质量 m^* 随磁场强度 B 的变化关系

　　实验得到的 $Al_xGa_{1-x}N/GaN$ 异质结构中电子有效质量 m^* 随 2DEG 面密度 n 的变化关系如图 4.29 所示[83]。从图 4.29 中可以看出，电子有效质量也随 2DEG 面密度的增大而线性变大。最终用线性拟合可得到 GaN 导带底电子的有效质量为 $m_0^* = (0.145\pm0.006)m_0$，随电子浓度上升的直线斜率为 $0.0027/(10^{12}\ cm^{-2})$。

　　北京大学研究组报道的 GaN 导带底电子的有效质量测量结果接近于 2003 年 D. Fritsch 等人的理论计算值[110]，但小于大部分文献报道的测量结果。北京大学的研究结果表明，GaN 中电子的有效质量随外加磁场每增加 1 T 会增加 $0.01m_0$，每增加 $1\times10^{12}\ cm^{-2}$ 的 2DEG 面密度会增加 $0.0027m_0$[83]。而其他文献报道的测量结果都是在各种不同的 2DEG 面密度和所加磁场强度下测量得到的。因此，这些文献报道的实验值离散而且普遍都大于理论计算值。

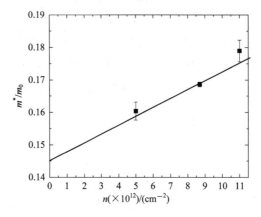

注：实线为线性拟合曲线

图 4.29 $Al_xGa_{1-x}N/GaN$ 异质结构中电子有效质量 m^* 随 2DEG 面密度 n 的变化关系

GaN 有很大的禁带宽度，长期以来一直被认为其导带的非抛物性很小[108-109]，然而，上述实验结果否定了这种观点。正是 GaN 中导带 $E-k$ 关系的非抛物性，导致 $Al_xGa_{1-x}N/GaN$ 异质结构中电子的有效质量随 2DEG 面密度和外加磁场强度的变化而变化。由于 $Al_xGa_{1-x}N/GaN$ 异质结构中具有很强的极化电场和很大的导带偏移 ΔE_c，出现高密度的 2DEG，因而远离导带底的高能量位置能级会被 2DEG 占据，而外加磁场的作用进一步增大了电子的能量。因此，GaN 基异质结构中导带 $E\sim k$ 关系的非抛物性就表现得非常明显[83]。

4.3.3 GaN 基异质结构中 2DEG 的子带间散射

如前所述，GaN 基异质结构界面形成的三角形量子阱很深，2DEG 不仅占据第一子带（基态），而且会占据第二子带，甚至第三子带。占据不同子带的电子之间必然会发生相互作用，现在就来讨论其中的一种相互作用，即 GaN 基异质结构中 2DEG 的磁致子带间散射（MIS）效应[84]。

$Al_xGa_{1-x}N/GaN$ 异质结构的双周期 SdH 振荡现象不仅来自界面量子阱中第一子带和第二子带的双子带占据，也可能有其他物理原因。特别是当第一子带和第二子带的能量间距较小时，磁电阻的拍频振荡一般不是两个子带之间 SdH 振荡的简单叠加，而是另有物理机制[84,120]（包括 MIS 效应）。子带间散射所引起的磁电阻振荡不同于 SdH 振荡，它对温度变化不敏感，也不依赖于费米能级，其物理机制如图 4.30 所示[84]。

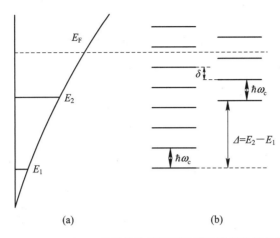

图 4.30　$Al_x Ga_{1-x} N/GaN$ 异质结构界面量子阱子带朗道能级的示意图

图 4.30(a)是异质界面量子阱的子带能级示意图，图 4.30(b)是第一子带和第二子带分裂成的两套朗道能级示意图。从图 4.30 中可以看出，在外加磁场的作用下，量子阱中第一子带和第二子带能级均分裂成一系列的朗道能级。假设这两个子带的能级间距 Δ 远大于朗道能级间距，即 $\Delta = E_2 - E_1 \gg \hbar\omega_c$，并且假设第一子带和第二子带上电子的有效质量相等，那么两个子带上占据的电子在磁场中运动的角频率也相等，即 $\omega_c = \omega_c'$，这样在某些磁场强度下会导致两套朗道能级在能量上的重叠，由于子带间的散射只牵涉到电子动量转移而不发生能量变化[84]。因此，当两套朗道能级在能量上对齐时，子带间的散射将会增强，于是产生一组新的磁电阻振荡，一般称之为 MIS 振荡[84, 121-122]。

接下来讨论 MIS 磁电阻振荡定量的表达。根据上面的物理图像，异质界面量子阱中两个子带的朗道能级相齐的条件为两个子带底的能级间距 Δ 为朗道能级间距的整数倍[122]，即

$$n \hbar \omega_c = E_2 - E_1 \tag{4-68}$$

变换一下形式为

$$n = \frac{(E_2 - E_1)m^*}{e \hbar} \frac{1}{B} \tag{4-69}$$

那么 MIS 磁电阻振荡的周期[122]为

$$\Delta\left(\frac{1}{B}\right) = \frac{1}{B_{n+1}} - \frac{1}{B_n} = \frac{e \hbar}{(E_2 - E_1)m^*} \tag{4-70}$$

从式(4-70)可以看到，MIS 振荡的周期和两个子带能级的能量间距相关，振荡频率是两个子带 SdH 振荡的频率之差[122]。

1989 年，英国牛津大学 D. R. Leadley 等人最早通过磁电阻振荡研究了 $Al_xGa_{1-x}As/GaAs$ 异质结构中的子带间散射[121]，他们发现第一子带的 SdH 振荡受到 MIS 振荡的调制，并且调制幅度随温度升高而增强，他们把这种现象归因于声学声子辅助的带间散射。但是后来他们又发现在其实验温度范围内，样品的零磁场电阻率不受声子散射的影响[123]。随后，加拿大渥太华国家研究委员会 P. T. Coleridge 等人也在 $Al_xGa_{1-x}As/GaAs$ 异质结构中观察到了类似的实验现象，并提出了一个完全不同的弹性子带间散射物理模型[124]。到了 1998 年，英国帝国理工学院 T. H. Sander 等人和美国犹他大学 M. E. Raikh 等人分别在 P. T. Coleridge 等人提出的物理模型基础上给出了半导体异质结构中子带间散射磁电阻振荡的具体表达式[122, 125-126]：

$$\frac{\Delta\rho_{xx}}{\rho_0} = 2A_1\,\frac{X}{\sinh X}\exp\left(-\frac{\pi}{\omega_c\tau_1}\right)\cos\left[\frac{2\pi(E_F-E_1)}{\hbar\omega_c}+\pi\right]+$$

$$2A_2\,\frac{X}{\sinh X}\exp\left(-\frac{\pi}{\omega_c\tau_2}\right)\cos\left[\frac{2\pi(E_F-E_2)}{\hbar\omega_c}+\pi\right]+$$

$$2B_{12}\,\frac{2X}{\sinh 2X}\exp\left[-\frac{\pi}{\omega_c}\left(\frac{1}{\tau_1}+\frac{1}{\tau_2}\right)\right]\cos\left[\frac{2\pi(2E_F-E_1-E_2)}{\hbar\omega_c}\right]+$$

$$2B_{12}\exp\left[-\frac{\pi}{\omega_c}\left(\frac{1}{\tau_1}+\frac{1}{\tau_2}\right)\right]\cos\left[\frac{2\pi(E_2-E_1)}{\hbar\omega_c}\right] \qquad (4-71)$$

其中，$X = 2\pi^2 k_B T/(\hbar\omega_c)$，$E_1$、$\tau_1$ 和 E_2、τ_2 分别是第一子带和第二子带的能级位置和量子散射时间，E_F 是费米能量，A_1、A_2 和 B_{12} 是系数。式(4-71)右边第一、二项分别对应于第一子带和第二子带的 SdH 振荡，第三、四项对应于 MIS 振荡。与第四项比较，第三项要弱很多，通常可忽略。从上述公式可看出 SdH 振荡与温度有关，测量温度升高后就会变弱，然后消失。而 MIS 振荡则与温度基本无关，在较高的温度下依然可存在。

半导体异质结构中 SdH 振荡的幅度满足 $A(T)-X/\sinh X$ 的关系[87]，因此，随着异质结构磁电阻测量温度的升高，SdH 振荡的幅度会衰减得很快。如果在某一个温度区间，SdH 振荡幅度与 MIS 振荡幅度相近，那么半导体异质结构的磁电阻就会出现拍频现象。

2003 年，南京大学唐宁、沈波等人与中科院上海技术物理所褚君浩、桂永胜等人合作，系统研究了 $Al_xGa_{1-x}N/GaN$ 异质结构中 2DEG 的磁致子带间散射行为，观察到了 $Al_xGa_{1-x}N/GaN$ 异质结构中由 MIS 效应引起的磁阻振荡现象[84]。他们的低温、强磁场磁输运实验采用了由 MOCVD 方法外延生长的高质量 $Al_{0.22}Ga_{0.78}N/GaN$ 异质结构，磁电阻测量采用范德堡法，测量温度为 1.5～25 K，磁场强度为 0～10 T。测得的异质结构的纵向磁电阻 R_{xx} 随磁场强度变化的振荡曲线[84]如图 4.31 所示。从图 4.31 中可以看出，当测量温度为 1.5 K 时，明显存在高、低两种频率的磁阻振荡，对应着第一子带和第二子带的 SdH 振荡，即异质界面量子阱中两个子带被 2DEG 占据着。当测量温度升高到 14 K 和 25 K 时，磁阻振荡曲线的低频部分(指磁频率)随温度升高而快速衰减，已观察不到，剩下的是磁阻振荡曲线的高频部分。图 4.32 是滤掉了异质结构磁阻振荡低频部分的结果，可以更清楚地看到高频振荡的曲线[84]。

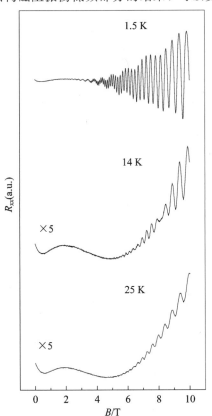

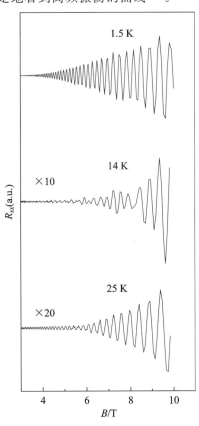

图 4.31　1.5 K、14 K 和 25 K 下 $Al_{0.22}Ga_{0.78}N/$ GaN 异质结构的纵向磁电阻 R_{xx} 随垂直于异质界面的磁场强度变化的振荡曲线

图 4.32　1.5 K、14 K 和 25 K 下 $Al_{0.22}Ga_{0.78}N/$ GaN 异质结构的纵向磁电阻 R_{xx} 随垂直于异质界面的磁场强度变化的振荡曲线的高频部分

如图 4.32 所示，当测量温度为 1.5 K 时，第一子带 SdH 振荡的振幅被微弱地调制。而当温度上升到 14 K 时，第一子带 SdH 振荡的振幅被强烈地调制。当温度升高到 25 K 时，调制基本消失。仔细观察可以看出，3 个测量温度点的振荡频率并不完全相同，其中有细小的差别，这说明存在一种周期和第一子带的 SdH 振荡接近的振荡。由于两者对温度依赖关系的不同，当温度为 1.5 K 时以第一子带的 SdH 振荡为主，当温度为 25 K 时以未知振荡为主，当温度为 14 K 时两者的周期和振幅接近，表现出强烈的调制现象。

对不同测量温度下 $Al_{0.22}Ga_{0.78}N/GaN$ 异质结构的 $R_{xx} - 1/B$ 曲线进行 FFT 变换，结果如图 4.33 所示[85]。从图 4.33 中可以看到一共有三个振荡频率，其中两个振荡频率 f_1 和 f_2 对应于第一子带和第二子带的 SdH 振荡，其振幅对测量温度敏感，随温度上升迅速衰减。第三个振荡对温度不敏感，其频率 f_{MIS} 刚好是 f_1 和 f_2 之差。由前面的公式我们知道 MIS 振荡有两个特点，即对测量温度变化不敏感及振荡频率为两个子带 SdH 振荡的频率之差。因此，第三个磁电阻振荡毫无疑问是 MIS 振荡。与式(4-71)中 MIS 振荡的振幅随温度变化而保持不变的理论分析有所不同，实验观察到的 MIS 振荡幅度随测量温度上升会略有减小[84]。

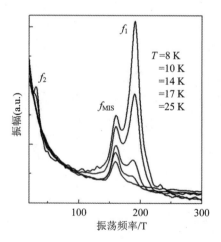

图 4.33　温度 8～25 K 温度范围的 $Al_{0.22}Ga_{0.78}N/GaN$ 异质结构 $R_{xx} - 1/B$ 纵向磁阻振荡曲线的 FFT 变换谱

如前所述，半导体异质结构中费米能级 E_F 和界面量子阱中第 i 个子带的导带底能量 E_i 之差为 $\Delta E_i = E_F - E_i = \pi \hbar^2 n_i / m^*$，其中 n_i 为第 i 个子带的

2DEG 面密度。SdH 振荡频率 f_i 只依赖于 2DEG 面密度，即 $f_i = h n_i/(2e)$。因此，从图 4.33 中可以得到一些 $Al_{0.22}Ga_{0.78}N/GaN$ 异质结构的基本参数[84]。从磁电阻振荡频率 $f_1 = 192$ T，$f_2 = 33$ T 可计算出占据两个子带的 2DEG 面密度分别为：$n_1 = 9.27 \times 10^{12}$ cm^{-2}，$n_2 = 1.6 \times 10^{12}$ cm^{-2}，总的 2DEG 面密度 $n = 1.09 \times 10^{13}$ cm^{-2}。当外加磁场强度 $B = 5$ T 时，一个朗道能级能容纳的电子数为 2.4×10^{11} cm^{-2}，因此，可推算出每个子带都有多个朗道能级被电子占据。

图 4.33 中与 f_1 频率接近的第三个磁电阻振荡频率 f_{MIS} 来源于 MIS 振荡，且 $f_{MIS} = f_1 - f_2 = 159$ T。两个子带导带底的能量间距 $\Delta E_{12} = E_2 - E_1 = f_{MIS} e \hbar/m^*$。半导体异质结构的 SdH 振荡振幅对温度的依赖关系如式（4-59）所示，根据式（4-59）选取以 SdH 振荡为主的低温区实验结果，可得到 $Al_{0.22}Ga_{0.78}N/GaN$ 异质结构中电子有效质量 m^* 为 $0.23m_0$，第一子带和第二子带的能级间距为 80 meV[84]。

4.3.4　GaN 基异质结构中 2DEG 的弱局域化和弱反局域化

在半导体异质结构这一高密度、高迁移率 2DEG 体系中，磁电阻将受到量子效应的影响，低磁场中的输运性质不再遵循基于单电子近似的经典 Drude 模型的描述，特别是 Drude 模型对纵向电阻率随磁场变化的线性描述[1]。在低磁场条件下，半导体异质结构中 2DEG 的输运行为可用半经典的 Bolzmann 方程进行描述，电子的相位、电子波函数的相互干涉、电子-电子相互作用、电子-声子相互作用等因素将会进入电子的输运方程，对电子的输运行为产生影响。这里我们讨论其中的一种电子-电子相互作用，即电子波函数的相互干涉引起的异质结构中 2DEG 的弱局域化和弱反局域化现象[127-129]。

1. 半导体异质结构中电子-电子相互作用

半导体异质界面准二维沟道中的电子不仅会受到晶格振动、杂质、界面无序等导致的散射，而且会受到其他电子很强的库仑散射作用。由于电子-电子之间相互库仑作用的存在，电子在输运过程中的行为发生改变，其对电导率的贡献也偏离了 Drude 模型中的经典电导率 σ_0[130]。根据微扰理论，当半导体中的电子在扩散输运区域时，电子-电子相互作用对电导率 σ_0 的修正值[130-131] $\delta\sigma_{eei}$ 为

$$\delta\sigma_{eei} = -\left(\frac{e^2}{2\pi^2\,\hbar}\right)\left[4 - 3\frac{2+F}{F}\ln\left(1+\frac{F}{2}\right)\right]\ln\left[\frac{\hbar}{kT\tau}\right] \qquad (4-72)$$

其中，F 为 Hartree 因子，τ 为动量弛豫时间。从式（4-72）中可以看出，电子-电子相互作用对异质结构中 2DEG 电导率的修正随温度呈对数变化的依赖关系。当外加垂直于异质界面的低磁场时，电子-电子相互作用对电阻率的贡献将随磁场强度的增加发生变化。因为在实验过程中所测量的物理量为电阻，所以这里将电子-电子相互作用对电导率的贡献通过电阻率-电导率张量转换关系转换成对电阻率的贡献。因此在异质结构中的扩散输运区域，当外加低强度磁场时，电子-电子相互作用对 2DEG 电阻率的修正值[86,132-134]如下：

$$\Delta\rho(B) = \rho(B) - \rho(0) = \frac{(\omega_c\tau)^2}{\sigma_0^2}\delta\sigma_{eei} = \left(\frac{e\tau}{m\sigma_0}\right)^2 B^2\delta\sigma_{eei} \qquad (4-73)$$

其中，σ_0 是 Drude 模型的异质结构中 2DEG 电导率。由于在低强度磁场条件下，电子-电子相互作用对电导率的贡献仅与温度有关，因此，从式（4-73）中可以看出，电子-电子相互作用在磁场中将对半导体异质结构中 2DEG 的电阻率值产生抛物线性的修正。

2. 半导体异质结构中 2DEG 的弱局域化

如果把半导体中的电子处理成经典粒子，则在外磁场作用下，电子将发生洛伦兹运动，运动周期为 $T = \dfrac{2\pi m}{e}\dfrac{1}{B}$。比较 T 与电子的动量弛豫时间 τ_m，可把半导体异质结构中 2DEG 的磁输运划分为 $T > \tau_m$ 和 $T < \tau_m$ 两个区间。另外，如果考虑到 2DEG 的量子性质，还需要另外一个时间尺度，即电子波函数能够保持其相位的时间，称之为相位弛豫时间 τ_φ[135-136]。

如果 $T < \tau_m$，2DEG 在发生散射之前可以完成完整的洛伦兹旋转，即 2DEG 可被近似认为是不受散射的自由电子，2DEG 能级由连续能级分裂为朗道能级，从而发生 SdH 振荡，如果进一步增强磁场强度，则可以发生量子霍尔效应[137-138]。

如果 $T \gg \tau_m$，则对应于磁场强度很小的情形。此时，2DEG 由于不断受到碰撞，无法形成完整的洛伦兹回旋。如果相位弛豫时间 τ_φ 远小于动量弛豫时间 τ_m，那么在宏观上就无需考虑量子效应，利用经典的 Drude 模型就可以很好地描述 2DEG 的输运性质。相反，如果相位弛豫时间 τ_φ 远大于动量弛豫时间 τ_m，那么在 2DEG 的散射过程中，其波函数是相干的，量子效应将对异质结构 2DEG 的电导有很大影响[86,136]。

用简单的准经典图像就可给出一个对半导体异质结构中 2DEG 弱局域化（weak localization）的准确描述。在零磁场下半导体中电子经过散射回到原点

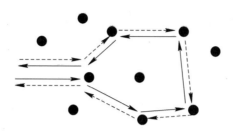

图 4.34　在零磁场下半导体中电子经过散射回到原点的两支时间反演路径示意图

的两支时间反演路径如图 4.34 所示[142]。由于存在散射，电子以一定的概率通过散射回到原点。由于相位弛豫时间远大于动量弛豫时间，可以认为电子波函数在经过多次散射后依然是相干的。假设两支路径的波函数分别为 φ_+ 和 φ_-，那么在原点处两支波函数将会叠加，即电子经过多次散射回到原点的概率[136]为

$$P = |\varphi_+ + \varphi_-|^2 = \varphi_+^2 + \varphi_-^2 + 2\mathrm{Re}(\varphi_+ \varphi_-) \qquad (4-74)$$

由于两支路径互为时间反演对称，此时要求 $\varphi_+ = \varphi_- = \varphi$。在经典的 Drude 模型中，由于忽略了量子效应，电子经过散射回到原点的概率为 $P_{cl} = 2|\varphi|^2$。如果考虑量子效应，那么将发现电子回到原点的概率变为 $P_{qu} = 4|\varphi|^2 = 2P_{cl}$。这意味着量子效应的引入使得零磁场下半导体异质结构中 2DEG 的电阻变为经典情形下的 2 倍[136]。

当引入一个垂直于半导体异质结构界面的磁场后，电子运动的时间反演对称性被破坏，两支路径不再是时间反演对称的，因此不再具有相同的相位。在考虑相干叠加时，还必须考虑由磁场引入的 Aharonov-Bohm 相位（AB 相）[136]。此时，两支电子路径的波函数表示[136]为

$$\varphi_{\pm}(B) = \varphi e^{\pm i\Phi_{AB}} \qquad (4-75)$$

其中，$\Phi_{AB} = \dfrac{eS}{\hbar}B$ 为 AB 相的波函数，S 为两支路径所围面积。同上所述，此时电子经过多次散射回到原点的概率[136]变为

$$P(B) = |\varphi_+(B) + \varphi_-(B)|^2 = 2|\varphi|^2[1 + \cos(2\Phi_{AB})] \qquad (4-76)$$

式（4-76）表示随着磁场强度的变化，半导体异质结构中电子回到原点的概率将出现周期性的变化。在实际的磁输运测量过程中，由于电子存在许多回到原点的路径，各个路径所包围的面积大小不一，当磁场接近于零时，各个路径的相位都接近于零，因此，可以预期各个路径的贡献将会相加，从而造成零磁场下电子经过散射回到原点的概率明显增大，即电阻增大[136]。然而，当磁

场强度达到一定程度后，可以预期各个路径的相位将会有很大的差别，从而造成各自引起的效应相互抵消，电阻回复到经典情形。弱局域化的定量描述可以通过格林函数求解，给出对经典 Drude 模型的修正[139]如下：

$$\delta\sigma(B) = \frac{e^2}{2\pi^2\hbar}\left[\Psi\left(\frac{1}{2}+\frac{\tau_B}{2\tau_\varphi}\right)-\Psi\left(\frac{1}{2}+\frac{\tau_B}{2\tau_m}\right)+\ln\left(\frac{\tau_\varphi}{\tau_e}\right)\right] \quad (4-77)$$

其中，Ψ 是 digamma 函数，$\tau_B = \hbar/(2eDB)$。在磁输运实验中，可通过拟合零场附近电导曲线求得相位弛豫时间 τ_φ。

半导体异质结构中弱局域化现象对外加磁场是非常敏感的。当在垂直于 2DEG 运动平面的方向加一磁场时，这两个传播路径的空间波函数的相位关系发生改变，互为时间反演的路径之间的干涉效应被破坏，由干涉效应导致的附加电阻在磁场的作用下逐渐减小，在实验中表现为负磁阻现象[139]。

2004 年，中科院上海技物所仇志军、褚君浩等人与南京大学沈波等人合作，系统研究了 $Al_{0.22}Ga_{0.78}N/GaN$ 异质结构中 2DEG 的弱局域化行为[127]。实验测得的异质结构纵向磁电阻 R_{xx} 随外加磁场的变化曲线[127]如图 4.35 所示。高磁场下磁阻的双周期 SdH 振荡曲线显示势阱中有两个子带被 2DEG 占据。图 4.35 中的插图显示在小于 0.10 T 的弱磁场下，出现了负磁阻变化特性，表明系统出现了弱局域化现象。实验利用式(4-77)进行拟合求解，得到了不同温度下磁电导率理论拟合值与实验数值的对比曲线[132]，如图 4.36 所示。同

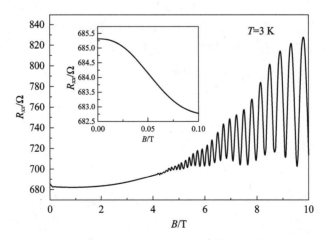

注：插图是 0～0.10T 磁场强度范围内由弱局域化效应导致的异质结构负磁阻曲线

图 4.35 3 K 温度下 $Al_{0.22}Ga_{0.78}N/GaN$ 异质结构磁阻的 SdH 振荡曲线

时，拟合得到异质结构中 2DEG 的弹性散射时间为 0.1 ps，与温度无关，而非弹性散射时间与温度成反比，有 $\dfrac{1}{\tau_i}=5.5\times10^{10}\,T(\mathrm{s}^{-1})$ 的关系。

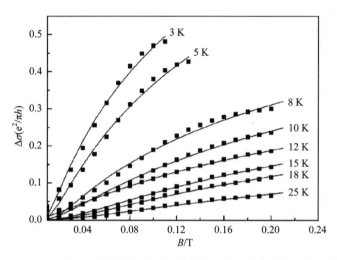

图 4.36　$\mathbf{Al_{0.22}Ga_{0.78}N/GaN}$ 异质结构的磁电导率随温度的变化曲线及其理论模拟结果

实验结果表明，在低温下非弹性散射中电子–电子散射占主导地位[140-141]。同时，实验中利用了 Nyquist 速率公式[142-143]：

$$\frac{1}{\tau_{\mathrm{N}}}=\frac{k_{\mathrm{B}}T}{2E_{\mathrm{F}}\tau_{\mathrm{t}}}\ln\Big(\frac{E_{\mathrm{F}}\tau_{\mathrm{t}}}{\hbar}\Big)\qquad(4-78)$$

其中，τ_{t} 为输运散射时间。求出的理论非弹性散射时间与温度的关系为 $\dfrac{1}{\tau_{\mathrm{N}}}=1.2\times10^{10}\,T(\mathrm{s}^{-1})$，理论值和实验值之间相差 5 倍。这可归因于电子–电子散射所需的媒介可以由多种机制贡献，如合金无序、表面粗糙度等，而 Nyquist 速率公式仅仅考虑了由电子自身诱发的电磁场涨落作为媒介这一种机制，因此理论值与实验值会有偏差[127]。

3. 半导体异质结构中 2DEG 的弱反局域化

前述半导体异质结构中 2DEG 的弱局域化讨论中没有涉及电子的自旋。如果考虑电子自旋，且 2DEG 中存在强自旋轨道耦合，弱磁场条件下的 2DEG 输运将会出现与弱局域化截然相反的情形，即弱反局域化（weak anti-localization）[86,136]。强自旋轨道耦合情形下，经过多次散射后，异质结构中电子的自旋状态和其起始状态已经没有关联。对于图 4.34 中的两条时间反演路径而言，电子自旋将经历相反的作用而往相反方向旋转[86]。

假设零磁场下，半导体异质结构中电子的起始自旋状态为 $|s\rangle = (a,b)$，则经历过某一对时间反演对称的路径后，两支路径自旋状态的内积[136]为

$$\langle s_+ \mid s_- \rangle = \cos^2 \frac{\alpha}{2}(e^{i(\beta+\gamma)} \mid a \mid^2 + e^{-i(\beta+\gamma)} \mid b \mid^2) - \sin^2 \frac{\alpha}{2} +$$

$$\frac{i}{2}\sin\alpha[ab^*(e^{-i\beta} + e^{i\gamma}) + a^* b(e^{i\beta} + e^{-i\gamma})] \qquad (4-79)$$

其中，(α,β,γ) 表示自旋经历该路径后的高斯转角。如果对不同的转角求平均，可得到[136]：

$$\langle \mid \mid s_+ \rangle + \mid s_- \rangle \mid^2 \rangle = 2 - \frac{1}{2} - \frac{1}{2} = 1 \qquad (4-80)$$

即强自旋轨道耦合将会减小电子经过多次散射后回到原点的概率，也即强自旋轨道耦合下，半导体异质结构中 2DEG 的电导将大于经典体系推导出的电导率。

当在异质结构界面的垂直方向施加很小强度的磁场后，假设不考虑 Zeeman 效应，上面的讨论则必须在两支时间反演对称路径中加入 Aharonov-Bohm 相位。为了简单起见，假设式（4-79）的路径都有相同的面积，则此时有[136]

$$\langle \mid \mid s_+ \rangle + \mid s_- \rangle \mid^2 \rangle = 2 - \cos(2\phi_{AB}) \geqslant 1 \qquad (4-81)$$

式（4-81）表明，当引入磁场后，AB 相的存在会使得自旋轨道耦合所带来的 2DEG 电导的增加被抑制。实验中半导体异质结构的磁电阻将会出现零场的电阻极小值，弱反局域化效应以异质结构的正磁阻形式表现出来[136]。

弱反局域化效应为研究半导体异质结构中 2DEG 的电子自旋性质提供了很好的方法。2DEG 的自旋-轨道耦合效应和电子退相干信息可从弱反局域化测量中得到[136]。国际上很多研究组报道了他们在不同半导体异质结构中 2DEG 弱反局域化效应的研究结果[145-149]。2004 年，俄罗斯乌拉尔州立大学 G. M. Minkov 等人采用改变磁场方向的方法对 $In_x Ga_{1-x} As/GaAs$ 量子阱中电子的弱反局域化效应进行了研究，发现由于平行于二维平面磁场分量的存在，弱反局域化磁阻会被磁场抑制，当平行磁场强度大到一定值时，弱反局域化正磁阻会完全消失[150]。正如苏联物理学家 A. G. Mal'shukov 等所述，平行磁场分量导致了异质结构或量子阱中电子自旋-轨道耦合和塞曼分裂效应之间的相

互作用，因此决定了倾斜磁场下 2DEG 的输运性质，导致弱反局域化正磁阻的消失[151-152]。

GaN 基异质结构中 2DEG 的自旋-轨道耦合效应也通过弱反局域化测量被广泛研究[128-129]。半导体中电子的自旋-轨道耦合系数和禁带宽度成反比，可表达如下[153-154]：

$$\alpha_{\mathrm{BR}} = \frac{eP^2}{3}\left[\frac{1}{E_{\mathrm{gap}}} - \frac{1}{(E_{\mathrm{gap}} + \Delta_0)^2}\right]\boldsymbol{\sigma} \cdot \boldsymbol{k} \times \boldsymbol{\varepsilon}_v \tag{4-82}$$

其中，e 为单位电荷，P 为动量矩阵元，E_{gap} 为禁带宽度，Δ_0 为价带自旋轨道耦合能，$\boldsymbol{\sigma}$、$\boldsymbol{k}$、$\boldsymbol{\varepsilon}_v$ 分别为泡利矩阵、电子波矢、价带的有效电场。理论预测只有窄禁带半导体中的自旋-轨道耦合效应会比较明显，但在 $\mathrm{Al}_x\mathrm{Ga}_{1-x}\mathrm{N/GaN}$ 异质结构中，依然可观测到 2DEG 较大的自旋-轨道耦合效应，这是由于在 $\mathrm{Al}_x\mathrm{Ga}_{1-x}\mathrm{N/GaN}$ 异质结构界面处存在非常强的极化电场，使得自旋-轨道耦合效应增强[128, 155-158]。

日本东京大学 S. Hikami 等人推导了二维情形下半导体中电子的自旋-轨道耦合相互作用对弱局域化效应的影响，得出了考虑自旋-轨道耦合时弱局域化对二维电导率的修正[144]：

$$\Delta\sigma(B) = \frac{e^2}{2\pi^2\,\hbar}\Big[\psi\Big(\frac{1}{2} + \frac{H_\varphi}{B} + \frac{H_{\mathrm{SO}}}{B}\Big) + \frac{1}{2}\psi\Big(\frac{1}{2} + \frac{H_\varphi}{B} + \frac{2H_{\mathrm{SO}}}{B}\Big) -$$

$$\frac{1}{2}\psi\Big(\frac{1}{2} + \frac{H_\varphi}{B}\Big) - \ln\frac{H_\varphi + H_{\mathrm{SO}}}{B} - \frac{1}{2}\ln\frac{H_\varphi + 2H_{\mathrm{SO}}}{B} +$$

$$\frac{1}{2}\ln\frac{H_\varphi}{B}\Big] \tag{4-83}$$

但他们提出的模型只考虑了 Elliot-Jaffet(EJ) 机制所产生的自旋-轨道耦合对电子自旋的弛豫作用，这是有一定局限性的。因为在二维半导体体系中，如果体系具有反演对称性破缺，那么 Dyakonov-Perel(DP) 机制产生的自旋-轨道耦合将对自旋的弛豫起主要作用[159]。S. V. Iordanskii 等人在此基础上考虑了 DP 机制自旋-轨道耦合对弱局域化的影响，推导了具有反演对称性破缺的量子阱中弱局域化效应对电导率的修正（ILP 模型），结果相当复杂，可表达如下[160]：

$$\Delta\sigma B = -\frac{e}{4\pi^2\hbar}\left\{\frac{1}{a_0} + \frac{2a_0 + 1 + \dfrac{H_{SO}}{B}}{a_1\left(a_0 + \dfrac{H_{SO}}{B}\right) - 2\dfrac{H'_{SO}}{B}} - \right.$$

$$\sum_{n=1}^{\infty}\left[\frac{3}{n} - \frac{3a_n^2 + 2a_n\dfrac{H_{SO}}{B} - 1 - 2(2n+1)\dfrac{H'_{SO}}{B}}{\left(a_n + \dfrac{H_{SO}}{B}\right)a_{n-1}a_{n+1} - 2\dfrac{H'_{SO}}{B}\left[(2n+1)a_n - 1\right]}\right] +$$

$$\left. 2\ln\frac{H_{tr}}{B} + \psi\left(\frac{1}{2} + \frac{H_\varphi}{B}\right) + 3C\right\} \tag{4-84}$$

其中，$a_n = n + \dfrac{1}{2} + \dfrac{H_\varphi}{B} + \dfrac{H_{SO}}{B}$，$H_\varphi = \dfrac{c\hbar}{4eD\tau_\varphi}$，$H_{SO} = \dfrac{c\hbar}{4eD}(2\Omega_1^2\tau_1 + 2\Omega_3^2\tau_3)$，

$H'_{SO} = \dfrac{c\hbar}{4eD}2\Omega_1^2\tau_1$，$H_{tr} = \dfrac{c\hbar}{4eD\tau_1}$，$\psi(1+z) = -C + \sum\limits_{n=1}^{\infty}\dfrac{z}{n(n+z)}$，$C$ 为欧拉常数。

该模型可成功地描述实验中观测到的半导体异质结构中 2DEG 的弱反局域化效应。

上述物理模型和公式适用的条件为出现弱反局域化效应的外加磁场 $B < B_{tr} = \hbar/(2el_e^2)$，$B_{tr}$ 称为临界磁场，其中 l_e 是电子的平均自由程。当磁场强度小于临界磁场强度 B_{tr} 时，弱局域化对异质结构中 2DEG 电导率的贡献占主导地位，但电子-电子相互作用 2DEG 电导率的贡献同时存在。当外加磁场强度高于 B_{tr} 时，弱局域化效应被磁场压制，其贡献迅速减弱，而电子-电子相互作用对电阻率的贡献开始占主导地位。

南京大学沈波、吕杰等人与中科院上海技物所蒋春萍、褚君浩等人合作，系统研究了 $Al_x Ga_{1-x} N/GaN$ 异质结构中 2DEG 的弱反局域化现象[128]。实验发现在小于 0.025 T 的磁场强度下，纵向电导率 σ_{xx} 随磁场强度的增大呈现下降趋势，即出现了弱反局域化现象。而在高强度磁场下，磁阻出现了双周期 SdH 振荡，表明在此样品中 2DEG 占据了两个子带。他们分别在 1.5 K、3.0 K、6.0 K 以及 10.0 K 温度下测量了 $Al_x Ga_{1-x} N/GaN$ 异质结构的弱反局域化磁阻曲线。在低强度磁场下，磁电导率随外加磁场变化的曲线[128]如图 4.37 所示。

从图 4.37 中可以看出，随着温度的升高，弱反局域化导致的负电导率现象逐渐消失，这是因为温度升高导致非弹性散射强度增加，相位弛豫时间缩小。为了进一步了解弹性散射时间、自旋轨道耦合散射时间等输运物理量，他

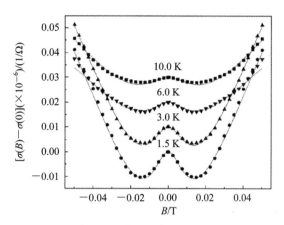

图 4.37　低温下 $Al_xGa_{1-x}N/GaN$ 异质结构的纵向磁电导率 σ_{xx} 在小于 0.025 T 的磁场下随磁场的变化曲线

们利用式(4-83)进行拟合，得到了异质结构中 2DEG 的相位弛豫时间随温度的变化曲线[128]，如图 4.38 所示。

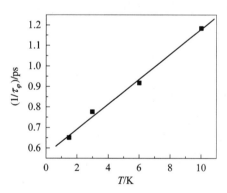

图 4.38　$Al_xGa_{1-x}N/GaN$ 异质结构中 2DEG 的相位弛豫时间 τ_φ 随温度的变化曲线

从图 4.38 中可以看出，2DEG 的相位弛豫时间与温度成反比，这是由于在低温下电子-声子散射很弱，非弹性散射过程中电子-电子散射占主导地位[161]。因此，在低温区域内有 $\frac{1}{\tau_\phi}-T$ 的正比关系。同时作为对比，2DEG 的弹性散射时间由于主要是库仑作用导致的，因此，实验中测得的数值（为 0.4 ps[128]）

与温度无关。

参 考 文 献

[1] 叶良修. 半导体物理学[M]. 2 版. 北京：高等教育出版社，2009.

[2] SKIERBISZEWSKI C，DYBKO K，KNAP W，et al. High mobility two-dimensional electron gas in AlGaN/GaN heterostructures grown on bulk GaN by plasma assisted molecular beam epitaxy[J]. Applied physics letters，2005，86(10)：102 – 106.

[3] ESAKI L，TSU R. IBM Research Laboratories，International Report No. RC 2418，1969 (unpublished).

[4] DINGLE R，STöRMER H L，GOSSARD A C，et al. Electron mobilities in modulation-doped semiconductor heterojunction superlattices [J]. Applied physics letters，1978，33(7)：665 – 667.

[5] TSUI D C，GOSSARD A C，KAMINSKY G，et al. Transport properties of GaAs-Al$_x$ Ga$_{1-x}$ As heterojunction field-effect transistors[J]. Applied physics letters，1981，39 (9)：712 – 714.

[6] STÖRMER H L，GOSSARD A C，WEIGMANN W，et al. Dependence of electron mobility in modulation - doped GaAs-(AlGa) As heterojunction interfaces on electron density and Al concentration[J]. Applied physics letters. 1981，39(11)：912 – 914.

[7] HIYAMIZU S，SAITO J，NANBU K，et al. Improved electron mobility higher than 10^6 cm^2/Vs in selectively doped GaAs/N-AlGaAs heterostructures grown by MBE[J]. Japanese journal of applied physics，1982，22(2)：L609 – L611.

[8] ZHENG Z W，SHEN B，GUI Y S，et al. Transport properties of two-dimensional electron gas in different subbands in triangular quantum wells at Al$_x$ Ga$_{1-x}$ N/GaN heterointerfaces[J]. Applied physics letters，2003，82(12)：1872 – 1874.

[9] HIRAKAWA K，SAKAKI H. Mobility of the two-dimensional electron gas at selectively doped n-type Al$_x$ Ga$_{1-x}$ As/GaAs heterojunctions with controlled electron concentrations[J]. Physical review B, 1986，33(12)：8291 – 8303.

[10] 虞丽生. 半导体异质结物理[M]. 2 版. 北京：科学出版社，2006.

[11] SHABANI P，GANJI J，KOVSARIAN A. Reducing the effect of polar optical phonon scattering to modify electrical properties[J]，2009 applied electronics. 2009 (1)：229 – 232.

[12] WALUKIEWICZ W，RUDA H E，LAGOWSKI J，et al. Electron mobility in modulation-doped heterostructures[J]. Physical review B，1984，30(8)：4571 – 4582.

[13] ANDO T. Self-consistent results for a GaAs/Al$_x$Ga$_{1-x}$ As heterojunciton. II. low temperature mobility[J]. Journal of the physical society of Japan, 1982, 51(12): 3900 – 3907.

[14] ANDO T, FOWLER A B, STERN F. Electronic properties of two-dimensional systems[J]. Review of modern physics, 1982, 54(2): 437 – 672.

[15] KAPOLNEK D, WU X H, HEYING B, et al. Structural evolution in epitaxial metalorganic chemical vapor deposition grown GaN films on sapphire[J]. Applied physics letters, 1995, 67(11): 1541 – 1543.

[16] LESTER S D, PONCE F A, CRAFORD M G, et al. High dislocation densities in high efficiency GaN-based light-emitting diodes[J]. Applied physics letters, 1995, 66 (10): 1249 – 1251.

[17] LOOK D C, SIZELOVE J R. Dislocation scattering in GaN[J]. Physical review letters, 1999, 82(6): 1237 – 1240.

[18] NG H M, DOPPALAPUDI D, SINGH R, et al. Electron mobility of N-type GaN films[J]. MRS proceedings, 1998, 482: 507 – 512.

[19] NG H M, DOPPALAPUDI D, MOUSTAKAS T D, et al. The role of dislocation scattering in n-type GaN films[J]. Applied physics letters, 1998, 73(6): 821 – 823.

[20] WEIMANN N G, EASTMAN L F, DOPPALAPUDI D, et al. Scattering of electrons at threading dislocations in GaN[J]. Journal of applied physics, 1998, 83(7): 3656 – 3659.

[21] JENA D, GOSSARD A C, MISHRA U K. Dislocation scattering in a two-dimensional electron gas[J]. Applied physics letters, 2000, 76(13): 1707 – 1709.

[22] WANG T, OHNO Y, LACHAB M, et al. Electron mobility exceeding 10^4 cm^2/V s in an AlGaN-GaN heterostructure grown on a sapphire substrate[J]. Applied physics letters, 1999, 74(23): 3531 – 3533.

[23] MANFRA M J, PFEIFFER L N, WEST K W, et al. High-mobility AlGaN/GaN heterostructures grown by molecular-beam epitaxy on GaN templates prepared by hydride vapor phase epitaxy[J]. Applied physics letters, 2000, 77(18): 2888 – 2890.

[24] FRAYSSINET E, KNAP W, LORENZINI P, et al. High electron mobility in AlGaN/GaN heterostructures grown on bulk GaN substrates[J]. Applied physics letters, 2000, 77(16): 2551 – 2553.

[25] ASGARI A, BABANEJAD S, FARAONE L. Electron mobility, hall scattering factor, and sheet conductivity in AlGaN/AlN/GaN heterostructures electron mobility, hall scattering factor, and sheet conductivity in AlGaN/AlN/GaN heterostructures [J]. Journal of applied physics, 2011, 110(99): 113713.

[26] KAUN S W, BURKE P G, WONG M H, et al. Effect of dislocations on electron mobility in AlGaN/GaN and AlGaN/AlN/GaN heterostructures[J]. Applied physics letters, 2012, 101(26): 262102.

[27] SHUR M S, MAKI P. Advanced high speed devices [M]. Singapore: World Scientific, 2009.

[28] MORKOç H, Handbook of nitride semiconductors and devices[M]. Berlin: Wiley, 2008.

[29] PANKOVE J, PEARTON S. GaN and related materials[M]. New York: Gordon and Breach, 1997.

[30] CHEN S, WANG G. High-field properties of carrier transport in bulk wurtzite GaN: a monte carlo perspective[J]. Journal of applied physics, 2008, 103(2): 023703.

[31] YAMAKAWA S, AKIS R, FARALLI N, et al. Rigid ion model of high field transport in GaN[J]. Journal of physics condensed matter, 2009, 21(17): 174 - 206.

[32] ZUNKUTE T, MATULIONIS A. Hot-electron energy dissipation and inter-electron collisions in GaN-WZ[J]. Semiconductor science and technology, 2002, 17(11): 1144 - 1148.

[33] BRAZIS R, RAGUOTIS R. Additional phonon modes and close satellite valleys crucial for electron transport in hexagonal gallium nitride[J]. Applied physics letters, 2004, 85(4): 609 - 611.

[34] YILMAZOGLU O, MUTAMBA K, PAVLIDIS D, et al. Measured negative differential resistivity for GaN Gunn diodes on GaN substrate[J]. Electronics letters, 2007, 43(8): 480 - 482.

[35] ARDARAVICIUS L, RAMONAS M, LIBERIS J, et al. Electron drift velocity in lattice-matched AlInN/AlN/GaN channel at high electric fields[J]. Journal of applied physics, 2009, 106(7): 073708.

[36] RIDLEY B. Specific negative resistance in solids[J]. Proceedings of the physical society, 1963, 82(6): 954 - 966.

[37] GUNN J B. Instabilities of current in Ⅲ - Ⅴ semiconductors[J]. IBM journal of research and development, 1964, 8(2), 141 - 159.

[38] KROEMER H. External negative conductance of a semiconductor with negative differential mobility[J]. Proceedings of the IEEE, 1965, 53(9): 1246.

[39] HUTSON A, JAYARAMAN A, CHYNOWETH A, et al. Mechanism of the Gunn effect from a pressure experiment[J]. Physical review letters, 1965, 14(16): 639 - 641.

[40] WRABACK M, SHEN H, RUDIN S, et al. Direction-dependent band

nonparabolicity effects on high-field transient electron transport in GaN[J]. Applied physics letters, 2003, 82(21): 3674 - 3676.

[41] KRISHNAMURTHY S, VAN SCHILFGAARDE M, SHER A, et al. Bandstructure effect on high-field transport in GaN and GaAlN[J]. Applied physics letters, 1997, 71(14): 1999 - 2001.

[42] WRABACK M, SHEN H, CARRANO J, et al. Time-resolved electroabsorption measurement of the electron velocity-field characteristic in GaN[J]. Applied physics letters, 2000, 76(9): 1155 - 1157.

[43] BULUTAY C, RIDLEY B K, ZAKHLENIUK N. Electron momentum and energy relaxation rates in GaN and AlN in the high-field transport regime[J]. Physical review B, 2003, 68(11): 115 - 205.

[44] HUANG Z C, GOLDBERG R, CHEN J C, et al. Direct observation of transferred-electron effect in GaN[J]. Applied physics letters, 1995, 67(19): 2825 - 2826.

[45] ALEKSEEV E, PAVLIDIS D. Large-signal microwave performance of GaN-based NDR diode oscillators[J]. Solid-state electronics, 2000, 44(6): 941 - 947.

[46] VITUSEVICH S A, DANYLYUK S V, KLEIN N, et al. Separation of hot-electron and self-heating effects in two-dimensional AlGaN/GaN-based conducting channels [J]. Applied physics letters, 2003, 82(5): 748 - 750.

[47] MA N, SHEN B, XU F J, et al. Current-controlled negative differential resistance effect induced by Gunn-type instability in n-type GaN epilayers[J]. Applied physics letters, 2010, 96(24): 242104.

[48] WRABACK M, SHEN H, CARRANO J C, et al. Time-resolved electroabsorption measurement of the transient electron velocity overshoot in GaN[J]. Applied physics letters, 2001, 79(9): 1303 - 1305.

[49] KHAN I A, COOPER Jr J A. Measurement of high-field electron transport in silicon carbide[J]. IEEE transactions on electron devices, 2000, 47(2): 269 - 272.

[50] MAZZUCATO S, ARIKAN M C, BALKAN N, et al. Hot electron capture and power loss in 2D GaN[J]. Physica B: condensed matter, 2002, 314(1): 55 - 58.

[51] CARUSO A, SPIRITO P, VITALE G. Negative resistance induced by avalanche injection in bulk semiconductors[J]. IEEE transactions on electron devices, 1974, 21(9): 578 - 586.

[52] FOUTZ B E, O'LEARY S K, SHUR M S, et al. Transient electron transport in wurtzite GaN, InN, and AlN[J]. Journal of applied physics, 1999, 85(11): 7727 - 7734.

[53] STANTON N M, KENT A J, AKIMOV A, et al. Energy relaxation by hot electrons

in n-GaN epilayers[J]. Journal of applied physics, 2001, 89(2): 973 - 979.

[54] RIDLEY B K, SCHAFF W J, EASTMAN L F. Hot-phonon-induced velocity saturation in GaN[J]. Journal of applied physics, 2004, 96(3): 1499 - 1502.

[55] KHURGIN J, DING Y J, JENA D. Hot phonon effect on electron velocity saturation in GaN: a second look[J]. Applied physics letters, 2007, 91(25): 252104.

[56] LEACH J H, ZHU C Y, WU M, et al. Degradation in InAlN/GaN-based heterostructure field effect transistors: role of hot phonons[J]. Applied physics letters, 2009, 95(22): 223504.

[57] MATULIONIS A, LIBERIS J, MATULIONIENE I, et al. Plasmon-enhanced heat dissipation in GaN-based two-dimensional channels[J]. Applied physics letters, 2009, 95(19): 192102.

[58] RAMONAS M, MATULIONIS A, LIBERIS J, et al. Hot-phonon effect on power dissipation in a biased $Al_x Ga_{1-x} N/AlN/GaN$ channel[J]. Physical review B, 2005, 71(7): 075324.

[59] LIBERIS J, RAMONAS M, KIPRIJANOVIC O, et al. Hot phonons in Si-doped GaN [J]. Applied physics letters, 2006, 89(20): 202117.

[60] ZYLBERSZTEJN A, CONWELL E M. Disturbance of phonon distribution in high electric fields[J]. Physical review letters, 1963, 11(9): 417 - 419.

[61] CONWELL E M. Disturbance of phonon distribution by hot electrons[J]. Physical review, 1964, 135(3A): 814 - 820.

[62] DANILCHENKO B A, ZELENSKY S E, DROK E, et al. Hot-electron transport in AlGaN/GaN two-dimensional conducting channels[J]. Applied physics letters, 2004, 85(22): 5421 - 5423.

[63] SHOCKLEY W. Hot electrons in germanium and Ohm's law[J]. The bell system technical journal, 1951, 30(4): 990 - 1034.

[64] RYDER E J. Mobility of holes and electrons in high electric fields[J]. Physical review, 1953, 90(5): 766 - 769.

[65] BARKER J M, FERRY D, KOLESKE D, et al. Bulk GaN and AlGaN/GaN heterostructure drift velocity measurements and comparison to theoretical models[J]. Journal of applied physics, 2005, 97(6): 063705.

[66] INOUE K, SAKAKI H, YOSHINO J. Field-dependent transport of electrons in selectively doped AlGaAs/GaAs/AlGaAs double-heterojunction systems[J]. Applied physics letters, 1985, 47(6): 614 - 616.

[67] MUENCH W V, PETTENPAUL E. Saturated electron drift velocity in 6H silicon carbide[J]. Journal of applied physics, 1977, 48(11): 4823 - 4825.

[68] HIRAKAWA K, SAKAKI H. Hot-electron transport in selectively doped n-type AlGaAs/GaAs heterojunctions[J]. Journal of applied physics, 1988, 63(3): 803 – 808.

[69] MA N, SHEN B, LU LW, et al. Boundary-enhanced momentum relaxation of longitudinal optical phonons in GaN[J]. Applied physics letters, 2012, 100(5): 052109.

[70] SHAH J, PINCZUK A, STöRMER H L, et al. Hot electrons in modulation-doped GaAs-AlGaAs heterostructures[J]. Applied physics letters, 1984, 44(3): 322 – 324.

[71] SHAH J, PINCZUK A, STöRMER H, et al. Electric field induced heating of high mobility electrons in modulation-doped GaAs-AlGaAs heterostructures[J]. Applied physics letters, 1983, 42(1): 55 – 57.

[72] STRATTONR, The influence of interelectronic collisions on conduction and breakdown in polar crystals[J]. Proceedings of the royal society A, 1958, 246(1246): 406 – 422.

[73] FERRY D K. High-Field Transport in Wide-Band-Gap Semiconductors[J]. Physical review B, 1975, 12(6): 2361 – 2369.

[74] MATULIONIS A. Hot phonons in GaN channels for HEMTs[J]. Physica status solidi (A): applications and materials, 2006, 203(10): 2313 – 2325.

[75] TSEN K T, KIANG J G, FERRY D K. Subpicosecond time-resolved Raman studies of LO phonons in GaN: Dependence on photoexcited carrier density[J]. Applied physics letters, 2006, 89(11): 112111.

[76] RIDLEY B K. Processes in semiconductors[M]. Oxford: Clarendon Press, 1999.

[77] RIDLEY B K. Hot phonons in high-field transport[J]. Semiconductor science and technology, 1989, 4(12): 1142 – 1150.

[78] ZHENGZ W, SHEN B, ZHANG R, et al. Occupation of the double subbands by the two-dimensional electron gas in the triangular quantum well at $Al_x Ga_{1-x} N/GaN$ heterostructures[J]. Physical review B, 2000, 62(12): R7739 – R7742.

[79] LO I, TSAI J K, TU LW, et al. Piezoelectric effect on $Al_{0.35-\delta} In_\delta Ga_{0.65} N/GaN$ heterostructures[J]. Applied physics letters, 2002, 80(15): 2684 – 2686.

[80] 杨流云. 面向射频应用的 AlN/GaN 异质结构的外延生长与输运性质研究[D]. 北京: 北京大学, 2020.

[81] MIAO Z L, TANG N, XU F J, et al. Magnetotransport properties of lattice-matched In0. 18Al0. 82N/AlN/GaN heterostructures[J]. Journal of applied physics, 2011, 109(1): 016102.

[82] STöMER H L, DINGLE R, GOSSARD A C, et al. Two-dimensional electron gas at

a semiconductor-semiconductor interface [J]. Solid state communication, 1979, 29(10): 705 - 709.

[83] TANG N, SHEN B, WANG M J, et al. Effective mass of the two-dimensional electron gas and band nonparabolicity in $Al_x Ga_{1-x} N/GaN$ heterostructures [J]. Applied physics letters, 2006, 88(17): 172115.

[84] TANG N, SHEN B, ZHENG Z W, et al. Magnetoresistance oscillations induced by intersubband scattering of two-dimensional electron gas in $Al_{0.22} Ga_{0.78} N/GaN$ heterostructures[J]. Journal of applied physics, 2003, 94(8): 5420 - 5422.

[85] KHAN M A, KUZNIAJ N, VAN HOVE J M, et al. Observation of a two-dimensional electron gas in low pressure metalorganic chemical vapor deposited GaN-$Al_x Ga_{1-x} N$ heterojunctions[J]. Applied physics letters, 1992, 60(24): 3027 - 3029.

[86] DATTA S. Electronic transport in mesoscopic systems[M]. Cambridge: Cambridge University Press, 2004.

[87] COLERIDGE P T, STONER R, FLETCHER R. Low-field transport coefficients in $GaAs/Ga_{1-x} Al_x As$ heterostructures[J]. Physical review B, 1989, 39(2): 1120 - 1124.

[88] SAKOWICZ M, ŁUSAKOWSKI J, KARPIERZ K, et al. Transport and quantum scattering time infield-effect transistors[J]. Applied physics letters, 2007, 90(17): 172104.

[89] HARRAUG J P, HIGGINS R J, GOODALL R K, et al. Quantum and classical mobility determination of the dominant scattering mechanism in the two-dimensional electron gas of an AlGaAs/GaAs heterojunction [J]. Physical review B, 1985, 32(12): 8126 - 8135.

[90] SAXLER A, DEBRAY P, PERRIN R, et al. Characterization of an AlGaN/GaN two-dimensional electron gas structure[J]. Journal of applied physics, 2000, 87(1): 369 - 374.

[91] LORENZINI P, BOUGRIOUA Z, TIBERJ A, et al. Quantum and transport lifetimes of two-dimensional electrons gas in AlGaN/GaN heterostructures[J]. Applied physics letters, 2005, 87(23): 232107.

[92] HSU L, WALUKIEWICZA W. Transport-to-quantum lifetime ratios in AlGaN/GaN heterostructures[J]. Applied physics letters, 2002, 80(14): 2508 - 2510.

[93] TANGN, SHEN B, ZHENG Z W, et al. Comment on "Piezoelectric effect on $Al_{0.35-\delta} In_\delta Ga_{0.65} N/GaN$ heterostructures" [Appl. Phys. Lett. 80, 2684 (2002)][J]. Applied physics letters, 2004, 84(8): 1425 - 1426.

[94] BERNARDINIF, FIORENTINI V, VANDERBILT D. Spontaneous polarization and

piezoelectric constants of III-V nitrides[J]. Physical review B, 1997, 56(16): R10024 - R10027.

[95] DE ALMEIDA J M, KAR T, PIQUINI P C. AlN, GaN, $Al_x Ga_{1-x}N$ nanotubes and GaN/$Al_x Ga_{1-x}N$ nanotube heterojunctions[J]. Physics letters A, 2010, 374(6): 877 - 881.

[96] DEEND A, STORM D F, KATZER D S, et al. Suppression of surface-originated gate lag by a dual-channel AlN/GaN high electron mobility transistor architecture[J]. Applied physics letters, 2016, 109(6): 063504.

[97] LEE D S, GAO X, GUO S, et al. InAlN/GaN HEMTs with AlGaN back barriers [J]. IEEE electron device letters, 2011, 32(5): 617 - 619.

[98] CRESPO A, BELLOT M M, CHABAK K D, et al. High-power Ka-band performance of AlInN/GaN HEMT With 9. 8-nm-Thin Barrier[J]. IEEE Electron device letters, 2010, 31(1): 2 - 4.

[99] CHUNG J W, SAADAT O I, TIRADO J M, et al. Gate-recessed InAlN/GaN HEMTs on SiC Substrate With $Al_2 O_3$ Passivation[J]. IEEE electron device letters, 2009, 30(9): 904 - 906.

[100] CHEN P G, TANG M, LIAO MH, et al. $In_{0.18} Al_{0.82}N$/AlN/GaN MIS-HEMT on Si with Schottky-drain contact[J]. Solid-state electronics, 2017, 129 (MAR): 206 - 209.

[101] XU Z Y, XU F J, HUANG C C, et al. Electrical properties of GaN-based heterostructures adopting InAlN/AlGaN bilayer barriers [J]. Journal of crystal growth, 2016, 447: 1 - 4.

[102] FIORENTINI V, BERNARDINI F, AMBACHER O. Evidence for nonlinear macroscopic polarization in Ⅲ - Ⅴ nitride alloy heterostructures[J]. Applied physics letters, 2002, 80(7): 1204 - 1206.

[103] AMBACHERO, SMART J, SHEALY J R, et al. Two-dimensional electron gases induced by spontaneous and piezoelectric polarization charges in N- And Ga-face AlGaN/GaN heterostructures[J]. Journal of applied physics, 1999, 85(6): 3222 - 3233.

[104] COLERIDGE P T. Small-angle scattering in two-dimensional electron gases[J]. Physical review B, 1991, 44(8): 3793 - 3801.

[105] ELHAMRI S, NEWROCK R S, MAST D B et al. $A_{10.15} Ga_{0.85}N$/GaN heterostructure: Effective mass and scattering times[J]. Phys. Rev. B, 1998, 57(3): 1374 - 1377.

[106] HSU L, WALUKIEWICZ W. Electron mobility in $Al_x Ga_{1-x}N$/GaN heterostructures

[J]. Physical review B, 1986, 56(3): 1520 - 1528.

[107] TÜLEK R, ILGAZ A, GÖKDEN S, et al. Comparison of the transport properties of high quality AlGaN/AlN/GaN and AlInN/AlN/GaN two-dimensional electron gas heterostructures[J]. Journal of applied physics, 2009, 105(1): 013707.

[108] SUZUKI M, UENOYAMA T, YANASE A. First-principles calculations of effective-mass parameters of AlN and GaN[J]. Physical review B, 1995, 52(11): 8132 - 8139.

[109] YANG T, NAKAJIMA S, SAKAI S. Electronic Structures of Wurtzite GaN, InN and Their Alloy $Ga_{1-x}In_x N$ Calculated by the Tight-Binding Method[J]. Japanese journal of applied physics, 1995, 34(11): 5912 - 5921.

[110] FRITSCH D, SCHMIDT H, GRUNDMANN M. Band-structure pseudopotential calculation of zinc-blende and wurtzite AlN, GaN, and InN[J]. Physical review B, 2003, 67(23): 235205.

[111] KNAP W, ALAUSE H, BLUET J M, et al. The cyclotron resonance effective mass of two-dimensional electrons confined at the GaN/AlGaN interface[J]. Solid state communications, 1996, 99(3): 195 - 199.

[112] WONG L W, CAI S J, LI R, et al. Magnetotransport study on the two-dimensional electron gas in AlGaN/GaN heterostructures[J]. Applied physics letters, 1998, 73(10): 1391 - 1393.

[113] WANGT, BAI J, SAKAI S, et al. Magnetotransport studies of AlGaN/GaN heterostructures grown on sapphire substrates: effective mass and scattering time [J]. Applied physics letters, 2000, 76(19): 2737 - 2739.

[114] LO I, WANG D P, HSIEH K Y, et al. Persistent-photoconductivity effect in δ-doped $Al_{0.48}In_{0.52}As/Ga_{0.47}In_{0.53}As$ heterostructures[J]. Physical review B, 1995, 52(20): 14671 - 14676.

[115] HANG D R, LIANG C T, HUANG C F, et al. Effective mass of two-dimensional electron gas in an $Al_{0.2}Ga_{0.8}N/GaN$ heterojunction[J] Applied physics letters, 2001, 79(1): 66 - 68.

[116] SYED S, HEROUX J B, WANG Y J, et al. Nonparabolicity of the conduction band of wurtzite GaN[J]. Applied physics letters, 2003, 83(22): 4553 - 4555.

[117] PALIK E D, TEITLER S, WALLIS R F. Free carrier cyclotron resonance, faraday rotation and voigt double refraction in compound semiconductors[J]. Journal of applied physics, 1961, 32(10): 2132 - 2136.

[118] WHALL T E, PLEWS A D, MATTEY N L, et al. Effective mass and band nonparabolicity in remote doped $Si/Si_{0.8}Ge_{0.2}$ quantum wells[J]. Applied physics

letters，1995，66(20)：2724 – 2726.

[119] YANG M J，LIN-CHUNG P J，WAGNER R J，et al. Far-infrared spectroscopy in strained AlSb/InAs/AlSb quantum wells[J]. Semiconductor science and technology，1993，8(1S)：S129 – S132.

[120] TANG N，SHEN B，WANG M J，et al. Beating patterns in the oscillatory magnetoresistance originatedfrom zero-field spin splitting in $Al_x Ga_{1-x} N/GaN$ heterostructures[J]. Applied physics letters，2006，88(17)：172112.

[121] LEADLEY D R，NICHOLAS R J，HARRIS J J，et al. Influence of acoustic phonons on inter-subband scattering in GaAs-GaAlAs heterojunctions [J]. Semiconductor science and technology，1989，4(10)：885 – 888.

[122] SANDER T H，HOLMES S N，HARRIS J J，et al. Determination of the phase of magneto-intersubband scattering oscillations in heterojunctions and quantum wells [J]. Physical review B，1998，58(20)：13856 – 13862.

[123] LEADLEYD R，FLETCHER R，NICHOLAS R J，et al. Intersubband resonant scattering in $GaAs-Ga_{1-x} Al_x As$ heterojunctions [J]. Physical review B，1992，46(19)：12439 – 12447.

[124] COLERIDGE P T. Inter-subband scattering in a 2D electron gas[J]. Semiconductor science and technology，1990，5(9)：961 – 966.

[125] SANDER T H，HOLMES S N，HARRIS J J，et al. Magnetoresistance oscillations due to intersubband scattering in a two-dimensional electron system[J]. Surface science，1996，361：564 – 568.

[126] RAIKHM E，SHAHBAZYAN T V. Magnetointersubband oscillations of conductivity in a two-dimensional electronic system[J]. Physical review B，1994，49(8)：5531 – 5540.

[127] QIU Z J，GUI Y S，LIN T，et al. Weak localization and magnetointersubband scattering effects in an $Al_x Ga_{1-x} N/GaN$ two-dimensional electron gas[J]. Physical review B，2004，69(12)：125335.

[128] LU J，SHEN B，TANG N，et al. Weak anti-localization of the two-dimensional electron gas in modulation-doped $Al_x Ga_{1-x} N$ /GaN heterostructures with two subbands occupation[J]. Applied physics letters，2004，85(15)：3125 – 3127.

[129] HAN K，TANG N，DUAN J X，et al. Oscillations of Low-Field Magnetoresistivity of Two-Dimensional Electron Gases in $Al_{0.22} Ga_{0.78} N/GaN$ Heterostructures in a Weak Localization Region[J]. Chinese physics letters，2011，28(8)：087302.

[130] FINKEL'STEIN A M. The influence of Coulomb interaction on the properties of disordered metals[J]. Journal of experimental and theoretical physics，1983，57(1)：

97 - 108.

[131] FUKUYAMA H, ISAWA Y, YASUHARA H. Higher Order Effects of Interactions in Two-Dimensional Weakly Localized Regime [J]. Journal of the physical society of Japan, 1983, 52(1): 16 - 17.

[132] HOUGHTON A, SENNA J R, YING S C. Magnetoresistance and Hall effect of a disordered interacting two-dimensional electron gas[J]. Physical review B, 1982, 25 (4): 2196 - 2210.

[133] LEE P A, RAMAKRISHNAN T V. Magnetoresistance of weakly disordered electrons[J]. Physical review B, 1982, 26(8): 4009 - 4012.

[134] ANDO T. Theory of quantum transport in a two-dimensional electron system under magnetic fields. IV. oscillatory conductivity[J]. Journal of the physical society of Japan, 1974, 37(5): 1233 - 1237.

[135] LEE P A, RAMAKRISHNAN T V. Disordered electronic systems[J]. Reviews of modern physics, 1985, 57(2): 287 - 337.

[136] IHN T. Semiconductor nanostructures: quantum states and electronic transport[M]. Oxford: Oxford University Press Oxford, 2010.

[137] VON KLITZING K, DORDA G, PEPPER M. New method for high-accuracy determination of the fine-structure constant based on quantized hall resistance[J]. Physical review letters, 1980, 45(6): 494 - 497.

[138] STÖRMER H L, TSUI D C, GOSSARD A C, et al. Observation of quantized hall effect and vanishing resistance at fractional Landau level occupation[J]. Physica B+ C, 1983, 117&118(MAR): 688 - 690.

[139] MAHAN G D. Many particle physics[M]. Berlin: Springer, 2000.

[140] ABRAHAMS E, ANDERSON P W, LEE P A, et al. Quasiparticle lifetime in disordered two-dimensional metals[J]. Physical review B, 1981, 24(12): 6783 - 6789.

[141] CHOI K K. Inelastic electron-electron scattering in silicon (100) inversion layers[J]. Physical review B, 1983, 28(10): 5774 - 5780.

[142] EILER W. Electron-electron interaction and weak localization[J]. Journal of low temperature physics, 1984, 56(5): 481 - 498.

[143] TABORYSKI R, LINDELOF P E. Weak localisation and electron-electron interactions in modulation-doped GaAs/AlGaAs heterostructures[J]. Semiconductor science and technology, 1990, 5(9): 933 - 946.

[144] HIKAMI S, LARKIN A, NAGAOKA Y. Spin-Orbit interaction and magnetoresistance in the two dimensional random system[J]. Progress of theoretical

physics，1980，63(2)：707 - 710.

[145] KOGA T，NITTA J，AKAZAKI T，et al. Rashba spin-orbit coupling probed by the weak antilocalization analysis in InAlAs/InGaAs/InAlAs quantum wells as a function of quantum well asymmetry[J]. Physical review letters，2002，89(4)：046801.

[146] MILLER J B，ZUMBÜHL D M，MARCUS C M，et al. Gate-controlled spin-orbit quantum interference effects in lateral transport[J]. Physical review letters，2003，90(7)：076807.

[147] HASSENKAM T，PEDERSEN S，BAKLANOV K，et al. Spin splitting and weak localization in (110) GaAs/Al$_x$Ga$_{1-x}$As quantum wells[J]. Physical review B，1997，55(15)：9298 - 9301.

[148] KNAP W，SKIERBISZEWSKI C，ZDUNIAK A，et al. Weak antilocalization and spin precession in quantum wells[J]. Physical review B，1996，53(7)：3912 - 3924.

[149] STUDENIKIN S A，COLERIDGE P T，AHMED N，et al. Experimental study of weak antilocalization effects in a high-mobility In$_x$Ga$_{1-x}$As/InP quantum well[J]. Physical review B，2003，68(3)：035317.

[150] MINKOV G M，GERMANENKO A V，RUT O E，et al. Weak antilocalization in quantum wells in tilted magnetic fields[J]. Physical review B，2004，70(15)：155323.

[151] MAL'SHUKOV A G，CHAO K A，WILLANDER M. Magnetoresistance of a weakly disordered III-V semiconductor quantum well in a magnetic field parallel to interfaces[J]. Physical review B，1997，56(11)：6436 - 6439.

[152] MAL'SHUKOV A G，FROLTSOV V A，CHAO K A. Crystal anisotropy effects on the weak-localization magnetoresistance of a III-V semiconductor quantum well in a magnetic field parallel to interfaces[J]. Physical review B，1999，59(8)：5702 - 5710.

[153] FABIAN J，MATOS-ABIAGUEA，ERTLER C，et al. Semiconductor spintronics [J]. Acta physica slovaca，2007，57(4&5)：565 - 907.

[154] WINKLER R. Spin orbit coupling effects in two-dimensional electron and hole systems[M]. Berlin：Springer-Verlag，2003.

[155] THILLOSEN N，CABAŇAS S，KALUZA N，et al. Weak antilocalization in gate-controlled Al$_x$Ga$_{1-x}$N/GaN two-dimensional electron gases[J]. Physical review B，2006，73(24)：241311(R).

[156] THILLOSEN N，SCHÄPERS TH，KALUZA N，et al. Weak antilocalization in a polarization-doped Al$_x$Ga$_{1-x}$N/GaN heterostructure with single subband occupation [J]. Applied physics letters，2006，88(2)：022111.

[157] CABAÑAS S, SCHÄPERS TH, THILLOSEN N, et al. Suppression of weak antilocalization in an $Al_x Ga_{1-x} N/GaN$ two-dimensional electron gas by an in-plane magnetic field [J]. Physical review B, 2007, 75(19): 195329.

[158] ZHOU W Z, LIN T, SHANG L Y, et al. Influence of the illumination on weak antilocalization in an $Al_x Ga_{1-x} N/GaN$ heterostructure with strong spin-orbit coupling [J]. Applied physics letters, 2008, 93(26): 262104.

[159] D'YAKONOV M I, PEREL' V I. Spin orientation of electrons associated with the interband absorption of light in semiconductors[J]. Soviet journal of experimental and theoretical physics, 1971, 33(5): 1053 – 1059.

[160] IORDANSKIIS V, LYANDA-GELLER Y B, PIKUS G E. Weak localization in quantum wells with spin-orbit interaction[J]. Journal of experimental and theoretical physics letters, 1994, 60: 206 – 211.

[161] SZOTT W, JEDZEJEK C, KIRK W P. Influence of bandwidth and dopant profile on quantum interference from superlattice transport studies[J]. Physical review B, 1993, 48(12): 8963 – 8979.

第 5 章

氮化镓基半导体异质结构中
二维电子气的自旋性质

半导体自旋电子学的主要目标是发现和制备新型的半导体低维量子结构，利用其电子的自旋属性代替其电荷属性作为载体，实现各种高速度、低能耗、小尺度的半导体逻辑运算和信息处理器件[1]，是当前国际上半导体科学技术领域面向后摩尔时代的一个重要分支。

半导体自旋电子学的研究内容主要包括自旋极化电子的注入、自旋的输运和调控、自旋的检测三个方面，希望通过对电子自旋的有效操控研制出自旋场效应晶体管（Spin-FET）、自旋隧穿共振二极管（Spin-RTD）等自旋电子学器件，具体涉及半导体中电子自旋极化的形成和分布、自旋轨道耦合、自旋弛豫和退相干等物理性质[2-3]。GaN 基宽禁带半导体及其异质结构因具有较强的自旋轨道耦合、较长的自旋弛豫时间、有可能实现室温铁磁性半导体等优势，是研制 Spin-FET 等自旋电子学器件的重要半导体材料体系，在半导体自旋电子学领域受到越来越多的重视[4-5]。

北京大学自 2006 年以来对基于 GaN 基半导体及其异质结构的自旋电子材料和器件进行了较为深入的研究[6-17]。下面主要结合北京大学的工作，系统讨论 GaN 基半导体及其异质结构材料和器件的自旋性质。

5.1 氮化镓基半导体异质结构中二维电子气的本征自旋性质

5.1.1 GaN 基半导体中的自旋轨道耦合

在半导体自旋电子学研究中，自旋相互作用是自旋调控的研究重点，包括 Zeeman 相互作用、自旋轨道耦合、自旋声子耦合、与磁性杂质的交换作用等[2]。其中，利用半导体常用的器件结构及其调控方法，如用栅极电压来调控自旋轨道耦合是研制 Spin-FET 的重点。GaN 基半导体中极化电场很强，而半导体的 Rashba 自旋轨道耦合系数与半导体中的电场成正比[18]，因此，GaN 基半导体及其异质结构中存在较强的 Rashba 自旋轨道耦合，这是利用电学方法进行 GaN 基半导体自旋调控的物理基础。

半导体中的自旋轨道耦合本质上是一种相对论效应。根据狭义相对论，电子在电场中运动会感受一个等效磁场的作用，这种电子自旋与电场的相互作用，被称为自旋轨道耦合(spin-orbit coupling)或自旋轨道相互作用(spin-orbit interaction)，对应的自旋轨道耦合哈密顿量为[3]

$$H_{SO} = \frac{\hbar}{4m_0^2 c^2} \boldsymbol{p} \cdot (\boldsymbol{\sigma} \times \nabla V) \qquad (5-1)$$

其中，$\hbar$ 是约化普朗克常数，m_0 是自由电子质量，c 是光速，$\boldsymbol{\sigma} = (\sigma_x, \sigma_y, \sigma_z)$ 是 Pauli 矩阵，V 是电势，$\boldsymbol{p}$ 是正则动量。在半导体中，电势 V 包括晶格的周期势和外加电势，这正是半导体中自旋轨道耦合的起源。由于受晶格周期势的作用，电子的运动由受周期势调控的布洛赫函数描述，自旋轨道耦合也表现为电子自旋和布洛赫波矢 $\boldsymbol{k}$ 的耦合。由于半导体晶格的周期势与其晶体结构密切相关，因此自旋轨道耦合也依赖于半导体的对称性。

在空间反演变换 P 的作用下，半导体中电子的位置本征态 $|x\rangle$、动量本征态 $|k\rangle$、角动量本征态 $|j, m\rangle$ 及布洛赫态 $|n, k, \sigma\rangle$ 将变换为 $|-x\rangle$、$|-k\rangle$、$|j, m\rangle$、$|n, -k, \sigma\rangle$。由定态薛定谔方程 $H|n, k, \sigma\rangle = E_{n,k,\sigma}|n, k, \sigma\rangle$ 的空间反演 $H|n, k, \sigma\rangle^P = E_{n,k,\sigma}|n, k, \sigma\rangle^P$，也就是 $H|n, -k, \sigma\rangle = E_{n,k,\sigma}|n, -k, \sigma\rangle$，可得到[3]

$$E_{n,k,\sigma} = E_{n,-k,\sigma} \qquad (5-2)$$

在时间反演变换 T 的作用下，半导体中电子的位置本征态 $|x\rangle$、动量本征态 $|k\rangle$、角动量本征态 $|j, m\rangle$ 及布洛赫态 $|n, k, \sigma\rangle$ 将变换为 $|x\rangle$、$|-k\rangle$、$|j, -m\rangle$、$|n, -k, -\sigma\rangle$。由定态薛定谔方程 $H|n, k, \sigma\rangle = E_{n,k,\sigma}|n, k, \sigma\rangle$ 的空间反演 $H|n, k, \sigma\rangle^T = E_{n,k,\sigma}|n, k, \sigma\rangle^T$，也就是 $H|n, -k, \sigma\rangle = E_{n,k,\sigma}|n, -k, -\sigma\rangle$，可得到[3]

$$E_{n,k,\sigma} = E_{n,-k,-\sigma} \qquad (5-3)$$

当半导体体系同时满足空间和时间反演对称时，$E_{n,k,\sigma} = E_{n,k,-\sigma}$，半导体能带具有自旋简并(kramer's degeneracy)。如果要产生半导体能带的自旋劈裂，则需要破坏以上两种对称性或其中一，即出现对称性破缺。通常采用外加磁场的方法来破坏时间反演对称性，以产生能带的自旋劈裂。另一途径是通过外加电场或利用半导体中的极化电场、内建电场等破坏空间反演对称性，从而产生能带的自旋劈裂[19]。

一般来说，半导体中的空间反演非对称有两种：一种是体反演非对称(bulk inversion asymmetry, BIA)，是由于半导体晶格本身的对称性破缺导致的反演非对称，具有 Dresselhaus 自旋轨道耦合形式[3]。这种反演非对称导致的能带自旋劈裂会出现在那些点群中没有中心反演对称操作的半导体晶体或结构中。另一种是结构反演非对称(structural inversion asymmetry, SIA),是由于外加电场或内建电场导致的半导体晶体空间对称性破缺,具有 Rashba 自旋轨道耦合形式[3]。这种反演非对称导致的能带自旋劈裂会出现在半导体异质结构中,如 $Al_xGa_{1-x}N/GaN$ 异质结构中的极化电场就会引起 Rashba 自旋轨道耦合作用。

闪锌矿结构的半导体材料中,Dresselhaus 自旋轨道耦合的哈密顿量写成[20]:

$$H_D^{bulk} = \gamma_D \begin{pmatrix} k_x(k_y^2 - k_z^2) \\ k_y(k_z^2 - k_x^2) \\ k_z(k_x^2 - k_y^2) \end{pmatrix} \cdot \boldsymbol{\sigma} \tag{5-4}$$

其中,γ_D 是 Dresselhaus 耦合系数,反映 Dresselhaus 自旋劈裂的强度。

纤锌矿结构的半导体材料中,Dresselhaus 自旋轨道耦合的哈密顿量写成[21-22]:

$$H_D^{bulk} = \gamma_D^1 \begin{pmatrix} k_y \\ -k_x \\ 0 \end{pmatrix} \cdot \boldsymbol{\sigma} + \gamma_D^3 (b k_z^2 - k_{//}^2) \begin{pmatrix} k_y \\ -k_x \\ 0 \end{pmatrix} \cdot \boldsymbol{\sigma} \tag{5-5}$$

其中,b 表征由于晶格结构引入的各向异性。对 GaN 晶体,b 为 3.959[23]。

在半导体量子阱和纳米线等低维结构中,由于空间限制作用,Dresselhaus 自旋轨道耦合的具体形式会有所简化。

除了由 BIA 导致的空间反演不对称外,空间反演不对称还可以来自结构反演不对称(SIA),如半导体纳米结构中由于栅电压或者内建电场造成的势能反演不对称。通过 Löwdin partition 方法,我们可以得到其哈密顿量的表达式[24]:

$$H_R = \alpha_0 \boldsymbol{\sigma} \cdot (\boldsymbol{k} \times \boldsymbol{E}_v) \tag{5-6}$$

其中,$\alpha_0 = e\eta(2-\eta)P^2/(3m_0^2 E_g^2)$,$E_v(\boldsymbol{r}) = \nabla V_v(\boldsymbol{r})/|e|$。Rashba 自旋轨道耦合也可以写为[24]

$$H_R = \alpha_R (\boldsymbol{\sigma} \times \boldsymbol{k}) \cdot \hat{\boldsymbol{n}} \tag{5-7}$$

其中,$\alpha_R = \alpha_0 \langle E_v(\boldsymbol{r}) \rangle$,$\hat{\boldsymbol{n}}$ 是沿着电场方向的单位矢量。半导体异质结构或量子阱中往往存在较强的 Rashba 自旋轨道耦合,如果将其外延生长方向设为 z 方向,则 H_R 可表达为[24]

$$H_R = \alpha_R (\sigma_x k_y - \sigma_y k_x) \tag{5-8}$$

由于 z 方向受到限制,$\langle k_z \rangle \approx 0$,而 $\langle k_z^2 \rangle \sim (\pi/L)^2$,$L$ 为阱宽。值得指出的

是，沿着 z 方向生长的纤锌矿结构的半导体异质结构或量子阱中，BIA 引起的 Dresselhaus 自旋轨道耦合与 SIA 引起的 Rashba 自旋轨道耦合有相同的形式[24]：

$$H_D^w = \beta_D (\sigma_x k_y - \sigma_y k_x) \tag{5-9}$$

$$H_R^w = \alpha_R (\sigma_x k_y - \sigma_y k_x) \tag{5-10}$$

其中，$\beta_D = \gamma_D^1 + \gamma_D^3 (b\langle k_z^2 \rangle - k_{/\!/}^2)$。两种自旋轨道耦合的叠加引起的半导体能带的自旋分裂在面内是各向同性的，如图 5.1 所示[3]。

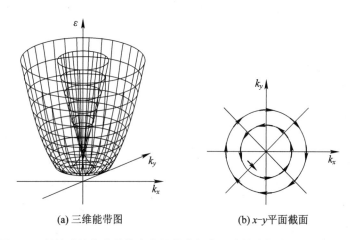

(a) 三维能带图　　　　　(b) x–y 平面截面

图 5.1　纤锌矿结构半导体中自旋轨道耦合导致的能带自旋分裂示意图

而沿着 z 方向生长的闪锌矿结构半导体异质结构或量子阱中，BIA 引起的 Dresselhaus 自旋轨道耦合与 SIA 引起的 Rashba 自旋轨道耦合具有不同的形式，它们分别表达为[3]

$$H_D^w = \beta_D (-\sigma_x k_x + \sigma_y k_y) + \gamma_D (\sigma_x k_x k_y^2 - \sigma_y k_y k_z^2) \tag{5-11}$$

$$H_R^z = \alpha_R (\sigma_x k_y - \sigma_y k_x) \tag{5-12}$$

其中，$\beta_D = \gamma_D \langle k_z^2 \rangle$，并且在窄阱中，Dresselhaus 自旋轨道耦合的线性项起着决定性作用。两种自旋轨道耦合的叠加引起的自旋能级分裂在面内呈各向异性，导致自旋弛豫和自旋光电流的各向异性，如图 5.2 所

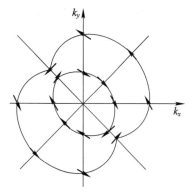

图 5.2　闪锌矿结构半导体中自旋轨道耦合导致的能带自旋分裂示意图[3]

示[3]。反过来，由自旋弛豫和自旋光电流的各向异性也可以推导出 β_D/α_R 的比值[25-28]。此外，实验上还可以通过调节量子阱的宽度或施加沿着 z 方向的电场来调节 β_D/α_R。

5.1.2　GaN 基异质结构中 2DEG 的零场自旋分裂

和其他半导体异质结构一样，GaN 基半导体及其异质结构中也存在着两种自旋分裂形式，即 Rashba 自旋轨道耦合和 Dresselhaus 自旋轨道耦合。由于在研制半导体自旋电子器件时，可通过栅极电压调控 Rashba 自旋轨道耦合来调控沟道中电子的自旋输运，因此 GaN 基半导体及其异质结构中的 Rashba 自旋轨道耦合更受人们的关注[4-5]。

如前所述，在纤锌矿结构的 $Al_xGa_{1-x}N/GaN$ 异质结构中，BIA 和 SIA 造成的自旋轨道耦合具有相同的表达形式，分别是 $H_D^w = \beta_D(\sigma_x k_y - \sigma_y k_x)$，$H_R^w = \alpha_R(\sigma_x k_y - \sigma_y k_x)$，其区别只是在前面的自旋轨道耦合系数大小有差异。因此，研究 $Al_xGa_{1-x}N/GaN$ 异质结构的自旋轨道耦合效应，首先需要回答的是 BIA 和 SIA 两种作用中的哪一种是异质结构中自旋分裂的主导机制。

根据本书第 4 章的讨论，我们知道观测半导体异质结构中 2DEG 的自旋分裂的主要方法之一就是强磁场、超低温下的磁电阻 SdH 振荡测量，异质结构的 SdH 振荡曲线出现拍频的可能机制之一是 2DEG 的零场自旋分裂。如第 4 章讨论异质结构中三角形量子阱子带结构时所述，由于零场自旋分裂的影响，量子阱中每一个子带分裂的朗道能级又会一分为二，形成两套自旋简并解除后的朗道能级，由此会产生两组频率相近的 SdH 振荡，叠加后即可在磁输运实验中观察到由零场自旋分裂导致的拍频现象[6]。根据美国普渡大学 B. Das 等人提出的物理模型[29]，异质结构中 2DEG 的自旋分裂会在描述 SdH 振荡的公式振幅项中加入 $\cos(\nu\pi)$ 因子，其中 $\nu = \delta/(\hbar\omega_c)$，$\delta$ 是总自旋分裂能量。

这样，异质结构中电子总的自旋分裂能（包括了塞曼分裂）可表示成[29]：

$$\delta = \left[(\hbar\omega_c - g^*\mu_B B)^2 + \Delta_R^2\right]^{\frac{1}{2}} - \hbar\omega_c \qquad (5-13)$$

其中，$\Delta_R = 2\alpha k_F$ 为零场 Rashba 自旋分裂能。从上式可看出，低磁场下 2DEG 的分裂能量主要来自零场自旋分裂，而高磁场下主要来自塞曼分裂。由此通过磁输运测量可将异质结构中电子的自旋信息提取出来，首先通过求解 Schrödinger 方程[29]：

$$H = H_0 + H_{SO} = \frac{\hbar^2 k_{//}^2}{2m^*} + V(z) + \alpha[\boldsymbol{\sigma} \times \boldsymbol{k}_{//}] \cdot \boldsymbol{z} \qquad (5-14)$$

从式(5-14)中得到的电子能量色散关系为[29]

$$E^{\pm}(k_{//}) = E_i + \frac{\hbar^2 k_{//}^2}{2m^*} \pm \alpha \mid k_{//} \mid \qquad (5-15)$$

由此获得的电子能态密度为[29]

$$Z_{\pm}(E) = \frac{1}{2} \frac{m^*}{\pi \hbar^2} \left[1 \mp \frac{1}{\sqrt{1 + 2(E - E_i)\hbar^2/(\alpha^2 m^*)}} \right) \qquad (5-16)$$

从上式可知异质结构中自旋向上和向下的能态密度并不相等,通过对不同的自旋能态密度进行积分可得到不同自旋状态的 2DEG 密度之差。然后根据不同自旋状态的 2DEG 密度之差可获得电子自旋轨道耦合系数 α[29]:

$$\Delta n = n_- - n_+ = \int_0^{E_F} Z_-(E) dE - \int_0^{E_F} Z_+(E) dE$$

$$\Rightarrow \alpha = \frac{\Delta n \hbar^2}{m^*} \sqrt{\frac{\pi}{2(n - \Delta n)}} \qquad (5-17)$$

其中,$n = n_- + n_+$,是异质结构中 2DEG 的总密度,可通过第 4 章介绍的 SdH 振荡曲线的快速傅里叶变换(FFT)谱求得。

2006 年,北京大学唐宁、沈波等人和中科院上海技术物理所桂永胜、褚君浩等人合作,采用磁输运方法研究了 $Al_xGa_{1-x}N/GaN$ 异质结构中 2DEG 的零场自旋分裂。实验样品是用 MOCVD 方法外延生长的高质量 $Al_xGa_{1-x}N/GaN$ 异质结构。为了避免异质结构中 2DEG 的双子带占据对零场自旋分裂能量测量的影响,他们选用了厚度 30 nm,Al 组分为 0.11 的低 Al 组分 $Al_xGa_{1-x}N$ 势垒层,这样可确保 $Al_{0.11}Ga_{0.89}N/GaN$ 异质结构界面量子阱中只有一个子带被占据,不会形成双周期的 SdH 振荡曲线[6]。2 K 低温下通过 Hall 测量得到的异质结构中电子的面密度为 7.0×10^{12} cm^{-2},迁移率为 9152 cm^2/(V·s)。实验测得的 SdH 振荡曲线如图 5.3 所示[6],具有明显的拍频形状。

2~6 K 温度范围内 $Al_{0.11}Ga_{0.89}N/GaN$ 异质结构 SdH 振荡曲线的快速傅里叶变换谱如图 5.4 所示[6]。可观察到两个很明显,也靠得很近的 SdH 振荡磁频率,分别位于 114 T 和 109 T。因为该异质结构中不存在 2DEG 的双子带占据,而且观察到的两个振荡磁频率靠得如此之近,也不可能是双子带占据导致的,更不可能是子带间散射(MIS)效应带来的。因此,这个 SdH 振荡曲线明显的拍频只可能是 $Al_{0.11}Ga_{0.89}N/GaN$ 异质结构量子阱中第一子带的自旋分裂导致的。

根据式(5-17),可得到该异质结构中 2DEG 的自旋轨道耦合系数为 $\alpha = 2.2 \times 10^{-12}$ eV·m[6]。半导体异质结构中 2DEG 的零场自旋分裂能量可通过式

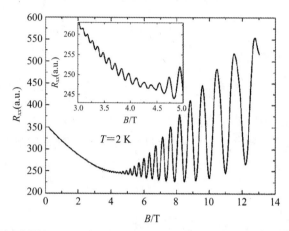

注：插图显示了3～5 T磁场范围内SdH振荡曲线明显的拍频现象[6]。

图5.3 2 K温度下 $Al_{0.11}Ga_{0.89}N/GaN$ 异质结构的 SdH 振荡曲线

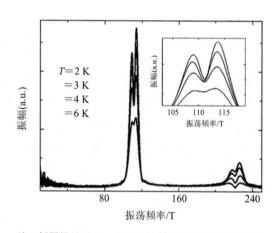

注：插图显示了103～119 T磁频率范围内谱的精细结构。

图5.4 2 K温度下 $Al_{0.11}Ga_{0.89}N/GaN$ 异质结构的 SdH 振荡曲线的 FFT 变换谱[6]

$E_{\uparrow}-E_{\downarrow}=2\pi\hbar^2(n_{\uparrow}-n_{\downarrow})/m^*$ 计算得到[29]，这样测得 $Al_{0.11}Ga_{0.89}N/GaN$ 异质结构中 2DEG 的零场自旋分裂能量为 2.5 meV，在测量温度范围内基本保持不变[6]。另一方面通过磁阻拍频最后一个节点的位置可以估算异质结构中 2DEG 总的自旋分裂能量，这样测得在 4.4 T 的磁场下，$Al_{0.11}Ga_{0.89}N/GaN$ 异质结构中 2DEG 总的自旋分裂能量为 1.11 meV。因此可以认为，$Al_xGa_{1-x}N/$

GaN 异质结构中 2DEG 的零场自旋分裂效应在很高的磁场下依然存在，而异质结构中零场自旋分裂和塞曼分裂分别在低场和高场下起主导作用。在 4.4 T 以下，随着磁场增大，虽然自旋分裂能量减小，但塞曼分裂并不起主导作用，零场自旋分裂依然起着主要作用[6]。

为了更精确地了解半导体异质结构中从零场自旋分裂主导到塞曼分裂主导的过渡磁场大小，需要在磁输运实验中提供更大的磁场强度。在此简要从理论角度分析塞曼分裂对半导体异质结构的磁电阻振荡造成的影响。SdH 振荡是半导体异质结构中当朗道能级和费米能级相齐的时候出现的磁电阻振荡极值，此时有[29]：

$$\left(n+\frac{1}{2}\right)\hbar\omega_{c}\pm\frac{\delta}{2}=E_{F}-E_{i} \tag{5-18}$$

取自旋分裂的零次和一次项 $\delta=\delta_0+\delta_1\hbar\omega_c$[30]，$\delta_0$ 为零场自旋分裂能量，塞曼分裂为磁场的一次项，包含在 δ_1 中。随着磁场的增大，朗道能级和费米能级周期性地相齐，磁电阻的极值周期性地出现，形成异质结构磁电阻的振荡。将式(5-18)变换形式[29]：

$$n+\frac{1}{2}\pm\frac{\delta_1}{2}=\frac{\left(E_F-E_i\mp\frac{\delta_0}{2}\right)m^*}{e\hbar}\frac{1}{B} \tag{5-19}$$

从式(5-19)可看出，塞曼分裂并不影响磁电阻振荡的频率。塞曼分裂的影响表现为：在一个振荡周期内，磁电阻的极值出现两次。因此，当塞曼分裂起主导作用时，SdH 振荡的峰会出现分裂[30]。同时，塞曼分裂会影响异质结构 SdH 振荡的相位。令 B_+ 和 B_- 分别为第 n 个朗道能级自旋向上和自旋向下的态穿越费米面时的磁场，带入式(5-18)可得到下式[30]：

$$\delta\left(\frac{B_++B_-}{2}\right)=\left(n+\frac{1}{2}\right)\frac{\hbar e}{m^*}(B_--B_+) \tag{5-20}$$

可根据异质结构 SdH 振荡分裂峰的精确位置，用式(5-20)计算出异质结构塞曼分裂能量。

美国普渡大学 B. Das 等人推导出一个近似的公式来计算异质结构中的总自旋分裂能量[31]：

$$\delta(B)=\left[(\hbar\omega_c-g^*\mu_BB)^2+\delta_0^2\right]^{1/2}-\hbar\omega_c$$

$$\approx\begin{cases}\delta_0-\hbar\omega_c, & \hbar\omega_c\ll\delta_0/(1-\upsilon_0)\\ g^*\mu_BB, & \hbar\omega_c\gg\delta_0/(1-\upsilon_0)\end{cases} \tag{5-21}$$

其中，$\upsilon_0 = g^* m^* / (2m_0)$。在零磁场区域，自旋分裂能量线性减小；在高磁场区域，塞曼分裂起主导，自旋分裂能量线性增大。在中间区域，令$\hbar \omega_c = \delta_0 / (1-\upsilon_0)$，取$g^* = 2.04$，$\delta_0 = 2.5$ meV，得到转变的磁场大小为 $B = 6.5$ T[32]。

在 $Al_x Ga_{1-x}N/GaN$ 异质结构中，很强的极化感应电场（可认为是内建电场的一类）以及很高的 2DEG 密度非常有利于零场自旋分裂的产生，而极化电场和 2DEG 密度均与 $Al_x Ga_{1-x}N$ 势垒层的 Al 组分密切相关，因此势垒层 Al 组分的不同会在很大限度上影响 $Al_x Ga_{1-x}N/GaN$ 异质结构中零场自旋轨道耦合的强弱。

2008 年，北京大学唐宁、沈波等人和中科院上海技术物理所桂永胜、褚君浩等人合作，通过测量三组势垒层 Al 组分不同的 $Al_x Ga_{1-x}N/GaN$ 异质结构的磁电阻振荡曲线，研究比较了 $Al_x Ga_{1-x}N/GaN$ 异质结构中的自旋轨道耦合系数与势垒层 Al 组分的关系[7]。三组样品的势垒层 Al 组分分别为 0.11、0.25 和 0.28，样品的其他结构参数不变。2 K 温度下实验测得的三组势垒层 Al 组分不同的 $Al_x Ga_{1-x}N/GaN$ 异质结构样品的磁电阻率导数的振荡曲线如图 5.5 所示[7]。

从图 5.5 中可提取出三组 $Al_x Ga_{1-x}N/GaN$ 异质结构中 2DEG 的零场自旋分裂自旋信息，三组样品的具体分析结果如表 5-1 所示。实验测量确认势垒层的 Al 组分越高，异质结构的自旋轨道耦合系数 α 越大。同时，异质结构中自旋向上和自旋向下的 2DEG 面密度的差异也越大。

表 5-1　实验测得的三组势垒层 Al 组分不同的 $Al_x Ga_{1-x}N/GaN$
异质结构样品的相关结构参数和自旋轨道耦合系数 α[7]

样品	x	t-AlGaN /nm	$n_H (\times 10^{12})$ /cm^{-2}	$\mu_H (\times 10^3)$ /[cm^2/(V·s)]	$n_\uparrow (\times 10^{12})$ /cm^{-2}	$n_\downarrow (\times 10^{12})$ /cm^{-2}	$\alpha (\times 10^{-12})$ /(eV·m)
A	0.11	30	6.6	9.5	2.75	2.63	2.4
B	0.25	28	8.5	27.8	4.12	3.93	2.8
C	0.28	25	12	7.7	6.39	6.01	4.5

半导体异质结构中 Rashba 自旋轨道耦合系数表达式为[18]

$$\alpha = \frac{\hbar^2 e E}{4 m^* E_g} \tag{5-22}$$

其中，E 是电场强度，E_g 是禁带宽度，m^* 是电子有效质量。从表 5-1 中可看

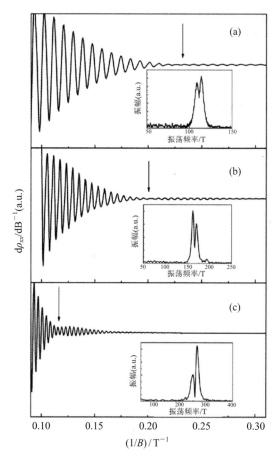

注：势垒层Al组分分别为 0.11(图(a))、0.25(图(b))和0.28(图(c))，插图是相应振荡曲线的FFT
变换谱[7]。

图 5.5　三组 $Al_xGa_{1-x}N/GaN$ 异质结构中磁电阻率导数的振荡曲线[7]

出，异质结构中 Rashba 自旋轨道耦合系数与所加电场呈线性关系。而
Dresselhaus 自旋轨道耦合系数只取决于半导体晶体的对称性，与所加电场无
关。我们知道，势垒层的 Al 组分越高，$Al_xGa_{1-x}N/GaN$ 异质结构中极化感应
电场越强。因此可认为，异质结构中的自旋轨道耦合系数 α 随 $Al_xGa_{1-x}N$ 势垒
层的 Al 组分提高而变大，表明 $Al_xGa_{1-x}N/GaN$ 异质结构中 Rashba 自旋轨道
耦合可能占主导地位[7]。

为进一步确认这一认识，北京大学的研究组在 $Al_{0.11}Ga_{0.89}N/GaN$ 异质结构的磁输运实验中采用了光照手段，并仔细观察了光照对磁电阻拍频振荡的影响。实验发现在光照后磁电阻拍频振荡曲线的最后一个节点向低磁场处移动，如图 5.6 所示[8]。

　　此光照条件下的磁输运实验确认，光照后 $Al_{0.11}Ga_{0.89}N/GaN$ 异质结构中 2DEG 的零场自旋分裂变小[8]。因为光照会使得异质结构中电子的费米波矢 k_f 增大，如果零场自旋分裂主要起源于 Dresselhaus 效应，应该会使零场自旋分裂能量变大，这与观测结果不符。而根据 Rashba 理论，零场自旋分裂能量是 $2\alpha k_f$，自旋轨道耦合系数由式（5-22）表示[18]。尽管光照使异质结构中电子的费米波矢 k_f 增大，但由于电子浓度增加会增强对异质界面电场的屏蔽作用，也就是光照减小了异质界面处的电场 E，因此，如果异质结构中的零场自旋分裂主要起源于 Rashba 效应，光照会减小 $Al_xGa_{1-x}N/GaN$ 异质结构中 2DEG 的零场自旋分裂。从光照条件下的磁输运实验，我们可进一步确认 $Al_xGa_{1-x}N/GaN$ 异质结构中 2DEG 的零场自旋分裂主要起源于 Rashba 效应。

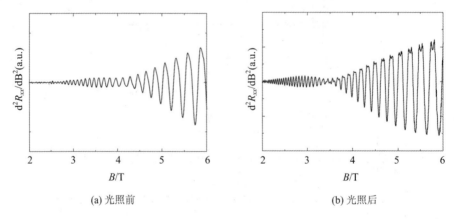

(a) 光照前　　　　　　　　　　　　　　　　(b) 光照后

图 5.6　2 K 温度下光照前后 $Al_{0.11}Ga_{0.89}N/GaN$ 异质结构磁电阻二级导数的振荡曲线[8]

　　随后，北京大学沈波、贺小伟等人与中科院半导体所陈涌海等人合作，采用对 $Al_{0.25}Ga_{0.75}N/GaN$ 异质结构施加单轴应力的方法，测量其圆偏振光电流效应随异质结构中单轴应变的变化规律，定量给出了 $Al_{0.25}Ga_{0.75}N/GaN$ 异质结构中 Rashba 和 Dresselhaus 自旋轨道耦合系数之比是 13.2[9]，再次确认了 $Al_xGa_{1-x}N/GaN$ 异质结构中 2DEG 的零场自旋分裂主要起源于 Rashba 效应。

5.1.3　GaN 基异质结构中 2DEG 的圆偏振光电流效应

1978 年，苏联半导体学家 E. L. Ivchenko 和 G. E. Pikus 理论上预言了半导体中的 circular photo galvainc effect（即 CPGE，翻译成圆偏振光电流效应）[33]。随后几年，CPGE 在半导体材料碲(Te)及以 LiNdO$_3$ 为代表的一些铁电半导体材料中被观测到[34-35]。2001 年，德国知名的半导体自旋电子学家 S. D. Ganichev 等人首次在 Al$_x$Ga$_{1-x}$As/GaAs 量子阱中观测到了 CPGE[36]。CPGE 揭示出在半导体中电子自旋可以将光子的角动量转化为电子运动的线动量，形成无外加偏压下可测量的电流。经过十多年的发展，CPGE 已被广泛用于研究半导体中的自旋轨道耦合及其引起的能带自旋分裂。

S. D. Ganichev 等人从半导体能带的角度出发，认为 Rashba 自旋分裂的存在使得半导体中被激发到更高态的电子在 K 空间形成不对称的分布，导带中的电子具有净的动量，从而产生可观测的 CPGE 电流。按照其观点，产生的 CPGE 电流应正比于半导体中的自旋轨道耦合强度，定量的数学关系则由具体的跃迁机制决定[36]。

半导体中载流子光跃迁的角动量守恒使得发生跃迁的初态末态要满足一定的选择定则。偶极跃迁只会要求初末态的轨道角动量满足守恒定律，但存在自旋轨道耦合时，电子的轨道角动量便与自旋相关联。其光跃迁的选择定则可由对应初末态的跃迁矩阵元直接反映出来。电偶极矩阵元为 $-e\mathbf{r}\cdot\mathbf{E}$；跃迁矩阵元为 $\langle\mathrm{final}|-e\mathbf{r}\cdot\mathbf{E}|\mathrm{initial}\rangle$；自旋部分为 $\langle\uparrow|\downarrow\rangle=\mathbf{0}$；轨道部分非零矩阵元为：$\langle S|x|X\rangle=\langle S|y|Y\rangle=\langle S|z|Z\rangle\neq\mathbf{0}$。

以半导体 GaAs 为例，其价带中各个子带到导带的跃迁矩阵元如表 5-2 所示[36]。如果只有价带顶重空穴 HH 带和轻空穴 LH 带的电子被激发，那么右旋圆偏光可以使 HH($-3/2$)，和 LH($-1/2$)分别激发到导带的 $-1/2$ 和 $+1/2$ 位置处，由表中对应于圆偏光矩阵元系数模的平方可得出上述两种跃迁的概率为 3∶1，光生电子偏向 $-1/2$ 的自旋极化，也就是说电子的自旋被圆偏振光所取向。对于半导体 GaN 中电子的光跃迁，情况类似。下面分别从唯象和微观的角度进一步说明为什么圆偏光的激发下，半导体中会产生一个可观测的光电流。

表 5－2　半导体 GaAs 中的偶极跃迁矩阵元（其中量子化轴区在动量方向）[36]

HH→C	+1/2	−1/2		SH→C	+1/2	−1/2
+3/2	$-\dfrac{1}{\sqrt{2}}(e_x+\mathrm{i}e_y)$	0		+1/2	$-\dfrac{1}{\sqrt{3}}e_z$	$-\dfrac{1}{\sqrt{3}}(e_x+\mathrm{i}e_y)$
−3/2	0	$\dfrac{1}{\sqrt{2}}(e_x-\mathrm{i}e_y)$		−1/2	$-\dfrac{1}{\sqrt{3}}(e_x-\mathrm{i}e_y)$	$-\dfrac{1}{\sqrt{3}}e_z$
LH→C	+1/2	−1/2		C		
+1/2	$\sqrt{\dfrac{2}{3}}e_z$	$-\dfrac{1}{\sqrt{6}}(e_x+\mathrm{i}e_y)$		HH +3/2		−3/2
−1/2	$\dfrac{1}{\sqrt{6}}(e_x-\mathrm{i}e_y)$	$\sqrt{\dfrac{2}{3}}e_z$		LH +1/2		−1/2
				SH +1/2		−1/2

　　首先来看唯象理论，半导体晶体中波矢为 q 的平面波可写为 $E(r, t)=a e\mathrm{e}^{\mathrm{i}q\cdot r-\mathrm{i}\omega t}$，其中 a 为复振幅，e 为偏振方向上的单位矢量。当 a 的虚部不为 0 时，E 具有椭圆偏振。所谓圆偏振光电流效应，也就是半导体对入射光中的圆偏振成分产生光电流响应。很自然圆偏振光电流 j_C 与光的螺旋度直接相关。对于一阶效应，j_C 可写为[37]

$$j_i^C = \alpha_{ij} \cdot \mathrm{i}(e \times e^*)_j \cdot I = \alpha_{ij} \cdot \kappa_j \cdot I \qquad (5-23)$$

其中，α_{ij} 为一个和半导体晶体对称性相关的二阶张量，I 为入射光强，κ 为一个赝矢量。螺旋度（helicity）定义为 $P_{cir}=\kappa_j \cdot q/|q|$，任何偏振光都可按照左旋圆偏振光和右旋圆偏振光进行分解。右旋和左旋圆偏振光的螺旋度分别为 ＋1 和 −1，线偏振光的螺旋度为 0。上面的唯象公式可进一步写为[37]

$$j_i^C = \alpha_{ij} P_{cir} I \cdot e_j \qquad (5-24)$$

其中，j_i^C 正比于螺旋度，e_j 为 j 方向单位矢量。在 CPGE 测量实验中 P_{cir} 与 $\lambda/4$ 波片主轴和线偏光偏振方向的夹角 φ 有关：

$$P_{cir} = \frac{I_{\sigma_+} - I_{\sigma_-}}{I_{\sigma_+} + I_{\sigma_-}} = \sin(2\varphi) \qquad (5-25)$$

最终，半导体中测得的 CPGE 电流分量可表达为非常简单的形式[37]：

$$j_{CPGE} = j_C \sin(2\varphi) \qquad (5-26)$$

因此，半导体中 CPGE 电流随着夹角 φ 的变化周期性变化，周期为 π，振幅为 j_C，如图 5.7 所示[36]。正是借助这一点，可以从实验上区分圆偏振光辐照下半导体中的背景电流、CPGE 电流以及线偏振光电流效应（LPGE）导致的电流。

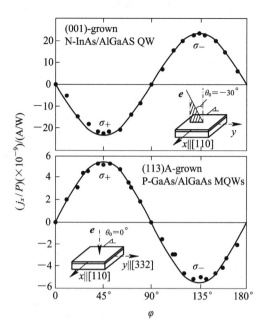

图 5.7　室温下 $Al_x Ga_{1-x} As/GaAs$ 量子阱的 CPGE 光电流谱[36]

根据式(5-23)可知，只有缺乏反演对称中心的半导体晶体及其低维量子结构才会出现 CPGE 光电流。因为在空间反演下，入射光 E 变为 $-E$，光电流 J 应该变为 $-J$。根据式(5-23)，空间反演下左边不变，右边反号。所以具有反演对称的半导体材料 j_C 为零。也就是式(5-23)要求半导体晶体二阶张量 α_{ij} 在空间反演下变号[37]。

没有空间反演对称性的晶体被称作 gyrotropic crystal，可以看作是具有圆偏光学活性的晶体，在 32 个晶体点群中有 21 个缺乏反演对称中心，gyrotropic crystal 在这 21 个点群之中，如 C_s、C_{3v}、C_{6v} 和 T_d 等[38]。

由于二阶张量 α_{ij} 与半导体材料或结构的自旋轨道耦合系数有着同样的对称性，因此根据不同半导体材料或结构的对称性，α_{ij} 的非零项具有不同的形式，从而半导体中的 CPGE 电流就有不同的表达形式。当半导体结构的对称性更高时，α_{ij} 的非零项更少，式(5-23)变得越简单。而当半导体结构的对称性更低时，α_{ij} 的非零项更多，式(5-23)变得更复杂。GaN 基半导体材料，如 $Al_x Ga_{1-x} N/GaN$ 异质结构，具有 C_{6v} 或 C_{3v} 对称性。C_{6v} 或 C_{3v} 对称性下 CPGE 电流具有相同的约化形式，通过对 α_{ij} 做一系列的对称变换，可得到 α_{ij} 的非零

项为 $\alpha_{xy} = -\alpha_{yx}$，因此 C_{6V} 或 C_{3V} 半导体结构的 CPGE 电流表达式为[37]

$$\begin{cases} j_x = \alpha \boldsymbol{e}_y E_0^2 P_{cir} \\ j_y = -\alpha \boldsymbol{e}_x E_0^2 P_{cir} \end{cases} \tag{5-27}$$

其中，$\alpha = \alpha_{xy} = -\alpha_{yx}$，即 α_{ij} 的独立项只有一项。这表明 C_{6V}/C_{3V} 点群的 CPGE 光电流只与入射光传播方向单位矢量的 $x-y$ 平面内分量，即 e_x 和 e_y 有关，垂直入射光并不会激发 CPGE 电流。CPGE 电流位于 xy 平面内，没有 j_z 分量，电流方向始终与光入射面垂直，而且电流的大小不随入射面的改变而改变。这里的分析基于动量空间 Γ 点附近，并未考虑 k 较大处自旋劈裂的各向异性。

接着讨论半导体中 CPGE 效应的微观机制。根据圆偏光激发波长的不同，可将半导体中 CPGE 效应的微观机理划分为带间跃迁（inter-band transition）、带内直接跃迁（inter-subband transition）和带内非直接跃迁（intra-subband transition）[37]。

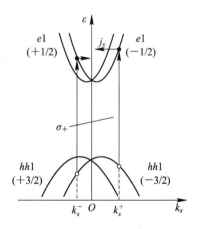

图 5.8　半导体中 CPGE 效应的带间跃迁模式[37]

1）带间跃迁

以 C_s 点群对称性的半导体量子阱中的直接带间跃迁为例，为了简单起见，只考虑一维能带结构中最高重空穴带 $hh1$ 到最低导带 $e1$ 之间的跃迁，如图 5.8 所示。自旋轨道耦合使半导体的能带发生劈裂，导带和价带的色散关系分别为

$$\begin{cases} \varepsilon_{e1,\pm 1/2}(\boldsymbol{k}) = \left(\dfrac{\hbar^2 k_x^2}{2m_{e1}}\right) \pm \beta_{e1} k_x + \varepsilon_g \\ \varepsilon_{hh1,\pm 3/2}(\boldsymbol{k}) = \left(\dfrac{\hbar^2 k_x^2}{2m_{hh1}}\right) \pm \beta_{hh1} k_x \end{cases} \tag{5-28}$$

其中，ε_g 是禁带宽度。当能量为 $\hbar\omega$ 的圆偏振光激发时，能量守恒和动量守恒使得跃迁只能发生在两个特定的 k_x 值处。

由选择定则可知：当右旋偏振光 σ_+ 激发时，跃迁只能发生在 $m_s = -3/2$ 的空穴态与 $m_s = -1/2$ 的电子态之间；当左旋偏振光 σ_- 激发时，跃迁只能发生在 $m_s = 3/2$ 的空穴态与 $m_s = 1/2$ 的电子态之间。以右旋偏振光 σ_+ 为例，跃迁发生在：

$$k_x^{\pm} = \frac{\mu}{\hbar^2}(\beta_{e1} + \beta_{hh1}) \pm \sqrt{\frac{\mu^2}{\hbar^4}(\beta_{e1} + \beta_{hh1})^2 + \frac{2\mu}{\hbar}(\hbar\omega - \varepsilon_g)}$$

其中，$\mu = (m_{e1} m_{hh1})/(m_{e1} + m_{hh1})$，是约化质量。可以看到，跃迁中心相对于 $k_x = 0$ 平移了 $\mu/\hbar^2 (\beta_{e1} + \beta_{hh1})$。电子的净速度为

$$v_{e1} = \frac{\hbar(k_x^+ + k_x^- - 2k_x^{\min})}{m_{e1}} = \frac{2}{\hbar(m_{e1} + m_{hh1})}(\beta_{hh1} m_{hh1} - \beta_{e1} m_{e1})$$

式中，$k_x^{\min}$ 是 $-1/2$ 电子态最低点的动量值。在 k_x^+ 和 k_x^- 处激发的光生电子对电流的贡献不互相抵消，除非 $\beta_{hh1} m_{hh1} = \beta_{e1} m_{e1}$。当我们计算载流子的群速度时，$k_x^+$ 和 k_x^- 符号相反，大小不等，于是得到净电流。如果采用左旋偏振光 σ_-，跃迁中心将向反方向偏移，使得电流翻转。在稳态激发情况下，带间圆偏振光电流的最终结果可以表示为

$$j_x = e v_{e1} (\tau_p^e - \tau_p^h) \frac{\eta_{eh} I}{\hbar \omega} P_{\text{cir}} \tag{5-29}$$

其中，τ_p^e 和 τ_p^h 是电子和空穴的动量弛豫时间，η_{eh} 是由 $hh1$ 到 $e1$ 跃迁导致的对光子的吸收率。

2）带内直接跃迁

带内子带间直接跃迁的情况与带间跃迁是类似的，对照图 5.9 可以很清楚地理解[37]，此处不再赘述。

3）带内非直接跃迁（drude 吸收）

当光子的能力不足以在半导体中产生子带间直接跃迁时，根据动量和能量守恒，跃迁需要有声子的参与才能发生。这一过程可以由一个包含中间态的跃迁来描述。如图 5.10 所示[37]，对于右旋偏振光，电子可由 $e1$ 的 $m_s = 1/2$ 态，根据选择定则，跃迁至 $hh1$ 的 $m_s = 3/2$ 态，再借助声子的参与跃迁到上一个子带。半导体中的电子也可先借助声子跃迁到 $hh1$ 的 $m_s = -3/2$ 态，再根据选择定则跃迁到 $e1$ 的 $m_s = -1/2$ 态。上述的第一个过程使 $m_s = 1/2$ 子带上 $k_x < 0$ 的电子减少，第二个过程使 $m_s = -1/2$ 子带上 $k_x > 0$ 的电子增多，整体的效果是电子在动量空间的非平衡分布，从而产生了电子的流动和净电流。当用左旋偏振光激发时，产生的电流方向也相反。

在测量半导体的 CPGE 光电流时，不可避免地会出现线偏振光电流效应（LPGE）。1950 年，在一些绝缘体中观测到了线偏光电流效应，但直到 70 年代才被确认为是一个新的物理现象，并且与半导体的自旋性质无关。半导体中的 LPGE 最早在半导体碲（Te）材料中被观测到，之后在 GaAs 及其低维量子结构中也被广泛观测到[39]。但 LPGE 和 CPGE 光电流随入射光偏振夹角 φ 的变化周期是不一样的，依据这一点，可以较易在实验中对 LPGE 和 CPGE 光电流进

行区分。

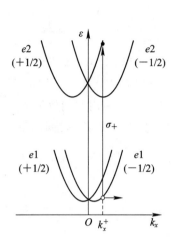

图 5.9 半导体中 CPGE 效应的
带内子带间跃迁模式[37]

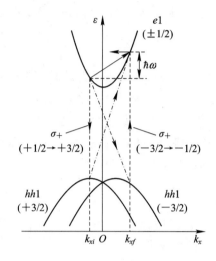

图 5.10 半导体中 CPGE 的带内子带间
非直跃迁模式[37]

国际上很多研究组都在半导体及其低维量子结构中的 CPGE 研究中发现了一些有趣的物理现象。2005 年，德国雷根斯堡大学 W. Weber 等人首先在 $Al_{0.30}Ga_{0.70}N/GaN$ 异质结构中测量到了 CPGE 光电流[40]。他们的实验采用 CO_2 激光光源，波长为 10.61 μm，实验结果如图 5.11 所示。φ 为 45° 和 135° 分别对应左旋圆偏振光 (σ_-) 和右旋圆偏振光 (σ_+)，即 CPGE 光电流的极值位置。图 5.11 展示的 $Al_{0.30}Ga_{0.70}N/GaN$ 异质结构的 CPGE 光电流曲线很好地符合式 (5-26)。

此外 W. Weber 等人还对不同圆偏振光入射角下的 $Al_{0.30}Ga_{0.70}N/GaN$ 异质结构的 CPGE 电流进行了比较，实验中采用 148 μm 的激光源，实验结果如图 5.12 所示[40]，其中入射角 θ_0 变化范围为 $-90° \sim +90°$。

这里要解释半导体中的 CPGE 电流与圆偏振光入射角的关系，需要在式 (5-26) 的基础上，进一步考虑光入射的 Fresnel 公式。当光以 θ_0 入射到半导体样品表面时，将发生折射，折射角 θ 满足 Fresnel 公式 $\sin\theta = \sin\theta_0 / \sqrt{\varepsilon^*}$，$\varepsilon^*$ 为样品的相对介电常数。而 s 和 p 极化的线偏光的电场透射系数 t_s 和 t_p 分别为

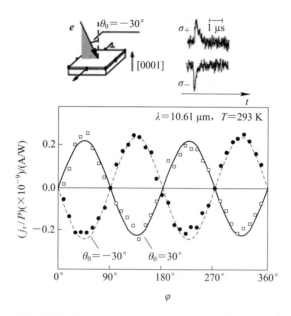

图 5.11　室温下测得的 $Al_{0.30}Ga_{0.70}N/GaN$ 异质结构的 CPGE 光电流谱[40]

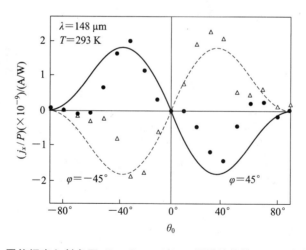

图 5.12　圆偏振光入射角下 $Al_{0.30}Ga_{0.70}N/GaN$ 异质结构的 CPGE 光电流谱[40]

$$\begin{cases} t_s = \dfrac{2\sin\theta\,\cos\theta_0}{\sin(\theta+\theta_0)} \\[3mm] t_p = \dfrac{2\sin\theta\,\cos\theta_0}{\sin(\theta_0+\theta)\cos(\theta_0-\theta)} \end{cases} \tag{5-30}$$

因此，样品中折射光的 x 分量为 $\hat{e}_x = t_s t_p \sin\theta$，对应 y 方向的 CPGE 光电流表达为

$$j_y = \chi E_0^2 t_s t_p \sin\theta\sin(2\varphi) \tag{5-31}$$

图 5.12 中的理论曲线就是根据式（5-31）作出的。

2007 年，北京大学沈波、汤一乔等人与中科院半导体所陈涌海等人合作，在单子带占据的 $Al_{0.11}Ga_{0.89}N/GaN$ 异质结构和双子带占据的 $Al_{0.22}Ga_{0.78}N/GaN$ 异质结构中观察到了 CPGE 光电流[10]，如图 5.13 所示。两种 $Al_xGa_{1-x}N/$

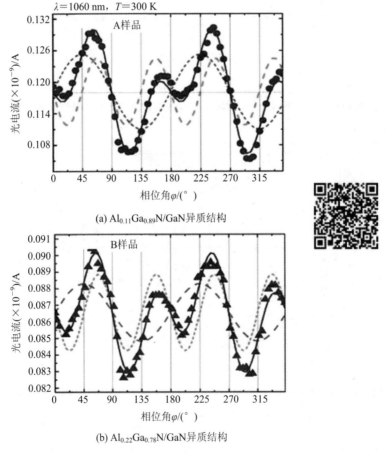

(a) $Al_{0.11}Ga_{0.89}N/GaN$ 异质结构

(b) $Al_{0.22}Ga_{0.78}N/GaN$ 异质结构

图 5.13　两种异质结构的 CPGE 光电流谱[10]

GaN 异质结构均用 MOCVD 方法外延生长，样品中的 2DEG 面密度分别为 7.74×10^{12} cm^{-2} 和 1.15×10^{13} cm^{-2}。实验测得的 CPGE 光电流振幅在 $10 \sim 100$ pA 量级[10]，大小取决于入射圆偏振光的强度、角度等实验条件，以及 $Al_x Ga_{1-x} N/GaN$ 异质结构材料的质量，总之是在现代小电流测量技术的精确测量范围内。

在上述工作基础上，北京大学沈波、贺小伟等人与中科院半导体所陈涌海等人合作，通过施加单轴应力过程中对 $Al_x Ga_{1-x} N/GaN$ 异质结构中的 CPGE 光电流的测量，深入研究了异质结构中 2DEG 的自旋轨道相互作用[9]。实验样品为用 MOCVD 方法外延生长的 $Al_{0.25} Ga_{0.75} N/GaN$ 异质结构，通过室温 Hall 方法测量获得的 2DEG 面密度为 1.84×10^{13} cm^{-2}，迁移率为 1530 cm^2/(V·s)。$Al_x Ga_{1-x} N/GaN$ 异质结构中的单轴应力通过一个改造的螺旋测微系统在室温下施加，在异质结构中可产生 10^{-3} 量级的单轴应变。承受了单轴应力的 $Al_{0.25} Ga_{0.75} N/GaN$ 异质结构的 CPGE 光电流谱如图 5.14 所示[9]。

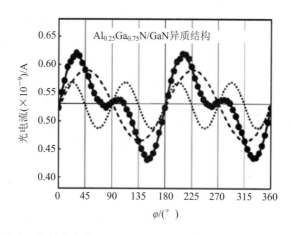

图 5.14　承受了单轴应力的 $Al_{0.25} Ga_{0.75} N/GaN$ 异质结构的 CPGE 光电流谱[9]

实验观察到 $Al_{0.25} Ga_{0.75} N/GaN$ 异质结构的 CPGE 光电流对所施加的单轴应力非常敏感，CPGE 光电流振幅随异质结构承受的单轴应变增加而线性变大，如图 5.15 所示[9]。根据该图给出的定量变化关系，定量测定了 $Al_{0.25} Ga_{0.75} N/GaN$ 异质结构中 Rashba 自旋轨道耦合系数和 Dresselhaus 自旋轨道耦合系数之比是 13.2[9]，定量确认了 $Al_x Ga_{1-x} N/GaN$ 异质结构中 2DEG 的零场自旋分裂主要起源于 Rashba 效应。

2010 年，北京大学沈波、尹春明等人采用 CPGE 光电流谱进一步研究了

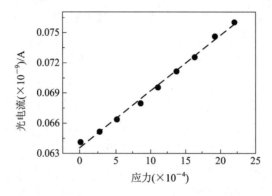

图 5.15 承受了单轴应力的 $Al_{0.25}Ga_{0.75}N/GaN$ 异质结构的 CPGE 光电流振幅随其承受的单轴应变的线性变化关系[9]

$Al_xGa_{1-x}N/GaN$ 异质结构中的自旋轨道相互作用。他们通过对不同 Al 组分势垒层的 $Al_xGa_{1-x}N/GaN$ 异质结构进行 CPGE 光电流测量，进而求出每组样品相应的 Rashba 自旋轨道耦合系数与 Dresselhaus 自旋轨道耦合系数的比值（R/D）[11]。实验中也采用了与贺小伟等人一样的单轴应力施加方法，对每一个特定 Al 组分 $Al_xGa_{1-x}N$ 势垒层的样品测量 CPGE 光电流随所加应力的线性变化关系来提取两种自旋耦合系数的比值。由于 Dresselhaus 自旋轨道耦合来源于半导体晶格本身对称性的缺失，在 Al 组分变化的情况下可近似假设其保持不变。实验中使用的 $Al_xGa_{1-x}N/GaN$ 异质结构样品均采用 MOCVD 方法外延生长，样品具体结构，室温 Hall 测量结果和通过 CPGE 光电流提取的 R/D 如表 5-3 所示[11]。

表 5-3 $Al_xGa_{1-x}N/GaN$ 异质结构的势垒层 Al 组分、
室温 2DEG 面密度和迁移率以及 R/D 比值[11]

异质结构	2PED 面密度（$\times 10^{13}$）/cm^{-2}	迁移率 /$(cm^2/(V \cdot s))$	R/D
$Al_{0.15}Ga_{0.85}N/GaN$	0.70	1000	4.1
$Al_{0.20}Ga_{0.80}N/GaN$	0.79	1350	8.0
$Al_{0.25}Ga_{0.75}N/GaN$	1.12	1630	12.7
$Al_{0.30}Ga_{0.70}N/GaN$	1.90	993	16.1
$Al_{0.36}Ga_{0.64}N/GaN$	2.48	650	19.8

通过实验测出的 $Al_xGa_{1-x}N/GaN$ 异质结构中 2DEG 的 R/D 比值随 $Al_xGa_{1-x}N$ 势垒层 Al 组分的变化关系如图 5.16 所示[11]。从图中可看出，$Al_xGa_{1-x}N/GaN$ 异质结构中 2DEG 的 R/D 随着异质结构势垒层 Al 组分的提高而接近于线性增长。但是在 Al 组分大于 30% 的情况下，线性增长的斜率有所变小。产生上述现象的原因是 Al 组分的增长提高了 $Al_xGa_{1-x}N$ 势垒层的自发极化与压电极化强度，从而产生更大的极化感应电场，导致异质结构中更大 Rashba 自旋轨道耦合的产生。至于在高 Al 组分时增长斜率有所变小，主要原因可能有二：一是高 Al 组分情况下界面量子阱中的 2DEG 会更多地占据第二子带，而第二子带的 Rashba 自旋轨道耦合系数要小一点，这是因为第二子带上的电子相比于第一子带离异质界面更远，感受到的极化感应电场会下降[41]；二是由于界面反转非对称(interface inversion asymmetry，IIA)自旋轨道耦合的产生，在势垒层高 Al 组分的异质结构中不可忽略，由此减缓了自旋轨道耦合系数的比值的增长。对于 IIA 自旋轨道耦合机制，有兴趣的读者可查阅相关文献，在此不再赘述。

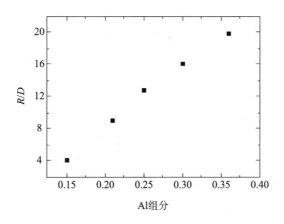

图 5.16　$Al_xGa_{1-x}N/GaN$ 异质结构中 2DEG 的 Rashba 与 Dresselhaus 自旋轨道耦合系数的比值随势垒层 Al 组分的变化关系[11]

2009 年，北京大学王新强、张琦等人在研究 InN 外延薄膜的 CPGE 光电流时，发现 In 极性和 N 极性的 InN 外延薄膜的自旋轨道耦合系数相反，从而导致在相同条件下测量到的 CPGE 电流是反号的[12]。实验采用的 In 极性和 N 极性的 InN 外延薄膜均用 MBE 方法生长。他们在 N 型和 P 型的 InN 中都观察到了由极性变化所导致的 CPGE 电流反号的现象，如图 5.17 所示。对此实

验结果的合理解释是 In 极性和 N 极性的 InN 外延薄膜及其他不同极性的氮化物半导体中，极化感应电场的方向是相反的，从而使因 Rashba 自旋轨道耦合而分裂的 InN 左右能带的自旋角动量正好是相反的[12]。这一工作一方面进一步验证了 Rashba 自旋轨道耦合是强极性的氮化物半导体中能带自旋分裂的主导机制，另一方面也发展出了一种可室温简易操作，对样品无损坏的判断氮化物半导体晶体极性的检测方法。

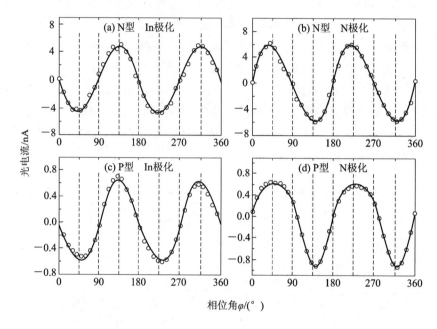

图 5.17　N 型和 P 型的 In 极性(上)和 N 极性(下)的 InN 外延薄膜在圆偏振光入射角均为 25°条件下的 CPGE 光电流谱[12]

5.2　氮化镓基异质结构中二维电子气的自旋输运性质

5.2.1　GaN 基异质结构中 2DEG 的反常圆偏振光电流效应

要讨论半导体中载流子的自旋输运性质，首先要了解半导体中电荷流（即一般意义上的电流）和自旋流相互之间的转化机制，也就是自旋霍尔效应（spin Hall effect，SHE）和逆自旋霍尔效应（reverse spin Hall effect，RSHE）。

SHE 是指在导体或半导体中，如果一个方向存在电子的电荷流，则在与其垂直的方向上将产生自旋流或自旋电动势[42]。RSHE 是 SHE 的逆效应，是指在导体或半导体中，如果一个方向存在自旋流，则在与其垂直的方向上将产生电荷流或电动势[42]。

　　由于电流与自旋流之间独特的转化关系可为自旋电子学应用[43]，SHE 和 RSHE 成为半导体自旋电子学的主要研究方向之一[42,44]。最近，SHE 场效应晶体管将自旋场效应晶体管和 SHE 结合到一起，提供了一种利用电调控的半导体薄膜探索 SHE 和自旋进动的有力手段[45]。SHE 和 RSHE 表明在自旋轨道耦合作用下半导体中电子的电荷流和自旋流可相互转换。其解释主要有下列几种物理机制[44]：

　　(1) 内禀机制(intrinsic deflection)：导体或半导体中的自旋轨道耦合导致沿不同方向自旋极化的电子在电场作用下受到方向不同的自旋横向力。

　　(2) 外在机制：外在机制分两种。其一是边跃机制(side jump)，即不同自旋极化的电子在杂质附近会感受到方向不同的有效电场，使得电子运动方向发生偏转；其二是斜散射机制(skew scattering)，即电子或杂质有效的自旋轨道耦合导致的非对称性散射，使不同自旋极化的电子在散射后偏向不同的方向。由外在机制导致的 SHE 一般称为非本征自旋霍尔效应。

　　1971 年，苏联约飞物理技术研究所 M. I. D'yakonov 和 V. I. Perel 首先预测了 SHE 的存在[46]。1999 年，美国加州大学圣地亚哥分校 J. E. Hirsch 提出了 SHE 和 RSHE 的杂质散射理论以及实验观测方法[44]，在国际上掀起研究 SHE 和 RSHE 的高潮。2000 年，美国斯坦福大学 S. C. Zhang(张首晟)在 J. E. Hirsch 的理论基础上建立了自旋霍尔效应的扩散模型[47]，2003 年，S. C. Zhang 又进一步提出室温下三维无耗散自旋流的模型[48]。2004 年，美国得克萨斯大学奥斯汀分校 Q. Niu(牛谦)等人建立了依赖 Rashba 效应的二维本征自旋霍尔效应理论[49]。这里首先对导体或半导体中单电子自旋流给出一个明确的定义。沿 z 方向极化的自旋流为[50]

$$j_s^z = \frac{4}{\hbar}\langle\{v, \boldsymbol{\sigma} \cdot z/\mid z\mid\}\rangle \tag{5-32}$$

其中，s 和 z 分别表示电子自旋极化的方向和电子流动的方向，v 和 $\boldsymbol{\sigma}$ 分别表示电子运动速度和自旋泡利矩阵。很显然，自旋流是一个二阶张量，其大小不仅取决于电子的运动速度，还包括电子自旋沿给定方向的极化层度。自旋流可分为自旋极化电流和纯自旋流。自旋极化电流是一群自旋极化电子沿某个方向的流动，此时，电荷的流动和自旋的流动同时存在。而纯自旋流表示两股自旋极化方向相反的电流沿着相反方向流动，此时只有自旋的流动，没有总的电荷的流动，即总电荷流为零，如图 5.18 所示[44]。

(a) 自旋极化电流(SPC)　　　　　　(b) 纯自旋流(PSC)

图 5.18　导体或半导体中自旋流的示意图[44]

SHE 可描述为与导体或半导体中的自旋轨道耦合相关。SHE 指恒定的电荷流在其垂直方向产生恒定的自旋流，如图 5.19 所示[44]。按照 J. E. Hirsch 等人的观点，传导电子在运动过程遭遇散射，自旋不同的电子向相同方向散射的概率不同，具体来说，电子自旋运动遵循右手螺旋法则，自旋向上的电子趋于向右运动，自旋向下的电子趋于向左运动，结果在电荷流的垂直方向形成自旋的流动[44]。引起自旋流的自旋相关散射主要有两种：skew-scattering 散射和 side-jump 散射[44]。由于电子散射依赖于材料中的杂质，所以这种机制被称为非本征 SHE。

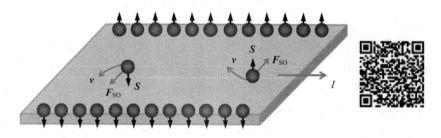

图 5.19　导体或半导体中非本征自旋霍尔效应原理示意图[44]

S. C. Zhang 和 Q. Niu 等人分别于 2003 和 2004 年提出了三维和二维导体或半导体体系的本征 SHE 模型[48-49]，下面以 Q. Niu 基于 Rashba 效应的半导体异质结构中本征 SHE 为例进行说明。除了杂质散射会产生 SHE 外，纯净的半导体异质结构中，如果能带具有 Rashba 分裂，则在 Rashba 自旋轨道耦合的作用下，电场引起的 2DEG 漂移电流会在其垂直方向引起自旋的流动，如图 5.20 所示[49]。电子自旋随时间的演化可表示为[49]

$$\frac{\hbar \, \mathrm{d}\boldsymbol{n}}{\mathrm{d}t} = \boldsymbol{n} \times \overline{\Delta}(t) + \alpha \frac{\hbar \, \mathrm{d}\boldsymbol{n}}{\mathrm{d}t} \times \boldsymbol{n} \qquad (5-33)$$

其中，n 为电子自旋密度，α 是 Rashba 自旋轨道耦合系数。在本征 SHE 中，Rashba 自旋轨道耦合相当于一个有效的内建磁场，会引起自旋的扭转。非常重要的是，本征自旋霍尔流引起的自旋霍尔电导是不依赖于材料本身参数的常量，即[49]

$$\sigma_{sH} = -\frac{j_{sy}}{E_x} = \frac{e}{8\pi} \qquad (5-34)$$

其中，j_{sy}、E_x 和 e 分别为自旋流、外加电场和电子电荷。

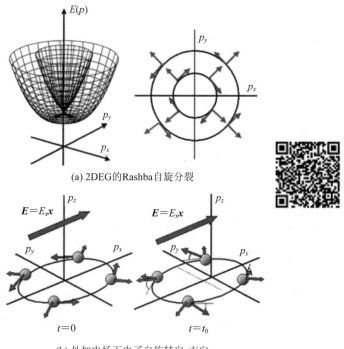

(a) 2DEG的Rashba自旋分裂

(b) 外加电场下电子自旋转向z方向

图 5.20　半导体异质结构中的本征自旋霍尔效应示意图[49]

在实验上，SHE 带来的结果是在样品两端的边界上存在自旋极化电子的堆积，即存在自旋磁矩。而 RSHE 带来的结果是样品两端的边界上存在正负电荷的堆积，即引起霍尔电压。2004 年，美国 UCSB 的 Y. K. Kato 等人在半导体 GaAs 和 InGaAs 外延薄膜中首次观测到了 SHE[51]。他们的实验是在 30 K 低温下利用空间分辨 Kerr 旋转方法测量半导体中电子的自旋极化，实验结果如

图 5.21 所示。在 GaAs 外延薄膜上加电场将引起 SHE，导致不同自旋极化的电子分别在样品的左右两侧集聚，通过测量样品边缘处的 Kerr 旋转谱，可以看到电子自旋极化所导致的 Kerr 转角。图 5.21(b)中上下两部分的数据点分别对应样品的左右两边，可以看到其所造成的 Kerr 转角刚好大小相等，方向相反，表明这两处电子的自旋极化方向相反，由此验证了 SHE 现象[51]。

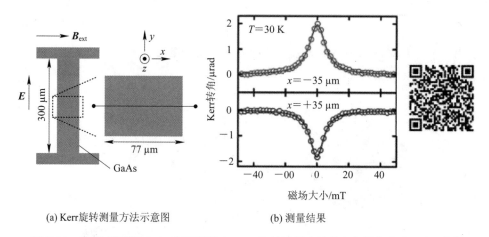

(a) Kerr旋转测量方法示意图   (b) 测量结果

图 5.21　30 K 低温下 GaAs 外延薄膜中 Kerr 旋转测量确认的自旋霍尔效应示意图[51]

2006 年，美国哈佛大学 S. O. Valenzue 等人在 4.2、K 低温下观测到了导体中的 SHE[52]（在金属 Al 中，利用电学方法）。他们利用铁磁电极注入极化电子，这些极化电子在扩散过程中由于 SHE 会发生偏转，从而形成可测量的电势差。他们的工作提供了一种 SHE 的观测方法，同时提出了一种自旋注入的有效手段[52]。

2005 年，美国艾奥瓦大学 H. Zhao 等人首次在半导体 GaAs 基量子阱中观测到了 RSHE[53]。2006 年，他们进一步通过双光子量子干涉（QUIC）实验在 GaAs 体材料中同时观测到了 SHE 和 RSHE[54]。2007 年，日本东京大学 T. Kimura 等人在室温下通过铁磁注入在 Pt 金属导体线上观察到了 RSHE[55]。

2008 年，北京大学的沈波、贺小伟等人与中科院半导体所陈涌海等人合作研究 $Al_xGa_{1-x}N/GaN$ 异质结构的 CPGE 效应，在光垂直入射下观测到了一种反常的 CPGE 光电流效应。经过详细的实验测量和理论计算，确认这是一种由 RSHE 导致的 GaN 基异质结构中 2DEG 的自旋输运行为[13]。

他们的实验采用的样品为 MOCVD 方法外延生长的高质量 $Al_{0.25}Ga_{0.75}N/$

GaN 异质结构，通过 Hall 方法测量得到室温下 2DEG 面密度为 1.84×10^{13} cm^{-2}，迁移率为 1530 $cm^2/(V \cdot s)$。CPGE 测量光源采用光强为轴对称高斯分布的 1064 nm 圆偏振光，红外激光输出功率为 500 mW，光斑半径约 0.55 mm，以不同的角度入射 $Al_{0.25}Ga_{0.75}N/GaN$ 异质结构。

　　如图 5.22 所示[13]，当圆偏振光的入射角分别是 20° 和 40° 时，都可观察到正常的 CPGE 光电流效应。当入射角为零，也就是圆偏振光垂直入射时，根据 CPGE 原理，应该观测不到 CPGE 光电流。当入射光斑位于样品两个收集光电流的电极的连线中点时，CPGE 光电流确实为零。但如果入射光斑沿着两个电极的连线移动，偏离中点位置时，光电流重新出现。实验测量的主要结果有：

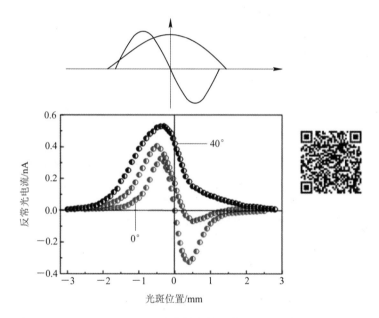

图 5.22　室温下 $Al_{0.25}Ga_{0.75}N/GaN$ 异质结构中的反常 CPGE 光电流效应测量结果[13]
（在不同圆偏振光入射角度下，CPGE 光电流随着光斑位置的变化曲线）

　　（1）当入射光斑沿着电极连线移动，分别位于中点位置两边时，光电流强度对称分布，但流动方向相反。

　　（2）光电流随光斑位置的关系曲线呈高斯函数的一阶导数形式。

　　（3）光入射角改为 20° 或 40°，光斑沿着电极连线移动时也观察到光电流强度随光斑位置的变化，但光电流强度对于连线中点位置分布不再对称，流动方向也不一定相反。

图 5.23 进一步显示了圆偏振光垂直入射时，$Al_{0.25}Ga_{0.75}N/GaN$ 异质结构中反常 CPGE 光电流与光斑位置的关系[13]。从中可看到，反常 CPGE 光电流强烈依赖于入射光斑和电极之间的相对位置。当光斑处于两个电极连线中点时，光电流为零，当电流偏离连线中点沿连线左右移动时，光电流迅速增加，到光斑边缘大致和两电极连线的中垂线相切时，光电流达到最大，然后随着光斑偏离中点位置趋多而逐渐衰减。如上所述，当入射光斑位置在电极连线中点两边时，反常 CPGE 光电流反号，光电流的反号使得其随光斑位置的变化曲线具有类似于正弦函数的形式。如果将异质结构样品逆时针旋转 90° 后将入射光斑沿电极连线的左右移动变为上下移动时，测得的反常 CPGE 光电流电与光斑位置的依赖关系依然具有类正弦函数的形式，只是电流流动方向整体反向。

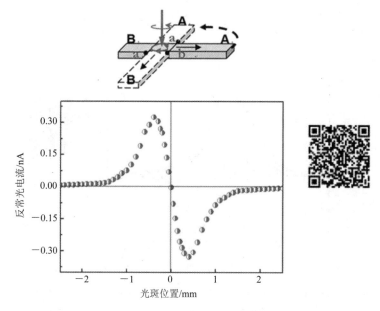

图 5.23 室温下 $Al_{0.25}Ga_{0.75}N/GaN$ 异质结构中圆偏振光垂直入射时，反常 CPGE 光电流随光斑位置的变化关系，插图为样品形状示意图[13]

根据上面对 $Al_{0.25}Ga_{0.75}N/GaN$ 异质结构中反常 CPGE 光电流的详细观测，接着来讨论这种反常现象的物理机制。分析认为这是由于光强为轴对称高斯分布的圆偏振光垂直入射，在异质结构样品上激发起了不均匀且呈现轴对称高斯分布的自旋极化电子。这些自旋极化电子会沿着垂直入射光斑径向扩散，扩散过程中在自旋轨道耦合的作用下受到切向力。这是一个典型的 RSHE 过程，最终在异质结构中形成了一个围绕光束中轴的涡旋电流，具有沿着光斑径向呈高斯函数一阶导数分布的形式。这正是为什么收集到的光电流随光斑位置显示出相似的类正弦曲线的原因。上述物理过程被北京大学的研究者命名为反常 CPGE 效应（anomalous circular photogalvainc effect，ACPGE)[13]。在斜入射情况下，测量到的光电流是 RSHE 电流和正常的 CPGE 电流的叠加，可很好地解释图 5.22 所示的圆偏振光 20°和 40°斜入射时的实验测量结果。

从图 5.23 所示的反常 CPGE 光电流的变化形式可推知，在垂直入射圆偏振光光斑的周围存在奇异的电流，该电流绕着光斑的中心呈漩涡状分布。从物理角度分析半导体中反常 CPGE 和 RSHE 的关系可加深对上述实验结果的理解。如前所述，CPGE 是用来研究半导体及其低维量子结构中 Rashba 自旋轨道耦合的常用实验手段，该实验一般只关注于光激发产生的电荷流动以及能带的自旋分裂，而不涉及与电子自旋流动相关的自旋输运过程。相反，SHE 或 RSHE 则重点研究半导体中的自旋输运问题，具体讲就是利用磁光 Kerr 效应研究自旋轨道耦合如何导致自旋流的产生以及自旋流动和电荷流动的相互关系。CPGE 的基本原理告诉我们圆偏振光在半导体中激发的电流为自旋极化电流，尽管我们通过电极测得的只是纯粹的传导电荷流，但在自旋扩散长度内电荷的流动必然伴随自旋的流动。

根据上面提出的物理机制，图 5.24 显示了入射到半导体异质结构上的圆偏振光高斯分布光斑产生的辐射状自旋流以及自旋流在自旋横向力的作用下形成漩涡状霍尔电流的具体过程[13]。

从图中可看到，半导体中被圆偏振光激发的电子绕着光斑中心做轨道运动的方向和圆偏光中电场矢量的旋转方向正好一致。实际上这并非一个偶然现象，而是角动量守恒的直接体现。光子的自旋角动量由光子电场矢量的旋转方式决定，一般规定，迎着光的传播方向看去，电场矢量如果顺时针旋转，就称为右旋光，自旋量子数为−1，反之称为左旋光，自旋量子数为+1。垂直入射的光子首先将角动量传递给电子的自旋，因而形成了自旋极化沿 z 方向（垂直方向）的自旋流。自旋流在扩散的过程中由于自旋横向力的作用会产生横向漂移，形成霍尔电流。对于构成霍尔电流的电子来说，因为自旋弛豫不再具有 z 方向极化的自旋角动量，但是光子传递过来的 z 方向角动量并没有凭空消失，而转化为电子绕着光斑中心旋转运动的轨道角动量，所以霍尔电子的旋转方向必然和光子电场矢量的旋转方向一致。从这个角度讲，圆偏振光垂直入射下，半导体中漩涡电流的出现是角动量守恒的必然。另外，我们还可以推知，该漩

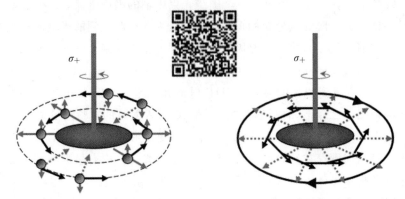

注：辐射和汇聚状的箭头表示极化电子的运动方向，沿着环方向的箭头表示电子的受力方向，向上和向下的箭头表示电子的自旋方向。

注：环形首尾相接的箭头表示霍尔电子的运动方向，外面大的圆环表示霍尔电流的流向，两者方向正好相反。

(a) 自旋极化电子受自旋横向力作用示意图　　　　(b) 漩涡状霍尔电流形成示意图

图 5.24　半导体异质结构中圆偏振光高斯分布光斑产生的辐射状自旋流以及自旋流在自旋横向力的作用下形成漩涡状霍尔电流的具体过程[13]

涡状霍尔电流也随入射光的偏振度呈 $180°$ 周期性变化，具有常规 CPGE 电流的典型特征，因此，反常 CPGE 光电流与常规 CPGE 光电流随偏振夹角 φ 的变化规律一样。

　　该漩涡状霍尔电流的形成机制能很好地解释所观察到的实验结果。圆偏振光垂直入射下，2DEG 中没有产生沿平面的定向电流，也就是常规 CPGE 光电流为零。当入射光斑位于 $Al_{0.25}Ga_{0.75}N/GaN$ 异质结构样品两个电极连线的中点时，漩涡状霍尔电流相对电极连线中点呈左右对称分布，上下电流方向相反，净电流为零。当入射光斑偏离电极连线中点时，漩涡状霍尔电流相对连线中点不再对称，这时两个电极之间会形成霍尔电势差，从而能测到净的光电流，并且此电流随着光斑的偏离距离先迅速增大然后逐渐衰减至零[13]。

　　根据上面的讨论提出的物理机制，可看出，异质结构中漩涡状霍尔电流的大小和圆偏振光垂直入射光斑的尺寸密切相关，入射光斑的大小决定了其自旋角动量有多少会传递给电子，变成其绕着光斑中心旋转运动的轨道角动量。光斑越大，异质结构中受激发的电子越多，自旋横向力分布的区域越大，因而漩涡状霍尔电流也应该越大。根据这一理解调整了圆偏振光垂直入射光斑尺寸，进行了 $Al_{0.25}Ga_{0.75}N/GaN$ 异质结构中反常 CPGE 光电流测量的实验，在改变入射光斑尺寸时，光源的输出功率不变。如图 5.25 所示[13]，灰点是入射光斑半径为 0.55 mm 时，测得的反常 CPGE 光电流及其拟合曲线，这个光斑直径对应最大的光电流。减小入射光斑半径，反常 CPGE 光电流将会下降。黑点是入射光斑半径聚焦到 0.10 mm 时测得的反常 CPGE 光电流及其拟合曲线，光电流几乎已消失。实验结果表明异质结构中反常 CPGE 光电流的大小对圆偏振光垂直入射光斑尺寸非常敏感，也很好地验证了上面提出的物理机制。

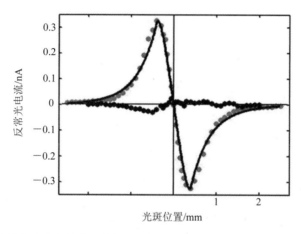

图 5.25　圆偏振光垂直入射光斑半径为 **0.55 mm**(灰点)和 **0.10 mm**(黑点)时，测得的 **$Al_{0.25}Ga_{0.75}N/GaN$** 异质结构中反常 **CPGE** 光电流大小及其拟合曲线[13]

　　基于上面提出的物理机制，北京大学的研究组接着分析了自旋横向力和实验所测电流的定量关系。这里可将异质结构中的 2DEG 近似看作一个理想的二维导体，并假设圆偏振光垂直入射光斑是一个理想的圆。对于自旋流来说，强度高斯分布的入射光斑提供了自旋化学势（SCP），而对漩涡状霍尔电荷流来讲，入射光斑提供了电动势（EMF）。SCP 转化为 EMF 的过程是通过 RSHE 来实现的，其中自旋横向力扮演了非静电力的角色[13]。由于 SCP 在导体中呈高斯分布，可将自旋横向力的分布表示为[13]

$$f(r) = -f_0 \frac{r}{\sigma^2} \exp\left(-\frac{r^2}{2\sigma^2}\right) \quad (5-35)$$

其中，σ 是分布的标准方差，与入射光斑中光强高斯分布的半高宽相关。以入射光斑中心点为原点，SCP 和自旋横向力的强度分布如图 5.26(a)所示，它们和异质结构样品上电极之间的几何关系如图 5.26(b)所示[13]，环上的箭头表示涡旋电场的方向，三角形为旋度的原始积分区域 D。

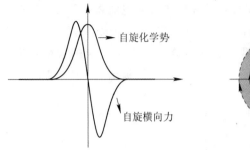

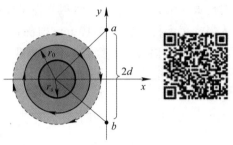

(a) 自旋化学势和自旋横向力的强度分布图　　(b) 自旋化学势、自旋横向力与电极之间的
　　(以入射光斑中心为原点)　　　　　　　　　　几何关系

图 5.26　自旋化学势与横向力空间分布示意图[13]

由于异质结构中自旋横向力分布在一定范围内，因此可将霍尔电动势 EMF 表示为[13]

$$\varepsilon(R) = \frac{2\pi}{q} \int_0^R f(r) r \mathrm{d}r \tag{5-36}$$

其中，q 是单位电荷。可方便地用一个涡旋电场 $E(R)$ 来描述自旋横向力在 2DEG 中导致的环形电动势，那么根据上式得到涡旋电场的旋度为[13]

$$\nabla \times E(R) = -\frac{f_0}{q} \cdot \frac{r}{\sigma^2} \exp\left(-\frac{r^2}{2\sigma^2}\right) \tag{5-37}$$

其中，R 是积分圆形回路的半径。上式清楚地表明自旋横向力正是涡旋电场的旋源。因此，异质结构样品上两个电极之间的电流为[13]

$$I_{ab} = \frac{U_{ab}}{R_{ab}} = \frac{1}{R_{ab}} \iint_D \nabla \times E(r) \mathrm{d}s \tag{5-38}$$

其中，I_{ab}、R_{ab} 和 U_{ab} 分别表示两电极之间的电流、电阻和电压，D 为涡旋场旋度的积分区域。另外，考虑到异质结构样品对光的饱和吸收[13]，在饱和吸收区域内由于 SPC 的梯度为零，所以自旋流和自旋横向力都为零。因此实际的积分面积还要扣除饱和半径内的扇形区域，如图 5.26(b) 所示。最终异质结构样品上两个电极间电流的表达式是对式(5-38)修正基础上的一个比较复杂的表达式，读者如果有兴趣了解，可阅读参考文献[13]。而圆偏振光垂直入射在异质结构中通过 RSHE 导致的漩涡状 EMF 形成的两个电极间 Hall 电压可表示为[13]

$$V_{\mathrm{hall}} = \varepsilon(r_0) = \frac{2\pi f_0}{q} \int_0^{r_0} \frac{r^2}{\sigma^2} \exp\left(-\frac{r^2}{2\sigma^2}\right) \mathrm{d}r \tag{5-39}$$

其中，r_0 是入射光斑的半径。

根据图 5.25 展示的实验数据，图 5.26(b) 展示的几何关系和上述公式进行拟合，入射光斑的半径为 0.55 mm，实验测得参数 $R_{ab} \approx 600 \ \Omega$，$\sigma \approx 0.18$ mm，$d \approx 1$ mm，$r_s \approx 0.38$ mm，最终估算出 $Al_{0.25}Ga_{0.75}N/GaN$ 异质结构样品中 $f_0/q \approx 1.5 \times 10^{-3}$ N/C，这表明通过逆自旋霍尔效应作用在自旋 z 方向极化的单个电子上的自旋横向力约为 2.4×10^{-19} N，两电极之间的霍尔电压约为 2.4 μV，反常 CPGE 光电流约为 0.31 nA[13]。

5.2.2　GaN 基异质结构中 2DEG 的光致反常霍尔效应

当导体或半导体置于外磁场中时，洛仑兹力的作用将使得载流子沿着横向偏转，产生横向电流/电压，这就是通常的霍尔效应。根据经典电磁学，导体或半导体中的纵向电导率和普通的霍尔电导率由 Drude 公式给出：

$$\sigma_{xx} = \sigma_0 \frac{1}{1 + \omega_c^2 \tau^2} = \frac{ne^2 \tau}{m^*} \frac{1}{1 + \omega_c^2 \tau^2} \qquad (5-40)$$

$$\sigma_{xy}^{HE} = \sigma_0 \frac{\omega_c \tau}{1 + \omega_c^2 \tau^2} = \frac{ne^2 \tau}{m^*} \frac{\omega_c \tau}{1 + \omega_c^2 \tau^2} \qquad (5-41)$$

其中，导体或半导体中的 τ 为杂质散射弛豫时间，ω_c 为回旋频率，σ_0 为无磁场时的电导率。当散射弛豫时间足够长或者磁场足够强时，霍尔电导率可远大于纵向电导率，在 $\omega_c \tau \to \infty$ 时，纵向电导率为零，霍尔电导率和霍尔电阻率分别为

$$\sigma_{xy}^{HE} = \frac{ne}{B}, \qquad \rho_{xy}^{HE} = \frac{1}{\sigma_{xy}^{HE}} = \frac{1}{ne}B = R_0 B \qquad (5-42)$$

其中，R_0 是霍尔系数。金属导体中的反常霍尔效应早在 1881 年就被观测到，美国科学家霍尔在研究磁性金属的霍尔效应时发现，即使不加外磁场也可观测到霍尔效应，这种零磁场下的霍尔效应就是反常霍尔效应（anomalous Hall effect，AHE)[12]。反常霍尔效应的霍尔电阻率由下列经验公式给出[12]

$$\rho_{xy}^{AHE} = R_0 B + R_s M \qquad (5-43)$$

其中，R_s 是反常霍尔系数。AHE 与常规的霍尔效应在本质上完全不同，他是指导体或半导体在不外加磁场时，由于本身的自发磁化，也能产生霍尔电流/电压[12]。

在非磁的金属或半导体中，用光学方法或者自旋注入产生非平衡的载流子自旋极化，同样可引起 AHE。2007 年，澳大利亚格利菲斯大学 M. I. Miah 等人将圆偏振光照射在半导体 GaAs 上，首次在半导体中观测到了光致反常霍尔

效应（photo-induced anomalous Hall effect，PIAHE）[56]。圆偏振光在 GaAs 中激发产生的自旋极化电子在外电场作用下，将沿着半导体沟道发生漂移运动，形成沿着电场方向的电荷流和自旋流。在强自旋轨道耦合半导体结构中，沿着电场方向的自旋流会产生一个垂直于电场方向和自旋方向的电流。在弱电场条件下，垂直于电场方向的电流正比于入射的光强度和电场[56]。

上述半导体 GaAs 中 PIAHE 过程的物理模型如图 5.27 所示[56]，当右旋圆偏振光入射到样品上时，自旋态为 $m_s = -1/2$ 的电子被激发到高能级的 $m_s = +1/2$，导致自旋的不平衡，出现净的自旋极化强度。由于本征和非本征的反常霍尔机制，自旋极化的电子在纵向电场 E 的驱动下，将产生横向的反常霍尔电流。由于光注入，两种不同浓度的自旋极化电子分别向两侧积累，最终产生可测量的霍尔电压。同样地，当左旋圆偏振光入射到样品上时，自旋极化的电子将导致一个相反方向的横向反常霍尔电压。半导体中自旋极化的电子数量正比于入射光的螺旋度 $P_{cir c}$，因而 PIAHE 电流正比于 P_{cir}，总的光电流可表示为[56]

$$j = j_{AHE}\sin(2\varphi) + j_L\sin(2\varphi)\cos(2\varphi) + j_0 \qquad (5-44)$$

其中，φ 是 $\lambda/4$ 波片主轴与线偏光偏振面的夹角；j_{AHE} 是 PIAHE 电流的幅值，对圆偏振光敏感，对应于右旋圆偏振光入射时的 PIAHE 电流；j_L 是线偏振光电流的振幅，对线偏光敏感；j_0 代表背景电流，来源于 Dember 效应以及其他的光伏效应[11]。

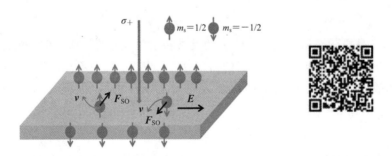

图 5.27　右旋圆偏振光照射下半导体中光致反常霍尔效应物理过程示意图[57]

2011 年，北京大学沈波、尹春明等人对 $Al_{0.25}Ga_{0.75}N/GaN$ 异质结构中光致反常霍尔效应进行了研究[14]。实验采用的样品为 MOCVD 方法外延生长的 $Al_{0.25}Ga_{0.75}N/GaN$ 异质结构，通过 Hall 方法测量得到室温下 2DEG 面密度介于 $(1.15 \sim 1.84) \times 10^{13}$ cm^{-2}，迁移率介于 $1500 \sim 1800$ cm^2/(V·s)。测量用激

光光源为波长 1064 nm 的圆偏振光,激光输出功率为 400 mW。

图 5.28 是外加纵向电场 $E_{DC}=20$ V/cm 时,测得的 $Al_{0.25}Ga_{0.75}N/GaN$ 异质结构中光电流随入射圆偏振光 $\lambda/4$ 波片夹角的变化关系,该夹角即指 $\lambda/4$ 波片主轴与线偏光偏振面的夹角[14]。根据式(5-44)进行拟合,图中注释 AHE 的虚折线即是 PIAHE 电流,点线代表线偏振光电流。反常霍尔电流的振幅为 $j_{AHE}=3.6$ nA,在 $\varphi=\pm45°$ 处达到极值,这符合上面讨论的反常霍尔效应机制[56]。

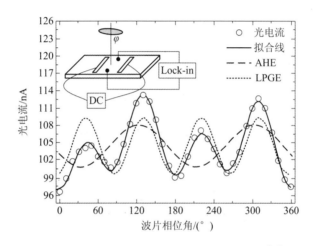

图 5.28　样品的电极结构和圆偏振光入射方向[14]

图 5.29 为 $Al_{0.25}Ga_{0.75}N/GaN$ 异质结构中 PIAHE 电流振幅随所加纵向电场的变化关系,PIAHE 电流的振幅随着纵向电场的增加而线性增大[14]。通过线性拟合可得到 $Al_{0.25}Ga_{0.75}N/GaN$ 异质结构中 2DEG 的反常霍尔电导率为 $\sigma_{AH}=9.0\times10^{-10}$ Ω^{-1}。这个反常霍尔电导率较 N 型 GaAs 量子阱中的理论计算结果略小[57],这可能是因为实验中的光致跃迁与理论计算中的 N 型 GaAs 量子阱的跃迁非常不同。在 N 型 GaAs 量子阱中,在 1.55 eV 入射光照射下的反常霍尔电导率被确定为 $\sigma_{AH}=4\times10^{-9}$ Ω^{-1},这对应的是从重空穴带到导带的带间跃迁[57]。而在 $Al_{0.25}Ga_{0.75}N/GaN$ 异质结构中 2DEG 的反常霍尔电导率测量采用的是 1.17 eV 的入射光[14]。考虑到 $Al_{0.25}Ga_{0.75}N/GaN$ 异质结构界面三角形量子阱的深度约为 0.37 eV[58],2DEG 中的电子将被激发到三角形量子阱外的高能态上,光学吸收系数将明显比 GaAs 量子阱中的带间跃迁小。因此,$\sigma_{AH}=9.0\times10^{-10}$ Ω^{-1} 对于 $Al_{0.25}Ga_{0.75}N/GaN$ 异质结构中的 2DEG 是一个

比较合理的值。

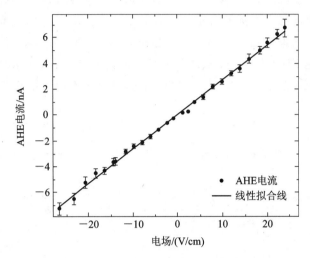

图 5.29   Al$_{0.25}$Ga$_{0.75}$N/GaN 异质结构中光致反常霍尔电流振幅随纵向电场的变化关系[14]

我们知道 GaN 基异质结构中 2DEG 的 Rashba 自旋轨道耦合非常强[7, 11]，Al$_{0.25}$Ga$_{0.75}$N/GaN 异质结构中 Rashba 自旋轨道耦合系数约为 $2.6×10^{-12}$ eV·m[11]，而 GaN 体材料的 Dresselhaus 自旋轨道耦合系数约为 $0.20×10^{-12}$ eV·m[11]，因此 GaN 基异质结构中 2DEG 的 Rashba 自旋轨道耦合将导致比 GaN 体材料中自旋霍尔效应或反常霍尔效应更强的本征反常霍尔效应。而且异质结构中 2DEG 密度很高，其量子屏蔽效应将减弱非本征反常霍尔效应机制中的散射机制。考虑到这两个因素，可认为实验中观测到的 Al$_{0.25}$Ga$_{0.75}$N/GaN 异质结构中 PIAHE 电流中包含有可观比例的本征反常霍尔效应的贡献[14]。

从上面的讨论可看出，具有高斯分布的圆偏振光照射到 Al$_x$Ga$_{1-x}$N/GaN 异质结构样品上，将会产生由自旋轨道耦合作用产生的反常 CPGE（ACPGE）光电流[13]，也会产生 PIAHE 光电流[14]。反常 CPGE 和 PIAHE 两种效应本质上均是因为逆自旋霍尔效应而产生的，两种效应的光电流分别可表达为[13,59]

$$\begin{cases} j_{ACPGE} = e\gamma D_s \nabla_r N_s \sin(2\varphi) \\ j_{PIAHE} = e\gamma \mu_s E N_s \sin(2\varphi) \end{cases} \quad (5-45)$$

其中，γ 是异质结构中的自旋轨道耦合系数；D_s 是自旋扩散系数；μ_s 是光致反常霍尔迁移率；φ 是入射光极化方向与 1/4 波片光轴方向的夹角；N_s 是自旋极化电子密度，满足高斯分布 $N_s \propto e^{-\frac{x^2}{\sigma^2}}$，$\sigma$ 是常数。由此不难看出，通过测量

PIAHE 光电流与 ACPGE 光电流之间的大小关系，可以得到异质结构中自旋扩散系数与自旋迁移率的比值，也就是自旋的"爱因斯坦关系式"。对于半导体中载流子的自旋来讲，由于其不满足守恒条件，也就完全在机理上无法类比于电荷的爱因斯坦关系，故而对于自旋来讲，扩散与迁移的比值需要具体实验来测定。

　　基于上述理解，2014 年，北京大学唐宁、梅伏洪、葛惟昆等人对 $Al_{0.25}Ga_{0.75}N/GaN$ 异质结构中的 ACPGE 效应和 PIAHE 效应进行了定量的比较研究[15]。实验采用的样品为 MOCVD 方法外延生长的 $Al_{0.25}Ga_{0.75}N/GaN$ 异质结构，通过 Hall 方法测量得到室温下 2DEG 面密度介于 1.84×10^{13} cm^{-2}，迁移率为 1530 $cm^2/(V \cdot s)$。测量用激光光源为波长 1064 nm，光强为轴对称高斯分布的圆偏振光，激光输出功率为 500 mW，光斑半径约为 0.55 mm。进行 PIAHE 光电流测量时，外加纵向电场为 20 V/cm。

　　由于纵向电场为零时 PIAHE 效应不会发生，而圆偏振光入射光斑位置在测量电极连线中点时，ACPGE 光电流为零，因此可将两种效应产生的光电流从测量得到的总电流曲线中分别提取。实验测量装置和样品电极分布（黄色）如图 5.30 所示[15]，x 轴为所加的纵向电场，驱使圆偏振光激发产生的自旋极化电子流动，y 轴方向上的两个电极为测量电极。此时测量得到 $Al_xGa_{1-x}N/GaN$ 异质结构中总的光电流为[15]

$$j_{total} = (j_{PIAHE} + j_{ACPGE})\sin(2\varphi) + j_L\sin(2\varphi)\cos(2\varphi) + j_0 \quad (5-46)$$

　　通过提取总电流中二倍频信号可去掉背景电流。垂直入射的圆偏振光光斑在电极连线中点时，测得的 PIAHE 光电流随纵向电场的变化关系如图 5.31

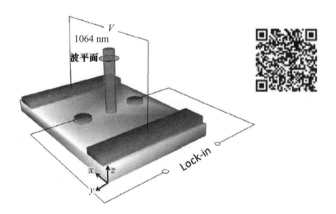

图 5.30　$Al_xGa_{1-x}N/GaN$ 异质结构中 PIAHE 和 ACPGE 光电流综合测量装置和样品电极分布示意图[15]

所示[15]。从中看到，PIAHE 光电流随纵向电场增强而线性变大。

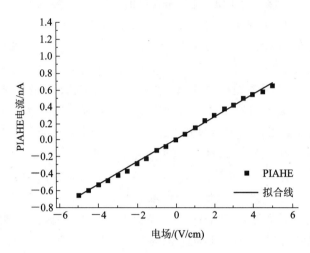

图 5.31　**Al$_{0.25}$Ga$_{0.75}$N/GaN 异质结构中光致反常霍尔效应产生的**
光电流随纵向电场的变化关系[15]

由此得到 Al$_{0.25}$Ga$_{0.75}$N/GaN 异质结构的反常霍尔电导率为 $\sigma_{AH}=1.4\times 10^{-10}\ \Omega^{-1}$。移动光斑位置并改变纵向电场大小，可将 PIAHE 光电流和 ACPGE 光电流两种信号分别提取出，实验结果如图 5.32 所示[15]。

通过理论推导得到的半导体异质结构中自旋扩散系数 D_s 与自旋霍尔迁移率 μ_s 的比值应为[15]

$$\frac{D_s}{\mu_s}=-E\frac{x_1\cdot x_2}{x_1+x_2} \tag{5-47}$$

其中，x_1、x_2 两个坐标值为总电流曲线中的极值点对应的位置坐标。分别将图 5.32 中的测量数据带入式(5-47)，可得到 $+1$ V/cm 和 -1 V/cm 两个方向相反的纵向电场下，Al$_{0.25}$Ga$_{0.75}$N/GaN 异质结构中自旋扩散系数 D_s 与自旋霍尔迁移率 μ_s 的比值相同，均为 0.08 V[15]，相比于利用室温下电荷爱因斯坦关系求出的比值 0.026 V 要大一些。其原因有二：一是半导体中自旋不守恒的特性；二是 Al$_x$Ga$_{1-x}$N/GaN 异质结构中的载流子是 2DEG，属于简并电子系统，在利用电荷爱因斯坦关系推导时近似使用的玻尔兹曼分布不再适用，需要用费米分布带入进行计算，由此也会对自旋扩散系数 D_s 与自旋霍尔迁移率 μ_s 的比值产生影响[15]。

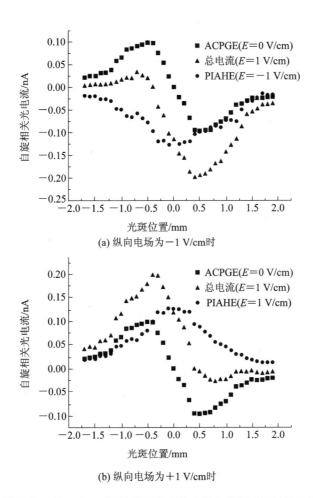

(a) 纵向电场为 −1 V/cm时

(b) 纵向电场为 +1 V/cm时

图 5.32　$Al_{0.25}Ga_{0.75}N/GaN$ 异质结构中纵向电场不同时测量的
总光电流（三角点）、PIAHE 光电流（圆点）和 ACPGE 光电流（方点）
随垂直入射的圆偏振光光斑位置的变化关系[15]

5.2.3　GaN 基异质结构量子点接触中 2DEG 的自旋输运性质

1. 半导体异质结构中量子点接触的定义

在半导体异质结构中 2DEG 的空间分布和运动区域可看成一个准二维平面，如果在异质结构上制备如图 5.33 所示的"楔形"电极图形，称之为分裂栅，则可在两个"楔形"顶端一个点的位置形成只有纳米量级的电子导电沟道，被限制的沟道长度和宽度都小于异质结构中电子的平均自由程，从而构成一个一维弹道系统，两侧的 2DEG 通过这一点上的一维通道连通，这样的结构被称为异质结构中的量子点接触（QPC）[60]。

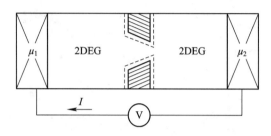

图 5.33　半导体异质结构中量子点接触的示意图

在异质结构中，QPC 两端的分裂栅上外加相同的负栅压时，栅下的 2DEG 会逐渐耗尽。从异质结构能带的角度看，如图 5.34(a)所示，异质界面三角势阱处的导带底能量上升，当势阱底高于费米面时，2DEG 将被耗尽。因此，当负栅压逐渐增加时，栅下区域 2DEG 会首先耗尽，使电子只能从两个分裂栅之间的 QPC 通过。此时栅周围的区域也会受到外加电场一定的影响，导带底也同时有所升高。在两个分裂栅之间的 QPC 由于同时受到两边电场的影响，导带底高于源漏两端，但又低于两个金属栅下的区域，因此通过 QPC 的电子，看到的是一个鞍形势垒，如图 5.35(b)所示。这个势垒可表示为[60]

$$U(x,\ y) = U_0 - \frac{1}{2}m^*\omega_x^2 x^2 + \frac{1}{2}m^*\omega_y^2 y^2 \qquad (5-48)$$

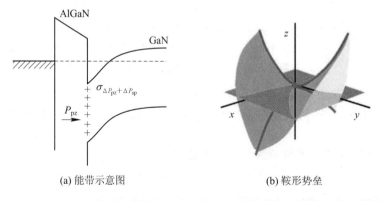

(a) 能带示意图　　　　　　　　　　(b) 鞍形势垒

图 5.34　半导体异质结构中的能带示意图和量子点接触处的鞍形势垒示意图[60]

其中，U_0 是鞍点的静电势能，ω_x 和 ω_y 描述 QPC 的束缚势形状，这些参数均由栅压决定。

　　在 2DEG 密度较低的半导体异质结构中，有研究表明电子在 yoz 平面，即垂直于异质界面的平面上所看到的能带结构可用一个谐振子势垒和方势阱的组合来近似描述[61]，势垒可表示为

$$U(y) = \begin{cases} 0 & |y| < \dfrac{d}{2} \\[2mm] \dfrac{1}{2} m^* \omega_y^2 \left(|y| - \dfrac{d}{2} \right)^2 & |y| > \dfrac{d}{2} \end{cases} \tag{5-49}$$

其中，d 表示量子阱宽度。在栅下区域 2DEG 耗尽之后，QPC 处将出现很短的一维沟道。由于鞍形势垒的限制，沟道中的电子会形成阶梯形变化的量子化电导，如图 5.35 所示[62]。在自旋简并的情况下，该电导为 $2ne^2/h$，其中 n 表示沟道量子阱中一维子带的数目。如果继续增加负栅压，鞍点能量会进一步升高，同时一维沟道会逐渐变窄，沟道中的一维子带数会减少，电导也会以 $2e^2/h$ 为单位减小。当子带数减少到一个以下时，就不再有电子通道存在，量子化电导会从 $2e^2/h$ 迅速减小到 0，这时沟道被完全夹断。1987 年，荷兰代尔夫特理工大学 B. J. Van Wees 等人首先在 $Al_xGa_{1-x}As/GaAs$ 异质结构的 QPC 中观测到了这个量子电导[62]。

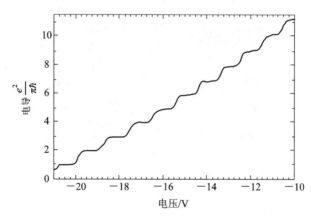

图 5.35　在 $Al_xGa_{1-x}As/GaAs$ 异质结构的量子点接触中观测到的量子化电导[62]

　　测量图 5.35 所示的量子化电导时，首先需要很低的测量温度，这是因为异质结构的 QPC 中一维子带能级都存在热展宽 k_BT，当热展宽与相邻两个子

带能级间的能量差可比拟时，两个相邻子带能级就不可能完全分开，从而费米面穿过各子带能级而产生的电导台阶也就不明显了。如果异质结构 QPC 的沟道尺寸为 50 nm，则一维子带的能级间距在 10 meV 量级，需要的测量温度大约比这个能量小一个量级，即 10 K 左右。其次，测量需要在很小的源漏偏压下进行。所谓"小偏压"，主要指远远小于相邻两个一维子带的能级间距，即 $1\,eU \ll E_{i+1} - E_i$，这是因为在测量过程中需要保证任何时刻都只有一个能级位于"测量窗口"，即源漏化学势之间。特别是当偏压激励小到 $1\,eU \sim k_B T$ 时，可以认为测量样品不受任何偏压的影响，在这种情形下我们能够针对测量样品中的某个子带能级进行研究和控制，因而半导体量子器件一般都工作在这个区间。反之，若偏压与子带能级间距可比拟，就有可能有两个子带能级同时落在"测量窗口"当中。

半导体异质结构 QPC 不仅是一个能够实现 2DEG 体系的典型一维弹道系统，也是构成其他平面结构量子器件的基本组成部分。另外，在 QPC 即将夹断的时候，沟道电流对栅压的微小变化极其敏感，即很小的外部电容变化都会引起 QPC 电导的跃变，因此可以将 QPC 用在半导体量子器件的电路中作为电荷或其他电容变化的探测器。实际加工使用的典型半导体异质结构 QPC 如图 5.36 所示[63]。

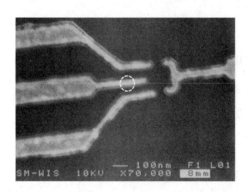

图 5.36　典型的半导体异质结构量子点接触样品的 SEM 图[63]

如果在半导体异质结构样品表面微加工形成如图 5.36 所示的顶栅，则耗尽所有栅下区域后，在他们围成的区域中间（即白色虚线部分）会出现一个基本独立于四周 2DEG 的"电子岛"，可看成一种半导体量子点。在量子点两端，由两个 QPC 形成的隧穿势垒来控制其电子的进出，而在量子点内部，电子的波函数在三个维度上都是驻波形式，能量完全是离散的，这就是一个典型的零维电子体系。

2. GaN 基异质结构 QPC 中电子的自旋输运性质

实验测量半导体异质结构中 QPC 的电子输运性质，常规的方法是采取两端法，即以偏压激励并测量电流。根据北京大学研究组的测量经验，GaN 基半导体异质结构中 QPC 的特征电阻大约为 10^4 Ω 量级，在一般情况下这个电阻远大于测量线路和样品的接触电阻，因此在欧姆接触电阻较小的情况下没有必要使用四端法[16]。

2013 年，北京大学的唐宁、卢芳超、徐洪起等人研究了 GaN 基异质结构 QPC 中电子的自旋输运性质。实验所用的高质量 $Al_{0.25}Ga_{0.75}N/GaN$ 异质结构通过 MOCVD 方法外延生长，Hall 方法测量得到 1.3 K 温度下 2DEG 面密度为 1.0×10^{13} cm^{-2}，迁移率为 1.1×10^4 cm^2/(V·s)。通过磁输运实验测得的该异质结构的自旋轨道耦合系数 α 为 2.6×10^{-12} eV·m，由 Rashba 效应主导的零场自旋分裂能为 3.7 meV[16]。通过标准微加工方法制备了异质结构中 QPC 楔形栅电极图形和尺寸，如图 5.37 所示。在实际工作中，他们经过大量测量摸索，建立了有效的 GaN 基异质结构中 QPC 输运性质的测量方法和直流测量电路，亦如图 5.37 所示[16]。

在外磁场作用下，半导体异质结构 QPC 中电子的哈密顿量可表示为

$$\hat{H} = \frac{\hbar^2 k_x^2}{2m^*} + \frac{\hbar^2 k_y^2}{2m^*} + V(y) + g\mu_B \boldsymbol{B} \cdot \boldsymbol{\sigma}$$

$$(5-50)$$

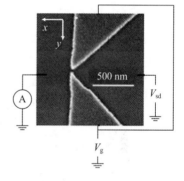

图 5.37　GaN 基异质结构 QPC 中电子输运性质的楔形栅电极图形和直流测量电路示意图[16]

其中，$V(y)$ 是 y 方向限制势，$\boldsymbol{\sigma}$ 为电子自旋泡利矩阵，$\boldsymbol{B}$ 是外加磁场。此时，由于所加磁场，异质结构 QPC 中一维子带能级本征态的自旋简并已解除，从而劈裂成两个能量差为 $E_z = g\mu_B B$ 的一维能级，这就是塞曼分裂。在自旋简并时每个一维能级贡献电导 $2e^2/h$，在自旋简并解除后，每个一维能级贡献的电导就是 e^2/h。北京大学的研究组通过实验画出了 $Al_{0.25}Ga_{0.75}N/GaN$ 异质结构中 QPC 在 0～14 T 磁场中的电导曲线，如图 5.38 所示[16]。从图中可看出，在零磁场下每一个 $2e^2/h$ 电导平台都在高磁场下分裂成为两个高度为 e^2/h 的平台。值得一提的是，零磁场下的电导曲线在出现第

一个电导平台之前，在$0.7 \times 2e^2/h$处可以看到一个较小的电导平缓区间，而这个结构通常被称为0.7结构[64-65]。

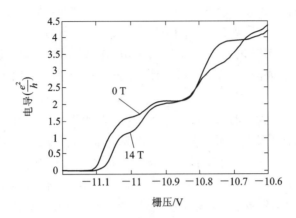

图 5.38　1.3 K 温度下 Al$_{0.25}$Ga$_{0.75}$N/GaN 异质结构中 QPC 电导的塞曼分裂[16]

图 5.38 中，量子电导对于栅压的倒数的峰值位置对应于 QPC 中一维子带能级的位置。因此为了更清晰地反映出一维子带能级随磁场的变化，可以将不同磁场下的电导曲线都对栅压取偏导数，并将导数在二维图中用色彩表示。首先将垂直于 2DEG 的方向定义为 z 方向，电流方向，即一维沟道的方向定义为 x 方向，而平行于分裂栅的方向定义为 y 方向，如图 5.39(a) 所示。当磁场方

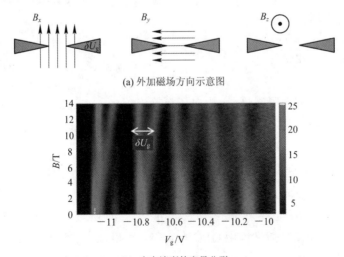

(a) 外加磁场方向示意图

(b) x 方向清晰的塞曼分裂

图 5.39　1.3 K 温度下 Al$_{0.25}$Ga$_{0.75}$N/GaN 异质结构中 QPC 量子电导测量结果[16]

向与 x 平行时，可获得图 5.39(b)所示的测量结果[16]。

从图 5.39(b)中可看出，随外加磁场增加，电导曲线有向右偏移(栅压增大)的趋势，可能与在水平磁场下的一维及二维子带的带边能量移动有关[66]。一维子带能级的塞曼分裂随磁场升高而增大，δV_g 与 B 近似于线性关系。对于每个子带能级，通过两者的比例系数以及杠杆因子可计算出这个能级的塞曼分裂能量，并进而得到 g 因子[16]：

$$g_n^* = \alpha_n \frac{e}{\mu_B} \frac{\mathrm{d}(\delta V_{g,n})}{\mathrm{d}B} \tag{5-51}$$

其中，$\alpha_n = \mathrm{d}(V_{sd,n})/\mathrm{d}(\Delta V_{g,n})$，是杠杆系数，$n$ 为能级序数。根据图 5.39(b)所示的实验数据，可针对 $Al_{0.25}Ga_{0.75}N/GaN$ 异质结构中 QPC 的前三个子带能级计算出塞曼分裂能量等相关结果，如表 5-4 所示[16]。

表 5-4　$Al_{0.25}Ga_{0.75}N/GaN$ 异质结构中 QPC 前三个能级的塞曼分裂参数[16]

能级 n	$(\delta V_g/B)/(\mathrm{mV/T})$	$[\mathrm{d}V_{sd}/\mathrm{d}(V_g)]/(\mathrm{mV/V})$	g^*
1	5.8 ± 0.4	55.0 ± 3.5	5.5 ± 0.8
2	8.2 ± 0.3	34.0 ± 2.3	4.8 ± 0.5
3	8.7 ± 0.5	28.1 ± 2.3	4.2 ± 0.6

同理可测量当磁场垂直于异质界面时异质结构 QPC 中各子带能级的塞曼分裂，测量结果如图 5.40 所示[16]。首先如同 x 方向所加磁场一样，z 方向的外加磁场同样使异质结构 QPC 中子带能级产生一个与磁场强度正相关的分裂。其次子带各能级随着磁场增大，全部向零栅压方向偏移，且能级越高偏移量越大。这里需要强调的是，受到垂直磁场作用的 QPC，在强磁场下，除了栅压对 2DEG 的耗尽作用外，也会存在磁场产生的耗尽作用，这使得之前通过零磁场稳态图得到的杠杆系数不能用于高磁场下的 QPC[67]。因此图 5.40 中 δU_g 与 B 的关系只有在低磁场下才是线性的，在这个线性区间中式(5-51)依然适用。

图 5.40(b)是根据 5.40(a)所示的实验数据算出的异质结构 QPC 中子带能级的塞曼分裂能量随磁场的变化曲线。实验确认在 $B<8T$ 的磁场区间内中子带能级的塞曼分裂能量与磁场是线性的关系。由此可以获得前三个一维子带的有效 g 因子分别为：$g_{1,z}^* = 8.3 \pm 0.6$，$g_{2,z}^* = 6.7 \pm 0.7$，$g_{3,z}^* = 5.1 \pm 0.7$[16]。

总结 $Al_{0.25}Ga_{0.75}N/GaN$ 异质结构 QPC 中各一维子带上 2DEG 的有效 g 因子测量结果，得到的结论主要有：

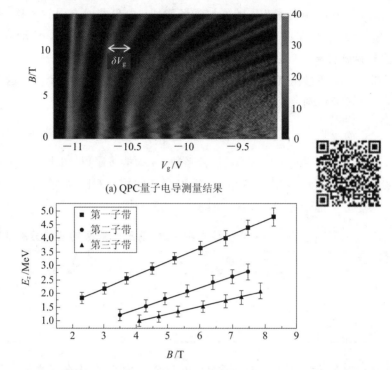

(a) QPC量子电导测量结果

(b) 外加低磁场沿 z 方向时一维子带能级的塞曼分裂能量随磁场的变化曲线

图 5.40　1.3 K 温度下 $Al_{0.25}Ga_{0.75}N/GaN$ 异质结构中 QPC 量子电导测量结果和子带能级的塞曼分裂能量随磁场的变化曲线[16]

（1）有效 g 因子在 x 方向和 z 方向存在明显的各向异性，$g_z^* > g_x^*$；

（2）异质结构 QPC 中 2DEG 的有效 g 因子均大于常规异质结构[68-69]，并且 g_z^* 和 g_x^* 均随子带数减少而增大，QPC 中基态子带的有效 g 因子是最大的[16]。

5.3　氮化镓基半导体中的自旋注入和自旋弛豫

5.3.1　半导体中的自旋注入和自旋弛豫

1. 半导体中的自旋注入

这里首先按照美国康奈尔大学 R. H. Silsbee 和 M. Johnson 提出的模型讨

论在非磁金属导体或半导体中实现自旋极化电流注入和探测的物理过程[70-72]。当自旋极化的电流从铁磁性电极注入到非磁导体或半导体中时，在导体或半导体中将产生非平衡的自旋积累。其相反的过程同样成立，即当非磁导体或半导体中存在一定的自旋积累时，如果用铁磁性电极去探测此自旋积累，那么铁磁性电极上将会出现电动势。这种效应被称为 Silsbee-Johnson 自旋-电荷耦合，是 1980 年 R. H. Silsbee 提出的非磁导体或半导体中自旋注入的物理模型[70]，1985 年他与 M. Johnson 等人一起首次在实验中实现了非磁金属导体中自旋的电学注入和探测[71]。

图 5.41 是 Silsbee-Johnson 非局域自旋注入和探测方法的基本结构示意图[71]。首先，电流从左边的铁磁性(FM)电极垂直注入到下面的非磁金属导体(NM)或半导体中，此电流的注入方式与 GMR 多层膜结构中电流垂直于平面的方式相同。由于在铁磁金属中，其自旋向上与自旋向下电子的态密度和相应的电导率不同，铁磁金属中的电流($I_\uparrow + I_\downarrow$)会伴随着自旋极化电流($I_\uparrow - I_\downarrow$)，将其自旋极化的电子输运到非磁性导体中，如图 5.42 所示。当自旋极化电流通过 F/N 界面从铁磁金属进入到非磁金属导体或半导体中时，自旋向上和自旋向下电子的电导率在非磁导体或半导体中是相等的，这就导致在 F/N 界面两侧形成自旋电子的积累，即在铁磁金属一侧 λ_F 的距离内和非磁导体或半导体一侧 λ_N 的距离内均形成自旋的积累，从而实现自旋向非磁导体或半导体中的注入。

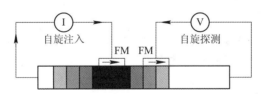

注：左侧是电流的注入电路，右侧为自旋积累的探测电路

图 5.41　非磁导体或半导体中自旋注入-探测的 non-local 测量方法的基本结构示意图[71]

非磁导体或半导体中积累的非平衡态自旋因为电化学势能的不同，从注入端向导体或半导体内部扩散，其过程如图 5.43 所示[71]。

这时，如果我们在非磁导体或半导体中电子自旋扩散的路径上放置一个铁磁电极，那么由于导体或半导体内积累自旋的作用，会在铁磁性电极中感生出一个电动势，通过电压测量，我们就能得到该电动势的值，这就是电学自旋探测的基本物理过程[71]。

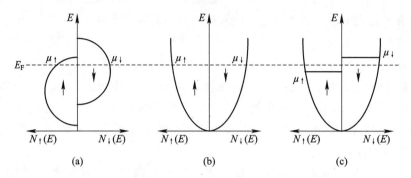

图 5.42 由铁磁金属向非磁导体或半导体中注入自旋的电化学势变化示意图[71]

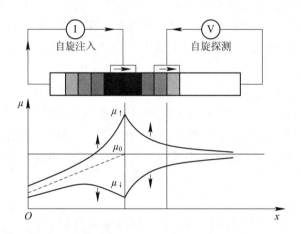

图 5.43 非磁导体或半导体注入自旋后自旋积累产生的电化学势注入电极两侧的衰减，
即自旋向电极两侧的扩散过程[71]

1）双通道模型

电子在非磁导体或半导体扩散通道中的输运由通道中化学势的梯度所决定。化学势 μ_{ch} 的定义是向导体或半导体系统中添加一个电子所需要的能量值，一般将导体或半导体系统的费米能级规定为能量为零的能级。在线性相应区域，例如在系统偏离平衡态很小的情况下，化学势的定义就可简化为增加电子的浓度除以费米面的态密度，即 $\mu_{ch} = n/N(E_F)$。若导体或半导体系统处于某一电场 E 的作用下，电子将会附加一个电势能 -1 eV。由于电势能的加入，使得此时电子的能量状态不能再用单一的化学势来描述，将用准化学势的概念来代替描述电子的能量（零磁场的情况下）[73]，即

$$\mu = \mu_{ch} - 1 \ eV \tag{5-52}$$

其中，μ 为准化学势，μ_{ch} 为化学势。这里我们引入导体或半导体中电流的定义[73]为

$$j = \sigma E + eD \frac{\partial n}{\partial x} \tag{5-53}$$

式中，$\sigma = e\mu_m n$，为电导率；E 是电场强度；D 是电子的扩散常数；n 是电子密度；μ_m 是迁移率。第一项代表电场导致的电子漂移对电流的贡献，第二项代表电子的扩散对电流的贡献。

下面，我们接着考虑在电场中运动的电子。此时导体或半导体中的电子密度[73]可表示为

$$n(x) = n_0(\varepsilon + e\mu + e\phi) \tag{5-54}$$

其中，ε 为费米能级，μ 为电化学势，ϕ 为电势。注意 μ 并非迁移率。这样导体或半导体中电流的表达式[73]为

$$j = -\sigma \nabla\phi + eD \nabla n = \nabla\phi \left(-\sigma + e^2 D \frac{\partial n_0}{\partial \varepsilon} \right) + e^2 D \frac{\partial n_0}{\partial \varepsilon} \nabla\mu \tag{5-55}$$

利用爱因斯坦关系可以得到平衡态下的电导率表达式[73]为

$$\sigma = e^2 D \frac{\partial n_0}{\partial \varepsilon} \tag{5-56}$$

最后我们得到导体或半导体中电流的最终表达式[73]为

$$j = \sigma \nabla\mu \tag{5-57}$$

式(5-57)表明导体或半导体中电子通道的电流由其准化学势的梯度决定，既包括电场所产生的漂移项，也包括电子浓度梯度所产生的扩散项。式(5-57)是非常重要的结果，将大大简化导体或半导体中自旋极化电流注入问题的物理描述。

对于电子自旋自由度的不同取向，我们这里用自旋向上(↑)和自旋向下(↓)来区分，分别对应多数自旋的取向和少数自旋的取向。在铁磁导体中，由上面讨论的双通道模型[73]可知，在费米能级附近，自旋向上能级的态密度和自旋向下能级的态密度是不同的，并且对于多数自旋和少数自旋，它们的费米速度也是不同的。这样，就导致不同自旋取向的电子的弛豫时间，平均自由程、电导率等参数的不同。如果导体或半导体中存在非平衡的自旋，考虑到它们各自对应的准化学势 $\mu_\uparrow$ 和 $\mu_\downarrow$ 的不同，我们得到对应不同自旋取向的输运通道的电流值[73]为

$$\begin{cases} j_\uparrow = \sigma_\uparrow \, \nabla\mu_\uparrow \\ j_\downarrow = \sigma_\downarrow \, \nabla\mu_\downarrow \end{cases} \tag{5-58}$$

2）自旋注入效率

根据式(5-58)，我们对导体或半导体中电流和自旋流做如下定义[73]：

$$\begin{cases} j = j_\uparrow + j_\downarrow = \sigma\,\nabla\mu + \sigma_s\,\nabla\mu_s \\ j_s = j_\uparrow - j_\downarrow = \sigma_s\,\nabla\mu + \sigma\,\nabla\mu_s \end{cases} \tag{5-59}$$

其中，$\sigma = \sigma_\uparrow + \sigma_\downarrow$，$\sigma_s = \sigma_\uparrow - \sigma_\downarrow$，$\mu = \dfrac{1}{2}(\mu_\uparrow + \mu_\downarrow)$，$\mu_s = \dfrac{1}{2}(\mu_\uparrow - \mu_\downarrow)$。

根据双通道模型，可将从铁磁金属电极向非磁导体或半导体中的自旋注入过程等效为如图 5.44 所示的等效电路图[3]。

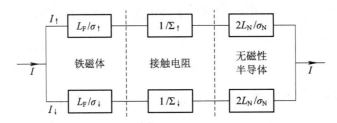

图 5.44　基于双通道模型从铁磁金属向非磁导体或半导体中注入自旋过程等效电路图[3]

根据德国雷根斯堡大学 J. Fabian 等人提出的从铁磁金属向非磁导体或半导体中自旋注入效率的计算思路，可给出因自旋积累在界面附近产生的附加电阻的表达式[3]：

$$P_j = \frac{R_F P_{\sigma F} + R_C P_\Sigma}{R_F + R_C + R_N}$$

$$\delta R = \frac{R_N(P_\Sigma^2 R_C + P_{\sigma F}^2 R_F) + R_F R_C (P_{\sigma F} - P_\Sigma)^2}{R_F + R_C + R_N} \tag{5-60}$$

其中，$R_F\left(=\dfrac{\sigma_F}{4\sigma_{F\uparrow}\sigma_{F\downarrow}}L_F\right)$、$R_C\left(=\dfrac{\Sigma}{4\Sigma_\uparrow\Sigma_\downarrow}\right)$ 和 $R_N\left(=\dfrac{L_N}{\sigma_N}\right)$ 分别为铁磁金属体内、界面接触和非磁导体或半导体体内的有效电阻，L_F 和 L_N 为铁磁金属和非磁导体或半导体中电子的自旋扩散长度，$\Sigma = \Sigma_\uparrow + \Sigma_\downarrow$ 为自旋相关的接触电导率，$P_{\sigma F} = \dfrac{\sigma_{sF}}{\sigma_F}$ 和 $P_\Sigma = \dfrac{\Sigma_\uparrow - \Sigma_\downarrow}{\Sigma}$ 分别为铁磁金属和界面的电导率的自旋极化率。

接着我们讨论不同的界面接触情况下的自旋注入效率。

（1）接触电阻非常小的情况。在接触电阻很小时，铁磁金属体内电阻、导体或半导体体内电阻、接触电阻三者满足 $R_C \ll R_F$、R_N 时，自旋极化电流的注入效率以及附加电阻的表达式可简化为[3]

$$\begin{cases} P_j = \dfrac{R_F}{R_N + R_F} P_{\sigma F} \\[3mm] \delta R = \dfrac{R_N R_F}{R_N + R_F} P_{\sigma F}^2 \end{cases} \tag{5-61}$$

如果 R_F 和 R_N 相差不大，即从铁磁金属向非磁金属进行自旋极化电流的注入，此时的 $P_j \approx P_{\sigma F}$，其注入效率将非常高，与铁磁金属本身的自旋极化率基本相等。但是如果从铁磁金属向非磁半导体中进行自旋注入，由于 $R_F \ll R_N$，自旋注入效率将变为[3]

$$P_j \approx \frac{R_F}{R_N} P_{\sigma F} \ll P_{\sigma F} \tag{5-62}$$

此时的自旋注入效率将大大降低。这就是为何从铁磁金属向半导体中进行自旋注入时效率非常低的物理原因。2000 年，德国乌尔兹堡大学 G. Schmidt 等人提出了这个涉及半导体自旋电子学的关键问题，并称之为电导失配问题[74-75]，是目前国际上从铁磁金属向半导体中实现高效率自旋注入面临的主要难题。

（2）接触电阻为隧穿势垒的情况。为了克服铁磁金属与半导体之间的电导失配问题，提高自旋注入效率，美国麻省理工学院 E. I. Rashba 和法国 CNRS/Thales 物理联合中心 A. Fert 等人分别提出引入隧穿接触电阻的方法来提高界面电阻，改善铁磁金属与半导体间的电导失配，从而提高自旋注入效率[76-78]，如图 5.45 所示[78]。一旦引入大的接触电阻，从铁磁金属向半导体中注入自旋的效率以及附加电阻就变为[76]

$$\begin{cases} P_j = P_\Sigma \\[3mm] \delta R = \dfrac{R_N R_C P_\Sigma^2 + R_F R_C (P_{\sigma F} - P_\Sigma)^2}{R_C} \end{cases} \tag{5-63}$$

其中，$R_F = \dfrac{\sigma_F}{4 \sigma_{F\uparrow} \sigma_{F\downarrow}} L_{sF}$，$R_C = \dfrac{\Sigma}{4 \Sigma_\uparrow \Sigma_\downarrow}$，$R_N = \dfrac{L_{sN}}{\sigma_N}$，$P_{\sigma F} = \dfrac{\sigma_{sF}}{\sigma_F}$，$P_\Sigma = \dfrac{\Sigma_\uparrow - \Sigma_\downarrow}{\Sigma}$，在上一部分已经定义。因为铁磁性金属的电阻 R_F 要远小于半导体的电阻 R_N，所以式(5-63)可简化为[76]

$$\begin{cases} P_j = P_\Sigma \\[3mm] \delta R \approx R_N P_\Sigma^2 \end{cases} \tag{5-64}$$

这时的自旋注入效率将完全由接触电阻的性质来决定，取决于接触界面电导的自旋极化率。在这种情况下，自旋注入效率将会大大增加[76]。

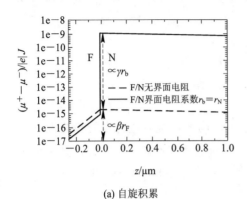

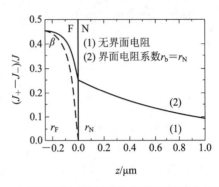

(a) 自旋积累　　　　　　　　　(b) 电流极化率在界面电阻为零和不为零时的差别

图 5.45　铁磁金属和非磁性半导体界面处的自旋积累和电流极化率
在界面电阻为零和不为零时的差别[78]

3）自旋积累的探测

目前对导体或半导体中自旋积累的探测主要分为两种方法，即光学探测和电学探测。光学探测的灵敏度非常高，可以探测很少量的自旋积累[79-81]，但对于半导体自旋电子学器件的研制和将来的应用并不直接适用；电学探测在半导体自旋电子学器件的研制和将来的应用方面具有很大的潜力[82-85]，但电学探测的灵敏度不够高，需要在大注入效率的前提下才能得到可探测的自旋积累信号。

导体或半导体中自旋积累的电学探测主要基于 Silsbee-Johnson 自旋电荷耦合的自旋积累探测原理[71]。具体来讲，可通过外加电场控制从铁磁金属向非磁导体或半导体中注入自旋极化电流的大小，在非磁导体或半导体中产生非平衡的自旋积累，这是自旋注入的过程。其相反的过程也是成立的，即在非磁导体或半导体中存在自旋的积累时，如果在导体或半导体上接触铁磁性电极，那么在铁磁性电极上将会产生附加电动势（emf）[70-72]。

接着讨论为何自旋积累可以通过铁磁性电极产生的电动势进行探测。由于自旋积累在铁磁金属中产生的电动势定义为[71]

$$\text{emf} = \mu_N(\infty) - \mu_F(-\infty) \tag{5-65}$$

其中，$\mu_N(\infty)$ 为半导体边界化学势，边界代表界面接触影响已忽略，$\mu_F(-\infty)$ 为铁磁金属边界化学势。在电流 $j=0$（开路）的前提条件下，emf 代表了准化学势在界面两端的势能下降，由于非磁导体或半导体中的自旋积累，铁磁金属中的这个电动势将不为零[71]。由简并半导体中局部电中性条件 $g(\mu+\phi)+g_s\mu_s=0$，我们可得到[71]：

$$\phi=-\mu-\frac{g_s}{g}\mu_s=-\mu-P_g\mu_s \qquad (5-66)$$

其中：$g=g_\uparrow+g_\downarrow$，为费米面上的能态密度；$\mu$ 为准化学势；ϕ 为电势；$g_s=g_\uparrow-g_\downarrow$；$\mu_s=\frac{1}{2}(\mu_\uparrow-\mu_\downarrow)$。在铁磁金属中，$\phi_F=-\mu_F-P_{gF}\mu_{sF}$，而在非磁导体或半导体中 $\phi_N=-\mu_N$。将铁磁金属中和非磁导体或半导体中电势表达式代入式(5-65)，emf 的表达式变为

$$emf=\mu_N(\infty)-\mu_F(-\infty)=-\phi_N(\infty)+\phi_F(-\infty)+P_{gF}\mu_{sF}(-\infty)$$
$$(5-67)$$

因为在铁磁金属中，由边界条件可知 $\mu_{sF}(-\infty)=0$，上式进一步化简为

$$emf=\mu_N(\infty)-\mu_F(-\infty)=\phi_F(-\infty)-\phi_N(\infty) \qquad (5-68)$$

即准化学势在铁磁金属和非磁导体或半导体接触结两端的下降等于电势的下降。所以，自旋积累所诱导的电动势可通过电压降的测量获得[71]。

2. 半导体中的自旋弛豫

半导体中电子的自旋弛豫机制主要有三种：

(1) Elliot-Yafet 机制[86]。Elliot-Yafet 机制主要来源于导体或半导体晶体中电子布洛赫波函数的非自旋本征态特点。我们知道，电子能态自旋简并的解除是由于导体或半导体晶格中离子产生的局域原子电场，通过自旋-轨道相互作用，使自旋向上和向下的电子能态在能量空间上产生分离。Elliot-Yafet 机制产生的自旋弛豫时间与导体或半导体中电子的动量弛豫时间成正比。一般来说，Elliot-Yafet 机制是金属导体中自旋翻转的主要机制，而在半导体中并非重要的作用机制。

(2) D'yakonov-Perel' 机制[87]。D'yakonov-Perel' 机制的主要作用是通过具有反演对称性破缺的导体或半导体晶体中的晶体场来解除电子态的自旋简并。晶体中的电子会受到对称性破缺造成的等效磁场的作用，并且自旋会沿着等效磁场进动。D'yakonov-Perel' 机制产生的自旋弛豫时间与导体或半导体中电子的动量弛豫时间成反比。D'yakonov-Perel' 机制是半导体中，特别是Ⅲ-Ⅴ族化合物半导体及异质结构中电子自旋弛豫的主要机制。

(3) Bir-Aronov-Pikus 机制[88]。Bir-Aronov-Pikus 机制起源于半导体中电子-空穴的交换作用。它主要在电子和空穴的波函数发生交叠的半导体中起主

要作用。由不同有效质量产生的有效空穴浓度的起伏将会引起空穴自旋产生的等效磁场的起伏，这种起伏的磁场会引起电子自旋的进动，就如同 D'yakonov-Perel'机制产生的效果一样。

5.3.2　GaN 基半导体中的自旋注入和自旋弛豫

由于电导失配这一物理限制，宽禁带半导体自旋的电学注入是半导体自旋电子学的研究难题之一。如何在电子自旋的输运过程中避免界面的散射而快速弛豫，也是自旋电子学器件研制过程中所面临的核心问题之一。北京大学唐宁、刘星辰等人利用自旋隧穿结构，采用磁控溅射方法在 N 型 GaN 外延薄膜上制备了 Co/MgO/GaN 自旋注入隧穿结，并在此基础上制备了三端器件结构，观测到了自旋的 Hanle 效应，实现了氮化物半导体自旋的电学注入[17]。他们进一步发现注入隧穿结的表面粗糙度和表面能带弯曲对自旋弛豫有影响。高掺杂会导致 GaN 外延薄膜表面变得粗糙，从而会在注入隧穿结中引入 Inverted Hanle 效应隧穿。而低掺杂的 GaN 外延薄膜表面粗糙度很低，因此注入隧穿结中 Inverted Hanle 效应被抑制[17]。他们通过变温测量发现，在基于高掺杂 GaN 外延薄膜的注入隧穿结中表面粗糙度引入的自旋弛豫在低温下占据主导地位，而在基于低掺杂 GaN 外延薄膜的注入隧穿结中，表面能带弯曲引入的自旋弛豫在低温下占据主导地位[17]。

对于常规的 $Al_xGa_{1-x}N/GaN$ 异质结构，为了形成 2DEG，需要一定厚度的 $Al_xGa_{1-x}N$ 势垒。因此向 GaN 基异质结构的 2DEG 体系中注入自旋时，一般会由于势垒层厚度太大而导致自旋弛豫，从而使自旋难以注入。北京大学唐宁、张晓玥等人改为采用 AlN/GaN 异质结构，利用超薄 AlN 作为异质结构的势垒层，形成高浓度、高迁移率 2DEG 的同时，也将 2.5 nm 厚的 AlN 势垒层作为自旋注入的隧穿层。由于 AlN 势垒的高晶体质量和非常平整的异质界面，将非常有利于自旋的注入。他们在 AlN/GaN 异质结构上通过磁控溅射生长铁磁金属形成自旋隧穿结构，观测到了 AlN/GaN 异质结构中 2DEG 自旋的 Hanle 效应，在实现了 GaN 外延薄膜自旋的电学注入基础上，进一步实现了 GaN 基半导体异质结构中 2DEG 自旋的电学注入。

德国波鸿大学 J. H. Buß 等人采用 Kerr 光谱的方法分析测量了 GaN 中自旋弛豫时间随着测量温度和外加磁场的变化关系[89]。他们采用的样品分别是掺杂和非故意掺杂 N 型 GaN 外延薄膜。测得的自旋弛豫时间如图 5.46 所示[89]。

从图 5.46 可看出，随着温度升高，GaN 中的自旋弛豫时间单调下降，而随着外加磁场的引入，GaN 中的自旋弛豫时间会有一个突然的升高。对于这些实验现象，利用自旋弛豫的 D′yakonov-Perel′（D-P）机制能很好地解释。在 D-P 机制中，半导体中电子自旋弛豫速率的二阶张量[90]为

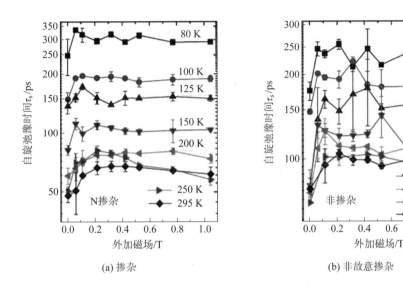

(a) 掺杂　　　　　　　　　　(b) 非故意掺杂

图 5.46　通过 Kerr 光谱方法测量的掺杂和非故意掺杂 N 型 GaN 外延薄膜中自旋弛豫时间随外加磁场的变化关系[89]

$$\gamma_{ij} = \frac{1}{2}(\delta_{ij}\langle \Omega^2 \rangle - \langle \Omega_i \Omega_j \rangle)\tau_p \qquad (5-69)$$

其中，τ_p 为半导体中电子的动量弛豫时间，Ω 为自旋轨道耦合导致的等效磁场。根据 D-P 机制，随着磁场的加入，自旋弛豫时间会变为原来的 4/3 倍[4]。另一方面，为了解释 GaN 中自旋弛豫时间随温度的变化规律，可将纤锌矿半导体中自旋轨道耦合导致的导带分裂的具体表达式代入式(5-69)，并假设动量分布是玻尔兹曼分布，可得到 GaN 中电子自旋弛豫速率的表达式为[89]

$$\gamma_{zz} = \frac{4k_B T m^*}{\hbar^8}\{[\alpha_E \hbar^2 + (b-4)\gamma_e m^* k_B T]^2 + (2b^2+8)\gamma_e^2 m^{*2}(k_B T)^2\}\tau_p$$

$$(5-70)$$

其中，α_E 是体自旋轨道耦合动量 k 的一次项系数，γ_e 是体自旋轨道耦合动量 k 的三次项系数，τ_p 是动量弛豫时间。实验测量数据与通过上式拟合的理论结果

如图 5.47 所示[89]。

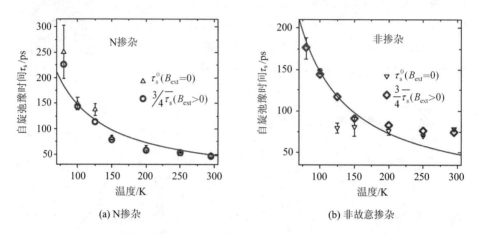

(a) N掺杂

(b) 非故意掺杂

图 5.47　N 掺杂和非故意掺杂 N 型 GaN 外延薄膜中自旋弛豫时间的
实验测量值和基于 D - P 机制的理论模拟曲线[89]

2003 年，美国伊利诺伊大学 X. Cartoixà 等人基于 D - P 机制从理论上预测了一种奇特的超长自旋弛豫时间的化合物半导体结构[91]。他们指出在闪锌矿结构的半导体中，当 Rashba 自旋轨道耦合系数等于 Dresselhaus 自旋轨道耦合系数时，电子自旋沿着 [$\bar{1}$10] 方向有极大的自旋弛豫时间，计算结果如图 5.48 所示[91]。

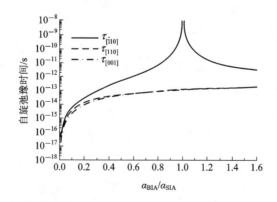

图 5.48　理论计算获得的闪锌矿结构的半导体中自旋弛豫时间随着 Rashba 和
Dresselhaus 自旋轨道耦合系数的比值变化的关系曲线[91]

产生此自旋弛豫时间的原因极大是在此特定构型下，半导体中注入的自旋与自旋轨道耦合产生的等效磁场方向一致，极大地减小了 D－P 机制的影响。而基于此，通过栅压控制 Rashba 自旋轨道耦合系数，从而改变与两个耦合系数的比值，就可设计出一种非弹道输运的半导体自旋场效应晶体管，如图 5.49 所示[91]。

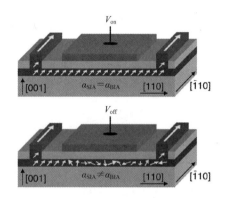

图 5.49　基于理论计算设计的非弹道输运半导体自旋场效应晶体管构想示意图[91]

北京大学唐宁、刘星辰等人研究了 $In_xGa_{1-x}N/GaN$ 量子阱中电子的自旋弛豫过程，在室温下通过外加单轴应力实现了对自旋弛豫时间的有效调控[92]。$In_xGa_{1-x}N/GaN$ 量子阱中主导的自旋弛豫过程是 D－P 机制，如图 5.50(a) 所示。在 D－P 机制中，与自旋方向垂直的自旋轨道耦合等效磁场 **B** 分量导致了弛豫过程。通过设计量子阱的结构，可使得量子阱中结构反演非对称导致的自旋轨道耦合项（α_Q）与体反演非对称导致的自旋轨道耦合项（γ_w）接近相互抵消的状态。他们通过时间分辨克尔光谱分别测量了 $In_xGa_{1-x}N/GaN$ 量子阱和 GaN 外延薄膜（体材料）中的自旋弛豫时间，如图 5.50(b)、(c) 所示，确认 $In_xGa_{1-x}N/GaN$ 量子阱中的自旋寿命远长于 GaN 外延薄膜。他们进一步发现，$In_xGa_{1-x}N/GaN$ 量子阱中的自旋寿命随着外加单轴应力急剧下降，而 GaN 外延薄膜中的自旋寿命几乎不随外加应力而改变。上述结果均表明，$In_xGa_{1-x}N/GaN$ 量子阱中两种自旋轨道耦合相互作用接近抵消的状态。根据 D－P 机制的理论模型，他们计算了两种自旋轨道耦合相互作用的比值随着外加应力的变化，如图 5.50(d) 所示。结果表明初始时两种自旋轨道耦合相互作用的确接近相互抵消（当 $\alpha_Q/\gamma_w = -1$ 时完全抵消，实验中 $\alpha_Q/\gamma_w = -0.81$）。$\alpha_R/\gamma_D$ 与外加应力满足线性依赖关系，表明本质上是应力引入的极化电场调控了自旋弛豫时间。

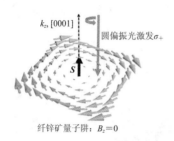

(a) C面纤锌矿量子阱中自旋轨道耦合有效磁场示意图以及时间分辨克尔光谱测量中泵浦光的入射方向

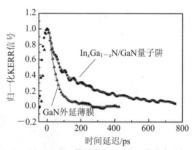

(b) In$_x$Ga$_{1-x}$N/GaN量子阱和GaN外延薄膜中时间分辨克尔光谱

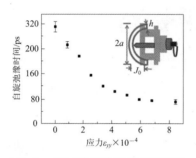

(c) In$_x$Ga$_{1-x}$N/GaN量子阱在不同外加应力下的自旋弛豫寿命(插图是施加单轴应力的实验装置)

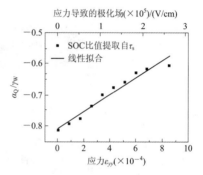

(d) 两种自旋轨道耦合相互作用系数的比值随外加应力的变化关系

图 5.50　北京大学唐宁、刘星辰等人研究 In$_x$Ga$_{1-x}$N/GaN 量子阱中电子的自旋弛豫过程的部分实验数据示意[92]

5.4　氮化镓基半导体自旋电子学器件

半导体自旋电子学器件是指通过外加电场或磁场对半导体及其低维量子结构中的电子自旋自由度进行调控,进而实现以电子自旋为功能载体的高性能电子学器件[2, 93]。半导体自旋电子学器件研究的关键内容主要包括:

(1) 通过磁性原子掺杂或其他方式实现具有高居里温度的铁磁性半导体。

(2) 半导体及其低维量子结构中非平衡自旋极化电子的产生与探测,即互为逆过程的自旋注入与自旋探测。

（3）半导体及其低维量子结构中电子自旋自由度的调控。

1990 年，美国普渡大学 S. Datta 和 B. Das 提出了著名的半导体自旋场效应晶体管（Spin-FET）的概念和基本结构，他们设想的 Spin-FET 器件的结构和功能很好地诠释了半导体自旋电子学研究的关键环节和重要应用[95]。如图 5.51 所示[94]，半导体 Spin-FET 器件的源漏电极是用铁磁金属或铁磁半导体制备的，初始时通过外加磁场使两者具有相同的磁化方向。自旋极化的电子从 FET 器件的源注入到半导体沟道中，在沟道里电子以弹道输运的方式进行传导。利用自旋–轨道耦合效应，可通过栅压对电子的自旋角动量进行调控，从而实现源漏间电压的 ON 和 OFF 状态。通过对电子自旋调控而实现其功能的半导体 Spin-FET 器件，比常规的半导体 MOSFET 器件工作电压更小，因此动态功耗和静态功耗都更低，可具有更高的集成度[95]。

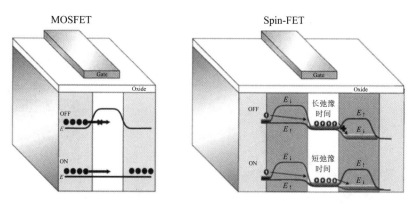

图 5.51　半导体 MOSFET 器件（左）与 Spin-FET 基本结构示意图（右）工作原理的比较[94]

1971 年，美国弗朗西斯·比特磁体实验室 P. M. Tedrow 和 R. Meservey 最早研究了基于 Al/Al_2O_3 结构的超导体/绝缘体/铁磁金属器件中自旋极化电子的隧穿效应[96-97]。1975 年，法国国家科学院 M. Julliere 用两种铁磁体 Fe 和 Co 组成 Fe/Ge/Co 的多层膜结构，在 4.2 K 温度下进行了隧穿实验[73]。这是第一次在没有超导体的体系中实现自旋极化电流的隧穿实验，也为之后实现更高温度下的自旋极化电流的注入实验开辟了道路。在这些自旋电子学领域开创性的工作之后，越来越多的研究者开始了自旋电子学领域的探索，从金属体系的研究逐步进入到半导体体系中，取得了很多突破性的进展。包括在 $Al_xGa_{1-x}As/GaAs$ 半导体异质结构中实现了 2DEG 自旋极化电流的注入和探测[79,98-99]，在 GaAs 中发现了自旋 Hall 效应[51]；实现了向半导体材料 Si 中的自旋注入[82-83, 100]，在 $In_xGa_{1-x}As/GaAs$ 异质结构中实现了 2DEG 自旋的注入并对电子自旋自由度进行了调控[101]，以及在石墨烯材料中实现了电子的自旋注入[102]，等等。这些研究进展，为半导体自旋电子学器件的研制和应用奠定了一定的科学基础。迄今为止，半导体自旋电子学器件的研制总体上还处于初期阶段，面临一系列的关键科学技术问题有待解决。

以 GaN 为代表的宽禁带半导体具有优异的光电特性及化学、物理稳定性，在电子器件，光电子器件领域有着广泛的应用。如前所述，GaN 基半导体及其异质结构具有较强的自旋轨道耦合相互作用和较长的自旋弛豫时间，特别是 GaN 基稀磁半导体(DMS)被认为有可能实现高于室温的居里转变温度，如图 5.52 所示[103]，使得 GaN 基半导体及其异质结构在半导体自旋电子学器件研究和未来应用中具有很大的潜力[103]。

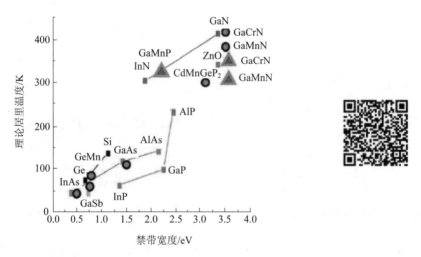

图 5.52 预言的稀磁半导体居里转变温度与其禁带宽度的对应关系(居里转变温度随半导体禁带宽度的增加而变高[103])

2012 年，美国密歇根大学的 H. Kum 等人研究了 GaN 纳米线四端自旋阀器件的输运性质[104]。四端自旋阀主要可进行非局域的自旋输运测量，从而更为准确地提取 GaN 中的自旋注入效率。图 5.53 是他们的实验样品结构示意图[104]，2、3 电极为矫顽力不同的 FeCo/MgO 铁磁电极，外加面内磁场变化的情况下可以在磁化平行与反平行状态之间进行变换，1、4 为参考电极，2、3 之间定义为自旋输运的沟道。在四端非局域(Non-local)测量中，1、2 电极连接恒流源，实现自旋的注入，3、4 电极为自旋检测端，非平衡的自旋极化信号在此可以转化为电势差信号。

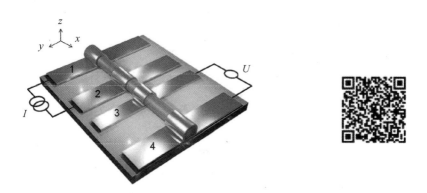

图 5.53　GaN 纳米线四端自旋阀样品结构示意图[104]

　　他们首先对 GaN 纳米线四端自旋阀样品进行了面内磁场扫描,测得的电压变化曲线如图 5.54 所示[104]。图中红线与黑线代表不同磁场扫描方向的测量曲线,曲线中出现的两个突变平台代表铁磁电极磁化反平行时的情况。可发现沟道越短,信号突变越强,代表着注入的自旋信号经过输运沟道内的弛豫后到达探测段的强弱。

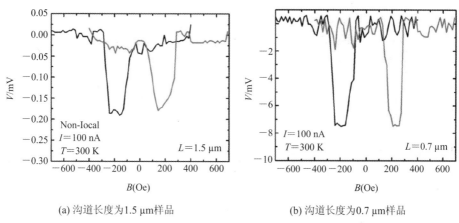

(a) 沟道长度为 1.5 μm 样品　　　　　　　(b) 沟道长度为 0.7 μm 样品

图 5.54　GaN 纳米线四端自旋阀的非局域磁阻曲线[104]

　　为了进一步研究注入的自旋极化电荷流在 GaN 纳米线沟道中的输运性质,他们又在垂直于样品的平面上加了一磁场,进行 Hanle 效应的研究。在磁化电极平行或反平行的构型下,探测端电压信号随外加磁场变化的曲线如图

5.55 所示[104]。

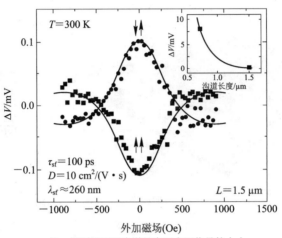

注：插图是不同沟道长度下电压信号的大小

图 5.55　GaN 纳米线四端自旋阀中的 Hanle 实验曲线

从图 5.55 可看出，随着垂直方向外加磁场的出现，样品中注入的自旋极化电子会以磁场方向为轴进行进动，沟道中自旋极化的电子自旋方向随之改变，自旋极化度下降，在检测端的电动势也随之减小。插图显示了在不同沟道长度下测量得到的电压信号大小，很明显可以看出随着沟道长度增大，自旋信号迅速下降[104]。通过拟合特定沟道长度下 Hanle 信号曲线可提取出样品中电子的自旋弛豫时间和自旋扩散长度。Hanle 信号的表达式为[85]

$$\frac{V_{\mathrm{NL}}}{I_{\mathrm{inject}}} \propto \pm \int_0^\infty \frac{1}{\sqrt{4\pi Dt}} \exp\left(-\frac{L^2}{4Dt}\right) \cos(\omega_{\mathrm{L}} t) \exp\left(-\frac{t}{\tau_{\mathrm{sf}}}\right) \mathrm{d}t \quad (5-71)$$

其中：$\omega_{\mathrm{L}} = g\mu_{\mathrm{B}}B_z/\hbar$，为拉莫进动频率；$D$ 为自旋扩散系数；τ_{sf} 为自旋弛豫时间，正负号分别代表铁磁电极磁化平行与反平行状态。最终拟合得到 GaN 纳米线四端自旋阀中的自旋弛豫时间 $\tau_{\mathrm{sf}} = 100$ ps 和自旋扩散系数 $D = 10$ cm^2/(V · s)。自旋扩散长度利用关系 $\lambda_{\mathrm{sf}} = (D\tau_{\mathrm{sf}})^{\frac{1}{2}}$ 求出，为 260 nm。这些提取的 GaN 纳米线本征自旋参数对于不同沟道长度的样品基本一样[104]。

2016 年，美国密歇根大学的 A. Bhattacharya 等人研究了 GaN 体材料四端自旋阀的自旋输运性质[105]。采用的 GaN 薄膜通过 MOCVD 方法外延生长，实验设定了一系列沟道长度的样品，通过非局域自旋阀信号与 Hanle 信号测出了样品中电子的自旋弛豫时间，同时通过自旋信号与沟道长度的关系推得样

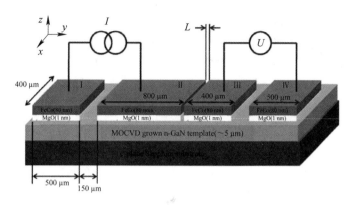

图 5.56 GaN 四端自旋阀非局域测量样品结构示意图[105]

品的自旋注入效率。实验样品如图 5.56 所示，其中，L 为沟道长度，变化范围
为 $250 \sim 450$ nm[105]。在测量中当样品注入端与探测端铁磁电极的磁化方向反
平行时，磁阻会出现突变峰值平台。随着沟道长度的增加，峰值平台由于自旋
极化的减弱而下降，测得的关系如图 5.57 所示[105]。

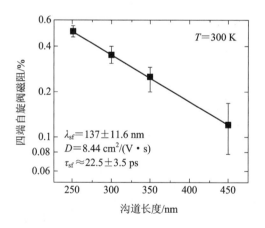

图 5.57 GaN 四端自旋阀的磁阻随沟道长度变化的曲线[105]

通过上述曲线可得到 GaN 四端自旋阀中电子的自旋弛豫时间为 23 ps，注
入效率为 7.9%。为了更准确得到电子的自旋弛豫时间，他们也进行了拟合
Hanle 效应曲线的工作，得到的电子自旋弛豫时间为 37 ps，自旋弛豫距离为
176 nm。通过他们的研究工作，可确认相比于 GaN 纳米线，GaN 外延薄膜中
电子的自旋弛豫过程更强。其原因一方面在于 GaN 体材料缺陷更多，加剧了

E－Y 自旋弛豫机制的发生[105]，另一方面在于 GaN 纳米线中径向的量子限制效应抑制了 D－P 自旋弛豫机制的发生。

目前，GaN 基宽禁带半导体材料已实现了自旋发光二极管以及四端自旋阀器件的制备，但迄今为止国际上尚未实现基于 GaN 基半导体的 Spin-FET 器件。GaN 基异质结构具有 2DEG 密度高、异质界面极化电场强的特点，非常有希望实现室温下工作的 Spin-FET 器件。如果能够在 GaN 基异质结构中通过调节结构参数和内部极化电场使得 Rashba 和 Dresselhaus 自旋轨道耦合作用相互抵消，并增加自旋的扩散长度和弛豫时间，实现器件结构中自旋输运的栅调控，非常有希望实现 GaN 基 Spin-FET 器件，这将是未来几年 GaN 基宽禁带半导体自旋电子学研究的一个重点领域和发展目标。

参 考 文 献

[1] AWSCHALOM D D, LOSS D, SAMARTH N. Semiconductor spintronics and quantum computation[M]. Berlin: Springer-Verlag, 2002.

[2] ŽUTI CI, FABIAN J, SARMA S D. Spintronics: fundamentals and applications[J]. Reviews of modern physics, 2004, 76(2): 323－410.

[3] FABIAN J, MATOS-ABIAGUE A, ERTLER C, et al. Semiconductor spintronics[J]. Acta physica slovaca, 2007, 57(4&5): 565－907.

[4] BUß J H, RUDOLPH J, NATALI F, et al. Anisotropic electron spin relaxation in bulk GaN[J]. Applied physics letters, 2009, 95(19): 192107.

[5] BANERJEE A, DO GAN F, HEO J, et al. Spin relaxation in InGaN quantum disks in GaN nanowires[J]. Nano letters, 2011, 11(12): 5396－5400.

[6] TANG N, SHEN B, WANG M J, et al. Beating patterns in the oscillatory magnetoresistance originated from zero-field spin splitting in Al_xGa_{1-x} N/GaN heterostructures[J]. Applied physics letters, 2006, 88(17): 172112.

[7] TANG N, SHEN B, HAN K, et al. Zero-field spin splitting in Al_xGa_{1-x} N/GaN heterostructures with various Al compositions[J]. Applied physics letters, 2008, 93(17): 172113.

[8] TANG N, SHEN B, HE X W, et al. Influence of the illumination on the beating patterns in the oscillatory magnetoresistance in Al_xGa_{1-x} N/GaN heterostructures[J]. Physical review B, 2007, 76(15): 155303.

[9] HE X W, SHEN B, TANG Y Q, et al. Circular photogalvanic effect of the two-dimensional electron gasin Al_xGa_{1-x} N/GaN heterostructures under uniaxial strain[J]. Applied physics letters, 2007, 91(7): 071912.

[10] TANG Y Q, SHEN B, HE X W, et al. Room-temperature spin-oriented photocurrent under near-infrared irradiation and comparison of optical means with Shubnikov de-Haas measurements in Al_xGa_{1-x} N/GaN heterostructures[J]. Applied physics letters, 2007, 91(7): 071920.

[11] YIN C M, SHEN B, ZHANG Q, et al. Rashba and Dresselhaus spin-orbit coupling in GaN-based heterostructures probed by the circular photogalvanic effect under uniaxial strain[J]. Applied physics letters, 2010, 97(18): 181904.

[12] ZHANG Q, WANG X Q, HE X W, et al. Lattice polarity detection of InN by circular photogalvanic effect[J]. Applied physics letters, 2009, 95(3): 031902.

[13] HE X W, SHEN B, CHEN Y H, et al. Anomalous photogalvanic effect of circularly polarized light incident on the two-dimensional electron Gas in Al_xGa_{1-x} N/GaN heterostructures at room temperature[J]. Physical review letters, 2008, 101(14): 147402.

[14] YIN C M, TANG N, ZHANG S, et al. Observation of the photoinduced anomalous Hall effect in GaN-based heterostructures[J]. Applied physics letters, 2011, 98(12): 122104 .

[15] MEI F H, ZHANG S, TANG N, et al. Spin transport study in a Rashba spin-orbit coupling system[J]. Scientific reports, 2014, 4: 4030.

[16] LU F C, TANG N, HUANG S Y, et al. Enhanced anisotropic effective g factors of an $Al_{0.25}Ga_{0.75}$ N/GaN heterostructure based quantum point contact[J]. Nano letters, 2013, 13(10): 4654 – 4658.

[17] LIU X C, TANG N, FANG C, et. al. Spin relaxation induced by interfacial effects in n-GaN/MgO/Co spin injectors[J]. RSC Advances, 2020, 10: 12547 – 12553.

[18] DE ANDRADA E, SILVA E A. Conduction-subband anisotropic spin splitting in Ⅲ-Ⅴ semiconductor heterojunctions[J]. Physical review B, 1992, 46(3): 1921 – 1924.

[19] 常凯,杨文. 半导体中自旋轨道耦合及自旋霍尔效应[J]. 物理学进展, 2008, 3: 236 – 262.

[20] DRESSELHAUS G. Spin-orbit coupling effects in zinc blende structures[J]. Physical review, 1955, 100(2): 580 – 586.

[21] ZORKANI I, KARTHEUSER E. Resonant magneto-optical spin transitions in zinc-blende and wurtzite semiconductors[J]. Physical review B, 1996, 53(4): 1871 – 1880.

[22] LITVINOV V. Polarization-induced Rashba spin-orbit coupling in structurally symmetric III-nitride quantum wells[J]. Applied physics letters, 2006, 89(22): 222108.

[23] FU J Y, WU M W. Spin-orbit coupling in bulk ZnO and GaN[J]. Journal of applied physics, 2008, 104(9): 093712.

[24] WINKLER R. Spin-orbit coupling effects in two-dimensional electron and hole systems[M]. Berlin: Springer Science & Business Media, 2003.

[25] AVERKIEV N S, GOLUB L E, GUREVICH A S, et al. Spin-relaxation anisotropy in asymmetrical (001) $Al_x Ga_{1-x} As$ quantum wells from Hanle-effect measurements: Relative strengths of Rashba and Dresselhaus spin-orbit coupling[J]. Physical review B, 2006, 74(3): 033305.

[26] STICH D, JIANG J H, KORN T, et al. Detection of large magnetoanisotropy of electron spin dephasing in a high-mobility two-dimensional electron system in a [001] $GaAs/Al_x Ga_{1-x} As$ quantum well[J]. Physical review B, 2007, 76(7): 073309.

[27] GANICHEVS D, BEL'KOV V V, GOLUB L E, et al. Experimental separation of Rashba and Dresselhaus spin splittings in semiconductor quantum wells[J]. Physical review letters, 2004, 92(25): 256601.

[28] GIGLBERGER S, GOLUB L E, BEL'KOV V V, et al. Rashba and Dresselhaus spin splittings in semiconductor quantum wells measured by spin photocurrents[J]. Physical review B, 2007, 75(3): 035327.

[29] DAS B, MILLER D C, DATTA S, et al. Evidence for spin splitting in $In_x Ga_{1-x} As/In_{0.52} Al_{0.48} As$ heterostructures as B-->0[J]. Physical review B, 1989, 39(2): 1411 - 1414.

[30] SCHÄPERS T, ENGELS G, LANGE J, et al. Effect of the heterointerface on the spin splitting in modulation doped $In_x Ga_{1-x} As/InP$ quantum wells for B-->0[J]. Journal of applied physics, 1998, 83(8): 4324 - 4333.

[31] DAS B, DATTA S, REIFENBERGER R. Zero-field spin splitting in a two-dimensional electron gas[J]. Physical review B, 1990, 41(12): 8278 - 8287.

[32] KNAP W, FRAYSSINET E, SADOWSKI M L, et al. Effective g * factor of two-dimensional electrons in GaN/AlGaN heterojunctions[J]. Applied physics letters, 1999, 75(20): 3156 - 3158.

[33] IVCHENKO E L, PIKUS G E. New photogalvanic effect in gyrotropic crystals[J]. Journal of experimental and theoretical physics letters, 1978, 27(11): 604 - 608.

[34] ASNIN V M, BAKUN A A, DANISHEVSKII A M, et al. "Circular" photogalvanic effect in optically active crystals[J]. Solid state communications, 1979, 30(9): 565 - 570.

[35] ODULOV S G, STURMAN B I. Polarizational four-wave interaction in photorefractive crystals[J]. Zhurnal Eksperimental′noi i Teoreticheskoi Fiziki, 1987, 92: 2016 – 2033.

[36] GANICHEV S D, IVCHENKO E L, DANILOV S N, et al. Conversion of spin into directed electric current in quantum wells[J]. Physical review letters, 2001, 86(19): 4358 – 4361.

[37] GANICHEV S D, PRETTL W. Spin photocurrents in quantum wells[J]. Journal of physics: condensed matter, 2003, 15(20): R935 – R983.

[38] STURMAN B I, FIRDKIN V M. The photovoltic and photorefractive effects in non-centrosymmetric materials[M]. Philadelphia: Gordon and Breach, 1992.

[39] IVCHENKO E L, PIKUS G E. Superlattices and other heterostructures: symmetry and optical phenomena[M]. Berlin: Springer-Verlag, 1997.

[40] WEBER W, GANICHEV S D, DANILOV S N, et al. Demonstration of Rashba spin splitting In GaN-based heterostructures[J]. Applied physics letters, 2005, 87(26): 262106.

[41] CEN L B, SHEN B, QIN Z X, et al. Influence of polarization induced electric fields on the wavelength and the refractive index of intersubband transitions in AlN/GaN coupled double quantum wells[J]. Journal of applied physics, 2009, 105(9): 093109.

[42] NAGAOSA N, SINOVA J, ONODA S, et al. Anomalous Hall effect[J]. Reviews of modern physics, 2010, 82(2): 1539 – 1592.

[43] VALENZUELA S O, TINKHAM M. Electrical detection of spin currents: The spin-current induced Hall effect (invited) [J]. Journal of applied physics, 2007, 101(9): 09B103.

[44] HIRSCH J E. Spin Hall effect[J]. Physical review letters, 1999, 83(9): 1834 – 1837.

[45] WUNDERLICH J, PARK B G, IRVINE A C et al. Spin Hall effect transistor[J]. Science, 2010, 330(6012): 1801 – 1804.

[46] D'YAKONOV M I, PEREL' V I. Possibility of orienting electron spins with current [J]. Zhurnal Eksperimental'noi i Teoreticheskoi Fiziki, 1971, 13(11): 657 – 660.

[47] ZHANG S F. Spin Hall effect in the presence of spin diffusion[J]. Physical review Letters, 2000, 85(2): 393 – 396.

[48] MURAKAMI S, NAGAOSA N, ZHANG S C. Dissipationless quantum spin current at room temperature[J]. Science, 2003, 301(5638): 1348 – 1351.

[49] SINOVA J, CULCER D, NIU Q, et al. Universal intrinsic spin hall effect[J]. Physical review letters, 2004, 92(12): 126603.

［50］ SINOVA J, VALENZUELA S O, WUNDERLICH J, et al. Spin Hall effects［J］. Reviews of modern physics, 2015, 87(4): 1213 – 1260.

［51］ KATO Y K, MYERS R C, GOSSARD A C, et al. Observation of the spin Hall effect in semiconductors［J］. Science, 2004, 306(5703): 1910 – 1913.

［52］ VALENZUE S O, TINKHAM M. Direct electronic measurement of the spin Hall effect［J］. Nature, 2006, 442(7099): 176 – 179.

［53］ ZHAO H, PAN X Y, SMIRL A L, et al. Injection of ballistic pure spin currents in semiconductors by a single-color linearly polarized beam［J］. Physical review B, 2005, 72(20): 201302.

［54］ ZHAO H, LOREN E J, VAN DRIEL H M, et al. Coherence control of Hall charge and spin currents［J］. Physical review letters, 2006, 96(24): 246601.

［55］ KIMURAT, OTANI Y, SATO T, et al. Room-temperature reversible spin Hall effect［J］. Physical review letters, 2007, 98(15): 156601.

［56］ MIAH M I. Observation of the anomalous Hall effect in GaAs［J］. Journal of physics D: applied physics, 2007, 40(6): 1659 – 1663.

［57］ DAI X, ZHANG F C. Light-induced Hall effect in semiconductors with spin-orbit coupling［J］. Physical review B, 2007, 76(8): 085343.

［58］ AMBACHER O, FOUTZ B, SMART J, et al. Two dimensional electron gases induced byspontaneous and piezoelectric polarizationin undoped and doped AlGaN/GaN heterostructures［J］. Journal of applied physics, 2000, 87(1): 334 – 344.

［59］ DYAKONOV M I. Magnetoresistance due to edge spin accumulation［J］. Physical review letters, 2007, 99(12): 126601.

［60］ BÜTTIKER M. Quantized transmission of a saddle-point constriction［J］. Physical review B, 1990, 41(11): 7906 – 7909.

［61］ MARTIN T P, MARLOW C A, SAMUELSON L, et al. Confinement properties of a $Ga_{0.25}In_{0.75}As/InP$ quantum point contact［J］. Physical review B, 2008, 77(15): 155309.

［62］ VAN WEES B J, VAN HOUTEN H, BEENAKKER C W J, et al. Quantized conductance of point contacts in a two-dimensional electron gas［J］. Physical review letters, 1988, 60 (9): 848 – 850.

［63］ GOLDHABER-GORDON D, SHTRIKMAN H, MAHALU D, et al. Kondo effect in a single-electron transistor［J］. Nature, 1998, 391 (6663): 156 – 159.

［64］ THOMAS K J, NICHOLLS J T, SIMMONS M Y, et al. Possible spin polarization in a one-dimensional electron gas［J］. Physical review letters, 1996, 77(1): 135 – 138.

[65] CRONENWETT S M, LYNCH H J, GOLDHABER-GORDON D, et al. Low-temperature fate of the 0.7 structure in a point contact: a kondo-like correlated state in an open system[J]. Physical review letters, 2002, 88 (22): 226805.

[66] SMITH T P III, BRUM J A, HONG J M, et al. Magnetic anisotropy of a one-dimensional electron system[J]. Physical review letters, 1988, 61(5): 585 – 588.

[67] BERGGREN K F, THORNTON T J, NEWSON D J, et al. Magnetic depopulation of 1D subbands in a narrow 2D electron gas in a GaAs: AlGaAs heterojunctio[J]. Physical review letters, 1986, 57(14): 1769 – 1772.

[68] TANG N, HAN K, LU F C, et al. Exchange enhancement of spin-splitting in $Al_x Ga_{1-x} N/GaN$ heterostructures in tilted magnetic fields[J]. Chinese physics letters, 2011, 28(3): 037103.

[69] TANG N, SHEN B, HAN K, et al. Abnormal Shubnikov-de Haas oscillations of the two-dimensional electron gas in $Al_x Ga_{1-x} N/GaN$ heterostructures in tilted magnetic fields[J]. Physical review B, 2009, 79(7): 073304.

[70] SILSBEE R H. Novel method for the study of spin transport in conductors[J]. Bulletin of magnetic resonance, 1980, 2: 284.

[71] JOHNSON M, SILSBEE R H. Interfacial charge-spin coupling: injection and detection of spin magnetization in metals[J]. Physical review letters, 1985, 55(17): 1790 – 1793.

[72] JOHNSON M, SILSBEE R H. Coupling of electronic charge and spin at a ferromagnetic-paramagnetic metal interface[J]. Physical review B, 1988, 37 (10): 5312 – 5325.

[73] JULLIERE M. Tunneling between ferromagnetic films[J]. Physics letters A, 1975, 54(3): 225 – 226.

[74] SCHMIDT G, FERRAND D, MOLENKAMP L W, et al. Fundamental obstacle for electrical spin injection from a ferromagnetic metal into a diffusive semiconductor[J]. Physical review B, 2000, 62(8): R4790 – R4793.

[75] SCHMIDT G. Concepts for spin injection into semiconductors: a review[J]. Journal of physics D: applied physics, 2005, 38(7): R107 – R122.

[76] RASHBA E I. Theory of electrical spin injection: tunnel contacts as a solution of the conductivity mismatch problem[J]. Physical review B, 2000, 62 (24): R16267 – R16270.

[77] FERT A, JAFFRÈS H. Conditions for efficient spin injection from a ferromagnetic metal into a semiconductor[J]. Physical review B, 2001, 64(18): 184420.

[78] FERT A, GEORGE J M, JAFFRES H, et al. Semiconductors between spin-polarized

sources and drains[J]. IEEE transactions on electronic devices, 2007, 54(5): 921 – 932.

[79] CROOKER S A, FURIS M, LOU X, et al. Imaging spin transport in lateral ferromagnet/semiconductor structures[J]. Science, 2005, 309(5744): 2191 – 2195.

[80] CROOKER S A, FURIS M, LOU X, et al. Optical and electrical spin injection and spin transport in hybrid Fe/GaAs devices[J]. Journal of applied physics, 2007, 101 (8): 081716.

[81] KOTISSEK P, BAILLEUL M, SPERL M, et al. Cross-sectional imaging of spin injection into a semiconductor[J]. Nature physics, 2007, 3(12): 872 – 877.

[82] APPELBAUM I, HUANG B, MONSMA D J. Electronic measurement and control of spin transport in silicon[J]. Nature, 2007, 447(7142): 295 – 298.

[83] JONKER B T, KIOSEOGLOU G, HANBICKI A T, et al. Electrical spin-injection into silicon from a ferromagnetic metal/tunnel barrier contact[J]. Nature physics, 2007, 3(8): 542 – 546.

[84] LOU X, ADELMANN C, FURIS M, et al. Electrical detection of spin accumulation at a ferromagnet-semiconductor interface[J]. Physical review letters, 2006, 96(17): 176603.

[85] LOU X, ADELMANN C, CROOKER S A, et al. Electrical detection of spin transport in lateral ferromagnet-semiconductor devices[J]. Nature physics, 2007, 3 (March): 197 – 202.

[86] ELLIOTT R J. Theory of the effect of spin-orbit coupling on magnetic resonance in some semiconductors[J]. Physical review, 1954, 96(2): 266 – 279.

[87] D'YAKONOV M I, PEREL' V I. Spin relaxation of conduction electrons in noncentrosymmetric semiconductors[J]. Soviet physics solid state, 1972, 13(12): 3023 – 3026.

[88] BIR G L, ARONOV A G, PIKUS G E. Spin relaxation of electrons due to scattering by holes[J]. Soviet physics JETP, 1976, 42(4): 705 – 712.

[89] BUß J H, RUDOLPH J, NATALI F, et al. Temperature dependence of electron spin relaxation in bulk GaN[J]. Physical review B, 2010, 81(15): 155216.

[90] HÄGELE D, DÖHRMANN S, RUDOLPH J, et al. Electron spin relaxation in semiconductors[J]. Advances in solid state physics, 2005, 45: 253 – 261.

[91] CARTOIXÀ X, TING D Z Y, CHANG Y C. A resonant spin lifetime transistor[J]. Applied physics letters, 2003, 83(7): 1462 – 1464.

[92] LIU X, TANG N, ZHAN G, et al. Effective manipulation of spin dynamics by polarization electric field in InGaN/GaN quantum wells at room temperature.

Advanced science[J], 2020: 1903400.

[93] ZIESE M, THORNTON M J. Spin electronics[M]. Heidelberg: springer-verlag, 2001.

[94] DATTA S, DAS B. Electronic analog of the electro - optic modulator[J]. Applied physics letters, 1990, 56(7): 665 - 667.

[95] AWSCHALOM D D, FLATTÉ M E. Challenges for semiconductor spintronics[J]. Nature physics, 2007, 3(3): 153 - 159.

[96] TEDROW P M, MESERVEY R. Spin-dependent tunneling into ferromagnetic nickel [J]. Physical review letters, 1971, 26(4): 192 - 195.

[97] TEDROW P M. Spin-polarized electron tunneling[J]. Physics reports, 1994, 238 (4): 173 - 243.

[98] OHNO Y, YOUNG D K, BESCHOTEN B, et al. Electrical spin injection in a ferromagnetic semiconductor heterostructure[J]. Nature, 1999, 402(6763): 790 - 792.

[99] FIEDERLING R, KEIM M, REUSCHER G, et al. Injection and detection of a spin-polarized current in a light-emitting diode[J]. Nature, 1999, 402(6763): 787 - 790.

[100] ŽUTIĆ I, FABIAN J, ERWIN S C. Spin injection and detection in silicon[J]. Physical review letters, 2006, 97(2): 026602.

[101] KOO H C, KWON J H, EOM J, et al. Control of spin precession in a spin-injected field effect transistor[J]. Science, 2009, 325(5947): 1515 - 1518.

[102] TOMBROS N, JOZSA C, POPINCIUC M, et al. Electronic spin transport and spin precession in single graphene layers at room temperature[J]. Nature, 2007, 448 (7153): 571 - 574.

[103] PEARTON S J, ABERNATHY C R, NORTON D P, et al. Advances in wide bandgap materials for semiconductor spintronics [J]. Materials science and engineering R, 2003, 40(4): 137 - 168.

[104] KUM H, HEO J, JAHANGIR S, et al. Room temperature single GaN nanowire spin valves with FeCo/MgO tunnel contacts[J]. Applied physics letters, 2012, 100 (18): 182407.

[105] BHATTACHARYA A, BATEN M Z, BHATTACHARYA P. Electrical spin injection and detection of spin precession in room temperature bulk GaN lateral spin valves[J]. Applied physics letters, 2016, 108(4): 042406.

第 6 章

氮化镓基半导体异质结构
应用于射频电子器件

半导体微波/毫米波射频电子器件和模块是当今半导体科学技术乃至国家高科技和国防军工领域的一个重要发展方向，其在国防领域大量应用于相控阵雷达、卫星通信、电子对抗等方面，而在民用领域的应用主要有移动通信基站、数字电视、定位系统、移动终端等方面。GaN 基宽禁带半导体及其异质结构具有禁带宽度大、极化效应强、临界击穿电场高、电子饱和漂移速率高、化学稳定性好等优异性质，决定了 GaN 基射频电子器件相比 GaAs 基器件在更高工作频率、更大带宽时仍有很高的输出功率，同时更适合在高温与恶劣环境下工作[1]。发展至今，GaN 基高功率射频电子器件在相控阵雷达和新一代移动通信领域应用的不可替代性日益突出，应用需求日益迫切。实际上，GaN 基半导体异质结构第一个重要的器件出口就是 GaN 基微波功率器件及其功率放大模块。本章将系统讨论基于 GaN 基异质结构的射频电子器件的基本工作原理、国内外研究现状、面临的科学技术问题和未来的发展趋势。

6.1　氮化镓基射频电子器件概述

GaN 基射频电子器件主要基于 $Al_xGa_{1-x}N/GaN$、$In_xAl_{1-x}N/GaN$、AlN/GaN 等宽禁带半导体异质结构，因此属于异质结场效应晶体管（HFET），更普遍的称谓是高电子迁移率晶体管（HEMT）。由于 GaN 基射频电子器件的主要性能优势是在高频条件下具有高功率输出特性，因此 GaN 基射频电子器件又经常被称为 GaN 基微波功率器件。GaN 基异质结构除了具有宽禁带半导体材料的高击穿电场、高电子饱和漂移速度等物理、化学性质优势外，更因其非常强的自发和压电极化效应可在异质界面形成很深的三角形量子阱，并感应出面密度高达 10^{13} cm^{-2} 量级的 2DEG，使其在功率型射频电子器件研制中与 GaAs、InP 等其他化合物半导体异质结构相比具有很大的优势[1]。1993 年美国南卡大学 M. A. Khan 等人在首次制备出 $Al_xGa_{1-x}N/GaN$ 异质结构材料的基础上，研制出国际上第 1 只 GaN 基 HEMT 器件[2]，从此开辟了 GaN 基射频电子材料和器件研究领域。该领域的研发和军口、民口的应用 20 多年来在国际上受到了高度重视，发展非常迅速。

在半导体射频电子材料和器件领域，通常使用 JFM（Johnson's Figure of Merit）指数来表征半导体材料的性能优劣，特别是其功率和频率的应用极限，其定义[3]如下：

$$JFM = \frac{E_{BR} v_{sat}}{2\pi} = V_{BR} f_T \qquad (6-1)$$

其中，E_{BR}是材料的临界击穿场强，v_{sat}是载流子饱和漂移速度，V_{BR}是击穿电压，f_T是截止频率。JFM 指数越高，说明该半导体材料在射频电子器件领域的优势越大。表 6-1 列出了用于研制射频电子器件的主要半导体材料的相关物理参数和 JFM 指数[4]。从表 6-1 中可看出，GaN 的 JFM 指数是 Si 的 27.5倍，是 GaAs 的 10 倍。Si 基射频电子器件技术成熟稳定，能满足低于 6 GHz微波领域较低功率的应用需求，但 Si 材料的临界击穿电场和饱和电子漂移速度等性质不够突出，限制了 Si 基器件在高频、高功率射频电子领域的应用和发展。而 GaAs 虽然具有高饱和电子漂移速度，其异质结构具有很高的 2DEG迁移率，但其较窄的禁带宽度决定了 GaAs 基器件的低工作电压，进而限制了其最大输出功率密度，同样无法满足高频、高功率射频电子领域的应用需求。对于 GaN 和 SiC 材料，临界击穿电场和饱和电子漂移速度接近，但以 Al_x $Ga_{1-x}N/GaN$ 异质结构为代表的 GaN 基半异质结构的各项性能优势使 GaN 基HEMT 器件成为高频高功率射频电子领域应用的首选。图 6.1 为基于各种半导体材料的射频电子器件的击穿电压和截止频率比较[5]。

表 6-1　用于研制射频电子器件的主要半导体材料的相关物理参数[4]

材料特性	Si	GaAs	4H-SiC	GaN	InP
禁带宽度/eV	1.1	1.4	3.2	3.4	1.35
室温电子迁移率/ $[cm^2/(V \cdot s)]$	1500	8500	700	800	5400
临界击穿电场/(MV/cm)	0.3	0.4	2.0	3.3	0.5
电子饱和漂移速度 $(\times 10^7)/(cm/s)$	1.0	2.1	2.0	2.7	2.3
热导率/$[W/(cm \cdot K)]$	1.5	0.5	4.5	1.3	0.7
熔点/℃	1690	1510	>2100	>1700	>1300
相对介电常数	11.8	12.8	10	9	12.5
工作温度/℃	300	300	>500	>700	>500
JFM 指数（相对 Si）	1.0	2.7	20	27.5	0.33

GaN 基 HEMT 器件及其微波功率放大器具有以下优势[1]：

（1）高的器件工作电压增大了器件的射频阻抗，有利于器件在微波功率放

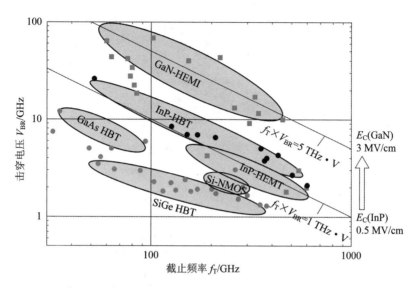

图 6.1　基于各种半导体材料的射频电子器件的击穿电压和截止频率比较[5]

大电路中的阻抗匹配。

（2）相同输出功率条件下，高的工作电压保证了器件具有更低的工作电流，使整个功率放大器具备更低的损耗和更高的效率。

（3）大的输出功率密度减小了外部偏置电源的尺寸及重量。

（4）禁带宽度大和高的热导率提高了器件的可靠性，使其具备良好的噪声性能，减小了散热成本。

图 6.2 对比了相同工作频率（500 MHz～6 GHz）和相同输出功率（40 W）的 GaN 基单片集成电路（MMIC）和 GaAs 基 MMIC 的芯片面积。GaN 基 MMIC 芯片面积的大幅度减小得益于 GaN 基 HEMT 器件具有更高的输出功率密度和更简单的阻抗匹配电路。因此，GaN 基 HEMT 器件在高频、高功率射频电子领域有着巨大的优势和应用潜力。

除了 GaN 基 HEMT 器件外，GaN 基射频电子器件还包括其他几种器件类型，如金属半导体场效应晶体管（MESFET）、调制掺杂场效应晶体管（MODFET）以及金属绝缘体场效应晶体管（MISFET）等。由于 GaN 基异质结构中 2DEG 迁移率很高，毫无疑问，其主流的器件结构是 GaN 基 HEMT。

如前所述，1993 年，美国南卡大学 M. A. Khan 等人在采用 MOCVD 方法首次在蓝宝石衬底上外延生长出 $Al_xGa_{1-x}N/GaN$ 异质结构的基础上，研制

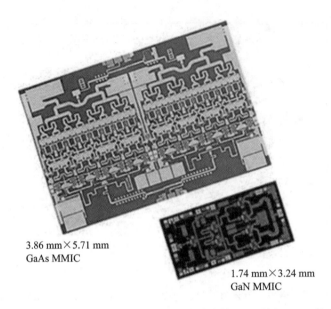

3.86 mm×5.71 mm
GaAs MMIC

1.74 mm×3.24 mm
GaN MMIC

图 6.2　500 MHz～6 GHz 工作频率、40 W 输出功率的 GaN 基和 GaAs 基 MMIC 的芯片面积对比(注:面积小的为 GaN 基 MMIC)

出国际上第一只 GaN 基 HEMT 器件[2]。在他们研制的异质结构材料和器件结构中,采用了 AlN 层作为缓冲层以提高异质结构的外延质量和器件的直流特性,采用 Ti/Au 作为源漏的欧姆电极,采用 Ag 作为肖特基栅金属,采用台面或者离子注入技术来实现器件隔离,1 μm 栅长的 HEMT 器件的最大跨导为23 mS/mm。由于异质结构材料外延质量的限制,当时研制的器件其性能有限,只有直流特性,没有微波特性。在此基础上,1994 年,M. A. Khan 等人进一步改善了 Al$_x$Ga$_{1-x}$N/GaN 异质结构的外延质量,并采用 Ti/Au 和 Ti/W 作为源漏和栅接触电极,成功研制出国际上第一只具有微波输出特性的 GaN 基HEMT 器件[6]。该器件栅长为 0.25 μm 时,其电流截止频率 f_T 和最大振荡频率 f_{max} 分别为 11 GHz 和 35 GHz。1997 年,WideGap 公司 B. J. Thibeault 等人研制出 f_T 为 4 GHz、输出功率为 1.4 W 的 GaN 基 HEMT 器件[7]。但上述研制的器件均采用了蓝宝石衬底上的 Al$_x$Ga$_{1-x}$N/GaN 异质结构,因此散热性能很差,没有发挥出 GaN 基异质结构优异的材料特性和器件应有的输出功率特性。

　　1998 年,美国罗克韦尔科学中心的 G. J. Sullivan 等人改用 SiC 衬底的

Al$_x$Ga$_{1-x}$N/GaN 异质结构进一步研制出 f_T 达 10 GHz、输出功率达 3.3 W 的 GaN 基 HEMT 器件[8]。同年，美国 CREE 公司 S. Shepperd 等人基于 SiC 衬底上的 Al$_x$Ga$_{1-x}$N/GaN 异质结构，研制出的 GaN 基 HEMT 小栅宽器件在 10 GHz 下的连续波输出功率密度达到了 5.3～6.9 W/mm，在 1.5 mm 栅宽的器件上实现了 3.9 W 的功率输出[9]。1999 年，美国 Nitres 公司 Y. F. Wu 等人报道了 SiC 衬底上基于高 Al 组分（大于 30%）Al$_x$Ga$_{1-x}$N/GaN 异质结构的 HEMT 器件的功率特性，0.5～0.6 μm 栅长的器件在 8.2 GHz 下的输出功率密度达到了 9.1 W/mm，功率附加效率（PAE）为 47%，大大超过了 GaAs 基微波器件的功率密度，展现了 GaN 基微波功率器件的巨大优势和发展潜力[10]。发展到今天，在相同的工作频率下，GaN 基 HEMT 器件的功率密度一般比 Si 和 GaAs 器件高出约 10 倍，且可在高温下工作。以上 GaN 基微波功率器件早期的发展历程可参阅美国佛罗里达大学 S. J. Pearton 等人 2001 年撰写的综述文献[11]。

从 1994 年国际上第一次实现 GaN 基 HEMT 器件的微波小信号性能开始[6]，GaN 基 HEMT 微波功率器件经历了 20 多年的飞速发展。在这个过程中，表面钝化技术[12]和器件场板技术[13-14]的提出和发展解决了早期由于异质结构外延生长技术不成熟、材料中缺陷密度高所导致的电流崩塌现象，有效提高了 GaN 基 HEMT 器件的输出电流密度和耐压特性，从而使高频下的输出功率密度以及功率附加效率得到显著而稳定的提高[11]。在 GaN 基异质结构材料的外延制备上，SiC 衬底的采用一方面因晶格失配的改善提升了异质结构材料的外延质量，另一方面其高热导率的优势显著提高了 GaN 基 HEMT 器件的输出电流密度、微波增益、输出功率密度和效率[11]。

近年来，Si 衬底上 GaN 基异质结构外延生长技术发展得非常迅速，使得 Si 衬底上 GaN 基 HEMT 器件的微波性能提升很快[15]。Si 衬底上 GaN 基射频电子器件研发的驱动力一方面是基于降低器件成本的考虑，另一方面更重要的是 Si 衬底上 GaN 基射频电子器件及其微波功率放大器更便于和 Si 基逻辑、存储、开关和传感器件的单片集成[16]。因此 Si 衬底上 GaN 基射频电子材料和器件成为近年来国际上的研发热点。但 Si 与 GaN 之间的晶格失配很大，热导率又远低于 SiC，在一定程度上限制了其在高性能、大功率射频电子领域的应用。近年来随着 Si 衬底上 GaN 外延技术的发展和位错密度的降低，Si 衬底上 GaN 基 HEMT 器件的性能和可靠性得到了很大改善，其工作频率也在不断地向毫米波方向推进[17]。

综上所述，近 20 年来国际上 GaN 基异质结构外延生长技术和器件工艺技术的不断革新和发展，使得以 HEMT 为主流的 GaN 基射频电子器件的发展非常迅速，以电流增益截止频率 f_T 和功率增益截止频率 f_{max} 等为代表的小信号频率特性不断提升[18-26]，而以功率密度、附加效率、输出功率等为代表的大信号特性的记录也不断被刷新[17, 27-31]。GaN 基 HEMT 器件及其功率放大模块已发展成为新一代雷达技术和新一代移动通信技术不可缺少的射频电子技术。

基于其巨大的性能优势和在微波毫米波领域的广泛应用前景，GaN 基射频电子材料和器件已成为世界各国竞相占领的高技术战略制高点之一。美国、日本和欧洲国家相继在 GaN 基射频电子材料和器件领域启动了相关的国家科技计划，资助并主导 GaN 基微波功率器件和模块的研发和产业化。美国国防部先进研究项目局（DARPA）制订了为期八年的宽禁带半导体技术创新（Wide BandGap Semiconductor Technology Initiative，WBGSTI）计划[32]。为了把 GaN 技术再推进一步，DARPA 还启动了"氮化物半导体电子下一代技术（Nitride Electronic Next-Generation Technology）计划"，简称"NEXT 计划"[33]，其目标之一是研究出一种新型、小型化、可量化生产的 GaN 基 HEMT 技术，器件的截止频率超过 500 GHz。参与 NEXT 计划的主要研发机构和企业包括 HRL 实验室、Northrop Grumman（诺夫·格鲁曼）空间和任务系统公司、TriQuint 半导体公司等。目前，美国的 HRL 实验室在 GaN 基射频功率器件技术方面处于世界领先地位。而日本的国家计划目标是用 GaN 基 HEMT 器件和模块取代当前移动通信网络基站中用于信号放大的 Si 及 GaAs 微波功率芯片，从而成为未来民用通信系统的核心技术。日本新能源产业综合开发机构于 2002 年启动了为期五年的以 GaN 基半导体器件应用为目的的"氮化镓半导体低功耗高频器件开发"计划。该计划的主要目标是研发 GaN 基晶圆评价、分析技术，在此基础上研发高输出功率的 GaN 基 HEMT 器件及其制备工艺技术。

6.2　碳化硅衬底上氮化镓基射频电子器件

对于功率型半导体射频电子器件来讲，其工作原理决定了很大一部分直流功率以热的形式耗散，从而引起器件结温的上升。一方面，结温的升高使得半导体中载流子的输运特性发生改变，并严重影响器件的直流和射频输出特性；

另一方面，半导体射频电子器件的可靠性也与其结温密切相关，结温升高将会增加漏电，使得器件寿命缩短。因此，高功率半导体射频电子器件迫切需要好的散热特性，故而对衬底材料的散热要求很高。SiC 单晶材料因与 GaN 在 c 面上具有相对较小的晶格失配，且热导率高达 4.5 W/(cm·K)，因此成为 GaN 基高功率射频电子器件较理想的外延衬底材料，也是目前 GaN 基 HEMT 微波功率器件采用的主流衬底材料。

6.2.1　SiC 衬底上 GaN 基微波功率器件的优势和发展历程

SiC 衬底上 GaN 基微波功率器件的发展可追溯到 GaN 基 HEMT 器件的早期发展阶段。如前所述，1998 年，美国 CREE 公司 S. Shepperd 等人在 SiC 衬底上外延生长出 $Al_xGa_{1-x}N/GaN$ 异质结构，并在此基础上研制出 GaN 基 HEMT 器件，其输出功率特性大大超过蓝宝石衬底上的同类器件[9]，主要原因就是 SiC 衬底具有远高于蓝宝石衬底的热导率。GaN 基 HEMT 器件研发的重点目标之一就是提升器件的功率密度和效率。从微波功率器件的原理出发，半导体 HEMT 器件的射频输出功率[34]可表达为

$$P_{RF} = \frac{I_M(V_M - V_K)}{8} = \frac{V_{DS}^2 R_L}{2(R_L + 2R_0)^2} \tag{6-2}$$

其中：I_M 为器件的最大输出电流；V_M 为承受的最高电压；V_K 为膝点电压；V_{DS} 为大信号下的漏极偏置电压；R_L 为负载阻抗；R_0 为导通电阻。从理论上讲，只要能提高器件的工作电压，射频输出功率就会增加。由于相对于 GaAs 基器件更高的工作电压，在 GaN 基 HEMT 器件发展的早期就可在小栅宽器件上实现大于 9 W/mm 的输出功率，功率密度比 GaAs 基器件要高一个数量级。

但 GaN 基 HEMT 器件在达到最大功率输出时增益压缩高达 5～7 dB，功率附加效率（PAE）随着偏置电压的增加也下降很多，其背后的物理原因是 GaN 基 HEMT 器件中存在严重的陷阱效应[35]。在高偏置电压时，器件的输出电流会下降。此外，一个更为明显的现象是器件膝点电压增加，器件的射频输出功率随着偏置电压的增加而受到抑制，此即有名的电流坍塌效应[36]。因此，对 GaN 基 HEMT 器件来说，不能直接由其直流输出特性来估算射频下的输出功率。基于静态偏置点的脉冲 I-V 测量可很好地表征出 GaN 基 HEMT 器件的陷阱效应，测量得到的射频功率输出与脉冲 I-V 的测试结果的一致性很好。因此，提升 GaN 基 HEMT 器件输出功率和效率的要点之一是通过改善 $Al_xGa_{1-x}N/GaN$ 异质结构外延质量和改进器件结构及工艺来减小器件的陷阱

效应，抑制电流坍塌现象，进而提升器件的输出功率和功率附加效率。

2001 年，美国 UCSB 的 Y. F. Wu 等通过改善 SiC 衬底上 $Al_xGa_{1-x}N/GaN$ 异质结构外延质量，将其 2DEG 室温迁移率提高到了 1500 $cm^2/(V \cdot s)$ 以上，在此基础上研制出了 GaN 基 HEMT 器件，其在 8 GHz 下的功率输出特性如图 6.3 所示[34]。由图 6.3 可见，在 10～35 V 的漏极偏置电压下获得了较为平坦的功率附加增益，在 45 V 漏极偏置电压下，300 μm 栅宽器件的输出功率密度达到了 10.3 W/mm，功率附加效率为 42%，此时的功率增益压缩只有 3.4 dB，大大优于之前国际上的报道结果。

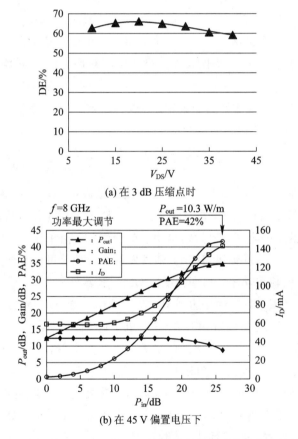

(a) 在 3 dB 压缩点时

(b) 在 45 V 偏置电压下

图 6.3 SiC 衬底上 GaN 基 HEMT 器件的微波大信号输出特性[34]

为了减小 GaN 基 HEMT 器件的电流坍塌效应，国际上一般采用 SiN_x 介质钝化的方法来减小表面陷阱态的响应[37]，以提升器件的输出功率。但采用

SiN$_x$ 钝化后，GaN 基 HEMT 器件的击穿电压往往下降很多。因此，抑制电流坍塌和保持高击穿电压难以同时实现，是当时实现高电压、高输出功率 GaN 基 HEMT 器件的难点。场板技术是 Si 基和 GaAs 基器件中用以改善表面陷阱效应、提高器件击穿电压的有效方法。如果在 GaN 基 HEMT 器件结构中引入场板，则器件栅极附近的高电场将得到有效抑制，从而提高器件的击穿电压。2000 年，美国 UCSB 的 N. Q. Zhang 等人通过延伸栅电极，形成栅场板，在13 μm 栅漏间距的 GaN 基器件上实现了 570 V 的击穿电压，为当时国际报道的最高值[38]。场板技术在降低 GaN 基器件中峰值电场的同时，可减小因强电场加重的陷阱效应，有望同时实现高工作电压和小的电流坍塌效应[39]。

在 SiC 衬底上 GaN 基微波功率器件的功率特性方面，2003 年，日本 NEC 公司的 Y. Ando 等人报道了带场板的 GaN 基 HEMT 器件的微波功率特性的新进展[40]。他们在 GaN 基 HEMT 器件结构中加入 1 μm 的栅场板后，2.5 μm 栅漏间距的器件的耐压提高到 160 V，器件的最大漏极电流为 750 mA/mm，且电流坍塌很小。在此基础上研制的 1 mm 栅宽的器件在 65 V 偏置电压、2 GHz 下连续波输出功率达 10.3 W，线性增益为 18.0 dB，功率附加效率为47.3%。2004 年，美国 UCSB 的 Y. F. Wu 等人进一步改进了 Al$_x$Ga$_{1-x}$N/GaN 异质结构的外延质量，他们采用 AlN 插入层大幅提升了异质结构 2DEG 的室温迁移率，异质结构方块电阻降低到 265 $\Omega/\square$，在此基础上研制的 0.55 μm 栅长 GaN 基 HEMT 器件的最大输出电流密度超过了 1200 mA/mm[14]。Y. F. Wu 等人进一步优化了器件的场板结构，当场板长度为 0.7～1.1 μm 时，器件耐压提升到 170 V 以上，在 120 V 偏置电压下，246 μm 栅宽的器件在 4 GHz 下的饱和功率输出密度达 32.2 W/mm，功率附加效率为 54.8%，展现了 GaN 基 HEMT 器件在高功率微波射频领域的巨大优势和应用潜力。2006 年，Y. F. Wu 等人发展了栅场板与源场板的双场板结构，进一步提高了 SiC 衬底上 GaN 基 HEMT 器件的功率密度和器件可靠性，实现了 41.4 W/mm 的连续波输出功率密度，为迄今国际上半导体微波功率器件最好的报道结果[41]。

在 SiC 衬底上 GaN 基微波功率器件的频率特性方面，2006 年，美国 UCSB 的 T. Palacios 等人在 Al$_x$Ga$_{1-x}$N/GaN 异质结构中引入 In$_x$Ga$_{1-x}$N 背势垒结构，有效抑制了器件的短沟道效应，100 nm T 型栅的 GaN 基 HEMT 器件的最大振荡频率 f_{max} 达到了 230 GHz[42]。2010 年，美国 MIT 的 J. W. Chung 等采用了低损伤凹栅技术以抑制短沟道效应，器件源极和漏极的欧姆接触同样采用凹陷式，以降低势垒高度，减小欧姆接触电阻，同时源漏之间的

距离仅为 $1.1~\mu m$，有效减小了漏源寄生电阻 R_{DS}，如图 6.4 所示[43]。他们研制的 GaN 基 HEMT 器件的 f_{max} 达到了 300 GHz，是迄今国际上基于 $Al_xGa_{1-x}N/GaN$ 异质结构的 HEMT 器件的最好的报道结果。

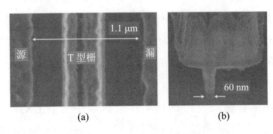

图 6.4　SiC 衬底上 GaN 基 HEMT 器件的源漏间距和 T 型栅的 SEM 像[43]

在国内，最早从事 GaN 基射频电子材料和器件的研究者包括中国科学院半导体研究所王晓亮等人和中国电科集团第十三研究所的学者组成的研究组，以及由南京大学沈波、郑有炓等人和中国电科五十五所陈堂胜等人组成的研究组。1998 年，王晓亮等人研制出了国内第一只 GaN 基 HEMT 器件，但受 $Al_xGa_{1-x}N/GaN$ 异质结构材料外延质量和器件工艺的限制，该器件只有直流特性，没有微波特性。2000 年，沈波和陈堂胜等人在制备出较高质量 $Al_xGa_{1-x}N/GaN$ 异质结构的基础上，采用 T 型栅器件结构，在国内首次研制出具有微波输出特性的 GaN 基 HEMT 器件，如图 6.5 所示。该器件栅长 $1~\mu m$，截止频率 f_T 和最大振荡频率 f_{max} 分别达到了 20 GHz 和 40 GHz，1.8 GHz 下输出

(a) 器件结构的照片

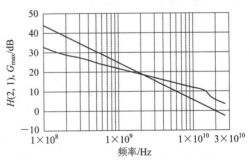

(b) 微波输出特性

图 6.5　南京大学和中国电科集团第五十五研究所合作研制的
GaN 基 HEMT 器件及其输出特性

功率密度为 3.9 W/mm，功率附加效率 PAE 为 48.3%。

随后，西安电子科技大学、中国科学院微电子研究所、苏州能讯公司、三安光电公司等国内多个研究机构和企业相继开始了 GaN 基射频电子材料和器件的研发。2011 年，西安电子科技大学郝跃等人采用凹栅和 MOS 栅结构，研制出 SiC 衬底上高效率的 GaN 基 HEMT 器件，其栅介质采用 5 nm 厚 Al_2O_3，漏极偏置电压为 45 V，4 GHz 下输出功率为 13 W/mm，功率附加效率 PAE 达到了 73%[44]，为该频段下 GaN 基 HEMT 器件 PAE 的国际报道的最高值。2016 年，中国电科集团第十三研究所冯志红、吕元杰等人通过引入 $N^+ - GaN$ 再生长欧姆接触技术，有效改善了 GaN 基 HEMT 欧姆接触的边缘形貌。他们通过降低小尺寸器件的制备难度，将 T 型栅尺寸和有效源漏间距分别降低至 60 nm 和 600 nm，研制的 SiC 衬底上 GaN 基 HEMT 器件的 f_{max} 和电流增益截止频率 f_T 分别达到了 152 GHz 和 219 GHz[45]。

随着国内外 SiC 衬底上 GaN 基射频电子材料和器件制备技术的不断成熟，GaN 基微波功率器件和功放模块已进入军用和民用市场，在相控阵雷达、移动通信基站、卫星通信等领域得到了广泛应用。在其应用过程中，人们又发现虽然 GaN 基 HEMT 器件自身可实现很高的微波功率输出密度，但器件的结温过高，使得其可靠性下降，寿命缩短。正常工作时，GaN 基 HEMT 器件的输出功率密度只能控制在 5～6 W/mm，器件和模块散热成为限制 GaN 基微波功率器件技术新的瓶颈问题。

6.2.2　GaN 基微波功率器件的散热技术

迄今国内外大量的应用效果已表明，结温是限制 GaN 基微波功率器件实际输出功率的关键因素之一。GaN 基 HEMT 很高的输出功率密度使得器件结温较易超过 200℃，因而不能完全发挥 GaN 基器件高功率的优势。基于半导体异质结构的 HEMT 器件是横向结构器件，其沟道中温度的集聚点主要位于栅漏之间靠近栅的部分。如何降低器件热阻并将这部分的热量尽快导出到热沉上是当前高功率密度 GaN 基射频电子器件的研究重点之一。

虽然 SiC 衬底已具有 400～500 W/mK 的高热导率，但依然难以满足当前高功率应用场景对 GaN 基微波功率器件的散热需求。迄今可进一步改善 GaN 基微波功率器件散热特性的方法主要有采用更高热导率的衬底、微通道液体冷却以及在片热电制冷等[46]。采用更高热导率的衬底是较易实现的一种方法，主要集中于采用金刚石衬底。金刚石的热导率高达 2000 W/mK，是 SiC 的 4 倍，采用金刚石衬底有望大幅降低 GaN 基 HEMT 器件的结温，延长其寿命。但迄今为止采用高温、高压晶体生长方法人工制备的单晶金刚石尺寸还很小，价格非常昂贵，并难以与 GaN 基 HEMT 器件集成。一个较为可行的方法是采用 CVD 方法制备的多晶金刚石薄膜来提高 GaN 基 HEMT 器件的散热性能。

目前国际上发展的将多晶金刚石与 GaN 基 HEMT 器件集成的方法主要有以下三种[47]：

(1) 将 GaN 基 HEMT 器件的 SiC、Si 或其他衬底剥离掉，然后用 CVD 方法在器件背底的 GaN 层上生长多晶金刚石薄膜。

(2) 将已去除衬底的 GaN 基 HEMT 晶圆与多晶金刚石薄膜进行键合，形成 GaN-on-Diamond 晶圆。

(3) 在 GaN 基 HEMT 器件的正面用 CVD 方法沉积金刚石多晶薄膜，以提高器件的正面散热能力。

2006 年，美国空军实验室 G. Jessen 等人首次报道了 GaN 基 HEMT 与 CVD 生长的金刚石厚膜的集成[48]。他们通过去除 GaN 基 HEMT 的 Si 衬底，将 GaN 外延层与 25 mm 厚的多晶金刚石键合，键合后 $Al_xGa_{1-x}N/GaN$ 异质结构中 2DEG 的输运特性没有发生退化。虽然他们研制的 GaN 基 HEMT 器件特性不是很好，但从原理上验证了 GaN-on-Diamond 散热结构的可行性，在此之后 CVD 方法制备的多晶金刚石热沉在 GaN 基 HEMT 器件上的应用得到了快速发展。2014 年，美国 Raytheon 公司 M. Tyhach 等人报道了 3 英寸 GaN 外延片上采用金刚石热沉的研究结果[49]。在完全去除 SiC 衬底后，采用 CVD 生长了 100 mm 厚的多晶金刚石，所研制的 GaN 基 HEMT 器件单位栅宽的功率密度与 SiC 衬底上的器件基本相当，但金刚石衬底上器件的指间间距较小，单位面积的功率密度是 SiC 衬底上器件的 3.6 倍，如图 6.6 所示[49]。他们进一步的研究显示，在 40 μm 的栅指间距下，采用 GaN/Diamond 结构的器件使 4.2 W/mm 功率密度下的结温从 90.3℃ 降低到 81.8℃。采用 CVD 方法在 GaN 外延层背面生长金刚石这一技术途径的缺点是当金刚石薄膜厚度较大后，GaN 外延片的翘曲增加，难以通过普通的光学对准方法实现高良率的器件晶圆制备。

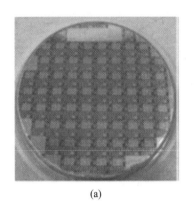

比较项目	GaN/SiC	GaN/DIA
功率/dBm	37.69	37.22
功率/W	5.87	5.28
每毫米栅宽的输出功率/(W/mm)	4.70	4.22
单位面积的输出功率/(W/mm^2)(相对于GaN/SiC)	1	3.6

(a)　　　　　　　　　　　　　(b)

图 6.6　3 英寸 GaN-on-Diamond 器件晶圆的光学照片及其
与 SiC 衬底上 GaN 基器件特性的比较[49]

在完成 GaN 基 HEMT 器件微加工的正面工艺流程后,将衬底去除后与金刚石衬底直接键合可以避免晶圆翘曲的影响,提高器件制备的成品率。2017年,中国电科集团第五十五研究所孔月蝉、陈堂胜等人报道了 3 英寸 SiC 衬底上 GaN 基 HEMT 与金刚石衬底键合的结果[50]。他们选用了先制备 HEMT 器件再进行衬底转移的技术路线,首先采用机械抛光及干法刻蚀方法去除 SiC 衬底,然后采用化学机械抛光去除 AlN 成核层及部分高缺陷的 GaN 缓冲层,接着将 GaN 外延层与 500 mm 厚的金刚石在 180℃ 下键合在一起,键合界面层的厚度为 30～40 nm,键合后的 3 英寸 GaN-on-Diamond 晶圆如图 6.7(a)所示[36]。晶圆测试确认 HEMT 器件的成品率超过 80%,且器件的直流和脉冲输出电流密度与原有 SiC 衬底上 Al$_x$Ga$_{1-x}$N/GaN 异质结构的方块电阻吻合得很好,说明键合后器件晶圆的均匀性很好。图 6.8(b)给出了 SiC 衬底转移前后同一器件的负载牵引结果。在 28 V 偏置电压下,10 GHz 的饱和输出功率由 4.8 W/mm 提高到 5.5 W/mm。结温测试表明,10×125 μm、栅指间距为 20 μm 的 GaN 基 HEMT 器件在 10 W/mm 的功率耗散下的结温由 SiC 衬底上的 241℃ 下降到 191℃,降低了 50 度。有限元分析进一步指出,GaN/Diamond 键合界面的热阻高达 51 m^{2}K/GW,是限制性器件性能进一步提升的主要因素,需要进一步优化 GaN/Diamond 的键合技术。

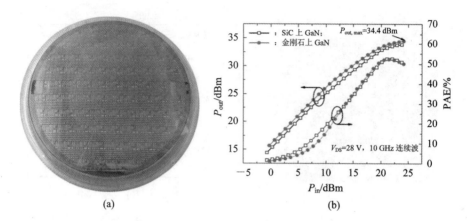

图 6.7　3 英寸 GaN-on-Diamond 器件晶圆的光学照片及其

与 SiC 衬底上 GaN 基器件射频功率输出特性的比较[50]

　　在上述 GaN/Diamond 键合的技术路线中，金刚石与 GaN 基 HEMT 器件 2DEG 沟道之间隔着数微米厚的 GaN 缓冲层。为了进一步减小 GaN 基 HEMT 器件中 2DEG 沟道与金刚石散热层的距离，一个更有效的方法是在 GaN 基 HEMT 器件的表面生长金刚石散热层。2001 年，德国弗劳恩霍夫研究院 (FIAF)M. S. Eggebert 等人尝试了在 GaN 基 HEMT 器件表面生长多晶金刚石薄膜[51]。他们采用 SiN$_x$ 作为 HEMT 器件表面的保护层，然后采用 CVD 方法进行金刚石的选区生长。但由于金刚石的生长温度较高，对 HEMT 器件金属接触的稳定性有较高要求，因此他们的器件结果并不理想。另一种方法是在 GaN 基 HEMT 器件栅极金属形成之前先生长金刚石散热层。2012 年，美国马里兰大学 M. J. Tadjer 等人在 Si 衬底上 GaN 基异质结构的表面上采用 CVD 方法生长了纳米多晶金刚石散热层，随后再制备 HEMT 器件，器件测量的最终结果显示结温与原始结构相比降低了约 20%[52]。尽管他们采用的是 Si 衬底上外延生长的 GaN 基异质结构，但可认为这一方法对 SiC 衬底上 GaN 基异质结构及其微波功率器件同样适用。

6.3　硅衬底上氮化镓基射频电子器件

　　如前所述，SiC 衬底一方面因晶格失配的改善可提高 GaN 基异质结构材料的外延质量，另一方面其高热导率的优势可显著提升 GaN 基 HEMT 器件的性能，特别是输出功率密度和效率。经过多年的发展，SiC 衬底上的 GaN 基 HEMT 器件及其功放模块已在雷达、移动通信等领域获得了广泛应用。但随着 5G 等新一代移动通信技术的发展，对微基站等输出功率密度不是很高的应用需求大幅上升，迫切需要更加经济的射频技术解决方案。此外，射频能量转换，如微波炉、工业用微波加热等也需要低成本的微波功率器件。而大尺寸 Si 衬底上 GaN 基异质结构的外延生长和 HEMT 器件制备可大幅降低材料和器件成本。根据不太严格的估算，Si 衬底上 GaN 基 HEMT 器件的单位成本大约只有 SiC 衬底上 GaN 基器件的百分之一。在此背景下，近年来，Si 衬底上 GaN 基射频电子材料和器件发展成为国际上的一个研发热点，Si 衬底上 GaN 基异质结构的外延生长质量和 GaN 基 HEMT 器件的性能提升很快。

与 SiC 衬底相比，Si 衬底上高质量 GaN 基异质结构的外延生长是第一个难点。GaN 晶体的(0001)面和 Si 晶体的(111)面之间晶格失配高达 16.9%，晶格的热膨胀系数失配(热失配)更是高达 54%[53]，这给 Si 衬底上外延生长 GaN 基异质结构的缺陷和应力控制技术带来了很大的挑战(这部分内容已在本书第 3 章进行了充分的讨论)。同时，微波射频应用决定了用于 GaN 基 HEMT 器件制备的 Si 衬底必须是高阻材料。而当 Si 晶体的电阻率增加时，其硬度变大，不易形变，易于因承受应力而龟裂[54]。值得欣慰的是，GaN 基射频电子器件相对于电力电子器件，耐压要求较低，因而对 GaN 缓冲层的厚度没有太高的要求，相对减轻了外延生长的难度。但射频电子器件需要特别注意 Si 衬底上 GaN 外延生长过程中(Al)GaN 与 Si 之间的界面特性。由于 Al(Ga)杂质向 Si 衬底中扩散的 P 型掺杂作用以及极化效应的影响，(Al)GaN/Si 异质界面的电导率会增加，从而增加 GaN 基 HEMT 器件的射频损耗[55]。如何减小射频损耗是 Si 衬底上 GaN 基射频电子器件需要解决的特有问题。

6.3.1　AlN/Si 界面电导和 Si 衬底上 GaN 基 HEMT 器件的射频损耗

固态射频电路中除了半导体微波功率器件外，还需要互联线以及无源器件，如高品质因数的电容、电感以及高频信号下低损耗的波导。如何实现低损耗的传输线是 GaN-on-Si 微波电路或模块必须考虑的重点问题之一。为了减小射频损耗，Si 衬底上 GaN 基微波功率器件所采用的高阻 Si 材料电阻率一般要大于 5 kΩ·cm[56]。2009 年，比利时 IMEC 的 D. P. Xiao 等人在对 Si 衬底上 GaN 基 HEMT 器件的测量中发现，器件射频特性被 Si 衬底的并行负载效应所限制，其共面波导（CPW）传输线的射频损耗在 2 GHz 下为 3 dB/mm[55]。2010 年，瑞士苏黎世联邦理工学院 D. Marti 等人测量了高阻 Si 衬底上 GaN 缓冲层的 CPW 传输线在 110 GHz 下的射频损耗为 0.8 dB/mm，如图 6.8 所示[57]。他们通过对 Si 衬底施加不同大小和正负的电压，发现传输线的射频损耗会发生变化，施加正偏压后损耗减小，而施加反偏压后损耗增加，这说明引起射频损耗的并行沟道的导电类型为 P 型。我们知道，在 MOCVD 高温生长 GaN 缓冲层的过程中，P 型杂质 Al 或 Ga 会向 Si 衬底中扩散，从而在 Al(Ga)N/Si 界面处形成很薄的 P 型层，引起射频损耗。

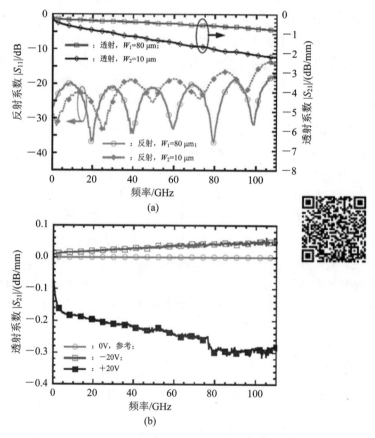

图 6.8　高阻 Si 衬底上 GaN 缓冲层的 CPW 传输线的射频损耗与 Si 衬底上电压偏置方向对射频损耗的影响[57]

为了去除或减小 Al(Ga)N/Si 界面 P 型层导致的射频损耗，一个可行的办法是将传输线的中间导电层和地线之间的区域进行深刻蚀，以去除界面 P 型导电层的影响。2010 年，苏黎世联邦理工学院 D. Marti 等人尝试了这种方法，他们测量得到 75 μm 宽 GaN 缓冲层 CPW 传输线在 110 GHz 下的射频损耗仅为 0.47 dB/mm，如图 6.9 所示[57]，与半绝缘 GaAs 或 InP 衬底上传输线的损耗接近。这说明在高阻 Si 衬底上外延的 GaN 缓冲层可实现毫米波波段的互连线乃至低成本的 Si 衬底上 GaN 基 HEMT 的射频电路技术。

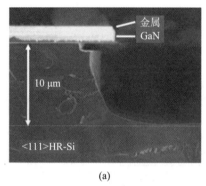
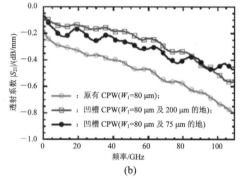

(a)　　　　　　　　　　　　(b)

图 6.9　对高阻 Si 衬底上进行部分刻蚀的 GaN 缓冲层 CPW 传输线的 SEM 照片与刻蚀前后测量的传输线损耗对比[57]

为了减小 MOCVD 高温生长 GaN 缓冲层的过程中 Al 杂质向高阻 Si 衬底中扩散，另一个可能的途径是减小 AlN 成核层的生长厚度，或者采用超薄的网状 SiN$_x$ 层充当扩散阻挡层。实际上，迄今为止国际上对高阻 Si 衬底上 GaN 缓冲层 CPW 传输线的射频损耗的物理来源还存在争议。其中一种观点认为 AlN 成核层的晶体质量较差，其本身也可能成为引起射频损耗的原因。2017 年，台湾交通大学 T. T. Luong 等人发现在低阻 Si 衬底上采用 SiN$_x$ 阻挡层后，GaN 缓冲层 CPW 传输线的射频损耗反而会增加[58]，这和 SiN$_x$ 可一定程度上阻挡 Al 扩散的观点相矛盾。另一种可能的解释是采用 SiN$_x$ 阻挡层后，AlN 成核层的晶体质量降低，漏电增加，使得 GaN 缓冲层的电容耦合增强，因而射频损耗增加。同年，美国德克萨斯农工大学 F. Berber 等通过仔细分析不同厚度 AlN 成核层下 GaN 缓冲层 CPW 传输线射频损耗的频率变化规律，提出 AlN 本身的损耗是构成传输线射频损耗的主要原因[59]。

2017 年，台湾交通大学 T. T. Luong 等进一步提出，由于 Si 衬底上 Al(Ga)N

层中极强的自发与压电极化效应，AlN/Si 界面存在高密度的正极化电荷。在极化感应电场的作用下，AlN/Si 界面会形成高电子浓度的反型层，从而引起 GaN 缓冲层 CPW 传输线的射频损耗，其物理图像如图 6.10 所示[60]。

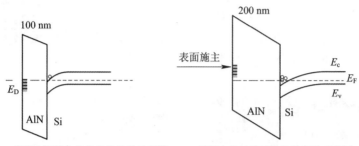

(a) GaN/Si界面电荷转移前的能带弯曲示意图　(b) 界面电荷转移后的能带弯曲示意图

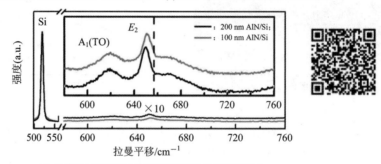

(c) Si衬底上不同AlN成核层厚度下的拉曼峰的变化

图 6.10　极化电场诱导产生导电沟道引起传输线射频损耗的物理图像[60]

与 $Al_xGa_{1-x}N/GaN$ 异质结构中形成 2DEG 类似，AlN/Si 界面积累的电子浓度与 AlN 成核层的厚度、应力状态以及 AlN 表面的施主态能级位置及态密度密切相关。T. T. Luong 等人的实验发现采用 200 nm 厚 AlN 成核层的 GaN 缓冲层 CPW 传输线的射频损耗远大于采用 100 nm 厚 AlN 成核层的样品[60]。厚的 AlN 层的应力较强，会增加压电极化效应；同时，厚的 AlN 层会增大表面施主能级与费米能级的距离，有利于施主态的离化，因此 AlN/Si 界面积累的电子浓度会增加。他们发现的另一个重要证据是，在 200 nm 厚 AlN 的 CPW 传输线的射频损耗在 22 GHz 的位置出现了一个奇异点，如图 6.11 所示[60]。他们解释其物理原因是当外加射频信号频率与 AlN/Si 界面积累电子的电导率的乘积足够高时，射频信号的穿透深度较小，界面电子积累层表现为一带损耗的导体墙。因此外加射频信号频率高于 10 GHz 时，来自 Si 衬底的损耗减小，样品总的射频损耗也减小。当外加射频信号频率进一步提高时，样品中趋肤效应引起的损耗增大，使得样品总的射频损耗增加。

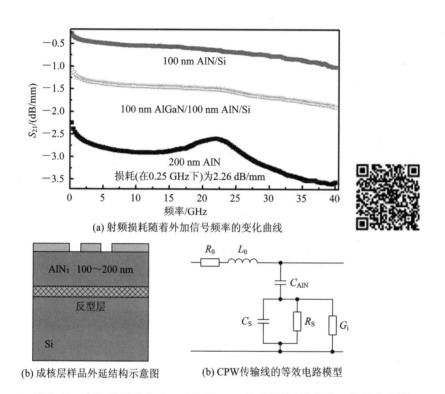

(a) 射频损耗随着外加信号频率的变化曲线

(b) 成核层样品外延结构示意图　　(b) CPW传输线的等效电路模型

图 6.11　高阻 Si 衬底上 AIN 成核层 CPW 传输线的射频损耗及等效电路[60]

对于 Si 衬底上 GaN 基 HEMT 器件的射频损耗问题，除了上述因素外，另一个重要的影响是器件工作的环境温度。在一些应用场合，环境温度为 85～150℃。此外，GaN 基 HEMT 器件的高输出功率使得器件结温可达 200℃，从沟道到外延层、衬底的热传导同样可使器件下 Si 衬底的局部温度在 150℃ 以上[56]。Si 单晶衬底温度的升高将大幅度增加其本征激发，提高 Si 衬底中的载流子浓度，从而增加 Si 衬底的射频损耗。因此，如何优化高结温条件下 GaN-on-Si 传输线的射频损耗是 Si 衬底上 GaN 基射频电子器件和电路另一个必须面对的问题。

2019 年，英国布里斯托大学 H. Chandrasekar 等人研究了 GaN-on-Si CPW 传输线在 150℃ 下的射频损耗[56]。为了避免其他因素的影响，他们重点研究了不同电阻率的 Si 衬底上覆盖 SiN$_x$ 介质后 CPW 传输线的射频损耗，发现 CPW 传输线的射频损耗在不同温度和外加信号频率下的变化规律和 Si 衬底的电阻率密切相关，如图 6.12 所示[56]。

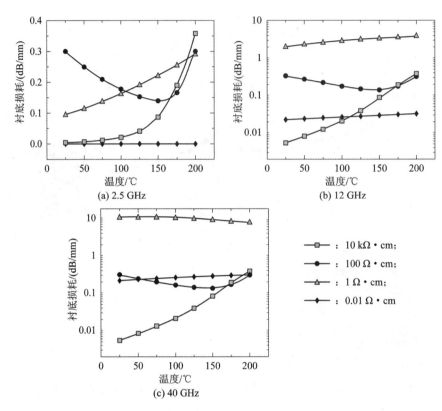

(a) 2.5 GHz

(b) 12 GHz

(c) 40 GHz

- □ ：10 kΩ · cm;
- ● ：100 Ω · cm;
- △ ：1 Ω · cm;
- ◆ ：0.01 Ω · cm

图 6.12　不同电阻率 Si 衬底上 GaN 缓冲层 CPW 传输线在外加信号频率下的射频损耗随测量温度的变化曲线[56]

从图 6.12 中可看出，与高阻和低阻的 Si 衬底相比，中等电阻率的 Si 衬底的射频损耗相对较大。在室温下，高阻的 Si 衬底在所有频段下的损耗相对较低，但其随温度的变化很大。原因是高温下高阻 Si 衬底中本征载流子的激发改变了其中的载流子浓度。在较高频率下，高阻 Si 衬底的射频损耗与其他 Si 衬底相比均较低，这与之前报道的结果类似。在 2.5 GHz 的外加信号频率下以及 200℃ 温度下，0.01 Ω · cm 电阻率的低阻 Si 衬底具有最低的射频损耗。电阻率很低相当于把样品接地从 Si 衬底移动到了 GaN 外延层下方。而高阻 Si 衬底的射频损耗在所有衬底中最大[56]。他们的研究工作说明用于 GaN 基 HEMT 器件的 Si 衬底电阻率的选择需要考虑应用频段和器件工作的环境温度，存在最优化的选择。值得注意的是，以上研究结果只考虑了 Si 衬底本身对器件射频损耗的影响，在实际的 GaN-on-Si 材料平台上，如前所述的与 GaN 外延生长密切相关的物理因素所引入的射频损耗的温度特性还鲜有报道。不同外延生长的技术路线，如不同的 GaN 外延应力控制层结构，也可能对 GaN 基 HEMT 器件的射频损耗引入新的因素。总之，迄今国际上对 Si 衬底上 GaN 基 HEMT 器件和电路射频损耗的理解还很不够，解决的技术途径也有待进一步发展，这方面依然是当前国际上 GaN 基射频电子材料和器件的研究热点之一。

6.3.2　Si 衬底上 GaN 基射频电子器件的主要进展和发展趋势

Si 衬底上 GaN 基射频电子器件的性能与 Si 衬底的电学、热学、力学等性质密切相关。以 SiC 衬底上 GaN 基 HEMT 器件为参考，Si 衬底上 GaN 基 HEMT 器件研制面临的挑战主要有：① 由于有很大的晶格失配和热失配，因此迄今 Si 衬底上 GaN 异质结构的外延质量还难以和 SiC 衬底上生长的材料相媲美，晶体质量的下降使得缺陷密度增加，Si 衬底上 GaN 基 HEMT 器件的电流坍塌效应将会增大，限制了其输出功率和效率；② 由于 Al(Ga)N/Si 界面的电导特性，Si 衬底上 GaN 基 HEMT 器件的射频损耗较大，将影响其射频输出功率；③ Si 晶体的热导率只有 1.5 W/(cm·K)，远低于 SiC 晶体，散热也成为 Si 衬底上 GaN 基 HEMT 器件面临的又一问题。

实际上，从 20 世纪 90 年代起，国际上一直有研究 Si 衬底上 GaN 基异质结构的外延生长和 HEMT 器件的报道，并取得了一定的进展[61]。近年来，随着 5G 移动通信等技术对低成本 GaN 基射频电子器件和模块的迫切需求，推动了 Si 衬底上 GaN 基异质结构外延生长和 HEMT 器件的制备技术的快速发展[15, 62]。

2009 年，日本名古屋工业大学 S. Hoshi 等人在 2.14 GHz 的低频段区域实现了输出功率为 12.88 W/mm 的 Si 衬底上 GaN 基 HEMT 器件的制备，该器件在 2.14 GHz 和 5.0 GHz 下的输出功率密度与漏极偏置电压的关系如图 6.13 所示[30]。与 SiC 衬底上 GaN 基 HEMT 器件类似，在漏极偏置电压小于 70 V 时，Si 衬底上 GaN 基 HEMT 器件的输出功率随着漏极偏置电压的增大而增大，其输出功率水平可与 SiC 衬底上的器件比拟。但随着漏极偏置电压进一步增加，Si 衬底上器件的输出功率密度反而下降，其最主要的原因就是器件工作时产生的热量难以从 Si 衬底上散出去，而相同器件结构的 SiC 衬底上的器件则没有这一问题。5.0 GHz 下负载牵引得到的器件数据与 2.14 GHz 下的测量结果类似，这进一步说明在低功率区间或低漏极偏置电压下，Si 衬底上

GaN 基 HEMT 器件有望实现与 SiC 衬底上器件类似的性能，但如果要进一步提升输出功率等性能，就必须解决 Si 衬底上 GaN 基 HEMT 器件的散热问题。

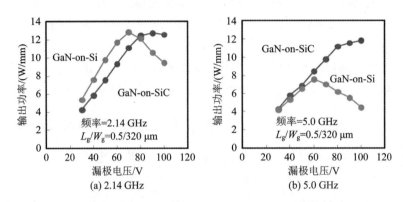

图 6.13　不同频率下 Si 衬底上 GaN 基 HEMT 器件与 SiC 衬底上器件的
输出功率密度随漏极偏置电压的变化关系对比[30]

在 8～12 GHz 的 X 波段，2014 年，韩国首尔大学 M. S. Lee 等人报道了 8.0 GHz 下输出功率密度为 8.1 W/mm 的 Si 衬底上 GaN 基 HEMT 器件的性能，如图 6.14 所示[31]。他们研制的器件在 3.6 mm 总栅宽下的输出总功率达 29.4 W，小信号增益为 8.0 dB，功率附加效率为 39.4%。其主要技术改进是优化了钝化介质与 $Al_xGa_{1-x}N$ 势垒层的界面特性。他们认为在欧姆接触高温退火过程中，$Al_xGa_{1-x}N$ 表面性质可能会退化，因此在欧姆高温退火之前首先对样品进行了 SiN_x 表面钝化。在高温退火之后再去除原有的保护介质，重新生

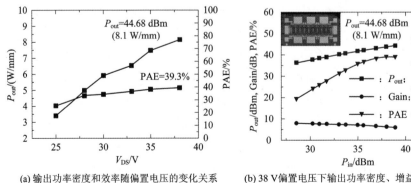

(a) 输出功率密度和效率随偏置电压的变化关系　　(b) 38 V 偏置电压下输出功率密度、增益和
　　　　　　　　　　　　　　　　　　　　　　　　功率附加效率随输入功率的变化曲线

图 6.14　Si 衬底上 GaN 基 HEMT 器件的性能图[31]

长新的 SiN_x 钝化层，完全避免了欧姆接触高温退火工艺带来的负面影响。他们采用结合场板技术大大减小了器件的电流坍塌，使得器件在 30 V 漏极静态偏置电压、200 ns 脉冲下测量得到的漏极电流下降小于 5%，这说明电流坍塌很小，因而可获得较高的器件射频输出功率。

2012 年，法国 IEMN/CNRS 研究机构 F. Medjdoub 等人报道了 Si 衬底上 GaN 基 HEMT 器件在 40 GHz 的毫米波波段下的功率输出特性[63]。为了提高器件的高频特性，他们采用了 Si 衬底上 AlN/GaN 异质结构，利用 AlN 极强的极化效应，在 6 nm 厚的 AlN 超薄势垒层异质结构中实现了 2.1×10^{13} cm^{-2} 的高 2DEG 密度，方块电阻为 240 Ω/□。异质结构的 2DEG 密度很高，100 nm 栅长的 HEMT 器件的饱和输出电流接近 1.5 A/mm，超薄的势垒层改善了器件的栅控能力，输出跨导接近 600 mS/mm，如图 6.15 所示[63]。他们在进行 AlN/GaN 异质结构的 MOCVD 外延生长时，覆盖了原位生长 3 nm 厚的 SiN_x 层，可很好地保护异质结构表面。为了减小亚域区的漏极漏电以及短沟道效应，他们在 GaN 沟道下方引入 $Al_xGa_{1-x}N$ 背势垒层，减小了并行沟道的影响。

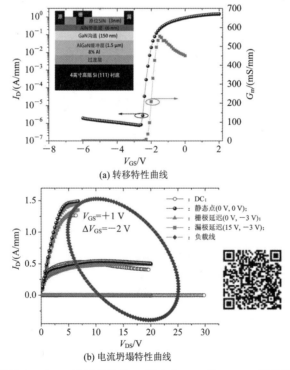

(a) 转移特性曲线

(b) 电流坍塌特性曲线

图 6.15　基于 AlN/GaN 异质结构的 Si 衬底上 GaN 基 HEMT 器件的特性曲线[63]

经过这些优化后，他们获得了很小的器件电流坍塌，使得 500 ns 脉冲测试下栅极和漏极电流的退化基本上观察不到，这说明 AlN/GaN 异质结构材料中和 HEMT 器件中的缺陷陷阱效应较小。

面积大小为 $0.1~\mu m \times 50~\mu m$ 的 Si 衬底上 GaN 基 HEMT 器件在 $V_{GS} = -1.6~V$、$V_{DS} = 15~V$ 的偏置条件下测得的截止频率 f_T 为 80 GHz，最大振荡频率 f_{max} 为 192 GHz[63]。他们对器件在 40 GHz 下进行负载牵引功率测试，得出结论：连续波条件下的输出功率密度达到 2.5 W/mm，功率附加增益 PAE 的峰值为 18%，线性增益为 9.0 dB，如图 6.16 所示[63]。Si 衬底上器件的自热

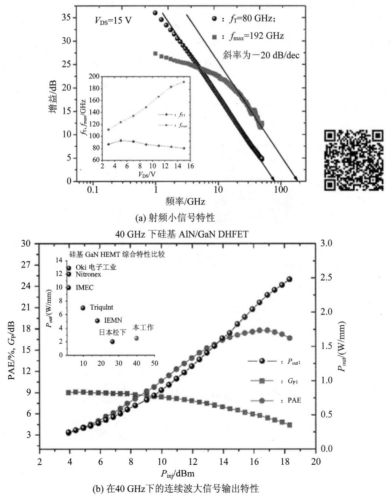

(a) 射频小信号特性

(b) 在40 GHz下的连续波大信号输出特性

图 6.16　基于 AlN/GaN 异质结构的 Si 衬底上 GaN 基 HEMT 器件的射频输出特性[63]

效应及 AlN/Si 界面的并行电导，限制了器件的功率附加增益。除了 Si 衬底本身的散热特性较差外，$Al_xGa_{1-x}N$ 缓冲层形成的多界面也会降低器件的热导，加重器件的自热效应，因而限制了器件的输出功率密度和效率。同年，瑞士苏黎世联邦理工学院也报道了 Si 衬底上 GaN 基 HEMT 器件在 40 GHz 下的大信号功率输出特性[64]。

2015 年，瑞士苏黎世联邦理工 D. Marti 等报道了基于 $In_{0.82}Al_{0.18}N/GaN$ 晶格匹配异质结构的 Si 衬底上 GaN 基 HEMT 器件在 W 波段 94 GHz 下的大信号特性，如图 6.17 所示[17]。该器件采用了 3.5 nm 厚的超薄 $In_{0.82}Al_{0.18}N$ 势垒层以减小器件的短沟道效应，器件的栅长为 50 nm。他们采用了 MBE 方法二次外延生长重掺杂的 $N^+ - GaN$ 以减小器件的欧姆接触电阻，获得的欧姆比接触电阻为 0.22 Ω·mm。

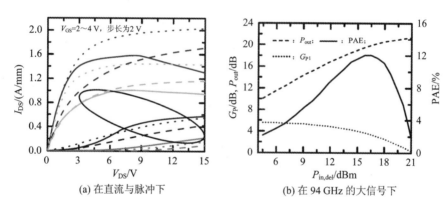

(a) 在直流与脉冲下　　　　　(b) 在 94 GHz 的大信号下

图 6.17　基于 $In_{0.82}Al_{0.18}N/GaN$ 晶格匹配异质结构的 Si 衬底上
GaN 基 HEMT 器件的输出特性曲线[17]

图 6.17(a)是 DC(实线)及脉冲(点线：$V_{GSQ} = 0$ V，$V_{GDQ} = 0$ V；虚线：$V_{GSQ} = -4$ V，$V_{GDQ} = 15$ V)条件下的 $I-V$ 特性曲线，94 GHz 最大功率输出条件下的动态负载曲线显示在其中用作比较[17]。该器件脉冲条件下的最大输出电流密度达到了 2 A/mm，而 DC 下由于自热效应，输出电流密度只有 1.6 A/mm。在关态应力条件下，该器件存在一定程度的电流坍塌，与 DC 下的输出特性相比存在膝点电压的增加。高的工作电压有利于提高输出功率密度，但电流坍塌中膝点电压的增加会减小功率输出。因此负载牵引时需要合适的工作电压，研究人员在 $V_{GS} = -1.2$ V、$V_{DS} = 9$ V 偏置下，获得了 1.35 W/mm

的最大输出功率密度，峰值功率附加效率为 12%，如图 6.17(b)所示[17]。

6.4 氮化镓基超高频电子器件

6.4.1 GaN 基超高频电子器件的工作原理

如前所述，随着雷达技术和移动通信技术对高频、高功率射频电子器件和模块的需求不断增大，GaN 基射频电子器件面临的一个个难题被不断攻克，逐渐走出实验室，迈向产业化应用。发展到现阶段，空间通信、新一代移动通信、太赫兹技术、毫米波雷达等新技术的出现，特别是国防高技术装备的新需求，要求发展工作在更高频段的 GaN 基射频电子材料和器件。

要实现 GaN 基电子器件的超高频工作，关键在于降低器件的寄生参数。典型的 14 元件 GaN 基 HEMT 器件的交流小信号等效电路如图 6.18 所示[65]。该器件由本征区域和寄生区域构成。本征参数包括跨导 g_m、本征沟道电阻 R_I、本征沟道电导 g_{DS}，以及栅源、栅漏、源漏之间的电容 C_{GS}、C_{GD}、C_{DS}。非本征区域参数包括栅极、源极和漏极的寄生电阻 R_G、R_D、R_S，寄生电感 L_G、L_D、L_S，栅极与地之间的寄生电容 C_G，漏极与地之间的寄生电容 C_D。

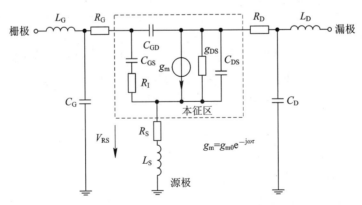

图 6.18 GaN 基 HEMT 器件的 14 元件交流小信号等效电路[65]

对于超高频电子器件来说，在短沟道极限条件下，载流子漂移速度达到饱和，此时器件栅下载流子渡越时间可简化表示为 $\tau = L_g/v$。其中，L_g 为本征栅长，v 表示载流子饱和漂移速度。此器件的电流增益截止频率可表示为[65]

$$f_\mathrm{T} = \frac{1}{2\pi\tau} = \frac{\upsilon}{2\pi L_\mathrm{g}} \tag{6-3}$$

由式(6-3)可看出，提高载流子饱和漂移速度和缩短器件本征栅长可有效提升器件的电流增益截止频率 f_T。事实上，这个 f_T 的表达式忽略了所有的寄生参数，因此只能用来估计器件本征区域截止频率的潜力。短栅长条件下，考虑到寄生参数的影响，一种更精确的器件的电流增益截止频率 f_T 的表达式为[65]

$$f_\mathrm{T} = \frac{g_\mathrm{m}/(2\pi)}{(C_\mathrm{GS} + C_\mathrm{GD})[1 + (R_\mathrm{S} + R_\mathrm{D})/R_\mathrm{DS}] + C_\mathrm{GD} g_\mathrm{m}(R_\mathrm{S} + R_\mathrm{D})} \tag{6-4}$$

通过式(6-4)可看出，提高器件的电流增益截止频率 f_T 的关键在于提高 GaN 基异质结构中 2DEG 的迁移率，缩短器件栅长以降低本征渡越时间，缩短源漏间距，减小欧姆接触电阻等。

对于单边功率增益 UPG 来说，需要同时考虑电流增益和电压增益。当 UPG 为 1 时，可获得功率增益截止频率（即最大振荡频率）f_max 的表达式为[43]

$$f_\mathrm{max} = \frac{f_\mathrm{T}}{2\sqrt{(R_\mathrm{G} + R_\mathrm{S} + R_\mathrm{I})/R_\mathrm{DS} + 2\pi f_\mathrm{T} R_\mathrm{G} C_\mathrm{GD}}} \tag{6-5}$$

通过式(6-5)可看出，提升器件的 f_T 对于提高 f_max 具有重要意义。此外，在实际的器件结构中，栅串联电阻 R_G 和源电阻 R_S 对于器件 f_max 也有重要影响。

虽然缩短器件栅长 L_G 对于提升器件的 f_T 具有重要意义，但是很多研究显示随着器件栅长的缩短，器件 f_T 的提升速度远低于预期[66]，这是由于短栅长条件下，栅压变化带来的电场分布变化并不能有效影响沟道中 2DEG 的密度和分布，此时沟道中 2DEG 的密度和分布还受到寄生电场的影响，器件的跨导 g_m 受到栅电场能够控制的电荷占总电荷比例的限制，进而影响到器件的电流增益截止频率 f_T。这就是所谓的器件的短沟道效应[66]。

为了避免短沟道效应对器件截止频率性能的影响，需要高深宽比（栅长 L_G 与势垒层厚度 t_b 的比值，即 $L_\mathrm{G}/t_\mathrm{b}$）的栅结构[67]。根据经验模型和蒙特卡洛模拟，在 GaN 基 HEMT 器件中，当 $L_\mathrm{G}/t_\mathrm{b}$ 大于 10 时，可实现栅极对沟道中 2DEG 的密度和分布的有效调控[67]。因此，为了缩短栅长，实现超高频工作的 GaN 基 HEMT 器件，需要高载流子浓度、高载流子迁移率的超薄势垒层 GaN 基异质结构材料。目前，国际上最被看好的超薄势垒层 GaN 基异质结构包括 AlN/GaN 异质结构、晶格匹配 $\mathrm{In_{0.18}Al_{0.82}N}$/GaN 异质结构等。

6.4.2　GaN 基超高频电子材料与器件关键技术

如前所述，$\mathrm{Al_xGa_{1-x}N}$/GaN 异质结构是迄今为止 GaN 基射频电子器件领域采用的主流 GaN 基异质结构材料。但这一异质结构的一个突出短板是受压电极化效应的物理限制，当 $Al_xGa_{1-x}N$ 势垒层厚度降低到 7 nm 及以下时，异质结构中 2DEG 会急剧下降。大量研究工作表明，AlN/GaN 异质结构、晶格匹配的 $In_{0.18}Al_{0.82}N/GaN$ 异质结构即使势垒层厚度薄到 3～5 nm，异质结构中 2DEG 密度依然可保持在约 10^{13} cm^{-2} 量级[68]，因此成为近年来 GaN 基超高频电子器件领域的研究热点，不断有基于这两种异质结构的 GaN 基 HEMT 器件超高截止频率性能的报道[68]。在 GaN 基 HEMT 器件结构与先进工艺方面，采用纳米 T 型栅成型技术已能实现大约 20 nm 的 GaN 基器件工艺，高掺杂浓度的 N^+-GaN 二次外延技术大大降低了器件的源漏接触电阻，先进薄层钝化技术提供了可靠的低寄生钝化方法。材料外延技术和器件工艺技术的发展共同推动了 GaN 基 HEMT 器件向更高频段迈进。目前，GaN 基 HEMT 器件的工作频率已跨越 80～100 GHz 的 W 波段，迈入亚毫米波和太赫兹领域，未来将会有更大的超高频发展空间。

1. 超薄势垒层 GaN 基异质结构材料

图 6.19 给出了 $In_xAl_{1-x}N/GaN$ 异质结构界面总的极化感应电荷面密度随 $In_xAl_{1-x}N$ 势垒层 Al 组分的变化关系[69]。当 Al 组分为 0.83（In 组分为 0.17）时，$In_xAl_{1-x}N$ 与 GaN 实现 c 面的晶格匹配，此时 $In_xAl_{1-x}N$ 势垒层不受到应力作用，压电极化效应也随之消失。根据斯洛伐克科学院电子工程研究所

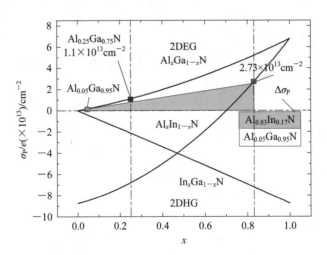

图 6.19　$In_xAl_{1-x}N/GaN$ 异质结构界面极化电荷面密度随

$In_xAl_{1-x}N$ 势垒层 Al 组分的变化关系[69]

J. Kuzmik 等人的计算[70]，由于具有极强的自发极化效应，因此晶格匹配的 $In_{0.17}Al_{0.83}N/GaN$ 异质结构界面的总极化电荷面密度理论上能达到 $2.7\times10^{13}\ cm^{-2}$，远高于 $Al_{0.25}Ga_{0.75}N/GaN$ 异质结构的 $1.1\times10^{13}\ cm^{-2}$。异质结构中很高的 2DEG 密度有利于实现器件低的导通电阻，从而提升器件的功率特性，特别是势垒层厚度降到 3～5 nm 时，$In_{0.17}Al_{0.83}N/GaN$ 异质结构依然可保持很高的 2DEG 密度，这一点对于 GaN 超高频电子器件的研制来说尤为重要。

在实际的 $In_xAl_{1-x}N/GaN$ 异质结构外延制备过程中发现构成 $In_xAl_{1-x}N$ 势垒层的 AlN 和 InN 性质差异太大，特别是两种材料不互溶的特性，导致难以获得高质量的 $In_xAl_{1-x}N$ 外延薄膜，异质结构中 2DEG 的迁移率一般也低于 $In_xAl_{1-x}N/GaN$ 异质结构。因此，近年来采用近晶格匹配的 $Al_xIn_yGa_{1-x-y}N$ 四元合金势垒层的异质结构成为 GaN 基超高频电子器件研究一个新的方向[24, 71-73]。$Al_xIn_yGa_{1-x-y}N$ 四元合金在外延生长过程中通过控制 Al/In 可实现与 GaN 的晶格匹配，且比 $In_xAl_{1-x}N$ 互溶性更好。目前，$Al_xIn_yGa_{1-x-y}N/GaN$ 异质结构的 2DEG 室温迁移率已大于 $1800\ cm^2/(V \cdot s)$[24, 71-73]。除此之外，$Al_xIn_yGa_{1-x-y}N$ 四元合金相比 $In_xAl_{1-x}N$ 三元合金更易于调节其禁带宽度和应力状态，这对于提升 GaN 基器件的综合性能也更有利。基于超薄势垒层 $Al_xIn_yGa_{1-x-y}N/GaN$ 异质结构 GaN 基 HEMT 器件已可实现器件高的截止频率[24, 71-73]。

克服 GaN 基 HEMT 器件短沟道效应的另一个选择是采用超薄势垒层 AlN/GaN 异质结构。AlN 晶体具有所有氮化物半导体中最强的自发极化效应[74]，AlN 和 GaN 非常大的晶格失配也使得 AlN/GaN 异质结构中的压电极化效应非常强。因此，即使 AlN 势垒层薄到 3～5 nm，AlN/GaN 异质结构中的 2DEG 面密度依然可达 $10^{13}\ cm^{-2}$[75]，完全不同于 $Al_xGa_{1-x}N/GaN$ 异质结构。近年来，国际上 AlN/GaN 异质结构的外延制备技术的不断进步，已使该异质结构中 2DEG 的室温迁移率提升到 $1800\ cm^2/(V \cdot s)$[76]，基本可满足 GaN 基超高频电子器件的研制要求。近年来，基于超薄势垒层 AlN/GaN 异质结构的 GaN 基 HEMT 器件也取得了许多突破性进展，实现了迄今为止 GaN 基射频电子器件领域最高的截止频率性能[26]。

2. 低寄生纳米栅技术

低寄生纳米栅技术是实现超高频性能的 GaN 基 HEMT 器件的关键工艺技术之一。在纳米尺度下，一系列寄生元件对器件性能的影响都会被放大到无法忽略的尺度。对于短沟道 GaN 基 HEMT 器件来说，饱和区跨导可用栅电容

C 和载流子饱和漂移速度 v_{sat} 来表示：

$$g_{\text{m}} \approx v_{\text{sat}} C = v_{\text{sat}} \frac{C_{\text{GS}} + C_{\text{GD}}}{L_{\text{G}}} \qquad (6-6)$$

结合式(6-3)可推出器件的电流增益截止频率 f_{T} 为

$$f_{\text{T}} = \frac{g_{\text{m}}}{2\pi(C_{\text{GS}} + C_{\text{GD}})} \qquad (6-7)$$

其中，$C_{\text{GS}} + C_{\text{GD}}$ 表示单位栅宽的栅电容。从式(6-5)和式(6-7)可看出，栅接触电容对于器件的截止频率性能有着举足轻重的影响，而栅极结构及其制备往往是 GaN 基超高频电子器件中最复杂和关键的技术。采用 T 型结构的纳米栅有助于同时实现栅寄生电容的控制和小尺寸栅长。这里讨论一种基于电子束曝光技术的两次曝光 T 型栅制备工艺，在两次曝光后需要用不同的显影液进行显影，如图 6.20 所示[77]。电子束曝光制备 T 型栅的关键在于双/多层电子束胶的选取，通常要求不同的胶与相应的显影液之间具备一一对应的关系，以避免多次显影带来的影响。文献中常见的电子束胶组合有 ZEP/UV、ZEP/PMGI/ZEP、PMMA/Copolymer/PMMA 等。此外，低寄生纳米栅也可以通过一次曝光或者 Y 型栅来实现[66,77-78]。

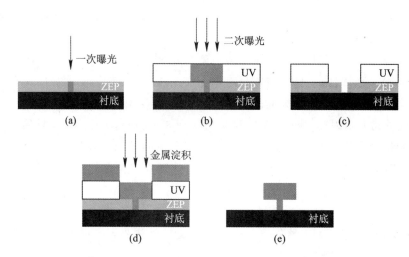

图 6.20　GaN 基 HEMT 器件关键工艺中一种基于电子束两次曝光的 T 型栅的制备过程示意图[77]

　　图 6.21 展示了一种采用上述工艺制备的高深宽比纳米 T 型栅[77]。栅脚部分与 GaN 基异质结构表面的纳米宽度接触可以实现对沟道的短栅长控制，上

方高耸的栅帽部分在降低栅金属边缘寄生电场的同时可实现较低的栅电阻。超高频电子器件的栅金属一般也采用 Ni/Au 为基础的金属层结构。

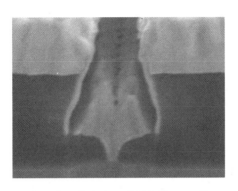

图 6.21　基于电子束两次曝光工艺制备的 GaN 基 HEMT 器件中
高深宽比纳米 T 型栅的 SEM 图像[77]

3. 低寄生欧姆接触技术

金属/半导体欧姆接触是实现超高频性能 GaN 基 HEMT 器件的另一个关键工艺,它对于器件直流和射频参数都有很大影响,如膝点电压、饱和电流密度、最大跨导、电流增益、截止频率和最大振荡频率等。为了实现器件的超高频性能,必须尽量减小欧姆接触电阻。对于工作在 W 及以上波段的 GaN 基超高频电子器件来说,往往会采用深度微缩的器件技术,器件内部空间局促,需要边缘齐整、表面平坦的源漏欧姆接触,以避免影响后道纳米栅的制备。

影响 GaN 基 HEMT 器件性能的源漏间电阻的等效电路如图 6.22 所示。源极和漏极下方的电阻由金属/半导体接触电阻 R_C 和沟道电阻 R_{SH} 构成,栅源和栅漏间的电阻由沟道电阻 R_{SH} 构成。因此,为获得低寄生欧姆接触,通常需要降低沟道电阻和金属/半导体接触电阻。

GaN 基 HEMT 器件中的沟道电阻主要受到异质结构的方块电阻和栅源/栅漏间距的影响。因此,对于超薄势垒层 GaN 基异质结构来说,如何得到较低的方块电阻对于器件的截止频率性能非常重要。此外,缩短栅漏/栅源间距有助于降低沟道电阻。由于纳米栅的引进和低源漏电阻引入的器件尺度微缩,目前 GaN 基超高频电子器件向着深度微缩的方向发展,通过高精度的光刻或者电子束直写技术已能够实现数百纳米的源漏间距。从实验结果可以看出,随着器件源漏间距的缩短,沟道电阻降低,器件的饱和电流和截止频率性能得到了

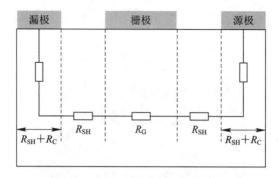

图 6.22   影响 GaN 基 HEMT 器件性能的源漏间电阻的等效电路

显著提升，分别如图 6.23(a)、(b)所示。但是，基于高温欧姆接触工艺的源漏电极并不适合用于实现更高程度的器件尺寸微缩，这是由于欧姆接触合金过程中金属熔融引发的复杂物理化学过程会导致金属边缘发生形变。这种纳米级的形变对于源漏间距在 2 μm 以上的器件影响较小，但是对于深度微缩器件，特别是对后道纳米栅的制备会产生显著的影响。

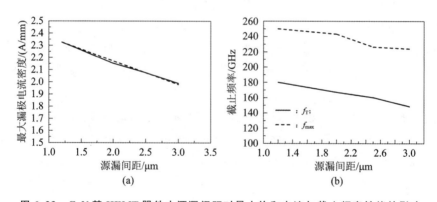

图 6.23   GaN 基 HEMT 器件中源漏间距对最大饱和电流与截止频率性能的影响

自从 1993 年国际上第一只 GaN 基 HEMT 器件出现以来，其金属/半导体欧姆接触性质的优化就一直是研究人员关注的内容。当前，基于低功函数合金的欧姆接触技术已十分成熟，并且大量应用于 GaN 基电力电子器件和 K 波段以下的 GaN 基微波功率器件中。但是，随着 GaN 基 HEMT 器件工作频段的不断提升，器件尺寸的微缩化程度进一步提高，就需要发展一种接触电阻更低、表面形貌更好的金属/半导体欧姆接触技术。近年来，国际上发展了一些新型的欧姆接触技术，如基于势垒层刻蚀的欧姆接触技术[43,79]、基于 Si 注入的欧姆接触技术等[80-81]。这些方法可在一定程度上降低器件的接触电阻，但对于超高频器件的应用场景来说，这些欧姆接触技术都有明显缺点。例如，基于势垒层刻蚀的欧姆接触在超薄势垒层异质结构上难以控制刻蚀的深度；而基于Si 注入的欧姆接触十分依赖高温(通常高于 1200 ℃)退火工艺，这对于超薄势垒层异质结构，尤其是掺 In 势垒层异质结构 2DEG 的性能影响很大。

国际上发展的一种适合于 GaN 基超高频电子器件的欧姆接触方式是再生长接触，即采用二次外延生长的方式在源漏区域表面形成高掺杂的 N^+ – GaN 层[82]。目前高掺杂 N^+ – GaN 层主要通过 MBE 外延生长方法来实现，其优点是掺杂浓度高，生长质量好，且生长温度适中。基于 MBE 外延技术生长 N^+ – GaN 层的基本流程如图 6.24 所示[82]。首先利用光刻做出外延选区，然后采用干法刻蚀掉 SiO_2(或其他掩模)和 $Al_xGa_{1-x}N$ 势垒层，再采用 MBE 方法外延生长高掺杂 N^+ – GaN 层，随后去除 SiO_2 和表面多余的再生长 GaN，最后在 N^+ – GaN 层表面淀积欧姆接触金属并合金化。这种欧姆接触制备技术避免了高温退火，可以实现边缘锋利、表面平坦的欧姆接触电极，同时高掺 N^+ – GaN 与异质结构中 2DEG 沟道直接接触，可以最大程度减小器件的寄生接触电阻[82]。

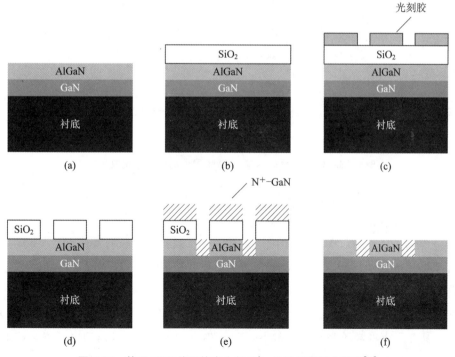

图 6.24　基于 MBE 外延技术生长 N^+ – GaN 层的基本流程[82]

4. 高质量介质钝化技术

经过对 GaN 基异质结构材料、欧姆接触和纳米栅技术进行优化，一般可实现高截止频率的 GaN 基 HEMT 器件。但是在器件的实际工作过程中，由于表面态、栅漏电场等因素导致的器件性能退化依然不容忽视。未钝化器件长时间工作后会出现饱和输出电流密度下降、峰值跨导降低、膝点电压正漂等一系列问题。图 6.25 展示了一个未钝化的 GaN 基 HEMT 器件的电流崩塌效应[37]。通过脉冲方式施加电应力，器件饱和电流最大下降超过 50%，可见电流崩塌效应对器件性能的影响十分严重。国际上的大量研究表明，通过在器件表面生长一层致密的钝化介质可避免有源区表面电荷的积累，从而抑制电流崩塌效应[37]。此外，致密的介质钝化层还可对器件表面形成保护，避免外界环境对器件的影响。

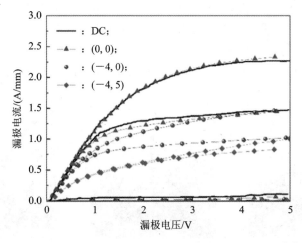

图 6.25　未钝化的 GaN 基 HEMT 器件的电流崩塌效应[37]

GaN 基 HEMT 器件常见的钝化技术主要通过采用 PECVD 方法生长一层 SiN_x 介质膜来实现[83]。其生长温度一般在 $200 \sim 500\,℃$ 之间，生长原理是基于微波等离子体在 PECVD 系统中实现 SiN_x 介质膜在已形成器件图形的 GaN 基异质结构表面的沉积。在 SiN_x 钝化层生长过程中，PECVD 射频源的功率和工作频率都会对 GaN 基异质结构表面产生影响。高频沉积的 SiN_x 薄膜一般具有张应力特性，对异质结构表面损伤较小，但低频沉积的 SiN_x 薄膜一般呈压应力，其介质密度高于高频沉积的 SiN_x，且内部氢含量较低。高功率沉积条件下 PECVD 系统中气源离化程度高，且离子能量高，有利于实现高质量的 SiN_x 薄膜，但是会对异质结构表面造成损伤。低功率沉积则相反，但是过低的功率会导致 PECVD 系统中气源离化程度低，反应物反应不充分，且 SiN$_x$ 生长速率慢。因此，应当根据器件制备的需要选择合适的生长功率和频率。

而对于 GaN 基超高频电子器件来说，SiN$_x$ 钝化薄膜不宜过厚，以免产生寄生电容，影响器件的截止频率特性，同时还需要 SiN$_x$ 薄膜均匀地覆盖以实现深度微缩器件的薄层覆盖，避免有源区尤其是栅漏之间电极的边缘暴露。一方面，PECVD 方法生长的 SiN$_x$ 表现出较好的钝化效果，生长温度较低且反应容易控制，适合作为较低频率 GaN 基器件的钝化技术；另一方面，PECVD 方法生长的薄层 SiN$_x$ 的致密性能一般，用该方法生长的薄 SiN$_x$ 层很难形成良好的台阶覆盖，导致器件的钝化效果差强人意。

近年来，针对 GaN 基超高频电子器件的薄层钝化问题，国际上发展了多个有效的解决方案，包括 PE-ALD AlN 钝化技术[84]、LPCVD SiN$_x$ 钝化技术[85]、ICP-CVD SiN$_x$ 钝化技术[86-87]、MOCVD 原位 SiN$_x$ 钝化技术[88-89]等。这些新的钝化技术各有优势：PE-ALD AlN 钝化技术可实现良好的覆盖，且通过 ALD 生长的 AlN 具有良好的导热性；LPCVD 生长的 SiN$_x$ 介质非常致密，且具有很好的热稳定性；ICP-CVD 钝化技术中 SiN$_x$ 生长温度较低，可以实现对超薄势垒层异质结构的低损伤钝化；MOCVD 原位 SiN$_x$ 钝化技术避免了非原位钝化造成的介质/势垒层界面态，可实现 GaN 基异质结构材料外延生长完成后对势垒层的良好保护。对 GaN 基超高频电子器件来说，需要根据选择的衬底类型、异质结构、器件工艺等因素综合考虑，选取合适的介质钝化技术，以实现 GaN 基异质结构材料和 HEMT 器件性能潜力最大程度的发挥。

6.4.3　GaN 基超高频电子器件的研究现状和面临的问题

近年来，随着器件设计水平、GaN 基异质结构材料外延生长技术和 HEMT 器件工艺水平的不断进步和提升，GaN 基超高频电子器件已跨越 80～100 GHz 的 W 波段，正向着亚毫米波和太赫兹领域快速发展[5]。

2012 年，美国圣母大学 J. Guo 等采用势垒层厚 6.6 nm 的 In$_{0.18}$Al$_{0.82}$N/GaN 异质结构，结合 Si 掺杂浓度大于 1×10^{19} cm^{-3} 的二次外延 N$^+$-GaN 层，实现了 0.16 Ω·mm 的欧姆接触[90]。同年，美国 HRL 实验室 K. Shinohara 等人采用势垒层厚度为 6 nm 的 AlN/GaN 异质结构，使用深度微缩的自对准技术，设置栅源/栅漏间距为 40 nm，T 型栅长 20 nm，N$^+$-GaN 掺杂浓度为 7×10^{19} cm^{-3}，研制出的 HEMT 器件的 f_T 达到了 342 GHz，f_max 达到了 518 GHz，这也是迄

今为止 GaN 基 HEMT 器件 f_{max} 性能的国际报道的最高值[91]。2013 年，美国麻省理工 D. S. Lee 等人采用势垒层为四元合金的 $In_{0.13}Al_{0.83}Ga_{0.04}N/GaN$ 异质结构，使用深度微缩的器件技术，缩短栅长至 26 nm，设置源漏间距为 660 nm，采用 $N^+ - GaN$ 制备欧姆接触，研制出的 HEMT 器件的 f_T 达到了 317 GHz[92]。同年，美国圣母大学 R. H. Wang 等人也采用势垒层为四元合金的 $In_{0.13}Al_{0.83}Ga_{0.04}N/GaN$ 异质结构，设置器件栅长为 40 nm，欧姆接触采用 $N^+ - GaN$ 再生长工艺，实现了 f_T 和 f_{max} 分别为 230 GHz 和 300 GHz 的器件频率特性[93]。2015 年，美国 HRL 实验室 Y. Tang 等人采用与 K. Shinohara 等人相同的 AlN/GaN 异质结构材料，通过优化寄生电容、栅金属，实现了 f_T 和 f_{max} 分别为 454GHz 和 444 GHz 的器件[26]，这是迄今为止关于 GaN 基 HEMT 器件报道的最高的 $\sqrt{f_T \times f_{max}}$ 结果。

目前，GaN 基超高频电子器件在新一代移动通信、空间通信、太赫兹技术、毫米波雷达等领域有很大的应用潜力和前景，世界各主要国家也在争相进行研究和应用推广。但与 Ka 波段（27～40 GHz）及以下 GaN 基射频电子器件相比，W 波段（80～100 GHz）及以上的 GaN 基超高频电子器件及其模块电路技术还不成熟，在器件的设计水平、超薄势垒层 GaN 基异质结构的外延质量提升、超高频 HEMT 器件的核心工艺等方面还有一系列关键科学和技术问题有待解决，特别是在同时提升 GaN 基 HEMT 器件的超高频特性和输出功率特性这一核心要点上还有很长的路要走。同时，如何在进一步提升器件性能的同时降低 GaN 基材料和器件的制备成本，如何提高器件的可靠性和成品率等还需要进一步探索。

6.5 氮化镓基射频电子器件的应用和发展趋势

半导体射频电子器件及其功率放大模块的应用领域主要包括移动通信基站、卫星通信和电视广播、军用雷达等。在移动通信基站的民用领域，不断革新的移动通信标准（5G 及 6G）对微波功率放大器的最大驱动功率、最高工作频率以及最大带宽均提出了更高的要求。在卫星通信和电视广播领域，主流趋势是通过提高频率（从 C 波段（4～8 GHz）发展到 Ku 波段（12～18 GHz），进一步发展到 Ka 波段）和提高功率来减少终端设备天线的尺寸。在军用雷达领域，无论是机载还是舰载雷达，对基于 GaN 基 HEMT 器件的 T/R 模块的功率密度要求越来越高。同时，不管是民用还是军用，对半导体射频电子器件在恶劣环境中正常工作的耐受性能力需求与日俱增。作为上述应用技术发展的核心组成部分，以 GaN 基 HEMT 器件为代表的高频、高功率、大带宽、高环境耐受性的半导体射频电子器件正迎来一个飞速发展的时期。

6.5.1　GaN 基射频电子器件在移动通信领域的应用

近年来，随着绿色环保理念的深入人心和移动通信技术的大规模推广，对移动通信基站的电能使用效率提出了越来越高的要求。与此同时，由于移动通信市场数据业务的飞速增长，移动通信基站的带宽要求也从最初的 20 MHz 向 40 MHz、100 MHz 一路攀升，5G 系统的带宽要求达到 200～500 MHz，甚至 1 GHz。而在移动通信基站设备中，射频功放模块是其主要的能耗单元，在 4G 及以前的基站中占到总能耗的 60% 以上。因此，大带宽、高效率、小体积、低成本的半导体射频电子器件及其功率放大模块成为移动运营商提高传输速率、降低运营成本、实现绿色节能最为迫切的需求之一。

迄今为止，移动通信基站主要使用基于 Si 基 LDMOS 器件的射频 PA。Si 基 LDMOS 器件自 20 世纪 90 年代应用于移动通信基站以来，以其优异的性能迅速占领了绝大部分市场份额，巨大的出货量支撑使其成本迅速降低，从而形成了其他射频功率器件和模块难以与其竞争的格局。经过多年的技术发展和市场竞争，国际上 Si 基 LDMOS 器件及其射频 PA 市场主要被 NXP、Ampleon 和 Infineon 三家欧美公司所垄断。

然而，随着高频段、大带宽、高效率移动通信技术的不断发展，Si 基 LDMOS 器件和模块已经难以满足新一代基站的需求。在 4G 时代，移动通信的主流工作频段在 2.6 GHz 以下，而 Si 基 LDMOS 器件的最高工作频率难以超过 4 GHz，并且在 2.6 GHz 以上频段其效率大幅下降。根据国际电联的规定，未来 5G 系统的主流工作频段包括 3.5 GHz、4.5 GHz、4.9 GHz、24～28 GHz、39～42 GHz 及 70 GHz 等，Si 基 LDMOS 器件及其射频功放模块已不可能满足这些频段的要求。

Si 基 LDMOS 器件的最高输出功率可超过 800 W，但工作频率最高不超过 4 GHz。基于 GaAs 和 SiGe 的射频功率器件的最高工作频率为近 100 GHz，但最高输出功率不超过 5 W。而 GaN 基射频功率器件的最高输出功率可达 700 W，同时最高工作频率接近 100 GHz，在饱和输出功率和工作频率两个关键指标上均优势显著，是迄今唯一能满足 5G 移动通信基站技术需求的射频功率器件，因此 GaN 基射频功率器件和模块逐步代替 Si 基 LDMOS 器件和模块用于新一代移动通信基站成为不可阻挡的发展趋势。

应用于移动通信基站的 GaN 基射频功率器件和 PA 模块产品最早出现于 2014 年，目前总体处于群雄争霸的状态。当前国际上主营 GaN 基射频功率器件和模块研发、生产的公司有数十家，但技术相对领先的主流厂家不超过 10家。大部分企业采用的是 SiC 衬底上 GaN 基 HEMT 器件，以 MACOM 为代表的少数厂家采取的是 Si 衬底上 GaN 基 HEMT 器件。

美国 CREE 公司是全球领先的宽禁带半导体材料和器件制造商。CREE 公司的优势来源于其 SiC 和 GaN 材料的先进制备技术，该公司在市场上几乎垄断了全球 SiC 优质晶片和衬底的供应，占全球市场 85％以上。CREE 公司亦是全球高亮度 GaN 基 LED 的龙头企业。CREE 公司旗下的 Wolfspeed Power &RF 部门拥有全球一流的 GaN 基射频功率器件和模块工艺线。2018 年，CREE公司收购了德国 Infineon 公司的射频功率业务，同时专注于 SiC 衬底上 GaN基射频功率器件管芯工艺的代工。日本的 Sumitomo Electric Indutries（住友电工）是另一家从事 GaN 基射频功率器件研发和生产的跨国公司。2004 年，住友电工的 Electron Devices 事业部门与富士通公司旗下的 Fujitsu QuantumDevices 部门合并成立 Eudyna 公司。2009 年，Eudyna 公司更名为 SumitomoElectric Device Innovations，主要进行 GaN 基和 GaAs 基射频功率器件和模块的研发、生产。美国的 NXP（恩智浦）公司是全球知名的半导体芯片研发和制造企业，产品涉及射频、模拟、电源管理、数字处理等领域；其射频功率器件部门的前身是美国 Motorola 公司的半导体部门 Freescale，在 Si 基 LDMOS 技术时代拥有全球最大的射频功率模块市场份额。该公司近年来快速推出 GaN基射频功率器件和模块，采用自主设计、外部流片的 Fabless 模式，技术和产品水平提升很快。美国的 Qorvo 公司于 2015 年由 RF Micro Devices 和TriQuint 两家公司合并而成，是全球领先的化合物半导体射频技术产品设计者和制造商，其产品主要用于移动通信系统的射频集成电路放大装置和信号处理传输设备等方面。该公司基于前期 TriQuint 和 RFMD 的技术积累，目前致力于面向 5G 移动通信应用的 GaN 基射频功率器件和模块产品的开发。

用于移动通信的 GaN 基射频功率器件和模块的发展趋势主要是更高的工作频率、更大的带宽、更高的效率、更低的成本和更高的集成度。

2017 年，全球 GaN 射频电子器件和功放模块的民用市场规模约为 3.5～4亿美元，中国的市场规模约为 12 亿元人民币，占全球市场近一半的需求，主要原因是华为、中兴等移动通信设备公司在全球基站设备市场的份额占比很大。当前应用于移动通信领域的 GaN 基射频电子器件产品主要有两大类：一类为应用于 4G 宏基站及 CATV 等系统的大功率功放管，饱和功率为 $100\sim300$ W，甚至更大；另一种是应用于 5G Massive MIMO 基站的 GaN 基功放模块，单模块输出的平均功率为 $5\sim10$ W，具有集成度高而体积小的特点。

6.5.2　GaN 基射频电子器件在雷达领域的应用

雷达技术诞生于 20 世纪 30 年代，其英文名称 Radar 是 Radio Detection and Rangin(无线电探测与测距)的缩写。雷达技术最早主要应用于军事领域，随着时代的发展，雷达也逐步开始进入人民生活的方方面面。雷达中最核心的固态元件之一便是射频信号的功率放大器。功率放大器的性能决定了雷达的搜索距离、探测精度等性能。目前 VHF(1 GHz 以下)、UHF(1 GHz 以下)、L 波段($1\sim2$ GHz)、S 波段($2\sim4$ GHz)雷达广泛采用 Si 基功率放大器，而毫米波雷达广泛采用 GaAs 基功率放大器。近年来，随着 GaN 基宽禁带半导体材料和器件技术的快速发展，GaN 基射频电子器件在雷达应用中的优势逐步彰显。与 Si 基、GaAs 基功率放大器相比，GaN 基功率放大器在输出功率、工作带宽、功率附加效率以及工作频率等方面具有显著优势；同时，GaN 基功率放大器还具有耐高温、抗辐照等适应严苛工作环境的能力，其在雷达领域的应用可以认为是一次意义深远的雷达技术革命。

雷达的功率孔径积决定了雷达的性能，而功率孔径积则是由发射机的平均功率和天线孔径面积决定的。一些天线孔径严格受限制的雷达，如机载火控雷达、机载预警雷达、无人机载雷达等只能通过提高雷达发射信号的输出功率密度和输出总功率来实现观测。GaN 基异质结构中高密度的 2DEG 及其高迁移率使得 GaN 基射频功率器件的饱和电流密度达 A/mm 量级，同时 GaN 的高临界击穿电场使 GaN 基射频功率器件的击穿电压达 $200\sim450$ V，这两个决定器件输出功率密度的关键参数均远高于 Si 基和 GaAs 基器件。因此，雷达采用 GaN 基器件和功率放大器后，其射频输出功率将获得大幅提升。

随着雷达工作频率的提高，混合集成(HMIC)形式的功率放大器由于较大的寄生效应和较差的重复性，难以适应高工作频率雷达的研制需求。GaN 基单片集成(MMIC)功率放大器具有电路损耗小、噪声低、频带宽、动态范围大、功率大、附加效率高、抗电磁辐射能力强等特点，因而受到了人们的高度重视。目前国际上 X 波段($8\sim12$ GHz)的 GaN 基 MMIC 功率放大器的饱和输出功率最

高达到了 74 W，功率附加效率大于 45％，芯片尺寸仅有 3.5 mm×3.8 mm。Ka 波段 GaN 基 MMIC 功率放大器的饱和输出功率最高达 40 W，功率附加效率大于 32％，芯片面积仅有 13.5 mm²。

有源相控阵雷达的工作频带宽度（带宽）的提高对雷达发射信号的抗干扰能力、雷达的高分辨率探测能力以及目标成像识别的实现等关键性能具有非常重要的意义。此外，多功能一体化现代雷达的发展要求雷达不仅具有预警探测功能，还应具有通信、电子对抗、导航等功能。提高雷达的工作带宽，可以使雷达具有在多频段工作的能力。GaN 基射频功率器件高输出阻抗的固有特性使得功率放大器的带宽大幅提高，并使电路的宽带阻抗匹配更易实现。

6.5.3　GaN 基射频电子材料和器件的发展趋势

目前 90％以上的 GaN 基射频电子器件采用高纯、半绝缘的 SiC 衬底技术，少部分采用 Si 衬底技术。SiC 衬底的主要优势在于散热性能好，可以满足大功率器件的散热要求，外延工艺较为成熟，外延片缺陷密度较低，供应链体系较为完善；缺点在于 SiC 衬底尺寸相对较小，迄今价格依然非常昂贵。SiC 衬底上 GaN 基射频电子器件适用于对高频下输出功率要求较高的应用领域，如军用雷达、移动通信宏基站等，能同时实现高频、高输出功率和高带宽。

Si 衬底的优点在于可扩展的晶圆尺寸较大，单晶衬底质量高而价格便宜，且器件工艺与 Si 基集成电路的 CMOS 工艺兼容，可大幅度降低规模化制造的成本；缺点是 Si 晶体和 GaN 外延层的晶格失配很大，GaN 及其异质结构外延片的缺陷密度高，并且 Si 衬底散热性能较差，存在衬底界面电导导致射频损耗等问题。因此 Si 衬底 GaN 基射频电子器件适用于受成本驱动较大、对器件输出功率要求相对较低的应用领域，如移动通信微基站、有线电视、卫星通信系统、微波炉加热等射频能量系统等。

从器件技术本身而言，GaN 基射频电子器件及其功放模块将向着超高频率、高带宽、高效率、高线性度和多功能集成等方向发展。

GaN 基 HEMT 器件的制程一般在百纳米量级，且在不断微缩。现在 GaN 器件工艺尺寸正在由 0.5～0.25 μm 向 0.15 μm 转换，国际上一些主流厂商，如 Qorvo 公司正在开发 60 nm 工艺技术。国际上主要制造厂家一般会提供两个或三个标准的器件工艺，包括栅长 0.5 μm 的高压（48 V）器件工艺（主要用于制备工作频率低于 6 GHz 的高功率 GaN 基器件）以及栅长 0.25 μm 的中压（28～40 V）器件工艺（主要用于制备工作频率为 6～18 GHz 的中高频器件）。

有的制造厂家也会提供第三个选项，即栅长 0.15 μm 的器件工艺，用于高达 40 GHz 的毫米波器件的制备。可以预计未来将会出现提供栅长小于 0.1 μm 的器件制程的厂家，主要用于 GaN 基超高频电子器件的制备。

　　在 GaN 基 HEMT 器件的性能指标方面，除了工作频率和输出功率外，效率和线性度是 GaN 基功率放大器的核心指标，高效率和高线性度的功率放大器无疑是未来的主要发展趋势之一。Doherty 技术和包络跟踪技术（ET）可有效地提高射频功放的平均效率和线性度，将这两种技术相结合可以使得射频功放更高效地放大高峰均比信号，将是未来的发展趋势。

　　全 GaN 射频模块的集成也是 GaN 基射频电子技术未来的重要发展趋势。除分立的功放模块外，GaN 基 HEMT 器件也已经应用于单片微波集成电路（MMIC），它是采用平面技术将元器件、传输线互连线直接制作在半导体基片上的功能模块。相信未来会有更多功能和种类的全 GaN 射频模块出现，以满足不断涌现的各种应用领域的需求。

参 考 文 献

［1］　MISHRA U K，PARIKH P，WU Y F. AlGaN/GaN HEMTs-An overview of device operation and applications［J］. Proceedings of the IEEE，2002，90(6)：1022－1031.

［2］　KHAN M A，BHATTARAI A，KUZNIA J N，et al. High-Electron-Mobility Transistor based on a Gan-Alxga1-Xn heterojunction［J］. Applied physics letters，1993，63(9)：1214－1215.

［3］　JOHNSON E. Physical limitations on frequency and power parameters of transistors (Performance limits of transistor set by product of dielectric breakdown voltage and minority-carrier saturated drift velocity)［J］. RCA review，1965，26：163－177.

［4］　RAIS-ZADEH M，GOKHALE V J，ANSARI A，et al. Gallium Nitride as an electromechanical material［J］. Journal of microelectromechanical systems，2014，23(6)：1252－1271.

［5］　SHINOHARA K，REGAN D C，TANG Y，et al. Scaling of GaN HEMTs and Schottky diodes for submillimeter-wave MMIC applications［J］. IEEE transactions on electron devices，2013，60(10)：2982－2996.

［6］　KHAN M A，KUZNIA J N，OLSON D T，et al. Microwave performance of a 0.25 Mu-M Gate Algan/Gan heterostructure Field-Effect transistor［J］. Applied physics letters，1994，65(9)：1121－1123.

[7] THIBEAULT B J, KELLER P, WU Y F, et al. High performance and large area flip-chip bonded AlGaN/GaN MODFETs[C]. in IEEE International Electron Devices Meeting, 1997.

[8] SULLIVAN G J, CHEN M Y, HIGGINS J A, et al. High-power 10 GHz operation of AlGaN HFET's on insulating SiC[J]. IEEE electron device letters, 1998, 19(6): 198-200.

[9] SHEPPERD S. High power microwave GaN/AlGaN HEMT's on silicon carbide[C]. in 56th Annual Device Research Conference, 1998.

[10] WU Y F, KAPOLNEK D, IBBETSON J, et al. High Al-content AlGaN/GaN HEMTs on SiC substrates with very high power performance[C]. in IEEE International Electron Devices Meeting, 1999.

[11] PEARTON S J, REN F, ZHANG A P, et al. GaN electronics for high power, high temperature applications[J]. Materials science and engineering B-Solid state materials for advanced technology, 2001, 82(1-3): 227-231.

[12] GREEN B M, CHU K K, CHUMBES E M, et al. The effect of surface passivation on the microwave characteristics of undoped AlGaN/GaN HEMTs[J]. IEEE electron device letters, 2000, 21(6): 268-270.

[13] WU Y, SAXLER A, MOORE M, et al. Field-plated GaN HEMTs and amplifiers [C]. in Compound Semiconductor Integrated Circuit Symposium, 2005.

[14] WU Y F, SAXLER A, MOORE M, et al. 30 W/mm GaN HEMTs by field plate optimization[J]. IEEE electron device letters, 2004, 25(3): 117-119.

[15] HSU S S H, TSOU C W, LIAN Y W, et al. GaN-on-Silicon devices and technologies for RF and microwave applications[C]. in IEEE International Symposium on Radio-Frequency Integration Technology, 2016.

[16] KAZIOR T E. Beyond CMOS: heterogeneous integration of III-V devices, RF MEMS and other dissimilar materials/devices with Si CMOS to create intelligent microsystems [J]. Philosophical transactions of the royal society a-mathematical physical and engineering sciences, 2014, 372(2012).

[17] MARTI D, TIRELLI S, TEPPATI V, et al. 94-GHz large-signal operation of AlInN/GaN high-electron-mobility transistors on Silicon with regrown Ohmic contacts [J]. IEEE electron device letters, 2015, 36(1): 17-19.

[18] CHUMBES E M, SCHREMER A, SMART J A, et al. AlGaN/GaN high electron mobility transistors on Si (111) substrates[J]. IEEE transactions on electron devices, 2001, 48(3): 420-426.

[19] LU W, YANG J, KHAN M A, et al. AlGaN/GaN HEMTs on SiC with over 100-GHz f_T and low microwave noise[J]. IEEE transactions on electron devices, 2001, 48

(3): 581 - 585.

[20] MICOVIC M, NGUYEN N, JANKE P, et al. GaN/AlGaN high electron mobility transistors with f_τ of 110 GHz[J]. Electronics letters, 2000, 36(4): 358 - 359.

[21] HIGASHIWAKI M, MATSUI T, MIMURA T. AlGaN/GaN MIS-HFETs with f_T of 163 GHz using cat-CVD SiN gate-insulating and passivation layers[J]. IEEE electron device letters, 2006, 27(1): 16 - 18.

[22] HIGASHIWAKI M, MATSUI T, MIMURA T. 30-nm-gate AlGaN/GaN MIS-HFETs with 180 GHz f_T[C]. in 64th Device Research Conference, 2006.

[23] SHINOHARA K, CORRION A, REGAN D, et al. 220 GHz f_T and 400 GHz f_{max} in 40-nm GaN DH-HEMTs with re-grown ohmic[C]. in IEEE International Electron Devices Meeting, 2010.

[24] LEE D S, GAO X, GUO S, et al. 300-GHz InAlN/GaN HEMTs with InGaN back barrier[J]. IEEE electron device letters, 2011, 32(11): 1525 - 1527.

[25] SCHUETTE M L, KETTERSON A, SONG B, et al. Gate-recessed integrated E/D GaN HEMT technology with $f_T/f_{max} >$ 300 GHz[J]. IEEE electron device letters, 2013, 34(6): 741 - 743.

[26] TANG Y, SHINOHARA K, REGAN D, et al. Ultrahigh-speed GaN high-electron-mobility transistors with f_T/f_{max} of 454/444 GHz[J]. IEEE electron device letters, 2015, 36(6): 549 - 551.

[27] BROWN D, WILLIAMS A, SHINOHARA K, et al. W-band power performance of AlGaN/GaN DHFETs with regrown n+ GaN ohmic contacts by MBE[C]. in IEEE International Electron Devices Meeting, 2011.

[28] FUNG A, WARD J, CHATTOPADHYAY G, et al. Power combined Gallium nitride amplifier with 3 Watt output power at 87 GHz[C]. in Proceedings of the International Symposium on Space THz Technology, 2011.

[29] HAO Y, YANG L, MA X, et al. High-performance microwave gate-recessed AlGaN/AlN/GaN MOS-HEMT with 73% power-added efficiency[J]. IEEE electron device letters, 2011, 32(5): 626 - 628.

[30] HOSHI S, ITOH M, MARUI T, et al. 12.88 W/mm GaN high electron mobility transistor on silicon substrate for high voltage operation[J]. Applied physics express, 2009, 2(6): 061001.

[31] LEE M S, KIM D, EOM S, et al. A Compact 30-W AlGaN/GaN HEMTs on Silicon substrate with output power density of 8.1 W/mm at 8 GHz[J]. IEEE electron device letters, 2014, 35(10): 995 - 997.

[32] ROSKER M. Wide bandgap semiconductor devices and MMICs: A DARPA

perspective[C]. in Int. Compound Semiconduct. Manuf. Technol. Conf. , 2005.

[33] ALBRECHT J D, CHANG T H, KANE A S, et al. DARPA's nitride electronic next generation technology program [C]. in 2010 IEEE Compound Semiconductor Integrated Circuit Symposium (CSICS), 2010.

[34] WU Y F, CHAVARKAR P, MOORE M, et al. Bias-dependent performance of high-power AlGaN/GaN HEMTs[C]. in IEEE International Electron Devices Meeting, 2001.

[35] VETURY R, ZHANG N Q Q, KELLER S, et al. The impact of surface states on the DC and RF characteristics of AlGaN/GaN HFETs[J]. IEEE transactions on electron devices, 2001, 48(3): 560 – 566.

[36] MITTEREDER J A, BINARI S C, KLEIN P B, et al. Current collapse induced in AlGaN/GaN high-electron-mobility transistors by bias stress[J]. Applied physics letters, 2003, 83(8): 1650 – 1652.

[37] HIGASHIWAKI M, ONOJIMA N, MATSUI T, et al. Effects of SiN passivation by catalytic chemical vapor deposition on electrical properties of AlGaN/GaN heterostructure field-effect transistors[J]. Journal of applied physics, 2006, 100(3): 033714.

[38] ZHANG N Q, KELLER S, PARISH G, et al. High breakdown GaN HEMT with overlapping gate structure[J]. IEEE electron device letters, 2000, 21(9): 421 – 423.

[39] HUANG H L, LIANG Y C, SAMUDRA G S, et al. Effects of gate field plates on the surface state related current collapse in AlGaN/GaN HEMTs [J]. IEEE transactions on power electronics, 2014, 29(5): 2164 – 2173.

[40] ANDO Y, OKAMOTO Y, MIYAMOTO H, et al. 10-W/mm AlGaN-GaN HFET with a field modulating plate[J]. IEEE electron device letters, 2003, 24(5): 289 – 291.

[41] WU Y F, MOORE M, SAXLER A, et al. 40-W/mm double field-plated GaN HEMTs[C]. in 64th device research conference, 2006.

[42] PALACIOS T, CHAKRABORTY A, HEIKMAN S, et al. AlGaN/GaN high electron mobility transistors with InGaN back-barriers [J]. IEEE electron device letters, 2006, 27(1): 13 – 15.

[43] CHUNG J W, HOKE W E, CHUMBES E M, et al. AlGaN/GaN HEMT with 300-GHz f_{max}[J]. IEEE electron device letters, 2010, 31(3): 195 – 197.

[44] HAO Y, YANG L, MA X H, et al. High-performance microwave gate-recessed AlGaN/AlN/GaN MOS-HEMT with 73% power-added efficiency[J]. IEEE electron device letters, 2011, 32(5): 626 – 628.

[45] LV Y J, FENG Z H, SONG X B, et al. $f_T/f_{max} >$ 150/210 GHz AlGaN/GaN

HFETs with regrown n$^+$-GaN Ohmic contacts by MOCVD[J]. Journal of infrared and millimeter waves, 2016, 35(5): 534 - 537, 568.

[46] BAR-COHEN A, ALBRECHT J D, MAURER J J. Near-junction thermal management for wide bandgap devices [C]. in IEEE Compound Semiconductor Integrated Circuit Symposium (CSICS), 2011.

[47] BLEVINS J, VIA G, SUTHERLIN K, et al. Recent progress in GaN-on-diamond device technology[C]. in Proceedings of CS MANTECH Conference, 2014.

[48] JESSEN G, GILLESPIE J, VIA G, et al. AlGaN/GaN HEMT on diamond technology demonstration[C]. in IEEE Compound Semiconductor Integrated Circuit Symposium, 2006.

[49] TYHACH M, ALTMAN D, BERNSTEIN S, et al. S2-T3: Next generation gallium nitride HEMTs enabled by diamond substrates[C]. in Lester Eastman Conference on High Performance Devices (LEC), 2014.

[50] LIU T, KONG Y, WU L, et al. 3-inch GaN-on-diamond HEMTs with device-first transfer technology[J]. IEEE electron device letters, 2017, 38(10): 1417 - 1420.

[51] EGGEBERT M S, MEISEN P, SCHAUDEL F, et al. Heat-spreading diamond films for GaN-based high-power transistor devices [J]. Diamond and related materials, 2001, 10(3 - 7): 744 - 749.

[52] TADJER M J, ANDERSON T J, HOBART K D, et al. Reduced self-heating in AlGaN/GaN HEMTs using nanocrystalline diamond heat-spreading films[J]. IEEE electron device letters, 2011, 33(1): 23 - 25.

[53] SEMOND F. Epitaxial challenges of GaN on silicon[J]. Mrs bulletin, 2015, 40(5): 412 - 417.

[54] DADGAR A, FRITZE S, SCHULZ O, et al. Anisotropic bow and plastic deformation of GaN on silicon[J]. Journal of crystal growth, 2013, 370: 278 - 281.

[55] XIAO D P, SCHREURS D, DE RAEDT W, et al. Detailed analysis of parasitic loading effects on power performance of GaN-on-silicon HEMTs [J]. Solid-state electronics, 2009, 53(2): 185 - 189.

[56] CHANDRASEKAR H, UREN M J, CASBON M A, et al. Quantifying temperature-dependent substrate loss in GaN-on-Si RF technology [J]. IEEE transactions on electron devices, 2019, 66(4): 1681 - 1687.

[57] MARTI D, VETTER M, ALT A R, et al. 110 GHz characterization of coplanar waveguides on GaN-on-Si substrates[J]. Applied physics express, 2010, 3(12): 124101.

[58] LUONG T T, LUMBANTORUAN F, CHEN Y Y, et al. Buffer-optimized

improvement in RF loss of AlGaN/GaN HEMTs on 4-inch silicon (111)[C]. in China
Semiconductor Technology International Conference (CSTIC), 2017.

[59] BERBER F, JOHNSON D W, SUNDQVIST K M, et al. RF dielectric loss due to
MOCVD aluminum nitride on high resistivity silicon[J]. IEEE transactions on
microwave theory and techniques, 2017, 65(5): 1465 - 1470.

[60] LUONG T T, LUMBANTORUAN F, CHEN Y Y, et al. RF loss mechanisms in
GaN - based high-electron-mobility-transistor on silicon: Role of an inversion channel
at the AlN/Si interface[J]. Physica status solidi (a), 2017, 214(7): 1600944.

[61] NAKADA Y, AKSENOV I, OKUMURA H. GaN heteroepitaxial growth on silicon
nitride buffer layers formed on Si (111) surfaces by plasma-assisted molecular beam
epitaxy[J]. Applied physics letters, 1998, 73(6): 827 - 829.

[62] BOLES T. GaN-on-Silicon Present Challenges and Future Opportunities[C]. in 12th
European Microwave Integrated Circuits Conference (EUMIC), 2017.

[63] MEDJDOUB F, ZEGAOUI M, GRIMBERT B, et al. First demonstration of high-
power GaN-on-silicon transistors at 40 GHz[J]. IEEE electron device letters, 2012,
33(8): 1168 - 1170.

[64] MARTI D, TIRELLI S, ALT A R, et al. 150-GHz cutoff frequencies and 2-W/mm
output power at 40 GHz in a millimeter-wave AlGaN/GaN HEMT technology on
Silicon[J]. IEEE electron device letters, 2012, 33(10): 1372 - 1374.

[65] TASKER P J, HUGHES B. Importance of source and drain resistance to the
maximum f_T of millimeter-wave MODFETs[J]. IEEE electron device letters, 1989,
10(7): 291 - 293.

[66] JESSEN G H, FITCH R C, GILLESPIE J K, et al. Short-channel effect limitations
on high-frequency operation of AlGaN/GaN HEMTs for T-Gate devices[J]. IEEE
transactions on electron devices, 2007, 54(10): 2589 - 2597.

[67] GUERRA D, AKIS R, MARINO F A, et al. Aspect ratio impact on RF and DC
performance of state-of-the-art short-channel GaN and InGaAs HEMTs[J]. IEEE
electron device letters, 2010, 31(11): 1217 - 1219.

[68] MEDJDOUB F, CARLIN J, GAQUIERE C, et al. Status of the emerging InAlN/
GaN power HEMT technology[J]. The open electrical & electronic engineering
journal, 2008, 2(1): 1 - 7.

[69] AMBACHER O, MAJEWSKI J, MISKYS C, et al. Pyroelectric properties of
Al(In)GaN/GaN hetero- and quantum well structures [J]. Journal of physics-
condensed matter, 2002, 14(13): 3399 - 3434.

[70] KUZMIK J. Power electronics on InAlN/(In)GaN: Prospect for a record performance

[J]. IEEE electron device letters，2001，22(11)：510-512.

[71]　CRESPO A，BELLOT M M，CHABAK K D，et al. High-power Ka-band performance of AlInN/GaN HEMT with 9. 8-nm-thin barrier[J]. IEEE electron device letters，2010，31(1)：2-4.

[72]　MEDJDOUB F，KABOUCHE R，LINGE A，et al. High electron mobility in high-polarization sub-10 nm barrier thickness InAlGaN/GaN heterostructure[J]. Applied physics express，2015，8(10)：101001.

[73]　RONGHUA W，GUOWANG L，VERMA J，et al. 220-GHz quaternary barrier InAlGaN/AlN/GaN HEMTs[J]. IEEE electron device letters，2011，32(9)：1215-1217.

[74]　AMBACHER O，FOUTZ B，SMART J，et al. Two dimensional electron gases induced by spontaneous and piezoelectric polarization in undoped and doped AlGaN/GaN heterostructures[J]. Journal of applied physics，2000，87(1)：334-344.

[75]　DEEN D A，STORM D F，MEYER D J，et al. Impact of barrier thickness on transistor performance in AlN/GaN high electron mobility transistors grown on free-standing GaN substrates[J]. Applied physics letters，2014，105(9)：093503.

[76]　DABIRAN A M，WOWCHAK A M，OSINSKY A，et al. Very high channel conductivity in low-defect AlN/GaN high electron mobility transistor structures[J]. Applied physics letters，2008，93(8)：082111.

[77]　REN F. Fabrication of Y-gate，submicron gate length GaAs metal-semiconductor field effect transistors[J]. Journal of vacuum science & technology B：microelectronics and nanometer structures，1993，11(6)：2603-2606.

[78]　SHAO J，ZHANG S，LIU J，et al. Y shape gate formation in single layer of ZEP520A using 3D electron beam lithography[J]. Microelectronic engineering，2015，143：37-40.

[79]　BUTTARI D，CHINI A，MENEGHESSO G，et al. Systematic characterization of Cl_2 reactive ion etching for gate recessing in AlGaN/GaN HEMTs[J]. IEEE electron device letters，2002，23(3)：118-120.

[80]　HAIJIANG Y，MCCARTHY L，RAJAN S，et al. Ion implanted AlGaN-GaN HEMTs with nonalloyed Ohmic contacts[J]. IEEE electron device letters，2005，26(5)：283-285.

[81]　RECHT F，MCCARTHY L，RAJAN S，et al. Nonalloyed ohmic contacts in AlGaN/GaN HEMTs by ion implantation with reduced activation annealing temperature[J]. IEEE electron device letters，2006，27(4)：205-207.

[82]　HONG S J，KIM K. Low-resistance Ohmic contacts for high-power GaN field-effect

transistors obtained by selective area growth using plasma-assisted molecular beam epitaxy[J]. Applied physics letters, 2006, 89(4).

[83] ROMERO M F, JIMENEZ A, SANCHEZ J M, et al. Effects of N_2 plasma pretreatment on the SiN passivation of AlGaN/GaN HEMT[J]. IEEE electron device letters, 2008, 29(3): 209 – 211.

[84] HUANG T, BERGSTEN J, THORSELL M, et al. Small- and large-signal analyses of different low-pressure-chemical-vapor-deposition SiN_x passivations for microwave GaN HEMTs[J]. IEEE transactions on electron devices, 2018, 65(3): 908 – 914.

[85] HUANG T D, MALMROS A, BERGSTEN J, et al. Suppression of dispersive effects in AlGaN/GaN High-Electron-Mobility transistors using bilayer SiN_x grown by low pressure chemical vapor deposition[J]. IEEE electron device letters, 2015, 36(6): 537 – 539.

[86] KIM D H, KIM J H, EOM S K, et al. 77 GHz power amplifier MMIC using 0.1 μm Double-Deck Shaped (DDS) field-plate gate AlGaN/GaN HEMTs on Si substrate[C]. in CS MANTECH Conference, 2014.

[87] AUBRY R, JACQUET J C, OUALLI M, et al. ICP-CVD SiN passivation for high-power RF InAlGaN/GaN/SiC HEMT[J]. IEEE electron device letters, 2016, 37(5): 629 – 632.

[88] CHENG K, LEYS M, DERLUYN J, et al. AlGaN/GaN HEMT grown on large size silicon substrates by MOVPE capped with in-situ deposited Si_3N_4 [J]. Journal of crystal growth, 2007, 298: 822 – 825.

[89] GAMARRA P, LACAM C, TORDJMAN M, et al. In-situ passivation of quaternary barrier InAlGaN/GaN HEMTs[J]. Journal of crystal growth, 2017, 464: 143 – 147.

[90] GUO J, LI G, FARIA F, et al. MBE-Regrown Ohmics in InAlN HEMTs with a regrowth interface resistance of 0.05 $\Omega \cdot$ mm[J]. IEEE electron device letters, 2012, 33(4): 525 – 527.

[91] SHINOHARA K, REGAN D, CORRION A, et al. Self-Aligned-Gate GaN-HEMTs with Heavily-Doped n^+-GaN Ohmic contacts to 2DEG[C]. in IEEE International Electron Devices Meeting, 2012.

[92] LEE D S, LABOUTIN O, CAO Y, et al. 317 GHz InAlGaN/GaN HEMTs with extremely low on-resistance[J]. Physica status solidi (c), 2013, 10(5): 827 – 830.

[93] WANG R H, LI G, KARBASIAN G, et al. Quaternary barrier InAlGaN HEMTs with f_T/f_{max} of 230/300 GHz[J]. IEEE electron device letters, 2013, 34(3): 378 – 380.

第 7 章

氮化镓基半导体异质结构
应用于功率电子器件

半导体功率电子器件（又称电力电子器件、功率开关器件）在工业控制、电动汽车、电网系统以及消费类电子等领域具有重大应用价值，全球 70% 以上的电力电子系统是由基于半导体功率器件的电力管理系统来调控管理的，大到远距离输变电，小到一台笔记本电脑或智能手机，都离不开功率电子器件。迄今为止，电力电子技术中主要应用的是 Si 基功率电子器件，有一定的能量损耗，节能空间很大。经过数十年的发展，Si 基功率电子器件的性能已接近 Si 材料的物理极限，迫切需要在新的半导体材料体系下发展新一代功率电子器件，以提高电能转换效率和电力管理水平，并适应各种新的应用需求。GaN 基宽禁带半导体材料具有强极化效应、高禁带宽度、高击穿电场、高饱和电子漂移速度等优异性质[1]，使得 GaN 基功率电子器件具有优良的输入、输出特性，自身能耗远低于 Si 基器件，具有巨大的应用潜力。GaN 基功率电子材料和器件已发展成为国际上宽禁带半导体的又一研发热点。虽然当前该领域已取得一系列技术突破，国内外已有多家公司开始推出电动汽车、分布式光伏发电、大数据中心、无线充电、通用电源适配器等 GaN 基功率电子器件初级产品，但 GaN 基功率电子材料和器件离真正的大规模产业化还存在相当的距离，依然存在异质结构的高质量外延生长、稳定的增强型器件实现路径、动态特性退化等一系列关键科学技术问题尚未解决。本章将系统讨论基于 GaN 基异质结构的功率电子器件的基本原理、国内外研发进展和发展趋势、面临的关键问题和应用推广情况。

7.1 氮化镓基功率电子器件概述

如前所述，相比于 Si 和 GaAs 等半导体材料，GaN 具有禁带宽度大、临界击穿场强高、电子漂移饱和速度高、热导率高以及电子迁移率高等优异性质[1]。GaN 基半导体具有非常强的自发和压电极化效应，可在 GaN 基异质结构中诱导出高迁移率、高浓度的 2DEG[2-3]。依靠其独特的物理性质优势，基于 GaN 基异质结构的功率电子器件具有电流密度大、导通电阻低、工作频率高、器件体积小、热稳定性好等特点。半导体功率电子领域通常采用 Baliga 指数（Baliga's Figure Of Merit，BFOM）来评价一种功率半导体材料性能的高低[4]。BFOM 的计算公式为

$$\text{BFOM} = \varepsilon \cdot \mu \cdot E_g^3 \tag{7-1}$$

其中：ε 是介电常数，μ 是迁移率，E_g 是半导体材料的禁带宽度。BFOM 假设器件能耗主要来自导通损耗，也称为 BFOM（低频）。然而对于高频器件，开关损耗不可忽视，因此采用 BFOM(HF) 来评价半导体材料性能的高低[4]：

$$\text{BFOM(HF)} = \frac{1}{R_{\text{on,sp}} \cdot C_{\text{in,sp}}} \tag{7-2}$$

其中：$R_{\text{on,sp}}$ 是方块电阻，$C_{\text{in,sp}}$ 是比输入电容。

表 7-1 对比了用于功率电子器件的主要半导体材料的物理性质[1]。从表 7-1 中可看出，GaN 的 Baliga 指数远高于 Si 和 GaAs，也高于 SiC。因此，GaN 基半导体材料和器件是未来功率电子领域最有力的竞争者之一[5-6]。

表 7-1 用于功率电子器件的主要半导体材料的物理性质对比[1]

材料特性	Si	GaAs	4H-SiC	GaN
禁带宽度/eV	1.1	1.4	3.2	3.4
电子迁移率/[cm²/(V·s)]	1500	8500	700	1000、2500(2DEG)
击穿场强/(MV/cm)	0.3	0.4	2	3.3
电子饱和漂移速度 (×10⁷)/(cm/s)	1	2.1	2	2.7
相对介电常数	11.8	13.1	10.0	9.0
热传导率/[W/(cm·K)]	1.5	0.5	4.5	1.3
熔点/K	1690	1510	>2100	>1700
BFOM(HF)	1	11	73	180
BFOM(LF)	1	16	600	1450

将上述半导体材料的基本物理参数转换成半导体功率电子器件的性能，并计算出每一种材料理论上所能达到的最佳性能，结果如图 7.1 所示[7-8]。从图 7.1 中可看出，在同样的器件击穿电压下，GaN 基 HEMT 器件的导通电阻比 Si 基 MOSFET 器件低两个数量级，比 SiC MOSFET 器件低 1 个数量级。在给定的源漏导通电阻和击穿电压下，上述优势可使转化后的器件具有更小的尺寸，因而可直接大幅度增加器件的功率密度。

另外，GaN 基 HEMT 是多数载流子器件，开关过程中基本不存在少数载流子的复合过程，因此可在高达 10 MHz 以上的工作频率下进行功率转换，远大于 Si 基功率电子器件工作频率 1 MHz 的上限[9]，进而可减小应用电路和系

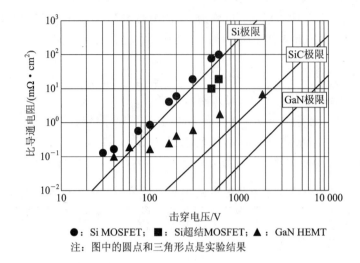

图 7.1　三种主要的功率电子器件用半导体材料 Si、GaN 和 SiC 的比导通电阻与击穿电压关系的理论计算曲线[7-8]

统中无源器件(如电容、电感)的体积,降低能量损耗,提高电力应用系统的电能使用效率。

　　GaN 基功率电子器件有垂直型和平面型两种结构[6]。垂直型 GaN 基器件可在 GaN-on-Si 外延片上实现半垂直型结构,可在 GaN-on-GaN 衬底上实现全垂直型结构。二极管器件结构主要是肖特基二极管和 PIN 结。三极管结构主要包括平面沟道三极管、沟槽结构三极管、CBL(电流阻挡层)结构、V 型再生长沟道三极管、FIN(鳍式)三极管等[6]。尽管垂直型沟道具有动态特性好、器件面积小、散热好等优点,但考虑到片上电路集成和 $Al_xGa_{1-x}N/GaN$ 异质结构界面天然形成的具有极高 2DEG 密度的优势,目前占主导地位的 GaN 基功率电子器件是基于 $Al_xGa_{1-x}N/GaN$ 异质结构的平面型器件(又称横向器件)。

　　采用大尺寸 Si 衬底制备 GaN 基功率电子材料和器件一方面可降低材料成本,更重要的是可实现与现有 Si 基集成电路广泛使用的互补金属氧化物半导体(CMOS)制备工艺的兼容,将大幅度降低器件的制造成本[10-11]。因此,Si 衬底上 GaN 基功率电子材料和器件近年来在国际上受到了高度重视,美、日和欧洲各国等主要发达国家都投入大量人力、物力用于该领域研发,国际上从事 Si 基半导体功率电子器件和模块产业的前 15 家公司至少有 10 家已涉足。根据专业咨询机构 Yole Development 以及赛迪顾问的预测[12],GaN 基 HEMT 器件将在今后几年快速发展，特别是在新能源汽车、不间断电源（UPS）以及功率因数校正等领域将获得广泛应用，大幅度提高电能管理系统的集成度和效率。

当前，Si 衬底上 GaN 基功率电子器件已进入产品化初期阶段，国内外已有多个公司推出了 650 V 以下的多款功率电子器件以及相应的驱动电路[13]。虽然 Si 衬底上 GaN 基功率电子器件在实验室和产品化过程中展现了其优异特性，但依然存在制约其性能和可靠性的一系列关键科学和技术问题，这些问题严重影响了其大规模产业化推广。这些问题主要有：增强型 GaN 基功率电子器件与异质结构的能带调制工程，GaN 基功率电子器件的表面/界面局域态特性与调控，GaN 基器件中的深能级陷阱与强电场下的性能退化。

微波射频用 GaN 基 HEMT 器件是耗尽型的，而功率电子器件由于安全性要求，必须采用增强型结构，即不施加栅压时栅下的 2DEG 沟道是断开的。功率电子器件的耐压要求在 200 V 以上乃至上千伏，而射频电子器件的工作电压一般在 50 V 以下，这不仅对 Si 衬底上 GaN 基异质结构外延质量提出了更高要求，而且在器件的栅和场板结构、表面钝化质量等方面也带来了新的挑战。高电压带来的高电场使得器件中陷阱态的作用被放大，从而引起了一系列器件可靠性问题[14]。

随着自支撑 GaN 衬底的晶体质量和晶圆尺寸的不断提升，垂直结构 GaN 基功率电子器件近年来在国际上获得了重视[15]。目前已经实现了高耐压的 GaN 基垂直结构 Schottky 二极管、PN 结二极管以及三极管，展现了 GaN 材料在垂直结构功率器件上的优势。另外，Si 衬底上 GaN 基垂直结构或准垂直结构功率电子器件也引起了人们的重视，有望大幅降低 GaN 基垂直结构功率电子器件的成本[16]。但如何大幅减小 Si 上 GaN 外延层中的位错密度，如何提高器件耐压，是 Si 衬底上 GaN 基垂直结构或准垂直结构功率电子器件研发需要解决的关键问题。除此之外，垂直结构器件需要在 GaN 厚膜中插入 P 型掺杂 GaN 层，因此如何实现 P 型插入层的可控掺杂和载流子激活，是 GaN 基垂直结构功率电子器件研制中的关键问题。

7.2　氮化镓基异质界面的能带调控和增强型器件

如前所述，$Al_xGa_{1-x}N/GaN$ 异质结构在界面形成三角形量子阱，高密度电子分布在量子阱中，成为沿异质结构界面准二维平面内可自由运动而垂直于界面方向运动受限的 2DEG。由于 GaN 中空穴和电子的迁移率差异很大，因此以类似 CMOS 的方式制备互补对称的 GaN 场效应管难以实现。一个可行的方法是研制基于 N 型沟道的 GaN 基增强型（Enhancement-Mode，也称 Normally-Off）或耗尽型器件。发展至今，耗尽型多为 GaN 基射频电子器件的特征，而增强型则是 GaN 基功率电子器件必需的选择。这就要求 GaN 基 HEMT 器件的开启电压阈值必须为正。目前国际上围绕 GaN 基功率电子器件的增强型结构主要有以下几种技术：GaN 基 HEMT 和 Si-MOSFET 的级联技术（又称为 cascode 技术）[11]、P 型（Al）GaN 盖帽层技术、F 离子注入技术、凹栅槽刻蚀技术和无须刻蚀 AlGaN 势垒层的超薄势垒 AlGaN/GaN 增强型结构，如图 7.2 所示[17-18]。目前，国际上最看好的是 P 型（Al）GaN 盖帽层技术。

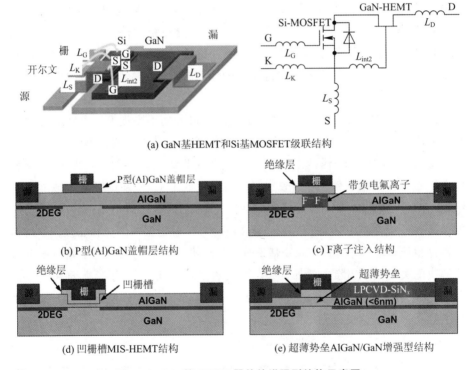

(a) GaN 基 HEMT 和 Si 基 MOSFET 级联结构

(b) P 型(Al)GaN 盖帽层结构

(c) F 离子注入结构

(d) 凹栅槽 MIS-HEMT 结构

(e) 超薄势垒 AlGaN/GaN 增强型结构

图 7.2　GaN 基 HEMT 器件的增强型结构示意图

GaN 基 HEMT 和 Si 基 MOSFET 的级联技术避开了 GaN 基器件的增强型难点，采用低压 Si 基 MOSFET 器件来实现增强型，而利用耗尽型 GaN 基 HEMT 器件实现高耐压，通过键合技术把两种器件整合成增强型功率电子器件[19]。然而这种技术的芯片间键合封装不可避免地会引入寄生电感等，制约了 GaN 基 HEMT 器件的高频动态性能。P 型（Al）GaN 盖帽层技术利用 PN 结形成的空间电荷区扩展来耗尽 HEMT 器件栅下的 2DEG，能将器件阈值推进到＋1.5 V，但一般不会超过 2 V[20]。该技术的局限性主要是 PN 结的正向开启会导致栅极正向漏电增大。F 离子注入技术通过在 $Al_xGa_{1-x}N$ 势垒层中注入带负电的 F 离子，以耗尽沟道中的 2DEG。结合 MIS-HEMT 技术，该技术也能将阈值推进到＋3 V 以上[21]。然而该技术中 F 离子注入深度较难控制，它在 $Al_xGa_{1-x}N$/GaN 异质界面附近的拖尾可能会造成 2DEG 输运性能的降低。凹栅槽刻蚀（Gate-Recess）技术主要通过减薄 $Al_xGa_{1-x}N$ 势垒层以削弱其极化强度，从而耗尽 HEMT 器件栅下的 2DEG。由于凹栅槽技术不可避免地会导致较大的栅肖特基接触漏电，所以一般采用 MIS-HEMT 结构，该结构不仅能有效抑制栅极漏电，也能提高器件的阈值电压[22]。日本 Sharp 公司将 $Al_xGa_{1-x}N$ 势垒层完全刻蚀后形成 MOS-HEMT 结构，成功地将器件阈值电压推高到＋3 V 以上[23]。刻蚀损伤、重复可控性和刻蚀残留物的处理是凹栅槽技术面临的主要问题[24]。

7.2.1　GaN 基 HEMT 器件的凹栅槽刻蚀增强型技术

在几种增强型 GaN 基 HEMT 器件的制备方法中，基于凹栅槽刻蚀技术的 MIS-HEMT 结构由于具有较大的栅极电压摆幅和出色的随时间变化的栅极介电击穿特性，因而特别适合于功率开关应用[5]。凹栅槽刻蚀技术是 GaN 基 HEMT 器件制备过程中最关键的单步工艺之一，具体是指通过刻蚀来移除栅区域下的绝缘介质层，以及部分或者全部 $Al_xGa_{1-x}N$ 势垒层。在 GaN 基微波功率器件的制备中，通过凹栅槽刻蚀技术可改善其射频输出功率，并且能有效抑制器件的短沟道效应[25]；而在 GaN 基功率电子器件中，凹栅槽刻蚀工艺是实现增强型 HEMT 器件的一种有效手段。

由于湿法腐蚀存在很大的局限性，例如各向同性刻蚀会导致材料横向钻蚀，人们更多关注的是干法刻蚀工艺。干法刻蚀的主要方法有反应离子刻蚀（RIE）、电子回旋共振等离子体刻蚀（ECR）和感应耦合等离子体刻蚀（ICP）等。其中，ICP 由于其良好的可控性以及各向异性，是目前使用最为广泛的 GaN 基 HEMT 器件凹栅槽刻蚀方法[26]。对于不同的半导体材料，ICP 需要通入不同的反应气体。对于 Si_3N_4、SiO_2 等硅化物钝化介质，通常采用 F 基气体（如 CF_4、SF_6 或 CHF_3）进行刻蚀，而对于 GaN 和 $Al_xGa_{1-x}N$ 等氮化物半导体，则通常采用 Cl 基气体(如 Cl_2、BCl_3)进行刻蚀。采用 Cl 基等离子体干法刻蚀方法,可部分或者完全去除栅极区域的 $Al_xGa_{1-x}N$ 势垒层,通过表面费米能级的钉扎效应就可耗尽 $Al_xGa_{1-x}N/GaN$ 异质结构中的 2DEG,然后淀积一层高绝缘栅介质形成 MIS 或 MOS-HEMT 结构,从而形成增强型器件结构。干法刻蚀不可避免地会造成(Al)GaN 表面和体内的晶格缺陷,而且 $AlCl_3$ 和 $GaCl_x$ 等表面刻蚀生成物在常温下解吸附速率较慢,它们残留在异质结构表面,可能会导致介质/(Al)GaN 界面特性的恶化。

为了降低凹栅槽刻蚀对 $Al_xGa_{1-x}N$ 势垒层表面和晶格的损伤,提高刻蚀残留物的原位清洁,提高栅槽刻蚀温度被实验证实是一种比较有效的方法[26]。图 7.3 对比了通过常温和高温 ICP 刻蚀获得的 Si 衬底上 $Al_xGa_{1-x}N/GaN$ 异质结构的凹栅槽形貌。由图 7.3 可看出,高温刻蚀获得的凹栅槽底部形貌变得光滑,其粗糙度从常温刻蚀的 2.01 nm 降低到 0.91 nm,而且 SiO_2 掩膜介质的表面也变得光滑,这对高压下栅脚边缘尖峰电场的平坦化非常有利。XPS 表征确认刻蚀过程中 Cl 基刻蚀残留物在高温刻蚀下得以有效抑制。

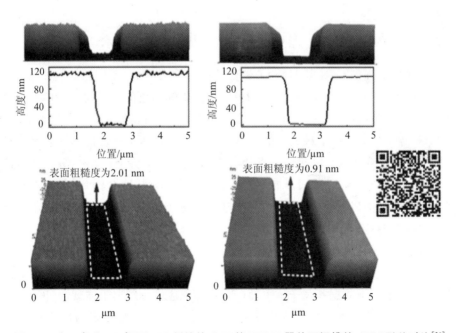

图 7.3　在 20℃ 和 180℃ 下 ICP 刻蚀的 GaN 基 HEMT 器件凹栅槽的 AFM 形貌对比[26]

中科院微电子所黄森等人基于高温 ICP 刻蚀和臭氧辅助 $ALD-Al_2O_3$ 栅介

质技术，研制出了阈值电压为 $+1.6\ V$，脉冲饱和输出电流达到 $1.13\ A/mm$ 的 Si 衬底上增强型 $Al_2O_3/Al_xGa_{1-x}N/GaN$ MIS-HEMT 器件，如图 7.4 所示[26]。该器件在直流回扫表征条件下回滞较小，在漏压为 $1\ V$ 时回滞仅有 $0.11\ V$。基于对栅长为 $44\ \mu m$ 的宽栅 HEMT 器件的场效应迁移率的分析，得出高温刻蚀的器件中 2DEG 沟道的迁移率为 $650\ cm^2/Vs$，明显高于常温刻蚀器件[23]。这反映出刻蚀缺陷对器件栅下 2DEG 的散射作用被削弱，说明高温刻蚀能降低等离子体对 $Al_xGa_{1-x}N$ 势垒层乃至 2DEG 输运沟道的晶格损伤。

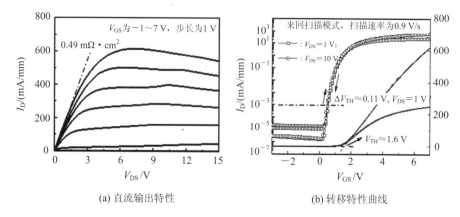

(a) 直流输出特性　　　　　　　　(b) 转移特性曲线

图 7.4　基于 N‐GaN/AlN/$Al_xGa_{1-x}N$ 势垒层的栅槽刻蚀增强型器件的直流输出特性和转移特性曲线（漏压分别为 $1\ V$ 和 $10\ V$）[26]

在采用 ICP 干法刻蚀工艺刻蚀减薄 $Al_xGa_{1-x}N$ 势垒层，制备增强型 GaN 基 HEMT 时，刻蚀过程中不可避免会对被刻蚀的半导体材料造成一定的晶格损伤，并引入缺陷，导致栅沟道中散射效应增强，2DEG 迁移率下降，最终影响器件的性能和可靠性。与此同时，在 $Al_xGa_{1-x}N/GaN$ 异质结构势垒层上进行精确的刻蚀厚度控制（通常需要将该层厚度蚀刻到小于 $6\ nm$）具有很大的挑战性。因此在进行离子注入或凹栅槽刻蚀时，注入或刻蚀深度及损伤控制是凹栅槽刻蚀增强型技术的主要挑战。开发具有自截止刻蚀特性的器件工艺或者设计具有阻挡层的势垒层结构是实现增强型 GaN 基器件制备的关键。

2012 年，美国佐治亚理工学院 Y. Lee 等人发现在 UV 光照条件下，用过硫酸钾和氢氧化钾混合液腐蚀 $Al_xGa_{1-x}N$ 势垒层，再进行凹栅槽刻蚀，$Al_xGa_{1-x}N/GaN$ 之间的 AlN 插入层能形成很好的自阻挡效应，显著提高了 Si

衬底上增强型器件的阈值电压的均匀性，其标准偏差只有 177 mV[27]。2013年，美国 MIT 的 B. Lu 等人设计了一种 N‑GaN（22 nm）/AlN（1.5 nm）/$Al_xGa_{1-x}N$（3 nm）势垒层结构，如图 7.5 所示[28]，然后利用 F 基等离子体与 AlN 反应生成的 AlF_3 作为刻蚀阻挡层，研制出阈值电压为(0.30±0.04) V 的 Si 衬底上增强型 GaN 基 MIS‑HEMT 器件，沟道迁移率高达 1131 $cm^2/(V \cdot s)$[28]。同年，北京大学王金延等人采用 PECVD‑SiO_2 作为硬掩膜，通过高温长时间 O_2 退火来实现栅区 $Al_xGa_{1-x}N$ 势垒层的完全氧化，然后用 KOH 湿法去除被氧化的势垒层，再淀积 ALD‑Al_2O_3 栅介质，研制出 Si 衬底上增强型 GaN 基 MOS‑HEMT 器件，阈值电压达到了 +3.2 V[29]。为了进一步提高 GaN 基 HEMT 器件栅下沟道中 2DEG 的输运能力，北京大学王茂俊等人进一步采用双异质结结

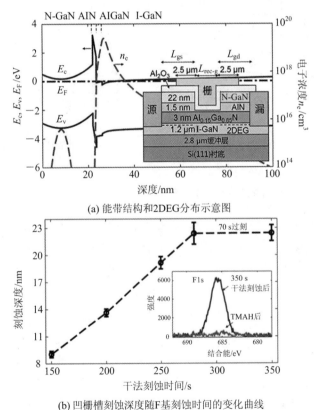

(a) 能带结构和2DEG分布示意图

(b) 凹栅槽刻蚀深度随F基刻蚀时间的变化曲线

图 7.5　基于 N‑GaN/AlN/$Al_xGa_{1-x}N$ 势垒层的栅槽刻蚀增强型器件[28]

构(具体结构为 GaN(2 nm)/Al$_{0.26}$Ga$_{0.74}$N(18 nm)/AlN(1 nm)/ GaN(3 nm)/
Al$_{0.2}$Ga$_{0.8}$N(4 nm)/AlN(1 nm)/GaN),通过高温氧化在第二个 GaN (3 nm)
层实现截止,使器件的 2DEG 沟道迁移率达到了 1400 cm^2/(V・s)[30]。2015
年,香港科技大学陈敬等人结合 PEALD-AlN 钝化、AlN 界面插入层和
Al$_x$Ga$_{1-x}$N /AlN/GaN/AlN/GaN 双异质结结构,研制出阈值电压为 +0.5 V
($I_D = 10\ \mu$A/mm),亚阈值摆幅为 72 mV/dec,击穿电压超过 700 V 的 Si 衬底上
GaN 基础 MIS-HEMT 器件,栅下 2DEG 沟道迁移率高达 1801 cm^2/(V・s)[31]。
以上研究说明采用双异质结自截止技术有望获得低导通电阻的增强型 GaN 基
MIS-HEMT 器件。

　　Si 衬底上 GaN 基 HEMT 器件的凹栅槽刻蚀增强型技术还面临着诸如刻
蚀深度难以控制、不同批次间较难重复等工艺问题,如图 7.6(a)所示[24]。而
Ga 对于 Si 晶体是 P 型掺杂,因此在 CMOS 工艺线中需要严格控制 Ga 的扩
散,常用的方法是利用 Cl 基气体与 Ga 反应形成 GaCl$_3$再进行挥发处理。为了
克服 GaN 基 HEMT 器件凹栅槽制备过程中的厚度控制问题,中科院微电子所
黄森等人提出了基于超薄势垒层的 Al$_x$Ga$_{1-x}$N/GaN 异质结构[24]。该结构避免
了凹栅槽刻蚀损伤导致的器件性能下降的问题,同时实现了天然的增强型器
件。器件栅源和栅漏之间有源区较低的 2DEG 面密度使得 HEMT 器件的导通
电阻较高。通过引入 SiN$_x$ 或 SiO$_2$ 钝化层,SiN$_x$ 与 Al$_x$Ga$_{1-x}$N 界面的正电荷可
调制势垒层的表面势,从而将异质结构中 2DEG 密度恢复至常规水平,如图
7.6(b)所示[24]。该技术利用 LPCVD-SiN$_x$/(Al)GaN 间的高密度正电荷(大约
为 3.5×10^{13} cm^{-2}),将超薄势垒异质结构的方块电阻降至 350 Ω/□ 以下[32]。
采用超薄势垒层 Al$_x$Ga$_{1-x}$N/GaN 异质结构,还可将刻蚀 Al$_x$Ga$_{1-x}$N 势垒层转

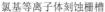

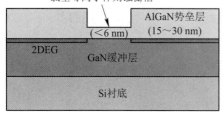

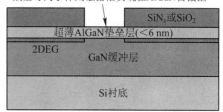

(a) 常规势垒增强型AlGaN/GaN异质结构栅槽刻蚀 　　(b) 超薄势垒增强型AlGaN/GaN异质结构刻蚀自
　　　　　　　　　　　　　　　　　　　　　　　　　　停止技术及通过SiO$_2$和SiN$_x$的2DEG恢复

图 7.6　基于 AlGaN/Gan 异质结构的凹栅槽型 GaN 基增强型结构[24]

化为采用氟基刻蚀 SiN_x 钝化层，此时的 $Al_xGa_{1-x}N$ 势垒层可作为良好的刻蚀阻挡层。通过这一设计，可提高 GaN 基 HEMT 器件凹栅槽制备过程的可控性和重复性[24]。

图 7.7(a) 显示了基于超薄势垒层 $Al_xGa_{1-x}N$/GaN 异质结构的增强型 GaN 基 HEMT 器件的直流输出特性[24]。随着栅偏压 V_{GS} 升高至 +1.5 V，器件出现高栅极漏电流。V_{GS} 为 +2 V 时的饱和漏极电流接近 207 mA / mm，这表明通过 24 nm 厚的 SiN_x 钝化层可有效恢复异质结构沟道中的 2DEG 密度。如图 7.7(b) 所示[24]，以 10 μA/mm 的漏极电流为标准确定的器件阈值电压 V_{TH} 为 +0.15 V。此时对应的跨导为 207 mS/mm。在源漏电压 V_{DS} = 60 V 时跨导降至 142 mS/mm。由于超薄势垒层的器件中栅长 L_G 与势垒层厚度的比值高，因此随着 V_{DS} 从 5 V 增加到 60 V，V_{TH} 的下降非常缓慢，仅降至 0.11V，如图 7.7(c) 所示[24]。

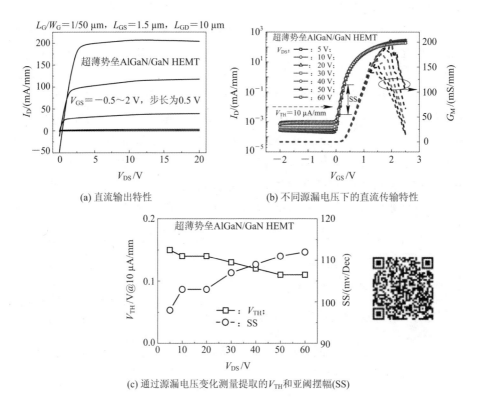

(a) 直流输出特性

(b) 不同源漏电压下的直流传输特性

(c) 通过源漏电压变化测量提取的 V_{TH} 和亚阈摆幅(SS)

图 7.7　基于超薄势垒层 $Al_xGa_{1-x}N$/GaN 异质结构的电学特性[24]

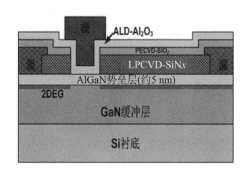

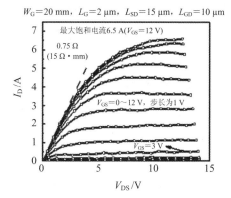

(a) 器件结构　　　　　　　　　(b) 20 mm 栅宽增强型器件的直流传输特性

图 7.8　基于超薄势垒层 $Al_xGa_{1-x}N$/GaN 异质结构和 LPCVD-SiN_x 钝化的增强型 GaN 基 MIS-HEMT 的器件结构与 20 mm 栅宽增强型器件的直流传输特性[32]

　　基于超薄势垒层 $Al_xGa_{1-x}N$/GaN 异质结构的增强型器件技术，中科院微电子所的研究组还研制出了 20 mm 栅宽的绝缘栅 GaN 基增强型 MIS-HEMT 器件，该器件的导通电阻达到了 0.75 Ω，如图 7.8 所示[32]。这种 top-down 工艺制程可有效促进 Si 衬底上 GaN 基 MIS-HEMT 器件的产业化生产。2009 年欧洲微电子中心同样采用 MOCVD 方法原位生长的 in-situ SiN_x 钝化实现了薄势垒层 $Al_xGa_{1-x}N$/GaN 异质结构的 2DEG 的良好恢复，所研制的增强型 HEMT 具备良好的击穿特性[33]。基于超薄势垒层 $Al_xGa_{1-x}N$/GaN 异质结构的增强型器件技术的主要优点在于 F 基刻蚀 SiN_x 介质时能在 $Al_xGa_{1-x}N$ 层表面形成良好的截止，从而显著提高了同一芯片上器件阈值电压和沟道电阻的均匀性。

　　在基于 $Al_xGa_{1-x}N$/GaN 异质结构的增强型 HEMT 器件中，2DEG 的密度与 $Al_xGa_{1-x}N$ 势垒层的表面势、Al 组分、厚度、应力状态、杂质含量等密切相关，要耗尽 2DEG 实现增强型器件，必须重点从势垒层结构入手。研究表明，当 $Al_xGa_{1-x}N$ 势垒层厚度小于 6 nm 时，器件栅下沟道中的 2DEG 的密度将减小到可忽略的程度[34]。而栅源、栅漏等区域需要维持较高的 2DEG 浓度，可采用高温 LPCVD-SiN_x 钝化的界面正电荷实现栅极区域以外器件沟道中 2DEG 密度的恢复。基于霍尔测量实验结果，确认 20 nm LPCVD-SiN_x 钝化层

能将超薄势垒层 $Al_xGa_{1-x}N/GaN$ 异质结构中 2DEG 的面密度提高到 1.63×10^{13} cm^{-2}[34]，已与常规势垒层厚度的 $Al_xGa_{1-x}N/GaN$ 异质结构中 2DEG 的面密度相当，从而可实现 HEMT 器件中栅极区域以外 2DEG 密度的有效恢复和导通电阻的降低。

7.2.2　GaN 基 HEMT 器件的 F 离子注入增强型技术

香港科技大学陈敬等人发明的 F 离子体注入技术是实现增强型 GaN 基 HEMT 器件的又一技术路线[35]。该技术把带负电的 F 离子注入到 $Al_xGa_{1-x}N/GaN$ 异质结构中的势垒层中，利用 F 离子的强电负性，耗尽栅下的 2DEG，从而实现器件的增强型，原理如图 7.9 所示。通过控制氟离子的注入剂量和能量，在基本保持 $Al_xGa_{1-x}N/GaN$ 异质结构晶格质量的前提下，可实现对器件沟道中 2DEG 密度的调控，从而可调控器件的阈值电压使之从负转为正。同时，F 离子还可提高器件栅肖特基接触的有效势垒高度。

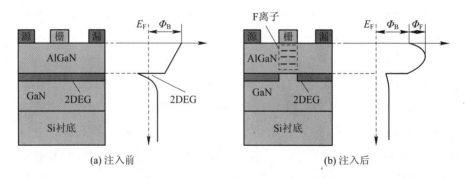

图 7.9　F 离子注入前后 $Al_xGa_{1-x}N/GaN$ 异质结构界面的能带变化示意图[35]

分子动力学模拟表明，间隙位置是 F 离子在异质结构 $Al_xGa_{1-x}N$ 势垒层中比较稳定的位置，如图 7.10 所示[35]。理论计算和实验均可确认，除非相邻晶格有 Ga 空位或 Al 空位，F 离子在 $Al_xGa_{1-x}N$ 晶格的间隙位置上是比较稳定的，正电子湮灭谱表征显示即使在 600℃下退火 72 小时，F 离子在 $Al_xGa_{1-x}N$ 中依然很稳定。器件研制进一步证实，采用 F 离子注入技术制备的增强型 GaN 基 HEMT 器件在高温和高场应力条件下稳定性良好[35]。通过持续光电导方法，确认 F 离子在 $Al_xGa_{1-x}N$ 晶格中的束缚能约为 1.85 eV，说明 F 离子的激活能很高，与固定电荷的作用基本等效。

(a) 三种可能的位置

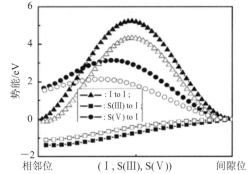

(b) 从间隙位置 I、S(III)和S(V)移动到最近的
另一间隙位置 I 必须克服的势能

图 7.10　F 离子在 $Al_xGa_{1-x}N$ 晶格中的三种可能的位置以及从间隙位置 I、S(III)、
和 S(V)移动到最近的另一间隙位置 I 必须克服的势能[35]

　　由于 $Al_xGa_{1-x}N/GaN$ 异质结构中势垒层的厚度通常只有 20 nm，因此 F
等离子体注入不需要过高的能量，这种超浅注入工艺可以采用 ICP 刻蚀设备
实现[35]。在 ICP 系统中通入 CF_4 气体，通过调节射频功率来调节 F 等离子体注
入的能量。F 等离子体注入是一种自对准的工艺，在栅极光刻之后直接加入一
个步骤，使 F 等离子体处理露出来的 $Al_xGa_{1-x}N$ 势垒层，并将带负电的 F 离
子注入其中。淀积完栅金属后，通过 400℃ 左右短时间的栅后退火可修复 F 注
入造成的势垒层晶格损伤[21]。2005 年，香港科技大学的研究组首次报道了采
用 F 离子体注入技术研制的 Si 衬底上增强型 GaN 基 HEMT 器件，阈值电压
为 0.9 V，最大饱和电流为 310 mA/mm，最大跨导为 148 mS/mm[36]。结合 F
离子注入技术和绝缘栅工艺，他们进一步研制出在 Si 衬底上增强型 GaN 基
HEMT 器件，阈值电压达到了 +3.6 V，静态饱和输出电流为 430 mA/mm[37]。

　　香港科技大学的研究组进一步发现通过调整 F 离子注入的功率，一方面
可实现向 $Al_xGa_{1-x}N$ 势垒层中注入 F 离子，另一方面也可对 $Al_xGa_{1-x}N$ 势垒
层有轻微的刻蚀作用，会形成较浅的栅槽结构，如图 7.11 所示[38]。图 7.12 进
一步对比了采用和不采用 F 离子注入技术研制的 GaN 基 MIS-HEMT 器件的
阈值电压从室温到 200℃ 温度范围内的变化曲线[38]。从图 7.12 中可看出，随
着 $Al_xGa_{1-x}N$ 势垒层厚度的减小，器件的高温阈值电压漂移（ΔV_{TH}）逐渐变小。
这是由于随着势垒层厚度降低，越来越多的栅介质/$Al_xGa_{1-x}N$ 界面态进入费
米能级以下，它们一直保持填充状态，不会导致阈值电压的漂移。这样只剩下

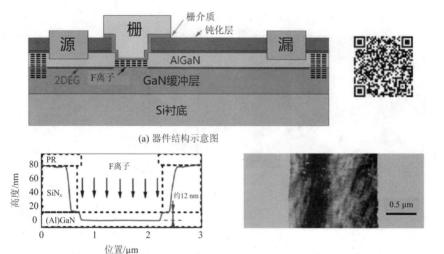

(a) 器件结构示意图

(b) F离子刻蚀和注入前后器件栅槽线扫描形貌的对比

(c) 离子注入后栅槽表面AFM形貌

图 7.11　采用 F 离子注入技术制备的 Si 衬底上增强型 GaN 基 MIS-HEMT[38]

越来越少的浅能级界面态，而且这些浅能级界面态的充放电速度较快，不容易导致 V_{TH} 的移动。另一方面，由于势垒层减薄到只剩下 5 nm 以下时，来自栅介质/$Al_xGa_{1-x}N$ 界面态对 2DEG 的远程散射作用会逐渐增大，可导致沟道中 2DEG 的迁移率迅速下降。因此，通过优化 F 离子注入深度，可兼顾器件增强型和栅沟道中 2DEG 的迁移率[38]。

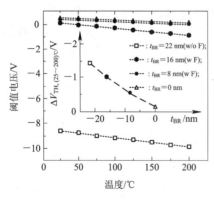

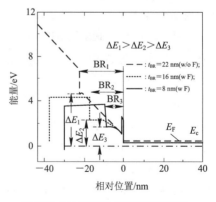

(a) 采用F离子注入(w F)和不采用F离子注入
(w/o F)技术时阈值电压随温度的变化关系

(b) F注入使2DEG沟道夹断条件下的能带
仿真结果

图 7.12　不同 $Al_xGa_{1-x}N$ 势垒层厚度的 GaN 基 MIS-HEMT 器件[38]

7.2.3　GaN 基 HEMT 器件的 P 型盖帽层增强型技术

　　P 型盖帽层增强型技术是指在 GaN 基 HEMT 器件的栅极金属下，在 $Al_xGa_{1-x}N/GaN$ 异质结构上再外延生长一层很薄的 P-(Al)GaN 外延层，利用 PN 结形成的空间电荷区的扩展耗尽栅下沟道中的 2DEG，原理如图 7.13 所示[39]。采用这种增强型技术可使器件的阈值电压室在温下达 1.6 V，在 200℃下接近 2.0 V。该技术发明后，在科学界与工业界引起了极大关注，迄今为止，唯一已商用的增强型 GaN 基 HEMT 是基于 P 型盖帽层增强型技术制备的[39]。采用 P 型盖帽层增强型技术的器件其工艺比较复杂，并且器件性能会受到工艺条件的影响，如外延生长、P-(Al)GaN 选择性蚀刻工艺、栅极接触形成等。另外，P 型盖帽层增强型技术还面临器件的可靠性问题，如阈值电压的稳定性、电荷俘获机制、正栅极偏置或关态高漏极偏置引起退化等[40]。

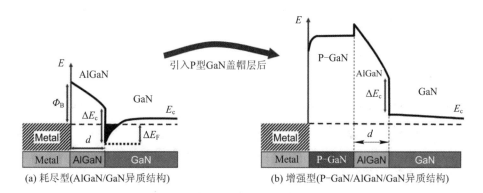

(a) 耗尽型(AlGaN/GaN异质结构)　　　(b) 增强型(P-GaN/AlGaN/GaN异质结构)

图 7.13　采用 P 型盖帽层增强型技术获得增强型 GaN 基 HEMT 器件的能带示意图[39]

　　在 $Al_xGa_{1-x}N/GaN$ 异质结构的顶部添加任何 P-GaN 盖帽层并不一定能确保一定实现器件的增强型，而需要精细调整所有异质结构的参数和外延条件，包括 P-(Al)GaN 掺杂浓度和外延生长温度、$Al_xGa_{1-x}N$ 和 GaN 的残余施主浓度、$Al_xGa_{1-x}N$ 势垒层的厚度和 Al 组分，以有效耗尽栅下的 2DEG，获得合理的器件阈值电压[39]。采用 P 型盖帽层技术实现增强型器件的关键在于制备高掺杂的 P 型 GaN 盖帽层。然而，非故意掺杂的 GaN 或 $Al_xGa_{1-x}N$ 通常为 N 型，这是因为 N 空位或 O 杂质的作用。Mg 杂质是 GaN 或 $Al_xGa_{1-x}N$ 的 P 型掺杂剂，只有在外延层晶格中替代 Ga 位才能实现 P 型。然而在采用 MOCVD 方法外延生长 GaN 或 $Al_xGa_{1-x}N$ 的过程中，Mg 源易于与来自 MO

源中的 H 结合形成 Mg-H 络合物,使得 Mg 杂质被钝化,从而失去 P 型电学活性。另外,GaN 或低 Al 组分 $Al_xGa_{1-x}N$ 中的 Mg 受主能级的电离能在 150～200 meV 之间,使得 Mg 杂质的激活率较低。因此,在 P-(Al)GaN 中获得很高的空穴浓度很不容易[39]。

选择性刻蚀 P-GaN 是利用感应耦合等离子(Inductively Coupled Plasma, ICP)或反应离子刻蚀(Reactive Ion Etching, RIE)方法刻蚀器件有源区的 P-GaN,仅保留栅极金属下方区域。器件制备工艺流程中的干法刻蚀必须满足的要求有光滑的表面形态、低损伤、受控的刻蚀速率以及相对于另一种材料的高选择性刻蚀。选择性刻蚀又取决于干法刻蚀系统的各种参数,如 ICP 功率、腔室压力等。蚀刻速率受刻蚀系统的腔室压力的影响,较低的腔室压力会导致刻蚀过程加速,通常用于 GaN 蚀刻工艺的腔室压力为 5～20 mTorr(注:1 Torr=133.322 Pa)。

在 P 型盖帽层增强型技术中,P-(Al)GaN 与栅金属电极的接触性质非常重要,近年来有不少关于该问题的研究工作[39]。金属与 P-(Al)GaN 接触的肖特基势垒高度理论上可表示为[34]

$$\Phi_B = E_g - (\Phi_m - \chi) \tag{7-3}$$

其中:Φ_B 是肖特基势垒高度,E_g 是 P-(Al)GaN 的禁带宽度,Φ_m 是金属的功函数,χ 是 P-GaN 的电子亲和势。根据式(7-3),较低功函数的金属具有较高的势垒高度。图 7.14 为实验测得的金属/P-GaN 界面的肖特基势垒高度随金属功函数的变化关系[39]。

从图 7.14 中可看出,P-(Al)GaN 与栅金属间的肖特基势垒高度 Φ_B 与金属功函数 Φ_m 之间存在紧密的相关性。根据图 7.14 中实验数据的线性拟合,可得出拟合斜率($d\Phi_B/d\Phi_m$),并计算出界面指数 $S=-0.7$[39]。该斜率相对于理论预期的斜率要小(理论的界面指数 $S=-1$,代表理想的金/半接触界面)。因此,可得出结论,P-(Al)GaN 与栅金属间的肖特基势垒高度 Φ_B 的实际值不仅取决于金属功函数,还取决于金/半接触的具体工艺条件,包括表面状态、外延层缺陷、退火条件等。

通常 Φ_m 较低的金属(如 Ti、Al 或 W)可用于 P-(Al)GaN 与栅金属间的肖特基接触,而 Φ_m 较高的金属(如 Ni、Pd、Au 或它们的合金)将在 P-(Al)GaN 上形成欧姆接触,如表 7-2 所示[39]。但是,较高功函并不是形成具有低比接触电阻的欧姆接触的唯一条件。实际上,通常需要在氧化中进行热处理,这又

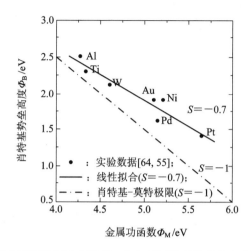

图 7.14　实验测得的不同金属/P‑GaN 界面的肖特基势垒高度随金属功函数的变化关系[39]

会导致 2DEG 电性能的下降，从而影响器件性能。

表 7‑2　不同金属/P‑(Al)GaN 间肖特基接触和欧姆接触的优缺点比较[39]

接触类型	金属选择	优点	缺点
欧姆接触	Ni/Au、Pd/Au 等	饱和电流大	栅漏电大
肖特基接触	Ti/Pt/Au、Ti/Au/TiN 等	栅漏电小，栅摆幅电压大	饱和电流小

7.2.4　GaN 基 HEMT 与 Si 基 MOSFET 级联的增强型技术

GaN 基 HEMT 器件与 Si 基 MOSFET 器件级联的增强型技术避开了 GaN 基 HEMT 器件实现增强型的难点，采用低压的 Si 基 MOSFET 器件实现增强型，而利用耗尽型的 GaN 基 HEMT 器件实现高耐压。在 GaN 基 HEMT 器件与 Si 基 MOSFET 级联的电路中，GaN 基 HEMT 器件常开，其工作的开关状态则由 Si 基 MOSFET 器件来控制[41]。这种通过电路集成的方法制备的增强型 GaN 基 HEMT 器件模块可实现较高的阈值电压和输出功率[41]。在实际的制备过程中，需要通过键合技术整合 GaN 基 HEMT 器件与 Si 基 MOSFET 器件，但两种器件的衬底选择并不相同，GaN 基 HEMT 器件为 Si(111)衬底，而 Si 基 MOSFET 器件为 Si(001)衬底，导致单片集成的难度较大。采用这两种分离器件的封装键合会额外引入寄生电容和电感，从而降低器件模块的工作频率和响应速度，制约器件的高频动态性能。因此，GaN 基 HEMT 与 Si 基 MOSFET 级联的增强型技术并未被产业界大规模采用，这一最早发明的增强型技术近年来在 GaN 基功率电子器件领域已逐渐被边缘化。

7.3 氮化镓基功率电子器件表面/界面局域态特性与调控

7.3.1 表面/界面态对 GaN 基电子器件性能的影响

与 Si 半导体不同，GaN 基宽禁带半导体及其异质结构具有以下独特的物理性质：① 具有很强的自发和压电极化效应，异质结构界面存在高密度的极化感应电荷；② 在 GaN 或 $Al_xGa_{1-x}N$ 表面很难制备出高质量的本征绝缘介质，迄今介质层/(Al)GaN 界面态密度最低只能控制到约 10^{12} cm^{-2} 量级，远高于 SiO_2/Si 体系的 $10^{10} \sim 10^{11}$ cm^{-2} 水平。综合前人研究发现，悬挂键、表面氧化、氮空位、界面晶格畸变等是 GaN 基异质结构和功率电子器件表/界面态的主要来源[42-44]。

GaN 或 $Al_xGa_{1-x}N$ 的禁带宽度很大，其界面态能级位置比较深，这些深能级态具有很大的放电时间常数。这种深界面态对基于绝缘栅结构的 GaN 基 HEMT 器件的影响主要体现在两个方面：① 栅极阈值电压漂移，在栅极开关转换过程中，深能级界面态的缓慢放电会导致 MIS-HEMT 器件的阈值电压不稳定[45]；② 电流坍塌效应，GaN 基 HEMT 器件在工作中一般会经历关态和高漏极偏置状态，在这些状态下构成栅极漏电的电子和从源极注入的电子在栅（源）漏间强电场的作用下会注入栅介质与 $Al_xGa_{1-x}N$ 势垒层间的界面态中，甚至会注入 2DEG 沟道下 GaN 缓冲层的深能级中，如图 7.15 所示[46]。当器件回到开态、低漏极偏置工作状态时，由于表/界面态和缓冲层中深能级放电时间常数较大，跟不上器件的高频开关速度，因此 2DEG 一直处于被耗尽状态，从而导致 HEMT 器件的电流输出能力下降，即发生电流崩塌效应[46]。对 GaN 基射频电子器件，电流崩塌效应表现为 DC-RF 频散，射频输出功率明显下降[47]。而对 GaN 基功率电子器件，电流崩塌效应则表现为动态导通电阻 R_{ON} 显著增加，使动态损耗变大，电能转换效率下降[46]。

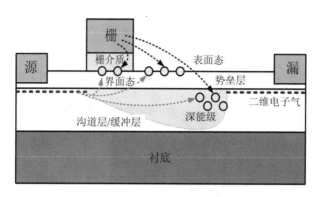

图 7.15 基于 $Al_xGa_{1-x}N/GaN$ 异质结构的 MIS-HEMT 器件的电流崩塌效应示意图[46]

2009 年，美国德克萨斯大学达拉斯分校 C. L. Hinkle 等人发现在含有 Ga 元素的Ⅲ-Ⅴ化合物半导体材料表面，低晶体质量、含有三价 Ga^{3+} 的自然氧化层是其表面费米能级钉扎（Fermi-Level Pinning）的主要原因，它们会在Ⅲ-Ⅴ族化合物 MOSFET 器件结构中产生高密度的界面态[48]。同年，英国剑桥大学 J. Robertson 等人认为 GaAs 基 FET 器件中氧化物/GaAs 界面的 Ga 和 As 悬挂键，是其费米能级钉扎的主要因素[49]。因此可以推测，在纤锌矿结构的 GaN 基半导体中，自然氧化所导致的表面 Ga—O 键或 Al—O 键应该是表面/界面态的主要来源之一。另外，器件欧姆接触的高温退火工艺导致的近表面氮空位也是诱发界面态不可忽视的来源之一[50]。

7.3.2 GaN 基异质结构和电子器件中表面/界面态的表征

通过直流 I-V 特性、高频 C-V 特性、准静态 C-V 特性、深能级瞬态谱（DLTS）及拉曼光谱等分析手段，可系统地研究表征 GaN 基异质结构和 MIS-HEMT 器件中的表面/界面态[51]。

双模式 I_D-V_{GS} 转移特性测量是研究 GaN 基 MIS-HEMT 器件回滞曲线（V_{TH}- hysteresis）的快速方法。如图 7.16 所示[51]，当基于 $Al_2O_3/GaN/Al_xGa_{1-x}N/GaN$ 结构的 MIS-HEMT 器件的栅极正向扫描电压超过 1.1 V 时，器件出现明显的回滞。对于 GaN 基 HEMT 器件而言，由于表面态会被栅金属覆盖，处于金属的费米海中，因此易于和金属电子发生交换作用，所以常规结构的 GaN 基 HEMT 器件栅极一般不会发生阈值漂移，如图 7.16(b)中的插图所示[51]。以上现象说明 $Al_2O_3/(Al)GaN$ 界面存在发射时间较长的界面态，当

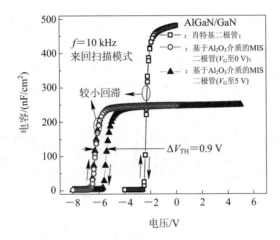

(a) 基于$Al_xGa_{1-x}N/GaN$异质结构的肖特基二极管和基于$Al_2O_3/GaN/Al_xGa_{1-x}N/GaN$结构的MIS二极管的
高频$C\text{-}V$曲线对比

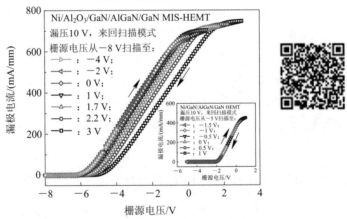

(b) 基于$Al_2O_3/GaN/Al_xGa_{1-x}N/GaN$结构的 MIS-HEMT 器件的转移特性曲线

图 7.16　$Al_xGa_{1-x}N/GaN$ 异质结构 MIS 器件的阈值漂移特性表征[51]

正向栅压达到一定值时，这些界面态开始被从 $Al_xGa_{1-x}N/GaN$ 异质结构内部
迁移过来的电子填充。在反向扫描过程中它们来不及释放，从而产生了回滞并
随 $V_{GS,max}$ 增大逐渐变大。基于 $C\text{-}V$ 测试分析，可得出 $Al_2O_3/(Al)GaN$ 界面态
密度在一定能级范围内达到了 1.4×10^{12} cm^{-2}[51]。

　　为了揭示 GaN 基 MIS-HEMT 器件阈值电压不稳定性的确切起源，同时
进一步定量表征介质与(Al)GaN 之间的界面态密度分布，中科院微电子所黄
森等人发展出了一种恒定电容型深能级瞬态谱(CC-DLTS)技术以有效区分介

质/(Al)GaN 界面态和 GaN 体内深能级的分布，如图 7.17 所示[52]。该技术通过外部电容补偿维持固定的电容值，使 MIS 结构的空间电荷区维持基本不变，然后通过改变 CC-DLTS 的填充偏压，测试得出的 GaN 体内深能级位置基本上不会随填充偏压的变化而移动，但界面态会随填充偏压的变化而逐步移动。CC-DLTS 技术一方面能够有效区分 MIS 界面态和 GaN 体内的深能级，另一方面可扫描出界面态密度随其能级位置的变化。

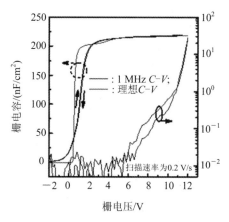

(a) 实验测量和理论模拟的 C-V 特性曲线对比

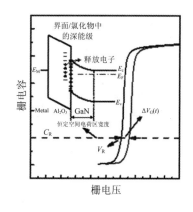

(b) 恒定电容模式深能级瞬态谱测试原理图

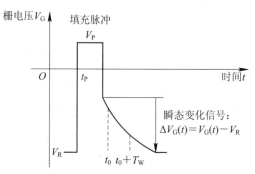

(c) 恒定电容模式深能级瞬态谱测试信号

图 7.17　恒定电容模式深能级瞬态谱(CC-DLTS)测试原理[52]

　　中科院微电子所的研究组将 CC-DLTS 方法应用在基于超薄势垒层 $Al_xGa_{1-x}N$/GaN 异质结构的增强型 MIS-HEMT 器件的缺陷态研究中[52]。他们将恒定电容设置在接近 2DEG 耗尽的区域，通过监测对应栅压的瞬态变化曲线，捕捉 Al_2O_3/(Al)GaN 界面处乃至 GaN 体内深能级释放导致的阈值电压漂移现象。实验中，器件的栅介质 Al_2O_3 采用原子层沉积（ALD）方法制备，CC-DLTS 测量发现在 165 K 附近存在一个能级峰值（E_{T1}），如图 7.18 所示。经过 Arrhenius 分析确定该缺陷能级位于导带下 $(0.33\pm0.01)\,eV$，俘获截面积为 $4.0\times10^{-15}\,cm^2$。它很可能源于 AlGaN 表面与氮空位有关的深能级[52]。

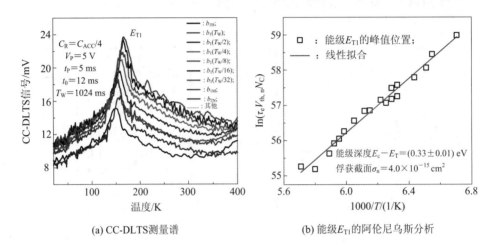

(a) CC-DLTS 测量谱   (b) 能级 E_{T1} 的阿伦尼斯分析

图 7.18　基于超薄势垒层 $Al_xGa_{1-x}N/GaN$ 异质结构的增强型 MIS-HEMT 器件的 CC-DLTS 测量谱与所测得能级的阿伦尼乌斯（Arrhenius）分析结果[52]

7.3.3　GaN 基功率电子器件中表面/界面态的抑制

1. 阈值电压不稳定性（V_{TH}-instability）的抑制

由于 GaN 基 HEMT 器件的栅极漏电较大，因此国际上普遍在器件栅肖特基金属与 $Al_xGa_{1-x}N$ 势垒层之间插入一层高绝缘栅介质，从而制备成 MIS-HEMT 器件结构，以满足 GaN 基功率电子器件低漏电、高击穿电压的要求[45]。凭借良好的绝缘性能和高的介电常数，利用 ALD 方法制备的 Al_2O_3（ALD-Al_2O_3）成为目前 GaN 基 MIS-HEMT 中采用最多的栅介质[45]。

ALD-Al_2O_3 栅介质的引入可显著抑制 GaN 基 HEMT 器件的栅极正反向漏电，但也同时带来了界面态问题。鉴于（Al）GaN 本身的宽禁带特征，ALD-Al_2O_3 与（Al）GaN 之间的界面态分布很广，特别是位于导带以下 1.0eV 附近的深能级，其电子发射时间常数在几百秒至数十年之间[53]。为了有效降低器件的表（界）面态，首先需要去除（Al）GaN 表面的无定形自然氧化层，然后补偿修复(Al)GaN 近表面区的 N 空位，紧接着淀积 ALD-Al$_2$O$_3$ 介质以保护被处理过的(Al)GaN 表面。鉴于 PE-ALD 装置中的远程等离子体对(Al)GaN 表面的损伤小，香港科技大学杨树等人研发出了一种原位低损伤(Al)GaN 表面处理技术(Remote Plasma Pretreatment，RPP)，其原理如图 7.19 所示[53]。他们先采用 NH$_3$/Ar 远程等离子体去除(Al)GaN 表面的自然氧化层，然后进行 N$_2$ 等离子体处理以补偿近表面区的 N 空位，紧接着淀积一层 ALD-Al$_2$O$_3$ 介质。XPS 表征确认 NH$_3$/Ar/N$_2$ 原位处理能有效去除(Al)GaN 表面的 Ga—O 键或 Al—O 键，尤其是充分的氮化处理能防止 Al$_2$O$_3$ 栅介质淀积过程造成的表面再氧化[46,53]。

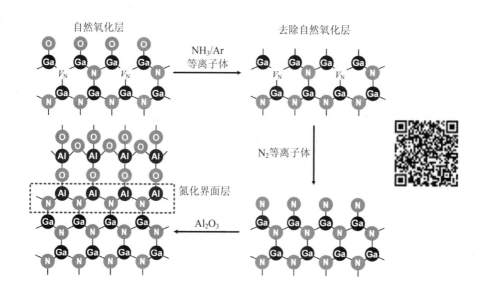

图 7.19　淀积 Al$_2$O$_3$ 栅介质前采用 NH$_3$/Ar/N$_2$ 远程等离子体处理(Al)GaN 表面的原理示意图[53]

值得一提的是，这种低损伤原位处理技术在 ALD-Al$_2$O$_3$ 和(Al)GaN 界面之间产生了一层近似单晶的 AlN 插入层，厚度约 0.7 nm，如图 7.20 所示[53]。如果不经过 RPP 处理，则 Al$_2$O$_3$ 和(Al)GaN 界面比较粗糙并呈现无定形态。经过低损伤原位处理技术处理后，界面晶体排布变得有序化，形成了薄层 AlN，显著改善了 Al$_2$O$_3$ 和(Al)GaN 之间的界面特性。

图 7.21 对比了经过和未经 NH$_3$/Ar/N$_2$ 远程等离子体原位处理的 GaN 基 MIS-HEMT 器件的直流输出特性。若以 $I_D = 1\ \mu A/mm$ 为阈值评判标准，原

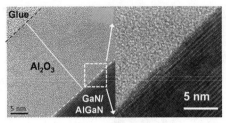
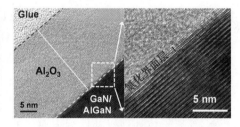

(a) 未经处理   (b) 经过 $NH_3/Ar/N_2$ 远程等离子体原位处理

图 7.20   未经处理和经过 $NH_3/Ar/N_2$ 远程等离子体原位处理的
$Al_2O_3/(Al)GaN$ 界面的 TEM 截面图[53]

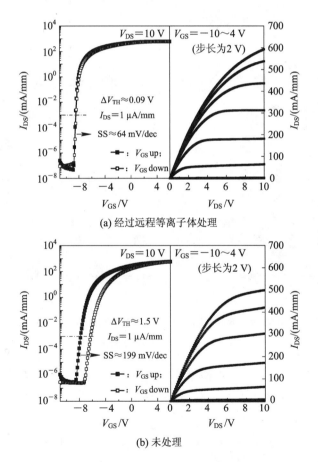

(a) 经过远程等离子体处理

(b) 未处理

图 7.21   经过和未经 $NH_3/Ar/N_2$ 远程等离子体原位处理的 GaN 基
MIS-HEMT 器件的直流输出特性对比[54]

位低损伤(Al)GaN 表面处理技术将器件的回滞(ΔV_{TH})从 1.5 V 降低到只有 0.09 V，亚阈摆幅(Subthreshold Swing, SS)也有大幅改善，从 199 mV/dec 降到了 64 mV/dec。该技术对 Al_2O_3/(Al)GaN 界面态的抑制也被高温变频 C-V 测量结果所证实，它能将导带下 E_c-0.3 eV 到 E_c-0.78 eV 范围内的界面态密度降低到 2.0×10^{12} cm^{-2}/eV 的水平。这是目前采用高温变频 C-V 测量技术所能探测到的 GaN 基 MIS-HEMT 器件比较低的界面态水平[54]。

如前所述，除了介质/(Al)GaN 之间的界面态，栅介质中的缺陷也会导致 GaN 基 MIS-HEMT 器件阈值电压不稳定。采用 ALD 方法制备 Al_2O_3 是目前 GaN 基 MIS-HEMT 器件中广泛采用的栅介质。但是研究发现，由于 ALD 装置中 TMA(Al 源)和 H_2O 源的不充分反应，采用热模式 ALD 方法生长的 Al_2O_3 介质中存在大量的 Al—Al 键和 Al—O—H 键等缺陷，它们被认为是栅氧介质中正固定电荷的主要来源[55]。栅氧介质中正固定电荷的存在会导致器件阈值电压的负向移动，阻碍器件增强型的实现[56]。近期中科院微电子所黄森等人的研究发现，采用活性较强的 O_3 取代 H_2O 作为 ALD 中的 O 源，能使 TMA 充分反应，可显著抑制 ALD-Al_2O_3 中 Al—O—H 键和 Al—Al 键的形成[56]，并且可避免采用等离子 O_2 源所引入的表面轰击损伤等问题，相对于采用 H_2O 源制备的样品，ALD-Al_2O_3 中的晶体排布明显改善，如图 7.22(a)所

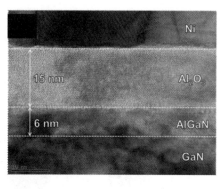

(a) 基于Ni/Al_2O_3/AlGaN/AlN/GaN结构的增强型　　　(b) 采用O_3源和H_2O作为ALD-Al_2O_3制备源获得
　　MIS-HEMT器件栅极区域的高分辨TEM截面图　　　　　的GaN基MIS二极管的I-V特性对比

图 7.22　采用 O_3 源作为 ALD-Al_2O_3 制备源获得的 GaN 基 MIS 二极管的微结构和电学特性[56]

示[56]。通过 $I-V$ 表征发现，相对于采用 H_2O 源制备的 Al_2O_3，采用 O_3 源制备的 Al_2O_3 将 GaN 基 MIS 二极管的正反向漏电降低了两个量级，如图 7.22(b) 所示[56]。将采用 H_2O 源制备的 Al_2O_3 栅介质与高温栅槽刻蚀结合，可将 GaN 基 MIS-HEMT 器件阈值电压的回滞从 0.53 V 大幅降低到 0.05V[56]。

在 GaN 基 MIS-HEMT 器件的研制中，除了采用上述技术钝化 (Al)GaN 表面的悬挂键外，SiN 介质插入层方法也被用来抑制由界面态导致的器件阈值电压回滞[57-58]。目前制备 SiN_x 介质的方法主要有三种：低压化学气相沉积 (LPCVD)、等离子增强化学气相沉积 (PECVD) 和 PEALD。LPCVD 采用 SiH_4 或 SiH_2Cl_2 与 NH_3 在高温下反应在 (Al)GaN 表面沉积 SiN_x，生长温度一般在 650℃ 以上。研究发现，这种高温生长能在 $SiN_x/(Al)GaN$ 界面形成一层约 2 nm 厚的 SiO_xN_y 晶化插入层，可有效钝化 $SiN_x/(Al)GaN$ 界面的深能级界面态[44]。但 LPCVD 腔体的高温环境会导致 (Al)GaN 表面部分分解，表面变得更加粗糙，使界面态导致的器件频散效应变大，并造成器件栅下沟道中 2DEG 的低场迁移率下降[57]。为有效保护 (Al)GaN 表面，2016 年，香港科技大学化梦媛等人采用低温 PECVD 方法，在 300℃ 下制备了一层约 2 nm 的 SiN_x 界面层，然后转移到 LPCVD 中沉积高温 SiN_x 栅介质，这种方法可显著改善 $SiN_x/$ (Al)GaN 界面的平整度，如图 7.23 所示[57]。基于该技术研制的增强型 GaN 基 MIS-HEMT 器件的阈值电压达到了 2.4 V，阈值电压回滞仅为 0.12 V，同时器件从室温到 200℃ 范围的阈值电压漂移很小。2014 年，韩国首尔国立大学 W. Choi 等人效仿制备 ALD-Al_2O_3 介质所用的原位低损伤表面处理技术，采用 PEALD 方法低温生长一层 5 nm 厚的 SiN_x 插入层，也显著抑制了增强型 GaN 基 MIS-HEMT 器件的阈值电压漂移[58]。

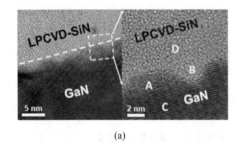
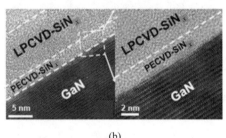

(a)   (b)

图 7.23 不含有和含有 PECVD-SiN_x 插入层的 LPCVD-SiN_x/GaN 界面的高分辨 TEM 像[57]

2. 高压电流坍塌效应的抑制

如前所述，很强的自发极化和压电极化效应在 $Al_xGa_{1-x}N/GaN$ 异质结构中诱导出高密度的 2DEG，然而同时也会带来不可忽视的表/界面态问题。在 GaN 基 HEMT 器件关态（OFF-state）的高压偏置下，构成栅极漏电的电子在栅边缘高电场作用下极易隧穿到 $Al_xGa_{1-x}N$ 势垒层的深能级表/界面态上，直接导致栅漏之间沟道中 2DEG 下降。然而在器件开启过程中，这些深能级表/界面态捕获的电子释放较慢，其下面沟道中的 2DEG 无法及时恢复，就产生了所谓的电流坍塌效应[47]。

为了抑制 GaN 基 HEMT 器件中因深能级表/界面态缓慢放电造成的电流坍塌效应，目前的主导技术是采用 PECVD 方法在 $Al_xGa_{1-x}N$ 势垒层表面沉积一层较厚的 SiN_x（PECVD-SiN$_x$）钝化层，一般约 200 nm 厚，以钝化深能级表/界面态[59]。PECVD-SiN$_x$ 钝化技术在工作电压低于 100 V 的 GaN 基射频电子器件中非常有效，然而对于工作电压高于 100 V 的 GaN 基功率电子器件，在没有复杂场板辅助的情况下 PECVD-SiN$_x$ 仍无法有效抑制动态电阻的急剧增加[60]。其主要原因是 PECVD-SiN$_x$ 生长过程中等离子体是直接耦合到 $Al_xGa_{1-x}N/GaN$ 异质结构上的，不可避免地会造成 $Al_xGa_{1-x}N$ 势垒层的表面损伤。同时 SiN_x 与 (Al)GaN 晶格失配较大，会直接影响钝化层的晶体质量和缺陷密度，导致界面态和 PECVD-SiN$_x$ 中的体缺陷在高压下造成器件严重的电流坍塌效应[54]，另外，PECVD-SiN$_x$ 钝化对侧壁的覆盖能力较差，特别是对栅漏边缘的高场区域。因此，需要研发 GaN 基 HEMT 器件的高压钝化技术，以满足 GaN 基功率电子器件高压下低动态导通电阻的要求。

1）极性 PEALD-AlN 钝化技术

同为氮化物的 AlN 材料具有比 SiN_x 更高的禁带宽度和击穿电场，以及更好的热导率。更重要的是，它与 (Al)GaN 间的晶格失配低于 PECVD-SiN$_x$/(Al)GaN 界面，因而有可能在 $Al_xGa_{1-x}N/GaN$ 异质结构表面制备出高质量的 AlN 钝化层。美国 Cornell 大学 J. Hwang 等人和日本名古屋工业大学 S. L. Selvaraj 等人分别采用了 MBE 和 MOCVD 方法外延 AlN 层来钝化 GaN 基 HEMT 器件的表/界面态，获得了比较好的器件电流坍塌抑制能力[61-62]。然而这两种介质生长方法都是在高于 600℃温度下实现的，存在与现有器件工艺的兼容性和高成本等问题。

香港科技大学陈敬等人采用远程等离子体处理（RPP）和等离子增强 ALD（PEALD）技术，在 300℃ 低温下在 $Al_xGa_{1-x}N/GaN$ 异质结构上生长出高质量的 AlN 薄膜（PEALD-AlN），如图 7.24 所示[46]。得益于 RPP 的低损伤处理，PEALD-AlN/$Al_xGa_{1-x}N$ 界面呈现出非常锐的原子级界面，且接近界面处的 4 nm 厚的 AlN 呈现近似单晶的结构。在从高压关态到低压开态的 GaN 基 HEMT 器件测量中，4 nm 厚的 PEALD-AlN 钝化层展现出比传统的 100 nm 厚的 PECVD-SiN$_x$ 优秀的电流坍塌抑制能力[46]。器件从栅压 $V_{GS} = -3$ V、$V_{DS} = 200$ V 向 $V_{GS} = 0$ V、$V_{DS} = 1$ V 的转换测量中，PEALD-AlN 钝化的器件源漏电流降低很少，说明其能有效抑制 GaN 基功率电子器件在高压下导通电阻的变大。

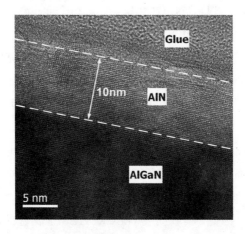

图 7.24 在 $Al_xGa_{1-x}N/GaN$ 异质结构上 PEALD 方法生长的 10 nm
厚的 AlN 薄膜的 TEM 截面形貌[46]

结合准静态 $C-V$ 测试和能带仿真，通过测定 2 nm 厚的 PEALD-AlN 薄膜能在 AlN/GaN 异质结构界面诱导出高达 $3.2×10^{13}$ e/cm^2 的正电荷面密度，如图 7.25(a) 所示[63]。考虑到 GaN 表面 $1.8×10^{13}$ e/cm^2 面密度的负极化电荷，由 PEALD-AlN 诱导出的正电荷为 $5.0×10^{13}$ e/cm，已接近 AlN/GaN 异质结构自发和压电极化总电荷面密度（理论计算为 $6.1×10^{13}$ e/cm^2）[63]。由此推测 PEALD-AlN 也具有极化特性，它在 $Al_xGa_{1-x}N/GaN$ 异质结构表面诱导产生的高密度正电荷正好能补偿 $Al_xGa_{1-x}N$ 势垒层表面捕获了电子的深能级表面态，如图 7.25(b) 所示[63]，从而抑制了这些表面态对栅漏接入区域沟道中

2DEG 的耗尽，因此防止了高压电流坍塌效应。与传统的钝化技术不同的是，这种极化电荷补偿了界面态的钝化新概念容许器件中一定密度表/界面态的存在，从而扩大了器件表/界面态处理工艺的窗口和灵活度，GaN 基 HEMT 器件的动

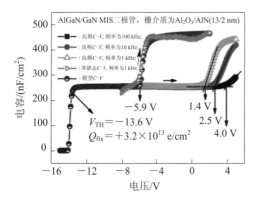
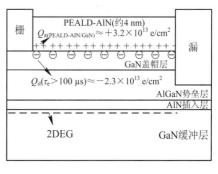

(a) MIS二极管的高频 (1～100 kHz) 和准静态 C-V(1 Hz) 曲线及其理论模拟曲线　　(b) HEMT器件中界面电荷的分布示意图

图 7.25　基于 $Al_xGa_{1-x}N/GaN$ 异质结构的 PEALD-AlN 钝化[63]

态性能得到了显著提升[63]。需要指出的是，接近 GaN 导带底的浅界面态可能还未被这些极化电荷有效补偿，但是由于它们的充放电时间很短，因此对 GaN 基功率电子器件的动态导通电阻的影响很小。

　　为了获得更好的抗湿性和便于植入场板技术，GaN 基 HEMT 器件的钝化层厚度一般要大于 50 nm。香港科技大学唐智凯等人进一步在 $Al_xGa_{1-x}N/$ GaN 异质结构上采用 AlN/SiN_x 复合钝化层结构，利用较厚的 $PECVD-SiN_x$ 覆盖保护 4 nm 厚的与 $Al_xGa_{1-x}N$ 势垒层直接接触的 PEALD-AlN，进一步提高了 AlN 钝化的可靠性[64]。基于该复合钝化结构，在 Si 衬底上同时研制出耗尽型和增强型 GaN 基 HEMT 器件及其单片集成，如图 7.26 所示[65]。对耗尽型器件，动态导通电阻经 600 V 关态电应力测试后仅仅增大了一倍，对增强型器件则增大更小。

　　2) 高温 $LPCVD-SiN_x$ 钝化技术

　　GaN 基 HEMT 器件传统的钝化工艺使用 $PECVD-SiN_x$ 介质作为 GaN 表面的钝化层，但其耐高温能力、致密性、元素化学比、元素纯度等方面的不足

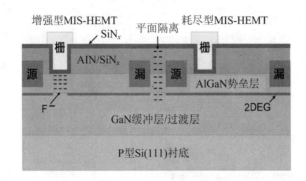

图 7.26　同一 Si 衬底上的耗尽型和增强型 GaN 基 HEMT 器件及其单片集成的结构示意图[65]

限制了其工艺的兼容性和表面态钝化的效果。而在 Si 基集成电路 CMOS 工艺中采用 LPCVD 方法在大于 600℃ 的高温下生长的 SiN_x（LPCVD-SiN_x）介质具有致密性好、击穿电压高、热稳定性好等特点，尤其是具有耐等离子体损伤等优点[66]。在 GaN 基功率电子器件工艺中采用高温钝化具有比 Si 基器件更大的优势。实验发现，在 $Al_xGa_{1-x}N/GaN$ 异质结构表面通过 780℃ 生长的 120 nm 厚的 LPCVD-SiN_x 经过 850℃ 的欧姆接触高温退火，未出现应力导致的裂纹[66]。

　　基于以上提及的 LPCVD-SiN_x 的优点，中科院微电子所王鑫华等人将高温 LPCVD-SiN_x 引入 GaN 基 HEMT 器件的钝化工艺中，即在其他器件工艺前用 LPCVD-SiN_x 对 $Al_xGa_{1-x}N/GaN$ 异质结构进行钝化保护，可有效避免后面的器件工艺步骤，特别是高温退火造成的异质结构表/界面态的增加[66]。由于 300℃ 温度下生长的 PECVD-SiN_x 在高温欧姆接触退火过程中会开裂，因此采用 PECVD-SiN_x 钝化 GaN 基 HEMT 器件只能选择在欧姆接触退火后进行，于是未被钝化保护的 $Al_xGa_{1-x}N$ 势垒层表面在高温退火后会形成一层大约 6 nm 厚的氧化层以及相似厚度的 N 空位层[66]。而采用 LPCVD-SiN_x 钝化保护的 $Al_xGa_{1-x}N/GaN$ 异质结构高温退火后，LPCVD-$SiN_x/Al_xGa_{1-x}N$ 界面只生成了不到 2 nm 厚的界面氧化层[66]，这证明 LPCVD-SiN_x 能有效防止 $Al_xGa_{1-x}N/GaN$ 异质结构表面的工艺沾污、N 空位形成和再氧化。

　　图 7.27 对比了基于 PECVD-SiN_x 和 LPCVD-SiN_x 两种钝化技术的 GaN 基 HEMT 器件的电流坍塌特性[66]。在瞬态偏置点为 $V_{GS}=-5$ V，$V_{DS}=50$ V 的脉冲 I-V 测试条件下，HEMT 器件的电流坍塌从前者的 16.3% 降为后者的

5.5%，说明 LPCVD-SiN$_x$/Al$_x$Ga$_{1-x}$N 界面态密度要远低于 PECVD-SiN$_x$ 钝化的样品。

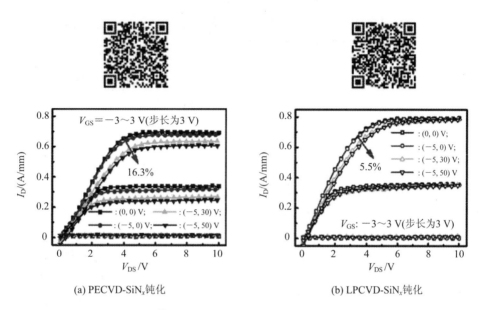

(a) PECVD-SiN$_x$钝化　　　　　　　(b) LPCVD-SiN$_x$钝化

图 7.27　基于 PECVD-SiN$_x$ 和 LPCVD-SiN$_x$ 钝化技术的
GaN 基 HEMT 器件的电流坍塌特性对比[66]

　　尽管 LPCVD-SiN$_x$ 钝化技术能防止 GaN 基功率电子器件表面的氧化加重，但其生长系统中缺乏等离子体，无法实现与 PEALD-AlN 类似的 RPP 原位处理功能，所以经过湿法处理后 Al$_x$Ga$_{1-x}$N/GaN 异质结构表面会面临再氧化的风险。因此，相对于前述 PEALD-AlN 钝化技术，高于 100 V 开关电压下，基于 LPCVD-SiN$_x$ 钝化技术的 GaN 基 HEMT 器件仍表现出一定的电流坍塌效应[67]。基于高频和准静态 C-V 测量技术，香港科技大学化梦媛等人测量了基于 LPCVD-SiN$_x$ 钝化技术的 GaN 基 MIS 二极管的频散效应[68]，如图7.28所示。这也进一步确认了 LPCVD-SiN$_x$ 钝化技术相对于 PEALD-AlN 钝化技术导致 GaN 基 HEMT 器件在高压下会出现更明显的电流坍塌效应。

　　如前所述，研发基于 LPCVD-SiN$_x$ 钝化技术的 GaN 基 HEMT 器件的原位低损伤表面处理技术，是抑制 GaN 基功率电子器件高压电流坍塌的有效方法之一。通过第一性原理仿真发现，在未经过氮化处理的 SiN$_x$/GaN 界面，Si—Ga 键引入了在 GaN 禁带中能级位置区域分布广泛的浅能级和深能级界面态，如

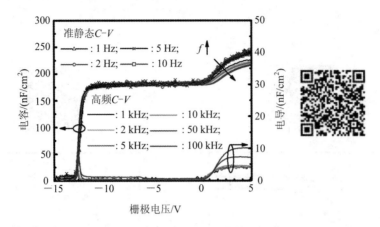

图 7.28 基于 LPCVD-SiN$_x$ 钝化技术的 GaN 基 MIS 二极管的高频和

准静态 C-V 特性曲线[68]

图 7.29(a)所示[69]。而经过氮化处理，GaN 表面的悬挂键和 N 原子成键可有效地消除掉禁带中间的界面缺陷态，如图 7.29(b)所示[69]。图中，M、Γ、K、M 代表不同布里渊区的对称点。

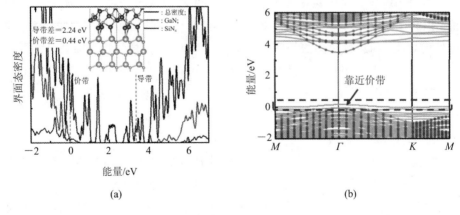

(a)   (b)

图 7.29 第一性原理计算获得的未经氮化处理和经过氮化处理的

SiN$_x$/GaN 界面的态密度分布[69]

将 LPCVD-SiN$_x$ 钝化技术应用到增强型 GaN 基 HEMT 器件工艺中,可极大地提高器件的阈值电压稳定性和栅介质的可靠性。然而用 LPCVD 方法沉积栅介质的温度达 800℃。在这个高温下,器件栅区域通过刻蚀暴露出来的 GaN 表面会发生热分解或者与 LPCVD 系统中的气体发生化学反应,从而导致栅区域界面态密度增加,沟道中 2DEG 的迁移率下降。因此需要必要的界面保护技术,用以在高温 LPCVD-SiN$_x$ 沉积过程中对刻蚀过的 GaN 表面提供保护。针对这个问题,香港科技大学陈敬等人提出了两种 GaN 表面保护方案,均成功实现了高性能的增强型 GaN 基 HEMT 器件。方案一是在栅介质和 GaN 之间插入一层极薄的保护层,该保护层在低温环境下沉积并可实现高温过程中保护 GaN 表面的效果,如图 7.30(a)所示[57]。另一方案是氧化处理刻蚀过的 GaN 表面,然后经高温退火形成一层具有特殊原子构型的 GaON 单晶氧化物保护层,如图 7.30(b)所示[70]。具有这种构型的 GaON 单原子层不仅具有高温稳定性,更具有极低的表面态密度[70]。

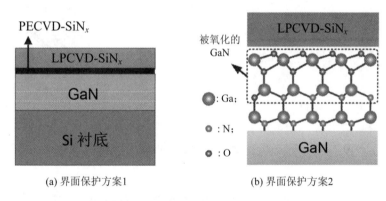

(a) 界面保护方案1　　　　　　　(b) 界面保护方案2

图 7.30 增强型 **GaN** 基 **HEMT** 器件中超薄 **PECVD-SiN$_x$** 插入层作为 **GaN** 表面保护层的样品结构示意图和 **GaON** 单晶氧化物保护层的原子结构示意图[70]

7.4　氮化镓基功率电子器件的可靠性

　　如前所述,相比于常规 GaN 基 HEMT 器件,GaN 基 MIS-HEMT 器件可更有效地抑制栅极漏电,增大栅压摆幅,且通过设计栅介质可实现器件大范围阈值电压的调整[18]。在功率开关电源的实际应用中，通常需要增强型器件来保障系统的失效安全和简化栅极驱动电路。基于凹栅槽技术的增强型 GaN 基 MIS-HEMT 器件的基本结构如图 7.31 所示[18]。通过减薄或去除栅极下方的 $Al_xGa_{1-x}N$ 势垒层和相应的正极化电荷，可实现正的阈值电压。目前国际上先后提出了干法刻蚀[26]、氧化湿法刻蚀[71]、干湿法刻蚀结合[72]、电化学刻蚀[27]、区域选择性外延生长、薄势垒层等方法来实现凹栅槽结构。将栅介质层(主要有 Al_2O_3、AlN、SiN_x、AlON、SiO_2、SiON 等)沉积在(Al)GaN 表面上，再在栅介质层顶部沉积栅极电极，从而形成 MIS 栅极器件结构。GaN 基 MIS-HEMT 器件具有类似于 Si 基 MOSFET 器件的栅结构和驱动方式，具有大栅压摆幅和大栅极偏置安全工作范围，是实现单芯片增强型 GaN 基功率电子器件的最佳选择方案之一。

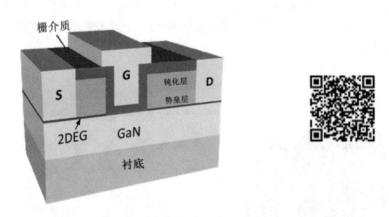

图 7.31　基于凹栅槽技术的增强型 GaN 基 MIS-HEMT 器件的基本结构示意图[70]

　　栅介质的介电常数、临界击穿电场及其与 GaN 的能带匹配性(Band Alignment)是选择 GaN 基 MIS-HEMT 器件栅介质的主要考量因素[73]。

　　图 7.32 显示了各种 MIS 栅介质的介电常数(k)和禁带宽度。很显然，介电常数和其禁带宽度具有负相关的经验关系[74]。一方面，较高的介电常数有助于提升器件栅压对沟道中 2DEG 的调控，同样栅介质厚度下可使得器件具有更高的跨导。另一方面，在栅极电容相同的情况下，器件具有相同的开启电压，而介电常数高的栅介质其厚度更大，因此高 k 栅介质在器件开态工作状态下所承受的电场强度更低，有利于栅极的可靠性。目前已有多种高 k 介质(如 HfO_2、ZrO_2、CeO_2、$LaLuO_2$ 等)被用于 GaN 基 MIS-HEMT 器件的报道[74]。

　　另一方面，具有更大禁带宽度的栅介质通常具有更高的临界击穿电场，可

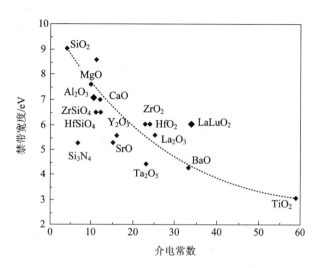

图 7.32　用于 GaN 基 MIS-HEMT 器件的各种栅介质的静态介电常数与禁带宽度的关系图[74]

提高 GaN 基 MIS-HEMT 器件的栅极击穿电压、栅压摆幅和抵抗栅压过冲尖峰的能力，从而减少对器件栅极驱动电压的限制。值得注意的是，对于无定形介质材料来说，沉积方式、缺陷密度、退火处理等条件也会对介质材料的性质（特别是临界击穿电场）带来很大影响[74]。

为有效抑制器件的栅漏电流，在栅介质/（Al）GaN 界面处需要较大的导带偏移（ΔE_c）。特别是在正向偏置条件下进行器件操作时，较大的 ΔE_c 可阻挡电子从沟道注入栅极。图 7.33 展示了通过第一性原理计算获得的部分介质和

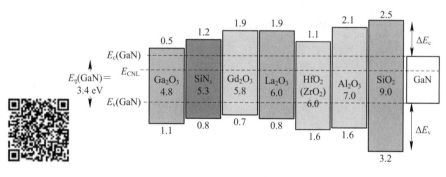

图 7.33　通过第一性原理计算获得的部分介质/GaN 之间的能带排列示意图和导带偏移 ΔE_c[74]

GaN 之间的 $\Delta E_c^{[74]}$。实际的介质/(Al)GaN 界面的 ΔE_c 可通过 XPS 测量或分析栅漏电获得。表 7-3 详细列出了实验获得的各种介质和 GaN 之间的 $\Delta E_c^{[75-92]}$。从表 7-3 中可看出，SiN_x 虽然禁带宽度较小，但其与 GaN 的导带偏移很大，是 GaN 基 MIS-HEMT 器件优选的栅介电材料。

表 7-3　各种介质和 GaN 之间的导带偏移 ΔE_c、价带偏移 ΔE_v 及其实验测量方法[75-92]

介质	沉积方法	E_g/eV	ΔE_v/eV	ΔE_c/eV	表征方法	参考文献
SiO_2/GaN	JVD	—	3.2	2.3	F-N plot	[75]
	硅的等离子体氧化	—	2.0	3.6	XPS	[76]
	PEALD	8.9	3.2	2.3	XPS	[77]
SiN_x/GaN	ECR-CVD	—	0.7	0.8	XPS	[78]
	硅的等离子体氮化	—	−0.6	2.1	XPS	[79]
SiN_x/AlGaN	LPCVD	—	—	2.3	F-N plot	[80]
SiN_x/$Al_{0.3}Ga_{0.7}N$	ECR-CVD	4.9	0.1	0.7	XPS	[78]
SiN_x/N-GaN	LPCVD	—	—	2.75	F-N plot	[81]
Al_2O_3/GaN	ALD	6.7	1.2	2.1	F-N plot	[82]
	ALD		1.2	2.1	C-V	[83]
	ALD	6.9~7.1	—	2.0	XPS	[56]
	PEALD	6.7	2.1	1.2	XPS	[77]
Al_2O_3/$Al_{0.3}Ga_{0.7}N$	铝的等离子体氧化	7.0	0.8	2.1	XPS	[78]
Al_2O_3/$Al_{0.25}Ga_{0.75}N$	ALD	6.9	1.2	1.8	XPS	[84]
AlON/AlGaN	ALD	6.58	1.12	1.57	XPS	[85]
AlN/$Al_{0.29}Ga_{0.71}N$	溅射法	6.4	—	—	XPS	[86]
HfO_2/GaN	铪的等离子体氧化	—	−0.1	2.5	XPS	[79]
	ALD	—	0.5	1.7	XPS	[87]
	PEALD	5.8	1.5	0.9	XPS	[77]
HfO_2/$Al_{0.25}Ga_{0.75}N$	ALD	5.9	0.9	1.1	XPS	[84]
Ga_2O_3/GaN	阳极氧化法	—	0.9	0.6	P-F plot	[88]
	电子束蒸发	—	1.0	0.3	XPS	[89]
Gd_2O_3/GaN	电子束蒸发	5.4	0.55	1.45	XPS	[89]
La_2O_3/GaN	MBE	—	0.63	1.47	XPS	[90]
Sapphire/GaN	MBE (GaN)	—	1.7	3.7	XPS	[91]

除了以上介电常数、临界击穿电场及其与 GaN 的能带匹配性外，GaN 基 MIS-HEMT 器件的栅极结构还面临着可靠性的严峻挑战，主要问题包括：① 栅介质层的引入产生了新的介质/(Al)GaN 界面，如前所述，界面处通常存在较高密度的浅能级和深能级陷阱，态密度最低只能控制在的 10^{12} cm^2/eV 量级[53]，在 GaN 基器件的开关过程中这些陷阱可捕获或释放电荷，导致器件的阈值电压不稳定；② 栅介质内存在一定密度的体缺陷，在栅压电应力下，体缺陷可能以 PF 发射或缺陷辅助隧穿等方式辅助电子的传输，增大栅极漏电并加速栅极退化[80]；③ 对于常关型 MIS-HEMT 器件，通常需要较大的正向栅极偏压来导通，在这种偏压下，栅电介质处于高电场应力中，同时也会受到来自沟道中电子的注入轰击，长时间应力下，栅介质内部和介质/(Al)GaN 界面处将产生并累积缺陷态，导致栅极漏电增大和最终栅介质击穿，也就是发生栅介质经时击穿(Time Dependent Dielectric Breakdown，TDDB)问题[80]。下面重点讨论 GaN 基 MIS-HEMT 器件中的栅介质经时击穿。

TDDB 是一种与时间有关的电介质击穿现象。当给器件中的介质层施加小于其临界击穿电场的电应力时，经过一段时间后，介质层就会击穿，这段经历电应力的时间就是 TDDB 寿命。GaN 基半导体器件的工作时间一般较长，为 5～10 年。很显然，在器件实际工作条件下做如此长时间的可靠性测试并不现实，因此可靠性的表征通常是在加速条件下实施的，即测试温度、电压或电流比实际工作条件更高，然后以一定的科学规律或经验公式折算成实际的工作寿命[92]。比如，对 GaN 基 MIS-HEMT 器件而言，栅介质寿命测试和长期可靠性超压测试通常在适当加速应力条件下进行，应力时间为 1～10^5 s。当一系列器件被测试时，它们会随着时间变化给出失效率和累积失效概率。失效率 λ 定义为[92]

$$\lambda = \frac{N}{t}$$

或

$$\lambda = \frac{f(t)}{1 - F(t)} \tag{7-4}$$

其中，N 为失效器件的数量，t 为总时间。λ 的含义是施加应力一定时间后，t 时刻器件的失效概率；而 $f(t)$ 则表示时间 t 或 t 之前的累积失效概率，又称为累积分布函数。TDDB 中，$f(t)$ 通常呈现出威布尔(Weibull)分布[92]，即

$$f(t) = 1 - \exp\left[-\left(\frac{t}{\tau}\right)^\beta\right] \tag{7-5}$$

对应地器件失效率则为[92]

$$\lambda = \frac{\beta}{\tau}\left(\frac{t}{\tau}\right)^\beta \tag{7-6}$$

其中：τ 和 β 为常数，称为形状参量。当 $\beta < 1$ 时，失效率随时间增加而下降，表示处于"浴盆"曲线中的早期失效期，可通过严格的测试（如老化（burn-in））筛选早期失效；当 $\beta > 1$ 时，失效率随时间增加而增加，表示处于"浴盆"曲线的损耗失效期。通常处理实验数据时会将式（7-5）重新整理为[93]

$$\ln[-\ln(1 - F(t)] = \beta\ln(t) - \beta\ln(\tau) \tag{7-7}$$

实验确认 GaN 基 MIS-HEMT 器件在恒定栅压应力下会出现经时击穿现象，如图 7.34 所示[80]。其失效率和累积失效概率可通过上述公式获得。经根据实验曲线所做的威布尔分布统计，采用 SiN_x 作为栅介质的 MIS 器件对应的形状参数 β 值为 2.4，说明其 TDDB 特征时间的一致性较好。实际情况中除了威布尔分布外，经时击穿也可展现出其他概率分布，如正态分布等。

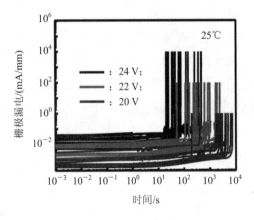

图 7.34　基于 $LPCVD\text{-}SiN_x/Al_xGa_{1-x}N/GaN$ 结构的 MIS-HEMT 器件在室温下
正向栅极应力分别为 20 V、22 V 和 24 V 时的击穿时间测量曲线[80]

当知道栅介质失效机制时，便可以通过外推预计得到栅介质的 TDDB 寿命[94]。栅介质，特别是热氧化 SiO_2 的击穿机理在 Si 基 CMOS 器件工艺中有大量的研究和同行较为认可的退化机制[94]。然而由于 GaN 基半导体具有独特的材料特性和 MIS 结构中所用栅介质 Si 基 CMOS 工艺不同，GaN 基

MIS-HEMT 器件中栅介质的击穿机制还未被完全理解。在较为常用的渗流（Percolation）模型中，栅介质击穿被预想为一条由缺陷连接着的导电通路。该通路是由在电应力过程中随机生成的缺陷形成的，贯穿整个介质层，如图 7.35 所示[93]。

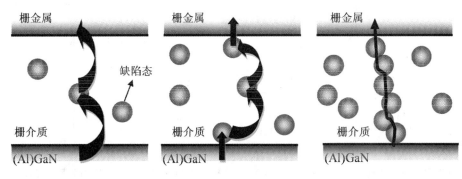

(a) 初始状态介质中的缺陷态可以辅助漏电　　(b) 电流或电场应力导致新的缺陷产生，增大漏电　　(c) 足够多的缺陷形成渗透通路，导致栅介质击穿

图 7.35　GaN 基 MIS-HEMT 器件中栅介质的经时击穿渗流模型示意图[93]

栅介质中缺陷形成的机理可能和载流子注入、电场应力、栅介质极性、体缺陷等相关。目前最常用于 GaN 基 MIS-HEMT 器件中栅介质寿命预测的 TDDB 模型是电流引起的退化模型[93]以及电场引起的退化模型[95]。两个模型在本质上是一致的，栅介质的损坏均被假定为由流过电介质的电流（即电子的定向运动）引起，当电子通过电介质加速时，会引起对介质的损坏，导致介质中缺陷的产生，一旦产生的缺陷形成一条连续的导电路径，器件的栅极漏电流就会迅速增加，发生栅介质击穿。电流退化模型[93]中，在估计栅介质的实际寿命时，可假设一旦通过介质的电荷数量达到临界电荷值 Q_{BD} 介质就会击穿。结合栅极漏电机理的分析，便可外推获得栅介质的寿命。此外，失效模型是受工作温度影响的，这个过程由阿列纽斯（Arrhenius）方程来表征[93]：

$$t_{BD} = A e^{\frac{E_A}{kT}} \qquad (7-8)$$

其中，t_{BD} 是温度 T 时的平均击穿时间，A 为常数，E_A 为活化能。

在 GaN 基 MIS-HEMT 器件正向偏压下，栅介质的漏电行为主要有 PF 发射、FN 隧穿、缺陷辅助隧穿、热激发等机制。不同器件偏压范围主导的漏电机制不同，如图 7.36 所示[80]。比如，对于采用 SiN_x 作栅介质的 GaN 基

MIS-HEMT 器件，低正向偏压下主导的漏电机制为 PF 发射，漏电显现出对温度较强的依赖关系。随着偏压增加，FN 隧穿机制开始逐渐主导栅介质的漏电行为，此时漏电受温度影响较弱。通过 PF 模型拟合得出 LPCVD-SiN$_x$ 介质中存在 $E_c - 0.27$ eV 的施主型能级，其物理来源还需要进一步研究[80]。

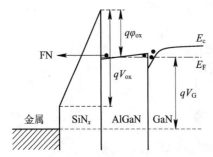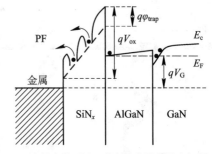

(a) 在高电场下以FN隧穿为主导的漏电机制   (b) 在低电场下以PF发射为主导的漏电机制

图 7.36　基于 LPCVD-SiN$_x$/Al$_x$Ga$_{1-x}$N/GaN 结构的 MIS 二极管漏电机制的能带示意图[80]

在 GaN 基 MIS-HEMT 器件的可靠性研究中，相比于用 ALD、PECVD、MOCVD、RTCVD 等方法沉积的 Al$_2$O$_3$、SiN$_x$、SiO$_2$、AlN、SiON 等栅介质材料，LPCVD-SiN$_x$ 栅介质展现出高击穿电场和长 TDDB 寿命的特性，是迄今 GaN 基 MIS-HEMT 器件中栅介质材料的最优选择[80]。由于 SiN$_x$ 和 GaN 之间 Ⅱ 型能带对准所产生的导带偏移 ΔE_c 高达 2.3 eV，所以 SiN$_x$ 介质可有效阻挡栅下沟道中的电子注入栅极，从而实现低栅极漏电。研究发现，LPCVD-SiN$_x$ 的优异栅介质特性得益于其较高的沉积温度，高温 LPCVD 沉积使得 SiN$_x$ 薄膜更为致密，且具有更低的缺陷态密度[66]。

2017 年，香港科技大学陈敬等人研究发现，GaN 基 MIS-HEMT 器件中的栅介质在关态高压(High-Temperature Reverse-Bias，HTRB)应力下也会出现经时击穿现象[96]。当器件处于高压反向偏置，即栅极偏置电压 V_{GS} 小于预制阈值电压 V_{TH}，漏极偏置电压 V_{DS} 为高压应力时，栅极边缘靠近漏极区域将产生高电场。从源极注入的电子将在这个高场区域加速产生热电子，并引起碰撞电离和空穴-电子对的产生，如图 7.37(a)所示[96]。碰撞电离产生的空穴随着电势分布流向栅极和漏极。由于 SiN$_x$ 和 GaN 的价带偏移 ΔE_v 为负，因此空穴不需要越过任何势垒就能注入栅介质层，如图 7.37(b)所示[96]。在长时间的电应力下，持续通过 SiN$_x$ 栅介质层的空穴会在介质层中造成缺陷的产生，这个过程类似于正向栅压下电子注入导致的栅介质层缺陷生成，从而引起阈值电压漂移和栅极击穿。

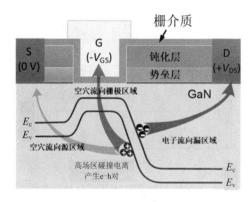

(a) 电子-空穴对(e-h)的产生和流向示意图

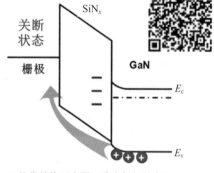

(b) 能带结构示意图，流向栅极的空穴
不需要越过势垒就能注入到栅介质中

图 7.37　HTRB 应力下 GaN 基 MIS-HEMT 器件中载流子的运动示意图[96]

　　缓解 GaN 基 MIS-HEMT 器件中空穴注入导致栅介质损伤的一个可行方案是将器件栅区域的 GaN 沟道通过氧化和高温退火转换成 GaON 沟道[97]。GaON 的禁带宽度为 4.1 eV，比 GaN 大，可在与 GaN 界面处产生约 0.6 eV 的空穴势垒，从而抑制空穴注入栅介质，避免器件在关态高压应力下的经时击穿[98]。

　　另外，如前所述，在基于凹栅槽技术的增强型 GaN 基 MIS-HEMT 器件中一般是通过刻蚀 $Al_xGa_{1-x}N$ 势垒层来实现增强型的。$Al_xGa_{1-x}N$ 势垒层可保留极薄的一层，厚度一般小于 6 nm，形成势垒层被部分刻蚀的金属-绝缘体-半导体器件结构，如图 7.38(a)所示[99]。$Al_xGa_{1-x}N$ 势垒层也可被完全刻蚀，形成另一种金属-绝缘体-半导体的器件结构，如图 7.38(b)所示[99]。通过系统对比这两种器件的结构可以发现，$Al_xGa_{1-x}N$ 势垒层完全被刻蚀的 MIS-HEMT 器件具有更为出色的阈值电压均匀性和热稳定性。在长时间的正向栅压应力下，两种器件结构的阈值电压不稳定性均较小。但是在负栅压应力下，势垒层部分刻蚀的器件结构的阈值电压不稳定性远大于完全刻蚀的器件结构[99]。在动态栅极偏置电压应力下，后者也具有比前者更高的阈值电压稳定性。香港科技大学的研究组认为两种器件结构阈值电压稳定性的差异主要源于介质/(Al)GaN 界面陷阱态和栅下导电沟道之间的空间间隔不同。在势垒层部分刻蚀的器件结构中，势垒层的存在使得缺陷态释放电子比在势垒层完全刻蚀的器件结构中困难[99]。

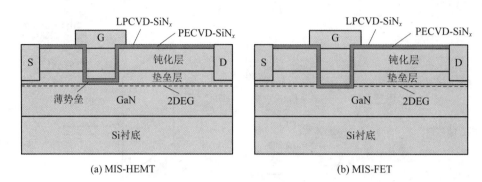

(a) MIS-HEMT   (b) MIS-FET

图 7.38 Al$_x$Ga$_{1-x}$N 势垒层部分刻蚀和完全刻蚀的 GaN 基 MIS-HEMT 器件结构示意图[99]

7.5 氮化镓基功率电子器件的应用

随着现代各种仪器设备的功能越来越复杂性，性能越来越好，其电源部分往往需要输出更高的电压和功率，随之而来的是系统的效率、散热、体积、重量等方面的问题。相应地，对半导体器件的输出功率、截止频率、开关特性等提出了更高的要求。如前所述，相较于 Si 基功率电子器件，GaN 功率电子器件具有更加优异的性能、效率和更小的体积，在电源、电力变换器和驱动模块等方面展现出巨大的应用潜力。随着 GaN 基异质结构材料外延生长技术和 GaN 基 HEMT 器件制备技术的不断进步，GaN 基功率电子器件及其模块逐渐走出实验室，开始应用在人们工作、生活的各个方面。下面将介绍 GaN 基功率电子器件预期会有很大发展的几个主要应用领域。

7.5.1 在快充适配器领域的应用

通用电源设备是 GaN 基功率电子器件的典型应用领域之一。现代人对手机、电脑等便携式电子设备的依赖程度很大，充电快、尺寸小、重量轻的快充适配器电源更能满足人们快节奏的生活、工作需求。基于 GaN 基功率电子器件的充电设备和电源在功率和小型化方面的提升非常显著，快充电源也成为其增速最快的应用市场之一[100]。

2017 年 2 月，美国 Navitas 半导体公司宣布推出业界首个集成半桥 GaN

基功率 IC，采用 iDrive™ 单芯片技术，集成了所有半桥功能，提供高达 2 MHz 的开关速度。第一个半桥 GaN 基功率 IC 产品 NV6250 采用 6 mm×8 mm QFN 封装，适用于 20～30 W 的手机快充和平板电脑等电器产品的外部适配器[101]。2018 年 10 月，中国 ANKER 公司的 GaN 基快充适配器产品 PowerPort Atom PD 1 在美国纽约发行，该产品使用了 GaN 基功率电子器件替代部分 Si 基器件，可提供 30 W 的功率输出，如图 7.39 所示[102]。与常用的 iPhone 手机充电器相比，该产品的充电速率提高了 2.5 倍，而体积缩小为 iPhone 手机充电器的 40%。2019 年 10 月，美国 Navitas 公司和中国的 Baseus 公司联合推出基于 GaN 基功率电子器件的移动充电器产品 GaN Fast 2C1A[103]。该充电器集全球最小、最轻和便携性于一体，外壳面积是 86 cm²，重量 120 g，都仅为常规充电器的一半，可提供 65 W 的总输出功率或在两个 USB−C 端口分别提供 20 W 和 45W 的输出功率。

(a)　　　　　　　　　　　　　(b)

图 7.39　ANKER 公司的 PowerPort Atom PD 1 GaN 基快充适配器和常规的
iPhone 手机用快充适配器的尺寸对比[102]

7.5.2　在激光雷达领域的应用

激光雷达使用激光脉冲快速形成三维图像或为周围环境制作电子地图，在自动驾驶、高级测绘、计算机视觉和雷达传感等领域具有广阔的应用前景。而 GaN 基功率电子器件比 Si 基器件具有更高的开关速度和功率容限，使用 GaN 基器件可触发更大的电流窄脉冲，从而实现激光雷达更高的分辨率及脉冲电流。因此 GaN 基功率电子器件的应用被普遍认为是提高激光雷达分辨率和小

型化的重要技术路径之一[104]。

美国 EPC 公司现已推出了 20 多种面向激光雷达应用的 GaN 基功率电子器件产品，漏源电压覆盖了 15～100 V，最大脉冲峰值电流覆盖了 0.5～246 A。以高压应用的 EPC2016C 和低压应用的 EPC2040，与同类型的 Si 基 MOSFET 器件的性能对比如表 7-4 所示[104]。在低压器件中，Si 基 MOSFET 具有高栅电荷和大栅电阻，导致其栅开关速率 FOM(品质因数)是 EPC2040 的 25 倍以上。在高压器件中，BSZ146N10LS5 是 Si 基器件中性能最好的，但其栅开关速率 FOM 仍是 EPC2016C 的 2 倍以上。

表 7-4 面向激光雷达应用的 GaN 基和 Si 基功率电子器件的性能对比[104]

FET	Technology	$R_{DS(on)}$ /mΩ	$V_{DS.max}$ /V	$I_{pnlse.max}$ /a	Q_{Gtot} /nC	V_{drie} /V	R_g /Ω	$r_g \cdot Q_g$ /(Ω·nC)	Package
EPC2016C	GaN	16	100	75	3.4	5	0.4	1.36	LGA2.1×1.6
AON7232	Si	16.5	100	62	12	4.5	1.2	14.4	DFN3.3×3.3
BSZ146N10LS5	Si	20.8	100	80	3.2	4.5	1	3.2	DFN3.3×3.3
EPC2040	GaN	28	15	28	0.93	5	0.4	0.372	LGA1.2×0.8
FDMA410NZT	Si	23	20	63	10	4.5	1.4	14	DFN2×2
CSD13385F5	Si	19	12	41	3.9	4.5	20	78	LGA1.5×0.8
CDS15571Q2	Si	19.2	20	52	2.5	4.5	3.8	9.5	DFN2×2

注：LGA 为 Land Grid Array 的缩写；DFN 是 Dual-Flat, No-lead 的缩写。

作为激光雷达领域的资深企业，美国 Velodyne 公司采用 EPC 公司的 GaN 基功率电子器件，在 2018 年 1 月的国际消费类电子产品博览会上发布了第一款固态激光雷达产品 Velarray，其封装尺寸仅为 125 mm×50 mm×55 mm，能无缝嵌入具有自动驾驶功能的轿车中，比以往的激光雷达产品在尺寸和性能上优异很多，可提供 120°的水平视角及 35°的垂直视角，测试距离可达 200 m [105]。2019 年 10 月，EPC 公司发布了专门为飞秒激光雷达设计的增强型 GaN 基功率电子器件 EPC2216，该器件具有 15 V 的额定漏源电压、26 mΩ 的导通电阻，可产生 28 A 的脉冲电流摆幅，面积仅为 1.02 mm²，使激光雷达的性能得以进一步提高[106]。

7.5.3　在无线充电领域的应用

无线充电方式比常规的有线充电方式更加安全、方便和美观。提高效率是当前无线充电技术的重点问题之一[107]。当前常用的两种无线充电标准为 Qi（Wireless Power Consortiom）和 AirFuel。其中，Qi 为 100～315 kHz 的低频充电模式；AirFuel 由 PMA（Power Matters Alliance）和 A4WP（Alliance for Wirless Power）合并而来，为 6.78 MHz 的高频充电模式[108]。相较而言，AirFuel 充电标准能够实现更高的充电效率。但由于功率传输的频率较高，使用 Si 基功率电子器件比较困难，因此具有更高截止频率和开关频率的 GaN 基功率电子器件及其模块是更好的选择，且 GaN 基功率电子器件有助于提高无线充电系统的功率水平，降低散热，减小产品尺寸[108]。此外，鉴于目前多种无线充电标准同时存在，为避免无线电源之间的串扰以及方便用户，使用兼容多种无线充电标准的接收模块是最简单的方法，目前也只有 GaN 基功率电子器件可满足这一需求[109]。

美国 EPC 公司与中国台湾捷佳科技、加拿大 Solace Power、美国 Nucurrent、中国台湾 Voltraware、德国伍尔特、中国香港创徽科技等公司联合，就如何利用 GaN 基功率电子器件构建出所需的无线充电方案展开合作，联合开发了诸多适用于 AirFuel 联盟 6.78 MHz 标准的电路模块，包括 EPC9510、EPC9051 和 EPC9083 等放大器模块，以及 EPC9513、EPC9515 和 EPC9514 等接收器模块，功率水平分别为 10～60 W 和 5～27 W，如图 7.40 所

(a)　　　　　　　　　　(b)

图 7.40　EPC 公司推出的 EPC9513 无线充电接受器的正面线圈和反面 IC 电路[110]

示[110]，客户可使用自己设计的线圈进行开发研究。EPC9511 放大器模块具有 6.78 MHz 的 AirFuel 和 165 kHz 的 Qi 两个模式，分别提供 10 W 和 5 W 的功率水平[110]。2018 年 3 月，EPC 公司在国际消费类电子产品博览会上展出了基于 GaN 基功率电子器件的无线充电智能桌子，可提供 300 W 的输出功率，能够同时对台灯、手环、手机、音响、笔记本电脑和台式电脑进行无线充电[111]。

7.5.4　在电动汽车领域的应用

出于环保和节能目的，电动汽车以及混合动力汽车近年来在国内外备受关注。如图 7.41 所示[112]，逆变器是电动汽车电力系统中的重要组成部分。考虑到在电动汽车上新出现的电动启停、电动转向、电动悬挂系统、电动涡轮增压和变速空调等耗电功能组件，以及新型激光雷达等模块，电动汽车传统的 12 V 配电系统已无法满足其能耗的需求[112]。目前，由 48 V、电源和 48 V-12 V DC-DC 变换器组成的新配电系统是解决上述问题的最佳方案。相对于现有的 Si 基 MOSFET 和 IGBT 器件，GaN 基 HEMT 器件及其模块将极大地提高电动汽车配电系统的效率，简化系统结构，并缩小系统尺寸，减小系统重量[113]。

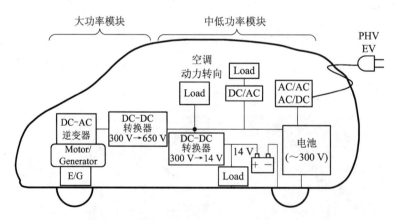

图 7.41　电动汽车和混合动力汽车的电源系统结构示意图[112]

EPC 公司推出的经 AEC-Q101 认证的面向车载应用的 GaN 基功率电子器件产品 EPC2202 和 EPC2203 的最大漏源电压为 80 V，可分别提供 18 A 和 1.7 A 的恒定电流，或 75 A 和 17 A 的脉冲电流，尺寸分别为 2.1 mm×1.6 mm 和 0.9 mm×0.9 mm。两种 GaN 基功率电子器件的尺寸仅为相同功能的 Si 基器件的几分之一，但开关频率提高了 10 倍以上。2019 年 10 月，名古屋大学的天野浩教授团队将利用 GaN 基功率电子器件研发的逆变器首次应用于纯电动汽车中，可提高效率 20％，测试速度达到 50 km/h。该车被其命名为"ALL GaN Vehicle"，并在当年的第 46 届东京汽车展上展出，如图 7.42 所示[114]。天野浩教授表示该逆变器仍面临可靠性和价格等方面的问题，争取在 2025 年投入市场。

图 7.42　天野浩教授手持全 GaN 逆变器与"ALL GaN Vehicle"纯电动汽车的合影[114]

7.5.5　在航天抗辐射领域的应用

在航空航天领域，由于载荷限制和可靠性要求，电源或其他电力系统的尺寸、重量和抗辐射能力是需要着重考虑的因素。自 1985 年起，应用于航天领域的 Si 基 MOSFET 器件和模块都需要通过削减电特性才能达到抗辐射要求，在工艺和结构上有很大的改动，因此宇航级的电源设备的性能往往远逊色于同类的商业电源[115]。然而，经过充分的重离子轰击和伽马射线辐射测试确认 GaN 基 HEMT 器件在深空高计量辐射环境下仍具有良好的稳定性，且其性能明显优于 Si 基 MOSFET 器件[116-117]。同时，使用 GaN 基器件可大幅度减小航天器电源模块的重量和尺寸，因此，GaN 基功率电子器件在航天领域具有很大的优势和应用潜力。

美国 EPC 推出的 GaN 基功率电子器件产品 MGN2910 与耐辐射性能相对好的 Si 基 MOSFET 器件产品 IRHN57250SE 的性能对比如表 7-5 所示[116]。两者具有相当的高压和 SEE（单粒子效应）承受能力，但前者在导通电阻、开关特性和 TID（总剂量效应）承受能力方面远优于后者。在尺寸方面，MGN2910

的面积仅为 24 cm²，厚度为 1.6 mm，而 IRHN57250SE 的面积则达到了 184 cm²，厚度达 3.6 mm。通过对比可知，GaN 基功率电子器件在航天仪器上的应用优势十分明显。

表 7 - 5 MGN2910 与 IRHN57250SE 的性能对比

比较项目	MGN2910	IRHN57270SE	单位	性能比例	测试方案
BV_{DSS}	200	200	V		
$R_{DS(ON)}$	0.025	0.06	Ω	2	
Q_S	7.5	132	nC	18	
Q_{GS}	2	45	nC	23	
Q_{GO}	2.6	60	nC	23	
$Q_G R_{DS(ON)}$	0.19	7.9	nC·Ω	42	
$Q_{GS} R_{DS(ON)}$	0.05	2.7	nC·Ω	54	
$Q_{GD} R_{DS(ON)}$	0.065	3.6	nC·Ω	55	
84LET($V_G=0$ V) 下测得的 SEE SOA	190	200	V	1	MIL-STD750E 方案 1080
测得的 TID 容量	>1000	1	kRAD(Si)	>1000	MIL-STD750E 方案 1019

参 考 文 献

[1] BALIGA B J. Gallium nitride devices for power electronic applications [J]. Semiconductor science and technology, IOP Publishing, 2013, 28(7): 074011.

[2] AMBACHER O, SMART J, SHEALY J R, et al. Two-dimensional electron gases induced by spontaneous and piezoelectric polarization charges in N- and Ga-face AlGaN/GaN heterostructures[J]. Journal of applied physics, 1999, 85(6): 3222 - 3233.

[3] AMBACHER O, FOUTZ B, SMART J, et al. Two dimensional electron gases induced by spontaneous and piezoelectric polarization in undoped and doped AlGaN/GaN heterostructures[J]. Journal of applied physics, AIP publishing, 2000, 87(1): 334 - 344.

[4] BALIGA B J. Power semiconductor device figure of merit for high-frequency applications[J]. IEEE electron device letters, 1989, 10(10): 455 - 457.

[5]　CHEN K J, HABERLEN O, LIDOW A, et al. GaN-on-Si power technology: devices and applications[J]. IEEE transactions on electron devices, 2017, 64(3): 779 - 795.

[6]　AMANO H, BAINES Y, BEAM E, et al. The 2018 GaN power electronics roadmap [J]. Journal of physics D: applied physics, 2018, 51(16): 163001.

[7]　MISHRA U K, SHEN LIKUN, KAZIOR T E, et al. GaN-Based RF power devices and amplifiers[J]. Proceedings of the IEEE, 2008, 96(2): 287 - 305.

[8]　IKEDA N, NIIYAMA Y, KAMBAYASHI H, et al. GaN power transistors on Si substrates for switching applications[J]. Proceedings of the IEEE, 2010, 98(7): 1151 - 1161.

[9]　HUGHES B, CHU R, LAZAR J, et al. Increasing the switching frequency of GaN HFET converters[C]//2015 IEEE International Electron Devices Meeting (IEDM), 2015: 16. 7. 1 - 16. 7. 4.

[10]　PERALAGU U, DE JAEGER B, FLEETWOOD D M, et al. CMOS-compatible GaN-based devices on 200mm-Si for RF applications: Integration and Performance [C]//2019 IEEE International Electron Devices Meeting (IEDM), 2019: 17. 2. 1 - 17. 2. 4.

[11]　THEN H W, HUANG C Y, KRIST B, et al. 3D heterogeneous integration of high performance high-K metal gate GaN NMOS and Si PMOS transistors on 300mm high-resistivity Si substrate for energy-efficient and compact power delivery, RF (5G and beyond) and SoC applications[C]//2019 IEEE International Electron Devices Meeting (IEDM), 2019: 17. 3. 1 - 17. 3. 4.

[12]　https://www. i-micronews. com/products/power-gan-2019-epitaxy-devices-applications-technology-trends.

[13]　LI H, YAO C C, FU L X, et al. Evaluations and applications of GaN HEMTs for power electronics[C]//2016 IEEE 8th International Power Electronics and Motion Control Conference (IPEMC-ECCE Asia), 2016: 563 - 569.

[14]　MENEGHESSO G, VERZELLESI G, DANESIN F, et al. Reliability of GaN high-electron-mobility transistors: state of the art and perspectives[J]. IEEE transactions on device and materials reliability, 2008, 8(2): 332 - 343.

[15]　CHOWDHURY S, MISHRA U K. Lateral and vertical transistors using the AlGaN/GaN heterostructure[J]. IEEE transactions on electron devices, 2013, 60(10): 3060 - 3066.

[16]　ZHANG Y, SUN M, PIEDRA D, et al. GaN-on-Si vertical Schottky and p-n diodes [J]. IEEE electron device letters, 2014, 35(6): 618 - 620.

[17]　JONES E A, WANG F, OZPINECI B. Application-based review of GaN HFETs

［C］//2014 IEEE workshop on wide bandgap power devices and applications，2014：
24 - 29.

［18］ 黄森，王鑫华，康玄武，等. 绝缘栅 GaN 基平面功率开关器件技术［J］. 电力电子技术，2017，51(8)：65 - 70.

［19］ WU Y F，GRITTERS J，SHEN L，et al. kV-Class GaN-on-Si HEMTs enabling 99% efficiency converter at 800 V and 100 kHz［J］. IEEE transactions on power electronics，2014，29(6)：2634 - 2637.

［20］ UEMOTO Y，HIKITA M，UENO H，et al. Gate injection transistor (GIT)：a normally-off AlGaN/GaN power transistor using conductivity modulation［J］. IEEE transactions on electron devices，2007，54(12)：3393 - 3399.

［21］ CAI Y，ZHOU Y，LAU K M，et al. Control of threshold voltage of AlGaN/GaN HEMTs by fluoride-based Plasma treatment：from depletion mode to enhancement mode［J］. IEEE transactions on electron devices，2006，53(9)：2207 - 2215.

［22］ SAITO W，TAKADA Y，KURAGUCHI M，et al. Recessed-gate structure approach toward normally off high-Voltage AlGaN/GaN HEMT for power electronics applications［J］. IEEE transactions on electron devices，2006，53(2)：356 - 362.

［23］ OKA T，NOZAWA T. AlGaN/GaN recessed MIS-Gate HFET with high-threshold-voltage normally-off operation for power electronics applications［J］. IEEE electron device letters，2008，29(7)：668 - 670.

［24］ HUANG S，LIU X，WANG X，et al. Ultrathin-Barrier AlGaN/GaN heterostructure：a recess-free technology for manufacturing high-performance GaN-on-Si power devices［J］. IEEE transactions on electron devices，2018，65(1)：207 - 214.

［25］ MOON J S，WU SHIHCHANG，WONG D，et al. Gate-recessed AlGaN-GaN HEMTs for high-performance millimeter-wave applications［J］. IEEE electron device letters，2005，26(6)：348 - 350.

［26］ HUANG S，JIANG Q，WEI K，et al. High-temperature low-damage gate recess technique and ozone-assisted ALD-grown Al_2O_3 gate dielectric for high-performance normally-off GaN MIS-HEMTs［C］//2014 IEEE International Electron Devices Meeting，2014：17.4.1 - 17.4.4.

［27］ LEE Y，WANG C，KAO T，et al. Threshold voltage control of recessed-gate III-N HFETs using an electrode-less wet etching technique［C］//2012 International Conference on Compound Semiconductor Manufacturing Technology，CSMANTECH，2012：8b.2.

［28］ LU B，SUN M，PALACIOS T. An Etch-Stop Barrier Structure for GaN High-Electron-Mobility Transistors［J］. IEEE electron device letters，2013，34(3)：369 -

371.

[29] XU Z, WANG J Y, LIU Y, et al. Fabrication of normally off AlGaN/GaN MOSFET using a self-terminating gate recess etching technique[J]. IEEE electron device letters, 2013, 34(7): 855 - 857.

[30] LIN S X, WANG M J, SANG F, et al. A GaN HEMT structure allowing self-terminated, plasma-free etching for high-uniformity, high-mobility enhancement-mode devices[J]. IEEE electron device letters, 2016, 37(4): 377 - 380.

[31] WEI J, LIU S H, LI B K, et al. Enhancement-mode GaN double-channel MOS-HEMT with low on-resistance and robust gate recess[C]//2015 IEEE International Electron Devices Meeting (IEDM), 2015: 9.4.1 - 9.4.4.

[32] HUANG S, LIU X, WANG X, et al. High uniformity normally-off GaN MIS-HEMTs fabricated on ultra-thin-barrier AlGaN/GaN heterostructure[J]. IEEE electron device letters, 2016, 37(12): 1617 - 1620.

[33] DERLUYN J, VAN HOVE M, VISALLI D, et al. Low leakage high breakdown e-mode GaN DHFET on Si by selective removal of in-situ grown Si_3N_4[C]//2009 IEEE International Electron Devices Meeting (IEDM), 2009: 1 - 4.

[34] ZHAO R, HUANG S, WANG X, et al. Interface charge engineering in down-scaled AlGaN (<6 nm)/GaN heterostructure for fabrication of GaN-based power HEMTs and MIS-HEMTs[J]. Applied physics letters, 2020, 116(10): 103502.

[35] CHEN K J, YUAN L, WANG M J, et al. Physics of fluorine plasma ion implantation for GaN normally-off HEMT technology[C]//2011 International Electron Devices Meeting, 2011: 19.4.1 - 19.4.4.

[36] CAI Y, ZHOU Y, CHEN K J, et al. High-performance enhancement-mode AlGaN/GaN HEMTs using fluoride-based plasma treatment[J]. IEEE electron device letters, 2005, 26(7): 435 - 437.

[37] TANG Z, JIANG Q, LU Y, et al. 600-V normally off SiN_x/AlGaN/GaN MIS-HEMT with large gate swing and low current collapse[J]. IEEE electron device letters, 2013, 34(11): 1373 - 1375.

[38] LIU C, YANG S, LIU S, et al. Thermally stable enhancement-mode GaN metal-isolator-semiconductor high-electron-mobility transistor with partially recessed fluorine-implanted barrier[J]. IEEE electron device letters, 2015, 36(4): 318 - 320.

[39] GRECO G, IUCOLANO F, ROCCAFORTE F. Review of technology for normally-off HEMTs with p-GaN gate[J]. Materials science in semiconductor processing, Elsevier Ltd., 2018, 78(July 2017): 96 - 106.

[40] HE J, TANG G, CHEN K J. VTH instability of p-GaN Gate HEMTs under static

and dynamic gate stress[J]. IEEE electron device letters, 2018, 39(10): 1576 – 1579.

[41] LEE H S, RYU K, SUN M, et al. Wafer-level heterogeneous integration of GaN HEMTs and Si (100) MOSFETs[J]. IEEE electron device letters, 2012, 33(2): 200 – 202.

[42] MISHRA K C, SCHMIDT P C, LAUBACH S, et al. Localization of oxygen donor states in gallium nitride from first-principles calculations[J]. Physical review B, 2007, 76(3): 035127.

[43] QIN X, DONG H, KIM J, et al. A crystalline oxide passivation for Al_2O_3/AlGaN/ GaN[J]. Applied physics letters, AIP Publishing, 2014, 105(14): 141604.

[44] LIU X, WANG X, ZHANG Y, et al. Insight into the near-conduction band states at the crystallized interface between GaN and SiN_x grown by low-pressure chemical vapor deposition[J]. ACS applied materials & interfaces, American Chemical Society, 2018, 10(25): 21721 – 21729.

[45] HUANG S, YANG S, ROBERTS J, et al. Threshold voltage instability in Al_2O_3/ GaN/AlGaN/GaN metal-insulator-semiconductor high-electron mobility transistors [J]. Japanese journal of applied physics, 2011, 50(11): 110202.

[46] HUANG S, JIANG Q, YANG S, et al. Effective passivation of AlGaN/GaN HEMTs by ALD-grown AlN thin film[J]. IEEE electron device letters, 2012, 33(4): 516 – 518.

[47] VETURY R, ZHANG N Q, KELLER S, et al. The impact of surface states on the DC and RF characteristics of AlGaN/GaN HFETs[J]. IEEE transactions on electron devices, 2001, 48(3): 560 – 566.

[48] HINKLE C L, MILOJEVIC M, BRENNAN B, et al. Detection of Ga suboxides and their impact on III-V passivation and Fermi-level pinning[J]. Applied physics letters, 2009, 94(16): 162101.

[49] ROBERTSON J. Model of interface states at III-V oxide interfaces[J]. Applied physics letters, 2009, 94(15): 152104.

[50] HASHIZUME T, HASEGAWA H. Effects of nitrogen deficiency on electronic properties of AlGaN surfaces subjected to thermal and plasma processes[J]. Applied surface science, 2004, 234(1 – 4): 387 – 394.

[51] HUANG S, YANG S, ROBERTS J, et al. Characterization of VTH-instability in Al_2O_3/GaN/AlGaN/GaN MIS-HEMTs by quasi-static C-V measurement[J]. Physica status solidi (c), 2012, 9(3 – 4): 923 – 926.

[52] HUANG S, WANG X, LIU X, et al. Capture and emission mechanisms of defect states at interface between nitride semiconductor and gate oxides in GaN-based Metal-

Oxide-Semiconductor power transistors［J］. Journal of applied physics, AIP Publishing LLC, 2019, 126(16): 164505.

[53] YANG S, TANG Z, WONG K Y, et al. Mapping of interface traps in high-performance Al_2O_3/AlGaN/GaN MIS-heterostructures using frequency- and temperature-dependent C - V techniques［C］//2013 IEEE International Electron Devices Meeting. IEEE, 2013: 6.3.1 - 6.3.4.

[54] CHEN K J, YANG S, TANG Z, et al. Surface nitridation for improved dielectric/III-nitride interfaces in GaN MIS-HEMTs［J］. Physica status solidi (a), 2015, 212(5): 1059 - 1065.

[55] SHIN B, WEBER J R, LONG R D, et al. Origin and passivation of fixed charge in atomic layer deposited aluminum oxide gate insulators on chemically treated InGaAs substrates［J］. Applied physics letters, 2010, 96(15): 152908.

[56] HUANG S, LIU X, WEI K, et al. O_3-sourced atomic layer deposition of high quality Al_2O_3 gate dielectric for normally-off GaN metal-insulator-semiconductor high-electron-mobility transistors［J］. Applied physics letters, AIP Publishing, 2015, 106 (3): 033507.

[57] HUA M Y, ZHANG Z F, WEI J, et al. Integration of LPCVD-SiN$_x$ gate dielectric with recessed-gate E-mode GaN MIS-FETs: Toward high performance, high stability and long TDDB lifetime［C］//2016 IEEE International Electron Devices Meeting (IEDM), 2016: 10.4.1 - 10.4.4.

[58] CHOI W, RYU H, JEON N, et al. Improvement of VTH instability in normally-off GaN MIS-HEMTs employing PEALD-SiN$_x$ as an interfacial layer［J］. IEEE electron device letters, 2014, 35(1): 30 - 32.

[59] KOLEY G, TILAK V, EASTMAN L F, et al. Slow transients observed in AlGaN HFETs: effects of SiN$_x$ passivation and UV illumination［J］. IEEE transactions on electron devices, 2003, 50(4): 886 - 893.

[60] CHU R, CORRION A, CHEN M, et al. 1200-V normally off GaN-on-Si field-effect transistors with low dynamic on -resistance［J］. IEEE electron device letters, 2011, 32 (5): 632 - 634.

[61] HWANG J, SCHAFF W J, GREEN B M, et al. Effects of a molecular beam epitaxy grown AlN passivation layer on AlGaN/GaN heterojunction field effect transistors［J］. Solid-state electronics, 2004, 48(2): 363 - 366.

[62] SELVARAJ S L, ITO T, TERADA Y, et al. AlN/AlGaN/GaN metal-insulator-semiconductor high-electron-mobility transistor on 4in. silicon substrate for high breakdown characteristics［J］. Applied physics letters, American Institute of Physics,

2007, 90(17): 173506.

[63] HUANG S, JIANG Q, YANG S, et al. Mechanism of PEALD-grown AlN passivation for AlGaN/GaN HEMTs: compensation of interface traps by polarization charges[J]. IEEE electron device letters, 2013, 34(2): 193 – 195.

[64] TANG Z K, HUANG S, JIANG Q M, et al. High-voltage (600-V) low-leakage low-current-collapse AlGaN/GaN HEMTs with AlN/SiN$_x$ passivation[J]. IEEE electron device letters, 2013, 34(3): 366 – 368.

[65] TANG Z, JIANG Q, HUANG S, et al. Monolithically integrated 600-V E/D-mode SiN$_x$/AlGaN/GaN MIS-HEMTs and their applications in low-standby-power start-up circuit for switched-mode power supplies [C]//2013 IEEE International Electron Devices Meeting, 2013: 6.4.1 – 6.4.4.

[66] WANG X H, HUANG S, ZHENG Y K, et al. Robust SiN$_x$/AlGaN interface in GaN HEMTs poassivated by thick LPCVD-grown SiN$_x$ layer[J]. IEEE electron device letters, 2015, 36(7): 666 – 668.

[67] HUA M, LU Y, LIU S, et al. Compatibility of AlN/SiN$_x$ passivation with LPCVD-SiN$_x$ gate dielectric in GaN-based MIS-HEMT[J]. IEEE electron device letters, 2016, 37(3): 265 – 268.

[68] HUA M Y, LIU C, YANG S, et al. GaN-based metal-insulator-semiconductor high-electron-mobility transistors using low-pressure chemical vapor deposition SiN$_x$ as gate dielectric[J]. IEEE electron device letters, 2015, 36(5): 448 – 450.

[69] ZHANG Z, LI B, QIAN Q, et al. Revealing the nitridation effects on GaN surface by first-principles calculation and X-Ray/ultraviolet photoemission spectroscopy [J]. IEEE transactions on electron devices, 2017, 64(10): 4036 – 4043.

[70] HUA M, WEI J, TANG G, et al. Normally-off LPCVD-SiN$_x$/GaN MIS-FET with crystalline oxidation interlayer[J]. IEEE electron device letters, 2017, 38(7): 929 – 932.

[71] WANG Y, WANG M, XIE B, et al. High-performance normally-off Al$_2$O$_3$/GaN MOSFET using a wet etching-based gate recess technique [J]. IEEE electron device letters, 2013, 34(11): 1370 – 1372.

[72] ZHOU Q, LIU L, ZHANG A, et al. 7.6 V threshold voltage high-performance normally-off Al$_2$O$_3$/GaN MOSFET achieved by interface charge engineering[J]. IEEE electron device letters, 2016, 37(2): 165 – 168.

[73] ROBERTSON J, FALABRETTI B. Band offsets of high K gate oxides on III-V semiconductors[J]. Journal of applied physics, 2006, 100(1): 014111.

[74] PALLAB B. Comprehensive semiconductor science and technology[M]. Newnes,

2011.

[75] MÖNCH W. Elementary calculation of the branch-point energy in the continuum of interface-induced gap states[J]. Applied surface science, 1997, 117 – 118: 380 – 387.

[76] COOK T E, FULTON C C, MECOUCH W J, et al. Measurement of the band offsets of SiO_2 on clean n-and p-type GaN(0001)[J]. Journal of applied physics, 2003, 93 (7): 3995 – 4004.

[77] YANG J, ELLER B S, NEMANICH R J. Surface band bending and band alignment of plasma enhanced atomic layer deposited dielectrics on Ga-and N-face gallium nitride [J]. Journal of applied physics, 2014, 116(12): 123702.

[78] HASHIZUME T, OOTOMO S, INAGAKI T, et al. Surface passivation of GaN and GaN/AlGaN heterostructures by dielectric films and its application to insulated-gate heterostructure transistors [J]. Journal of vacuum science & technology B: microelectronics and nanometer structures, 2003, 21(4): 1828.

[79] COOK T E, FULTON C C, MECOUCH W J, et al. Band offset measurements of the GaN (0001)/HfO_2 interface[J]. Journal of applied physics, 2003, 94(11): 7155 – 7158.

[80] HUA M, LIU C, YANG S, et al. Characterization of leakage and reliability of SiN_x gate dielectric by low-pressure chemical vapor deposition for GaN-based MIS-HEMTs [J]. IEEE transactions on electron devices, 2015, 62(10): 3215 – 3222.

[81] LIU Z, HUANG S, BAO Q, et al. Investigation of the interface between LPCVD-SiN_x gate dielectric and III-nitride for AlGaN/GaN MIS-HEMTs[J]. Journal of vacuum science & technology B, nanotechnology and microelectronics: materials, processing, measurement, and phenomena, avs: science & technology of materials, interfaces, and processing, 2016, 34(4): 041202.

[82] HORI Y, YATABE Z, HASHIZUME T. Characterization of interface states in Al_2O_3/AlGaN/GaN structures for improved performance of high-electron-mobility transistors[J]. Journal of applied physics, AIP publishing, 2013, 114(24): 244503.

[83] ESPOSTO M, KRISHNAMOORTHY S, NATH D N, et al. Electrical properties of atomic layer deposited aluminum oxide on gallium nitride[J]. Applied physics letters, AIP publishing, 2011, 99(13): 133503.

[84] CHANG Y C, HUANG M L, CHANG Y H, et al. Atomic-layer-deposited Al_2O_3 and HfO_2 on GaN: A comparative study on interfaces and electrical characteristics[J]. Microelectronic engineering, elsevier B. V. , 2011, 88(7): 1207 – 1210.

[85] NOZAKI M, WATANABE K, YAMADA T, et al. Implementation of atomic layer deposition-based AlON gate dielectrics in AlGaN/GaN MOS structure and its physical

and electrical properties[J]. Japanese journal of applied physics, 2018, 57(6S3): 06KA02.

[86] TSURUMI N, UENO H, MURATA T, et al. AlN passivation over AlGaN/GaN HFETs for surface heat spreading[J]. IEEE transactions on electron devices, 2010, 57(5): 980-985.

[87] TIAN F, CHOR E F. Physical and electrical characteristics of hafnium oxide films on AlGaN/GaN heterostructure grown by pulsed laser deposition[J]. Thin solid films, Elsevier B. V. , 2010, 518(24): e121-e124.

[88] LEE C, LEE H, CHEN H. GaN MOS device using SiO_2-Ga_2O_3 insulator grown by photoelectrochemical oxidation method[J]. IEEE electron device letters, 2003, 24(2): 54-56.

[89] LAY T S, LIAO Y Y, HUNG W H, et al. Depth-profile study of the electronic structures at Ga_2O_3 (Gd_2O_3) and Gd_2O_3 - GaN interfaces by X-ray photoelectron spectroscopy[J]. Journal of crystal growth, 2005, 278(1-4): 624-628.

[90] IHLEFELD J F, BRUMBACH M, ATCITTY S. Band offsets of La_2O_3 on (0001) GaN grown by reactive molecular-beam epitaxy[J]. Applied physics letters, 2013, 102(16): 162903.

[91] HAMSEN C, LORENZ P, SCHAEFER J A, et al. Analysis of the band offsets between ultrathin GaN (0001) layers and sapphire (0001) by photoelectron spectroscopy[J]. Physica status solidi (c), 2010, 7(2): 268-271.

[92] WEIBULL W. A statistical distribution function of wide applicability[J]. Journal of applied mechanics, 1951, 13: 293-297.

[93] DEGRAEVE R, KACZER B, GROESENEKEN G. Degradation and breakdown in thin oxide layers: mechanisms, models and reliability prediction[J]. Microelectronics reliability, 1999, 39(10): 1445-1460.

[94] SCHRODER D K. Semiconductor material and device characterization [M]. Wiley, 2006.

[95] MCPHERSON J W. Time dependent dielectric breakdown physics - Models revisited [J]. Microelectronics reliability, Elsevier Ltd. , 2012, 52(9-10): 1753-1760.

[96] HUA M, WEI J, BAO Q, et al. Reverse-bias stability and reliability of hole-barrier-free E-mode LPCVD-SiN_x/GaN MIS-FETs[C]//2017 IEEE International Electron Devices Meeting (IEDM), 2017: 33.2.1-33.2.4.

[97] HUA M, CAI X, YANG S, et al. Suppressed hole-induced degradation in e-mode GaN MIS-FETs with crystalline GaO_xN_{1-x} Channel[C]//2018 IEEE International Electron Devices Meeting (IEDM), 2018, 2018-Decem: 30.3.1-30.3.4.

［98］　CAI X，HUA M，ZHANG Z，et al. Atomic-scale identification of crystalline GaON nanophase for enhanced GaN MIS-FET channel［J］. Applied physics letters，2019，114(5)：053109.

［99］　HE J，HUA M，ZHANG Z，et al. Performance and VTH stability in e-mode GaN fully recessed MIS-FETs and partially recessed MIS-HEMTs with LPCVD-SiN$_x$/PECVD-SiN$_x$ gate dielectric stack［J］. IEEE transactions on electron devices，IEEE，2018，65(8)：3185 – 3191.

［100］　全球最小 65W 电源适配器发布 GaN 功率器件的现状与挑战［J］. 半导体信息，2018，03.

［101］　Navitas produces world's first integrated half-bridge GaN power IC［EB/OL］(2017 – 2 – 21). https：//www. navitassemi. com/navitas-produces-worlds-first-integrated-half-bridge-gan-power-ic.

［102］　Navitas Semiconductor Corp. https：//www. anker. com/deals/powerport_atom.

［103］　http：//www. baseus. com/product-440. html? lang＝en-us.

［104］　GLASER J. How GaN power transistors drive high-performance lidar：generating ultrafast pulsed power with GaN FETs［J］. IEEE power electronics magazine，2017，4(1)：25 – 35.

［105］　Velodyne LIDAR Inc. ，https：//velodynelidar. com/products/velarray.

［106］　Efficient Power Conversion Corp. EPC2216 datasheet. https：//epc-co. com/epc/Portals/0/epc/documents/datasheets/EPC2216_datasheet. pdf.

［107］　Wireless Power Transfer- The Jockeying for Leadership Position for Industry Standards Has Begun! ［EB/OL］. https：//epc-co. com/epc/Applications/WirelessPower/HowEfficiencyofWirelessPowerSystemsisMeasured. aspx.

［108］　SARAH S. Underwood，multiple standards hinder growth of wireless charging ［C］//Communications of the Association for Computing Machinery (CACM)，2014. http：//cacm. acm. org/news/178234-multiple-standards-hinder-growth-of-wireless-charging/fulltext.

［109］　ROOIJ M，ZHANG Y. A 10W multi-mode capable wireless power amplifier for mobile devices［C］//PCIM Asia 2016，Shanghai，2016：277 – 284.

［110］　Efficient Power Conversion Corp. EPC9513 datasheet. https：//epc-co. com/epc/Portals/0/epc/documents/guides/EPC9513_qsg. pdf.

［111］　Efficient Power Conversion Corp. https：//epc-co. com/epc/Applications/WirelessPower. aspx.

［112］　KACHI T，KANECHIKA M，UESUGI T. Automotive applications of GaN power devices［C］//2011 IEEE Compound Semiconductor Integrated Circuit Symposium

(CSICS)，2011：1 - 3.

[113] LIDOW A. eGaN Technology is Coming to Cars[EB/OL]. https：//epc-co. com/ epc/Portals/0/epc/documents/articles/bp-2018-05. pdf.

[114] KIMURA S. Nobel winner for blue LEDs raises efficiency in electric vehicles[EB/ OL]. The Asahi Shimbun，Oct. 23，2019.

[115] STRYDOM J，LIDOW A，GATI T. Radiation tolerant enhancement mode Gallium Nitride (eGaN ©) FETs in DC-DC converters[EB/OL]. https：//epc-co. com/epc/ Portals/0/epc/documents/papers/radiation％ 20tolerant％ 20egan％ 20fets％ 20in％ 20dc-dc％20converters. pdf.

[116] LIDOW A，WITCHER J，SMALLEY K. Enhancement mode Gallium Nitride (eGaN) FET characteristics under long term stress[C]. GOMAC Tech. Conference， Orlando，Florida，March 2011.

[117] LIDOW A，SMALLEY K. Radiation tolerant enhancement mode Gallium Nitride (eGaN ©) FET characteristics [C]. GOMAC Tech. Conference，Las Vegas， Nevada，March 2012.

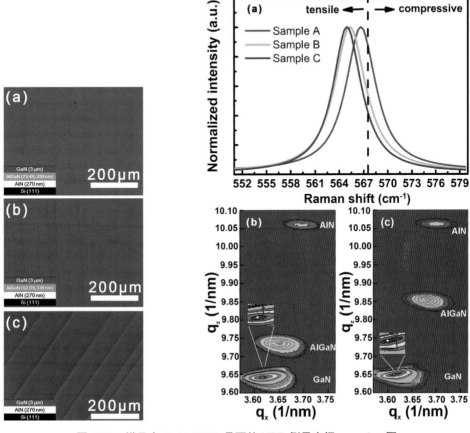

图 3.36　样品中 GaN (105) 晶面的 XRD 倒易空间 mapping 图

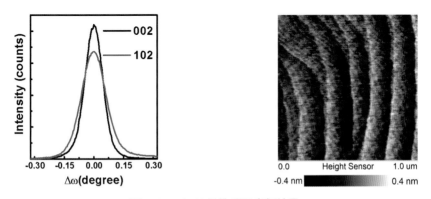

图 3.38　GaN 晶体质量表征结果

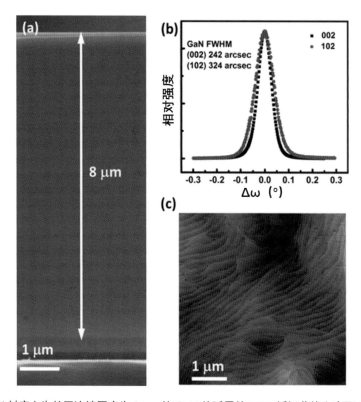

图 3.44　Si 衬底上生长了连续厚度为 8 μm 的 GaN 外延层的 XRD 摇摆曲线和表面 AFM 形貌像

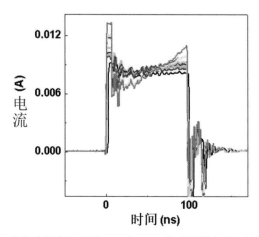

图 4.9　外加电压超过阈值 V_{th} 后 GaN 外延薄膜中的电流脉冲波形

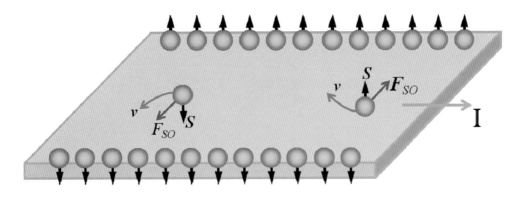

图 5.19　导体或半导体中非本征自旋霍尔效应原理示意图

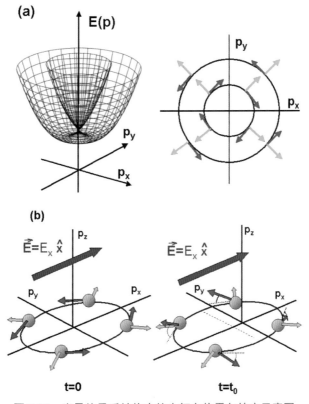

图 5.20　半导体异质结构中的本征自旋霍尔效应示意图

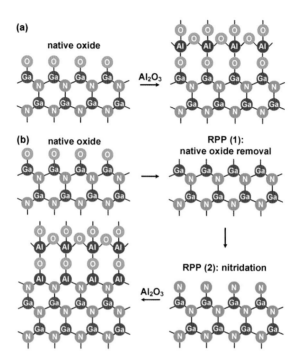

图 7.19　淀积 Al$_2$O$_3$ 栅介质前采用 NH$_3$/Ar/N$_2$ 远程等离子体处理(Al)GaN 表面的原理示意图

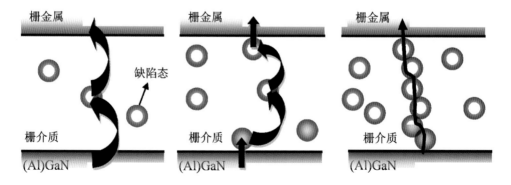

图 7.35　GaN 基 MIS-HEMT 器件中栅介质的经时击穿渗流模型示意图